生物炭制备及应用

张乃明 包 立 卢维宏 等著

U0235048

化学工业出版社

·北京·

内 容 简 介

本书以生物炭制备的生产工艺技术为基础，以生物炭在农业和环保领域的应用为主线，内容包括生物炭研究概述、生物炭的制备与特性、生物炭与固碳减排增汇、生物炭与土壤改良、生物炭的作物效应、生物炭基肥料的研制、生物炭与污水处理、生物炭与农业面源污染控制、生物炭在污染土壤修复中的应用。全书既充分吸收了国内外生物炭研究领域的新成果，又把著者多年相关科研成果融入其中，旨在为推动我国巨量的农林固体废物资源化利用、发展低碳循环农业、实现经济减污降碳和绿色发展提供指导与参考。

本书系统性与科学性、理论性与实用性、原理阐述与产品开发紧密结合，具有较强的技术应用性和针对性，可供从事土壤污染与修复、土壤改良、生物炭研发与制备等的科技工作者和管理人员参考，也可供高等学校环境科学与工程、农业资源与环境及相关专业师生阅读。

图书在版编目（CIP）数据

生物炭制备及应用/张乃明等著．—北京：化学工业
出版社，2023.5
ISBN 978-7-122-42944-5

Ⅰ.①生…　Ⅱ.①张…　Ⅲ.①活性炭-制备　Ⅳ.
①TQ424.1

中国国家版本馆 CIP 数据核字（2023）第 026990 号

责任编辑：刘　婧　刘兴春　　　　　　　　装帧设计：刘丽华
责任校对：李露洁

出版发行：化学工业出版社（北京市东城区青年湖南街 13 号　邮政编码 100011）
印　　装：北京科印技术咨询服务有限公司数码印刷分部
787mm×1092mm　1/16　印张 18　彩插 1　字数 397 千字　2023 年 6 月北京第 1 版第 1 次印刷

购书咨询：010-64518888　　　　　　　售后服务：010-64518899
网　　址：http://www.cip.com.cn
凡购买本书，如有缺损质量问题，本社销售中心负责调换。

定　　价：138.00 元

序

2022年7月1日，收到云南农业大学张乃明教授来信，诚邀我为他的新著《生物炭制备及应用》一书作序。我虽对生物炭尚属一知半解，但一直关注生物炭研究，每有新作问世，都渴望先睹为快，故欣然应允。

我第一次接触生物炭是2005年初一次偶然的机会。初次谋面，似曾相识，就对这个"黑乎乎"的东西产生了浓厚的兴趣，从此便与其结下了不解之缘。随着对生物炭与低碳农业关系的认识的深化，越发觉得这是一项功在当代、惠及子孙的公益性事业。于是萌发出作一个新时代"卖炭翁"的梦想。梦想有朝一日将生物炭变成"黑色黄金"，梦想通过研究、开发、推广生物炭，让祖国的天更蓝、水更清、山更绿、土地更肥沃、粮食更安全。

其实，说起旧时的"炭"，我们并不陌生。今天的"生物炭"，更是一个值得说起的古老而又全新的话题。

炭，见记于商周，兴旺于汉唐，发达于现代。在距今3600多年前的商周时期，就有"草木黄落，乃伐薪为炭"（《周礼·月令》）的记载。距今2000多年前的东汉时期，许慎在《说文解字》中把炭定义为"炭，烧木余也"，并有"烧木留性，寒月供然（燃）火取暖者，不烟不焰"的描述。东汉末年的刘熙在《释名》中也有"火所烧余木曰炭"之说。到了距今1200多年前的唐朝，诗人白居易更是有千古名篇《卖炭翁》流传于世。

无论是"伐薪为炭""烧术留性"，还是卖炭翁所卖之炭，用的原料都是木材。故彼时的炭也叫木炭（charcoal），主要用途是炊事和取暖，突出的是其能源属性。

生物炭（biochar），一般是指农林废弃生物质在缺氧条件下热解形成的固体富碳产物。从结构、理化性质和制炭原理上看，生物炭与木炭同属"炭"家族，并无本质上的差别。只是所用制炭材料不同，制炭目的不同，现今制炭设备与工艺更先进，用途也更加广泛。

由于生物炭具有可溶性低、孔隙多、比表面积大、吸附性和稳定性强等特殊的理化性质，在农业、环境、生态、能源等诸多领域应用前景广阔，且可与土壤管理和碳封存相关联。因此，近年来国际上越来越倾向于将其农业、环境、低碳等属性作为定义生物炭的核心内涵，并成为国内外研究的热点。

我国是最早有意识地制炭、用炭的国家，也是开展生物炭应用于农业、环境、低碳和可持续发展领域最成功的国家之一。自2009年沈阳农业大学组建"辽宁省生物炭工程技术研究中心"以来，江苏、浙江、新疆等省区也先后成立了省级生物炭工程技术研究中心。 2019 年进一步组建了"国家生物炭科技创新联盟"，同年创办了国际生物炭领域第一本学术期刊 Biochar， 2021 年其正式被 SCI 收录，首次影响因子就达到 11.452。近年来，在我国将实现"碳达峰、碳中和"上升为国家战略的大背景下，生物炭研究队伍不断扩大，研究领域不断拓宽，研究成果不断涌现，国内外影响也不断加大。围绕生物炭制备与应用的研究则更具战略意义和实用价值。

云南农业大学是国内较早开展生物炭研究与应用的高校之一。张乃明教授领衔的云南省土壤资源利用与保护创新团队，在国家水污染防治重大专项、 NSFC-云南联合基金重点项目、云南省科技强省等项目的支持下，围绕生物炭技术开展了一系列系统深入的研究。在生物炭制备、生物炭用于退化土壤改良、生物炭基肥料研制、生物炭重金属钝化剂制备、生物炭降解有机农药和污染水净化等方面取得了多项研究成果。《生物炭制备及应用》一书，就是他们对多年研究工作的系统总结。

全书由生物炭性质与制备、生物炭农业应用、生物炭环保应用三篇共九章组成。内容包括生物炭研究概述、生物炭的制备与特性、生物炭与固碳减排增汇、生物炭与土壤改良、生物炭的作物效应、生物炭基肥料的研制、生物炭与污水处理、生物炭与农业面源污染控制、生物炭在污染土壤修复中的应用。该书最突出的特点是较好地体现了系统性与科学性紧密结合、理论探索与实际应用紧密结合、原理阐述与产品开发紧密结合，是我国生物炭研究领域不可多得的一部专著，具有重要的参考价值。

相信该书的出版将有助于推动我国以生物炭为核心的农林废弃生物质资源化利用，为我国农业绿色高质量发展和实现"碳达峰、碳中和"战略目标做出贡献。

陈温福

2022 年 9 月

前言

生物炭是生物质在无氧或缺氧条件下高温裂解后的产物。早在 1879 年，Herbert Smith 在其出版的 Scribner's Monthly 一书中就注意到亚马孙流域烟草和甘蔗的富饶多产与富含生物炭的黑土密切相关。自从 20 世纪 40 年代确认黑土的产生源于人工之后，作为一种肥沃的土地资源，人们对它的研究一直在进行。被誉为"生物炭之父"的 Wim Sombroek 于 1966 年在其专著 Amazon Soils 中详细描述了黑土的分布和特性，之后其大量著作中进一步概括了生物炭在改良土壤肥力、储存固定二氧化碳、增加碳汇等方面的作用。为加强和推进生物炭技术研发与应用，国际科学家发起了"国际生物炭行动"计划（International Biochar Initiative），包括英国、美国在内的诸多国家已经开展了与生物炭有关的大量系统、深入的研究，美国和英国已先后成立了 U. S. Biochar Initiative 和 UK Biochar Research Centre，美国康奈尔大学教授约翰纳斯·雷曼（Johannes Lehmann）曾经出版了一本专著，详细讲述了生物炭的优缺点。

近年来生物炭研究在国内也十分活跃，包括中国农业大学、沈阳农业大学、南京农业大学、中国科学院南京土壤研究所等单位的科研团队在国内率先开展了生物炭研究工作。由张乃明教授领导的云南省土壤资源利用与保护创新团队，在国家水污染防治重大专项（2012ZX07102-003）、云南省科技强省项目（2011EB104）、云南省社会发展科技计划（2010CA010）和云南省科技惠民计划（2014RA018）等项目的支持下，围绕生物炭制备与应用开展了较为系统研究。本书正是著者团队在生物炭研究领域所取得的研究成果的初步总结，旨在为推动我国生物炭研究与产业化应用提供参考。

本书由张乃明教授提出编写提纲，全书共 9 章，第 1 章由张乃明、张丹、陶亮、赵学通著；第 2 章由张传光、刘源著，第 3 章由卢维宏、魏博娴、秦太峰著，第 4 章由包立、张乃明、卢维宏著，第 5 章由包媛媛著，第 6 章由卢维宏、康日峰著，第 7 章由张传光、刘源著，第 8 章由包立、郑传杨、张乃明著，第 9 章由夏运生、包立、肖洋、康宏宇、张乃明、卢维宏、李嘉琦著，书稿由包立博士、卢维宏博士（宿州学院）负责汇总，张乃明教授和秦太峰研究员共同对全书进行统稿并定稿。

本书的出版得到化学工业出版社的大力支持，中国工程院院士、国家生物炭科技创新联盟理事长、沈阳农业大学陈温福教授在百忙中亲自为本书作序并给予鼓励，在此表示衷心感谢！

受学术水平和时间限制，书中的错漏与不妥之处在所难免，恳请广大读者批评指正。

张乃明

2022 年 6 月 30 日于春城昆明

目录

第 3 章 生物炭与固碳减排增汇

第 4 章 生物炭与土壤改良

第 5 章　生物炭的作物效应

第 6 章　生物炭基肥料的研制

第7章　生物炭与污水处理

第8章 生物炭与农业面源污染控制

第9章　生物炭在污染土壤修复中的应用

第1章
生物炭研究概述

生物炭（biochar，又称生物质炭、生物黑炭等）是生物质材料在缺氧条件下经过若干个化学热解过程产生的高度芳香化的固态富碳物质。2007年在澳大利亚第一届国际生物炭会议上将"生物质在缺氧及低氧的密闭环境中得到的富含碳的产物"统一命名为生物炭。早在几百年前，亚马孙印第安人就会将生物炭和有机质掺入土中，创造出肥沃的黑土。在20世纪80年代以前，全球关于生物炭的科学研究论文仅有寥寥数篇，总体来看在20世纪80年代，国际社会尚未充分认识到生物炭的重要性。全球真正科学认识生物炭开始于20世纪90年代中期，为了应对全球气候变暖，在寻求更有效降低大气二氧化碳浓度及化石燃料碳排放技术的过程中，科学家从亚马孙河流域黑土（Terra Preta）研究中认识到了生物炭作为二氧化碳俘获和碳封存剂的重要性，从此有关生物炭改良土壤及改善肥料性能及效益的研究日益增多，全球关于生物炭的期刊科研论文数从2000年的6篇左右上升到2009年的约80篇，到2021年达到4300篇，且仍呈高速增长趋势。

1.1 生物炭研究的兴起

生物炭研究最早源于美国科学家在南美洲亚马孙流域发现的黑炭土，近年来因生物炭在固碳减排方面的作用得到广泛关注，并已成为国际学术界研究的热点。但到目前为止关于什么是生物炭并没有一个标准的答案。广义上的概念认为是黑炭的一种，通常是指以自然界广泛存在的生物质资源为原料，利用特定的炭化技术，由生物质在缺氧条件下不完全燃烧所产生的固体物质。国际上把生物质炭称为biochar，一般指生物质如木材、农作物废弃物、植物组织或动物骨骼等在缺氧和相对温度"较低"（<700℃）条件下热解而形成的产物。常见的生物炭包括木炭、竹炭、秸秆炭、稻壳炭等。它们主要由芳香烃和单质碳或具有石墨结构的碳组成，含有60%以上的碳元素，还包括H、O、N、S及少量的微量元素。生物炭可溶性极低，具有高度羧酸酯化和芳香化结构，拥有较大的孔隙度和比表面积。

比较公认的生物炭定义：一般是指在缺氧的条件下把生物质进行高温热解，产生可燃的生物质气和木醋液，剩下的黑色固体物质就是生物炭。生物炭几乎是纯碳，埋到地下后可以经几百至上千年不会消失，相当于把碳封存在土壤，有助于减缓全球气候变暖，正是这种固碳功能才在世界范围内引发了对生物炭研究的广泛兴趣。有不少科学家认为，用生物炭捕捉碳元素相当稳定，能将碳元素"锁"在地下数百年，并让土壤变得更肥沃；另外还可以减少土壤二氧化碳（CO_2）和甲烷等温室气体的排放。关于如何给 biochar（生物炭）下定义中，盛奎川在《生物炭概念的内涵及词语辨析》一文中提出，应从生物质原料的来源、生物质转化技术或炭化方法、生物炭的结构特征以及生物炭的用途等方面去综合把握，进一步表明学术界普遍认为，生物炭是农林废弃物（如作物秸秆、树枝、畜禽粪便和水生植物等）在绝氧或限氧条件下热解制备的富碳多孔固体产物。同时，在生物炭的划分上提出了多种方式，根据生物质原料的来源不同，生物炭可以划分为木炭（如松木炭、杉木炭、栎木炭和桉木炭等）、竹炭（如毛竹炭、刚竹炭和斑竹炭等）、秸秆炭（如稻秸炭、麦秸炭、棉秆炭和玉米秆炭等）、畜禽粪便炭（如猪粪炭、牛粪炭和鸡粪炭等）等；根据不同的制备方法，生物炭可以划分为热解炭（pyrochar）和水热炭（hydrochar）等；根据生物炭的不同结构形状，可以划分为成型炭（如球形炭、柱状炭、片状炭等）、碎料炭、粉末炭、微米炭和纳米炭等；此外，根据生物炭的不同用途也可划分，如土壤修复炭、水体吸附炭、空气净化炭、肥料基质炭、生物发酵用炭以及饲料和食品添加用炭（植物炭黑）等。

1.1.1 国外生物炭研究概况

对生物炭提升土壤肥力的报道最初见于对南美亚马孙河流域黑土 Terra Preta 的研究中。这种高质量黑色壤土是当地居民先人烧制生物炭质改良之后的耕作土，其生物炭平均含量超出周围土壤的 4 倍，部分地区甚至高达 70 倍。早在 1879 年，Herbert Smith 在其出版的 *Scribner's Monthly* 一书中就注意到当地烟草和甘蔗的富饶多产与富含生物炭的黑土密切相关。自从 20 世纪 40 年代确认黑土的产生源于人工之后，作为一种肥沃的土地资源，人们对它的研究一直在进行。被誉为"生物炭教父"的 Wim Sombroek 于 1966 年在 *Amazon Soils* 中详细描述了黑土的分布和特征。

较早发表与生物炭研究相关论文的是日本学者，其将生物炭作为盆景植物栽培土壤的改良剂及作为生物菌肥的载体。进入 21 世纪，随着气候变暖问题的加剧，碳捕集、碳封存技术受到重视。从此有关生物炭改良土壤及改善肥料性能及效益的研究日益增多，全球关于生物炭的期刊科研论文数从 2000 年的 16 篇左右上升到 2021 年 4385 篇以上（图 1-1）。在 Google 搜索引擎上以"biochar"为关键词搜索（截至 2021 年 12 月 31 日）可搜到约 380 万条结果，"生物炭"搜索到 2220 万条结果，这充分说明生物炭成为全球科学研究和媒体关注的焦点。

全球有关生物炭的国际组织、地区组织、协会及学会、企业、研究机构网站已逾千家，这为生物炭的知识传播和研究交流提供了很好的平台，推动了全球生物炭的研究、生产与推广，推动了生物炭测试方法标准化。全球有数百个大专院校、公司和企业开展生物

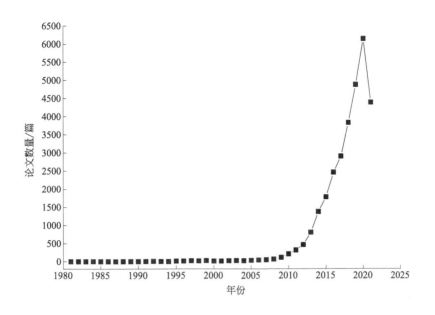

图 1-1   有关生物炭研究的科学论文统计

质热解转化生物炭的研究、小试及中试，有些单位具有中试车间、示范工厂。有研究机构已成功开发生物炭的移动生产设备，如美国弗吉尼亚理工大学、加拿大西安大略大学等。美国、加拿大、澳大利亚等国家的生物炭研究与中试工艺先进，其中美国爱普利瑞达公司的生物炭与肥料联产工艺是最先进的工艺之一。在全球生物质热解研究与开发企业中，大部分以生物能源为中心，生物炭是副产物，有的也把生物炭作为能源物质使用。虽然以生物质热解获取生物能源的技术是碳中和技术，但由于生物能源生产需要能源植物，种植能源植物又会改变土地利用方式，导致能源作物与粮食生产争夺土地，且能源植物生长快、产量高，易导致土壤肥力衰竭，不利于土壤可持续利用及农业可持续发展。而以废弃生物质热解生产生物炭为主导产品，将生物炭作为土壤改良剂和肥料缓释载体，是全球气候变化问题可持续的、综合的解决方案。目前全球仅有少数企业以生产生物炭为主导产品，但有理由相信，随着对生物炭在碳捕捉固定、土壤改良及肥料增效研究的深入及推广，这种状况会逐渐改变。

全球有关生物炭的会议已经举办过多次，最著名的是国际生物炭倡导组织（International Biochar Initiative，IBI），自 2007 年在澳大利亚召开第一届会议至今，已召开了 3 届。许多国家也成立了全国生物炭学会或协作组织，一些国家还成立了地区协作研究网络、工作组，并相继召开了有关生物炭的研究及应用专题会议。中国于 2010 年 6 月 12 日在中国农业大学成立了中国生物炭网络中心。这对生物炭名词统一、测试内容及测定方法、生物炭质量标准制定、相关政策制定及立法起着积极的作用。IBI 向联合国气候变化公约及联合国沙漠治理委员会提交了建议报告，建议将生物炭作为气候变化控制的适用性工具，并为将生物炭列入碳减排交易产品进行着积极的努力。

1.1.2 国内生物炭的研究历程

生物质利用在我国有悠久的历史。远在西周时期（公元前 11 世纪至公元前 8 世纪），中国农民就从实践中逐步认识到将杂草、秸秆和枯枝落叶燃烧成草木灰还田有利于作物的生长；14 世纪初叶，王祯在《农书·粪壤篇》中把草木灰列为一大类农家肥料。北魏时期，贾思勰在《齐民要术》（约成书于公元 533 年至 544 年）中就提到用松制墨（炭黑）的方法和炭黑性质。在我国的农田、草地和森林经常可以看到没有分解的火烧黑色物质。

中国具有丰富的废弃生物质资源，且由于地理跨度大，生物质种类具有较大的地区差异，如林木、经济林果、作物秸秆废弃生物质具有多样性。中国每年仅作物秸秆可达 8 亿吨之多，但我国废弃生物质资源化利用率还较低，特别是生物炭生产尚在起步阶段。

中国生物炭的科学研究是伴随着中国生物能源研究而开展的。20 世纪 90 年代中期沈阳农业大学从荷兰引进了一套生物质热解装置，之后国内许多大学、研究院所开展了生物质热解的研究，但以生产生物能源为主，生物炭为副产物，并且大多数将生物炭用作燃料，常见的产品就是机制炭。我国竹炭研究较为先进，主要用于空气净化剂和纺织品。近年来通过与国外合作研究与交流，中国生物炭农业应用研究开始起步，并多次举办涉及生物炭的学术会议，对生物炭改良土壤、肥料增效的研究获得了一些结果。但是国内对废弃生物质热解生产生物炭的工艺及参数、生产设备缺乏系统研究；对生物炭在全国不同生态区不同土壤的改良效果也缺乏系统的、长期的实验数据；对生物炭与肥料复合及肥料效益改善研究还不够深入；对生物炭的固碳减排作用还未足够重视。因此应尽快转变生物质（尤其是废弃生物质）利用观念或方向，由纯粹的能源利用尽快转向以生物炭为主导的产品，并将其应用到农业方面，加强生物炭制备与科学应用的多学科研究，促进生物炭多种效益的发挥，最终促进我国废弃生物质综合利用与土壤质量改善及农业可持续发展相统一。

1.2 生物炭的研究进展

2007 年在澳大利亚第一届国际生物炭会议上，将"生物质在缺氧及低氧的密闭环境中得到的富含碳的产物"统一命名为生物炭（biochar）。全球对生物炭的科学研究重视源于对亚马孙盆地中部黑土（Terra Preta de Indio）的认识。但是全球真正科学认识生物炭开始于 20 世纪 90 年代中期。为了应对气候变暖，在寻求更有效降低大气二氧化碳浓度及化石燃料碳排放技术的过程中，科学家从 Terra Preta 研究中认识到了生物炭作为二氧化碳俘获和碳封存剂的重要性，从此有关生物炭改良土壤及改善肥料性能及效益的研究日益增多。近年来，生物炭的研究类别已经涉及生命科学、地球科学、化学、工程与材料学等；研究方向涵盖土壤肥力及作物栽培、土壤修复及重金属治理、农业水利灌排与农业生态环境、大气环境与全球气候变化、土壤污染与修复、污染化学控制、森林土壤学、林产化学，乃至高性能碳素材料、工程热物理等。

1.2.1 生物炭与土壤改良

1.2.1.1 生物炭对土壤养分元素的影响

（1）对土壤有机碳的影响

生物炭最主要的特点就是其有机部分具有较高的含碳量，这一特性使其添加至土壤中能增加土壤有机碳含量（Van Zwieten et al，2010），其提高的幅度取决于生物炭的用量及稳定性。同时生物炭也能提高在土壤中碳的封存时间。土壤有机碳是土壤的重要组成部分，也是土壤中较为活跃的土壤组分，并对土壤生产力起着十分重要的作用，被认为是土壤质量和功能的核心，是影响土壤肥力和作物产量高低的决定性因子（张喜娟 等，2013）。研究表明，生物炭的含碳量在 60% 以上，施入土壤后可显著提高土壤总有机碳（TDC）的含量（马莉 等，2012）。有学者探究生物炭输入土壤后对于土壤有机碳的影响，发现土壤中 TOC、EOC 含量均随水稻秸秆生物炭添加量的增加而升高（柯跃进 等，2014）。生物炭的碳损失远低于绿肥，生物炭的稳定性及稳定化作用大于绿肥类易解有机物。加入生物炭的土壤的有机碳矿化量减少，且已存在的有机碳的稳定性上升（Kimetu et al，2010）。

（2）对土壤氮（N）的影响

土壤中大部分的 N 素储存于各种复杂的有机质中，只有氨化为 NH_4^+ 和硝化成 NO_3^- 等才能被植物吸收利用，氨化作用、硝化作用均是在细菌的参与下进行的。生物炭的加入，影响微生物群落，从而导致土壤 N 循环的变化，提高了氮素的有效性。生物炭主要是通过改变氮素的持留和转化来实现的。一方面利用其多孔特性和巨大的比表面积吸附持留氮素物质；另一方面改变了土壤理化性质，直接或者间接地影响氮素周转过程中微生物多样性、丰度及活性，继而影响土壤氮素物质循环（Spokas et al，2012）。近年来有学者发现添加生物炭后对土壤氮素的淋滤损失具有一定的控制作用。通过 70 天的观察实验，发现在表层土添加 0.5% 的竹制生物炭后，可以减缓 NH_4^+ 向深层土壤纵向迁移。在土柱淋溶实验当中，可以通过添加生物炭来减少由于淋滤而累积损失的 NH_4^+，如添加生物炭的处理，在 20cm 深处 NH_4^+ 的损失降低了 15.2%（Zhang et al，2011）。通过田间实验发现，表层（1~10cm）添加 25t/hm² 的生物炭可以降低砂质土壤氨态氮（14%）和硝态氮（28%）的淋出。有研究表明高温（800℃）生物炭有利于 NO_3^- 的吸附，可以降低小麦根系 NO_3^- 的流失率，同时提高小麦对氮肥的利用率（Kameyama et al，2012）。Sika 等（2014）的研究显示，生物炭能显著降低氨氮累积淋出量和硝氮累积淋出量。值得注意的是，生物炭并不总能促进土壤氮素的循环，有时无作用甚至有副作用。如 Deenik 等（2009）研究认为生物炭含有的挥发性物质可以刺激微生物活动，从而导致土壤有效氮素降低，同时降低植物氮素吸收，抑制作物生长，甚至施肥也会如此。也有研究发现，玉米秸秆生物炭的施用可以大幅度地降低氮素的淋失作用，50t/hm² 和 100t/hm² 的生物炭施用量可降低黑钙土氮素淋失分别为 29％和 74％，减少紫色土氮素淋失分别达 41％和 78％（周志红 等，2011）。

综上所述，尽管生物炭显示出通过吸附作用来降低土壤 NH_4^+、NO_3^- 的损失，有利于提高土壤氮素的有效性，但是不同的土壤类型，生物炭性质均影响生物炭对土壤氮素的作用，由于生物炭具有较高的 C/N 值，因此存在微生物固氮作用的发生，进而降低植物对氮素的利用率。

（3）对土壤磷（P）的影响

磷是植物生长所必需的大量养分元素，也是导致水体富营养化的关键元素。有研究表明，生物质炭施用量为 10g/kg 时，经 1 年的培养实验后，土壤的有机碳、速效 P、速效 K 和盐基饱和度分别比对照增加 31％、14％、6％和 17％（武玉 等，2014）；实验结果表明，生物炭施用后，可提高低磷有效性地区的粮食产量，还可提高对氮或氮磷化肥的利用率（Gaskin et al，2008）。与氮不同的是，生物质中的磷在热解过程基本被保留下来，并且大多以可溶性形式存在（Angst et al，2013）。研究表明，生物炭本身含有大量的磷并且有效性较高，输入土壤后可以显著增加有效磷的含量（Enders et al，2012）。有学者发现如果生物炭含磷量为 0.3％，有效磷含量为 50％，生物炭使用量为 20t/hm²，经计算有效磷施入量为 30kg/hm²（Wei et al，2013）。由此可见生物炭直接施磷效应不容小觑。除直接释放磷外，生物炭还通过改变磷的吸附和解吸来改变磷的循环和有效性。生物炭能否直接吸附磷，目前的研究结论并不统一，有学者认为生物炭对磷无吸附能力（Steinbeiss et al，2009）；尽管生物炭淋滤后呈现对磷的吸附，但也只是因为淋滤使得生物炭的比表面积和孔隙体积显著增加，而空出的吸附点位增加了对磷的吸附（Hale et al，2013）。也有学者通过研究发现，不同原料生物炭对磷的吸附作用存在差异，其吸附能力由大到小顺序依次是：玉米生物炭、柳枝生物炭、松木生物炭，而解吸能力与之相反（Chintala et al，2014）。有研究发现生物炭加入酸性土壤中降低了磷的吸附，增强了磷的有效性；而在碱性土壤中，磷的吸附能力增强，从而使有效磷减少，这可能与碱性土壤含有大量的 Ca^{2+} 和 Mg^{2+} 等阳离子有关（Chintala et al，2014）。Morales 等（2013）发现生物炭降低热带退化土壤吸附磷的能力，这可能与生物炭含有较高浓度的可溶性磷有关。Parvage 等（2013）研究表明随生物炭的施入土壤有效磷的含量降低，可能是因为生物炭增加了土壤 0.3～0.7 个单位 pH 值，pH 值的变化会影响磷的吸附和解吸。Makoto 等（2012）认为森林火灾残留的生物炭可能通过丰富的孔隙吸附土壤磷素，抑制土壤磷素流失和延长有效磷的保留时间。Deluca 等（2009）则认为生物炭可以通过提高土壤 pH 值和阳离子交换量（cation exchange capacity，CEC）来提高土壤磷素的有效性，高的 pH 值和 CEC 值的生物炭加入土壤时，可减少铁和铝的交换量而增加磷的活性，也有研究者推测生物炭是通过表层阳离子桥键作用吸附土壤磷素，进而影响磷素的有效性。生物炭可以为微生物尤其是细菌提供一个良好的环境，使其矿化和溶解为有机磷和无机磷，从而使这些磷被植物利用和吸收（Deluca et al，2009）。值得注意的是废水处理生物炭可以显著吸附磷，但是这些生物炭一般需经过特殊处理，如负载 Fe 或 Mg（Yao et al，2013），或者经过改性处理（Yao et al，2011）。目前认为生物炭可能通过以下几个方面发挥作用：

① 生物炭灰分中 P 的含量比较高，加入土壤后会增加土壤中有效 P 的含量；

② 生物炭改变了土壤 pH 值、CEC 值、表面电荷，以及 Fe、Al、Ca、Mg 的含量和形态，同时生物炭丰富的孔隙体积和比表面积均可能影响 P 的化学行为和有效性；

③ 通过影响微生物的活动将难以利用的 P 转化为无机矿物质 P，被植物吸收利用。

（4）对土壤其他矿质元素的影响

生物炭含有一定量的矿质养分，可增加土壤中矿质养分含量，如 K、Ca、Mg，特别是畜禽粪便生物炭具有较高矿质养分，生物炭通常对养分贫瘠土壤及砂质土壤的一些养分补充作用较明显（Novak et al，2009）。

1.2.1.2　生物炭对土壤物理性质的影响

施用生物炭后可改善土壤的物理和化学性质。生物炭可通过改变土壤容重、孔隙度、保水性和土壤团聚体结构等来影响土壤的物理性质。

（1）对土壤容重的影响

生物炭的容重远低于矿质土壤，因此，将生物炭添加到土壤中可以降低土壤的容重。有研究表明，同空白土壤相比，施用生物炭能显著降低土壤的容重（Laird et al，2010）。在粉砂土壤中施用 25g/kg 的生物炭，土壤容重从 1.52g/cm³ 降低到 1.33g/cm³（Eastman，2011）。生物炭对土壤容重的影响可能主要与稀释作用和摩擦力有关，生物炭弹性较低，土壤压实后不会随着生物炭的添加而得到有效恢复，但是可能通过一些直接或间接影响来提高土壤紧实度（Blackwell，2009）。研究表明，在土壤中加入生物炭后会使真菌土壤紧实度增长变快并使植物生产力提高，而根系和菌丝的发展也会对土壤的容重产生影响（Steiner et al，2007）。

（2）对土壤团聚体及孔隙结构的影响

生物炭的孔隙分布、连接性、颗粒大小和颗粒的机械强度以及在土壤中移动等因素均可以影响土壤孔隙结构。具有多孔结构的生物炭应用到土壤中，能增加土壤的孔隙度，生物炭应用到土壤中对土壤微生物群落和土壤整体吸附能力都有益，不仅可以促进微生物的活动，也可以增加土壤孔隙度（Blackwell et al，2009）。但是另一方面，生物炭的细粒子可能会堵塞土壤孔隙从而使水的渗透率降低（Blackwell et al，2009）。然而，这种机制仍缺乏实验证据，因此生物炭的孔径分布对土壤性质和功能所造成的影响仍然不确定。

土壤的保水性取决于土壤孔隙的分布和连通性，而它在很大程度上受土壤粒径、结构特征和土壤有机质含量的限制（李得勤 等，2012）。研究发现活性炭 95% 的毛孔的直径 < 2nm，尽管生物炭具有多孔性，但是植物可用有效水分取决于生物炭原料和加入的土壤质地（Blackwell et al，2009）。生物炭具有一定的吸水能力，尤其是氧化后的生物炭可提高砂质土壤的持水量，从而改善土壤持水能力（Glaser et al，2002；Dugan et al，2010）。生物炭高表面积也可以导致土壤持水力上升。当生物炭加入土壤时，土壤表面积增加，对土壤微生物群落和土壤整体的吸附能力都有益，随后会提高土壤的保水性（Kolb et al，2009）。有研究发现在砂质土中加入生物炭会增加 18% 的土壤有效水，然而在肥沃的土壤中没有观察到这种现象，并且在黏质土壤中有效水含量随着生物炭的加入而减少（Tryon et al，1948）。在砂质土中，存在于生物炭微孔结构中的水和可溶的营养物质可能随着土壤变干和土壤基质增加而出现，这说明在干旱期加入生物炭会增加土壤水的有效性。但另一方面，生物炭会增加土壤的斥水性。土壤斥水性是指某些土壤无法被水湿润的现象。水洒在斥水土壤的表面时，水珠滞留在地表，长时间不能入渗，它们抵抗湿润的时间从数小时到数周不等。Briggs 等（2005）测量了在松林野火后的木炭颗粒的斥水性，发现在矿质土壤表面的木炭和枯枝落叶的斥水力有很大差别。水滴的渗透时间即 1 滴水渗透所花费的时间在前者中大于 2h，在后者中却小于 10s。生物炭是如何直接或间接影响土壤斥水性能的，是一个仍然需要进行大量研究的课题。

研究发现土壤中的动物群、微生物、植物根系、无机物（如氧化钙等）和一些环境属性如冻融交替、干湿循环、火灾等会促使土壤形成团聚体并保持其稳定性（Zeelie，2012）。团聚体在土壤中可以减少由地表径流和风蚀引起的水土流失。因此对土壤团聚体的研究越来越多。生物炭加入土壤可以促进团聚体的稳定性，其机制和因素可能如下：

① 生物炭可以提高植物根系的生长速度，进而刺激形成团聚体（当更多的水分和营养被植物吸收时，根系可以长到生物炭的孔隙中）；

② 生物炭可以加强生物活性尤其是细菌和真菌，它们与菌丝形成的根系系统有直接联系（Zeelie，2012）。

因此生物炭会通过促进土壤团聚体的形成而增加土壤稳定性。目前，对生物炭通过这个机制来稳定团聚体还较少，并且物理学家还没有尝试去证实这些物理化学和生物因素能够促进团聚体的形成，并保持其稳定性。

1. 2. 1. 3　生物炭对土壤化学性质的影响

生物炭可通过改变土壤 pH 值、土壤阳离子交换量、土壤电导率等来影响土壤的化学性质。

（1）对土壤 pH 值的影响

生物炭大多呈碱性，或者具有较大石灰当量值，可以作为石灰替代物，通过提高土壤碱基饱和，降低可交换铝水平，消耗土壤质子而提高酸性土壤 pH 值。土壤中加入生物炭后，土壤 pH 值将会发生变化，这与添加的生物炭的种类与含量有关（Chintala et al，2014）。有学者把核桃壳生物炭加入酸性土壤时，发现土壤的 pH 值从 4.8 增加到 6.3；在土壤中加入来自污水厂污泥热解产生的生物炭也会使土壤的 pH 值从 4.3 增加到 4.6（Novak et al，2009）。因此，生物炭可改良酸性土壤一些养分的有效性（Novak et al，2009）。Chintala 等（2014）发现在酸性土壤和碱性土壤中分别加入玉米秸秆、柳枝稷、松木热解产生的生物炭，3 种生物炭加入酸性土壤后都会不同程度地提高土壤的 pH 值，并且随着用量的增加 pH 值呈上升趋势，而加入碱性土壤中并没有产生多大的影响。生物炭可以很好地调节酸性土壤的 pH 值。因此，生物炭被认为是酸性土壤一种很好的改良剂。生物炭改善酸性土壤的有效性不仅取决于生物炭本身的碱度，还与生物炭形成过程中形成的碳酸盐（$MgCO_3$、$CaCO_3$）和有机酸根有关。碳酸盐含量随着产生生物炭热解温度的升高而增多，而有机酸含量却在低温热解时较多（Gaskin et al，2008）。因此，中间温度热解产生的生物炭可能是酸性土壤较好的改良剂。不过与生物炭对酸性土壤的 pH 影响的研究相比，生物炭对碱性土壤 pH 影响的研究相对较少。

（2）对土壤阳离子交换量的影响

生物炭具有离子吸附交换能力及一定吸附容量，可改善土壤的阳离子或阴离子交换量，从而可提高土壤的保肥能力（Gaskin et al，2008）。在土壤中添加少量的生物炭会显著提高土壤中碱性阳离子的含量，这将会提高土壤养分（Hossain et al，2010）。生物炭对 CEC 值或保肥能力的改善取决于生物炭的 CEC 值、pH 值及生物炭在土壤中氧化（Novak et al，2009）。虽然与土壤有机质相比（土壤有机质的阳离子交换量为 150～300cmol/kg），来自热解的新鲜生物炭的 CEC 值很低（Gaskin et al，2008），但有研究发现，生物炭无论加入酸性土壤还是碱性土壤，都能够提高土壤的阳离子交换能力，这可能是由于生物炭表面有很多阴离子（Chintala et al，2014；Van Zwieten et al，2010）。施用生物炭可以显著提高耕层（0～15cm）土壤阳离子交换量，与空白相比，CEC 值提高了24.5%（Fellet et al，2011）。有研究发现生物炭施入土壤后 CEC 值提高了 20%，且随炭量增加而提高，是不添加生物炭土壤的 1.9 倍（Laird et al，2010）。同时随着土壤中有机质表面氧化程度的增加或者土壤表面阳离子交换位点的增加，土壤 CEC 值也会增加，其原因可能是芳香族碳的氧化和羧基官能团的形成提高了 CEC 值，而且随着生物炭老化，生物炭表面酸性物质将导致较高的 CEC 值（Glaser et al，2001）。有学者研究了不同生物质（如松树皮、花生壳和硬木）在不同温度下制备的生物炭的 CEC 值，发现除松树皮外，其他生物质 CEC 值最高值出现在温度为 400℃附近，最低值出现在温度 420℃，这可能是因为随着温度变化植物养分也在变化。

（3）对土壤电导率的影响

关于土壤施加生物炭后影响其导电性方面的研究不多，一般情况下用作土壤改良剂的生物炭的电导率（electrical conductivity，EC）在 0.4～3.2dS/m 之间，与其他的改良剂相比生物炭的电导率低于家禽粪便和咖啡豆壳，这说明这些物质的盐浓度高于烧焦的生物炭的盐浓度。植物生物炭在生物炭中有最低的电导率和 pH 值，以绿色垃圾为原料的生物炭的电导率较高，可能是由于其 K 含量比较高。

1.2.1.4 生物炭对土壤微生物的影响

生物炭对土壤理化性质产生的各种影响直接或间接地影响到土壤微生物的活动，土壤微生物的消长又是土壤理化反应的重要"催化剂"，二者相辅相成，相互作用。生物炭的孔隙结构及水肥吸附作用使其成为土壤微生物的良好栖息环境，为土壤有益微生物提供保护，特别是菌根真菌，促进有益微生物繁殖及活性，增强泡囊丛枝菌根菌（*vesicular-ar-buscular mycorrhiza*，VAM）对植物的侵染（Ogawa，1994）。生物炭可作为微生物肥料接种菌的载体，增加接种菌在土壤中存活率及对植物的侵染（Magrini-Bair et al，2010；Singh et al，2008）。Warnock 等（2007）报道：生物炭通过多种机制可能影响土壤微生物对含磷化合物的吸附。生物炭的多孔结构能够为生物提供栖息地，还有效地促进了营养物质的转换效率。生物炭可能对连作大豆田或酸性土壤微生物有更明显的影响，也许会成为改良连作大豆田的土壤添加剂，因为某种特定的微生物数量的减少可能会引起微生物降解有机物能力的下降或者影响植物病原菌的生存（胡江春 等，1996）。学界普遍认为，生物炭均匀、密布的孔隙在土壤中得以保留并形成了大量微孔，为微生物的栖息与繁殖提供了良好的"庇护所"，使它们免受侵袭和失水干燥等不利影响，同时也减少了微生物之间的生存竞争（Ogawa et al，1994）。生物炭在微小的孔隙内吸附和储存不同种类和组分的物质，则为微生物群落提供了充足的养分来源（Lehmann et al，2003）。

1.2.2 生物炭与植物生长

生物炭用于农业可改良和培肥土壤，其作为生物质热解产生的副产物，施入土壤可增加土壤有机物质或腐殖质含量（Kimetu et al，2010），提高肥力，而且耐降解（姜玉萍等，2013），从而可提高土壤的养分吸持容量及持水容量（Lehmann et al，2006；Steiner et al，2008），提高土壤作物生产率，促进土壤可持续利用及作物增产，促进农业可持续发展。生物炭可提高土壤养分，促进农作物生长，而生物炭对作物产量的影响随土壤类型、生物炭种类及施入量不同而改变。

（1）生物炭对作物产量的影响

对生物炭提高作物产量的研究国外有很多报道。Lehmann 等（1999）模仿亚马孙河流域高产土壤，将生物炭分别以 $68t/hm^2$ 和 $135t/hm^2$ 的标准混入实验土壤中，发现水稻和豇豆的生物量分别提高了 17%和 43%。Uzoma 等（2011）将各生物炭应用于砂质土壤生产玉米，结果是当生物炭施用量达到 $15t/hm^2$ 和 $20t/hm^2$ 时，产量分别提高了 150%和98%。Iswaran 等（1980）以 $0.5t/hm^2$ 的标准向土壤中添加生物炭，发现每盆大豆增产10.4g。在酸性土壤中以 $10t/hm^2$ 的标准施用生物炭，小麦株高提高了 30%～40%，同时土壤中交换性铝的毒害作用减小。在南美洲热带地区，施用生物炭使豇豆产量提高了28%（Liang，2006）。国内的研究也表明，生物炭能够促进玉米苗期生长，株高和茎粗分别比对照增加了 4.31～13.13cm 和 0.04～0.18cm（刘世杰 等，2009）。Chan 等（2008）通过实验发现先施氮后施生物炭可使萝卜产量增加 120%。

生物炭对作物生物量和产量的促进作用还随时间的延长而表现出一定的累加效应。Major 等（2010）对玉米和大豆轮作土壤进行多年的生物炭处理，实验结果表明，施用 $20t/hm^2$ 生物炭的土壤，第 1 年玉米产量并未提高，但在随后的 3 年中产量逐年递增，分别比对照提高了 28%、30%和140%。这是由于此地区缺乏植物需要的营养元素 Ca 和Mg，在土壤中加入生物炭后，随着土壤的 pH 增加，Ca 和 Mg 等植物需要的营养元素增加，所以作物产量上升。在巴西亚马孙河流域的田间实验也表明，以 $11t/hm^2$ 标准在土壤中施入生物炭，经过 2 年 4 个生长季后水稻和高粱的产量累计增加了 75%（Steiner et al，2007）。

然而，生物炭不是总能增加作物的产量，生物炭对作物的生长和产量有促进还是抑制作用，因生物炭类型、土壤类型和作物品种而异。Haefele 等（2011）在研究稻壳生物炭对 3 种不同肥力水平土壤上轮作作物产量影响的实验中发现：在肥力极低的土壤，TC、TN、渗透压、养分 K 均极低，CEC 值更小，四季轮作的潜育强淋溶土（gleyic acrisols）

土壤上，生物炭的使用使作物产量提高了16%～35%，这说明生物炭在肥力差的土壤上施用对作物有增产的作用。但在肥沃的N、P、K丰富，CEC值、土壤总C较高的腐殖质强风化黏磐土（humic nitosols）土壤上，生物炭对作物增产没有起到作用，甚至还出现了使作物减产的情况。Gaskin等（2008）研究也发现，生物炭添加到黏性砂地土壤中时，当添加量为11～22t/hm^{2}时，对作物产量无显著影响。研究发现生物炭可以促进玉米、水稻等作物的生长，但对小麦和大豆无显著增产作用（何绪生 等，2011）。Deenik等（2009）研究发现生物炭如果含高挥发性物质则会抑制作物生长，推测可能由于高挥发性物质增加了土壤碳氮比，从而导致土壤有效氮降低，进而降低植物对氮素的吸收。此外，生物炭的用量也会影响作物生长，研究发现生物炭用量较低的时候会促进植物生长，相反，用量过高时则会抑制植物生长（Glaser et al，2001），推测这可能与生物炭矿质养分含量低及土壤高的碳氮比易降低土壤有效性养分有关，生物炭的减产效应更易出现在有效养分低或低氮土壤上。Streubela等（2011）研究表明在没有外源氮素添加时，随生物炭量增加作物产量迅速降低，在添加高浓度的生物炭时，即使添加外源氮素同样降低作物产量。只有在低生物炭量和外源氮素同时施入时，生物炭才能增加作物的产量。究其原因可能是生物炭含有的高挥发性物质（酚类）刺激了微生物活动，出现了氮素固定，同作物竞争氮素造成了作物的减产。张晗芝等（2010）研究发现，在玉米生长的不同时期，小麦生物炭对其生长的影响是不同的，例如在玉米生长的初期，生物炭在一定程度上抑制了玉米的生长，且最高水平的生物炭对其抑制程度最明显，其次是中浓度和低浓度水平。但随着玉米的生长，生物炭对玉米植株的抑制逐渐减少，不同生物炭水平下的株高差也逐渐减小，因此生物炭对玉米不同生长时期的影响是不同的。

（2）生物炭对作物肥效的影响

生物炭对作物肥效的作用往往是间接的，因为其矿质养分低，所以直接作用有限。在大部分土壤上，生物炭对作物生长的促进作用通常是通过改变土壤环境、微生物群落及保持土壤养分不流失实现的。土壤养分的有效性通常受土壤pH值的影响，而作物生长与土壤养分息息相关。由于生物炭呈碱性，因此对酸性土壤的pH值影响较为显著。通过生物炭对水稻生长的影响研究发现，生物炭通过影响土壤碳、磷、交换性铝、水溶铁及土壤硬度来影响其生长（Da et al，2001）。生物炭配合肥料或生物炭与肥料复合，二者的作物肥效明显改善，生物炭改善植物对N和NPK化学肥料的反应，木炭和肥料混施提高水稻及小麦对氮素的吸收（何绪生 等，2011）。Glaser等（2001）研究发现生物炭与肥料混施可以显著提高小麦和萝卜的产量。生物炭和肥料混施或复合施用的显著肥效与生物炭和肥料的互补或协同作用有关，因为生物炭延长肥料养分的释放期，降低养分损失（Lehmann，2007），反之肥料消除了生物炭养分不足的缺陷。研究发现在石灰质土壤中混施肥料和生物炭后，抑制了小麦和萝卜的生长，但是大豆的生长受到促进，这可能与不同作物本身特性差异有关。

有些研究发现生物炭不利于作物的生长，这可能是因为生物炭具有很高的碳氮比，一部分生物炭的分解导致了氮的固定（何绪生 等，2011）。Nguyen（2008）的研究发现生物炭对玉米出苗期的出苗率影响不大，但生物炭用量越高则玉米株高和生物量越低，即二者是负相关性，这可能是因为生物炭提高土壤pH值而导致土壤养分有效性降低。生物炭肥效不同可能是由于对酸性土壤和石灰性土壤 pH 值的影响不同。此外，生物炭释放乙烯、消除异株克生化学物质、诱导植物产生系统抗性的作用也可能是作物肥效差异的原因。

1.2.3　生物炭对重金属污染治理的研究进展

生物炭的施用，降低了土壤重金属的生物有效性，使其固定在土壤中，减少了农作物对重金属的吸收。有研究结果表明，生物炭施用后，土壤中生长的黑麦草植物中重金属 Cr、Ni、Cd 含量明显较低，As 污染土壤经生物炭处理后种植番茄，其根与幼苗中的 As 含量显著降低，番茄中的 As 含量低于 $3\mu g/kg$，As 毒性及转移风险均达最小，说明生物炭可以减少农作物对重金属的吸收，提高农作物的品质（Nguyen，2008）。被镉污染后的土壤经棉秆生物炭修复后，小白菜可食部镉质量分数降低 49.43%～68.29%，根部降低了 64.14%～77.66%（周建斌 等，2008）。生物炭的施用能够显著影响土壤中重金属的形态和迁移行为。同时生物炭对废水中的重金属也有较强的吸附能力，可用于废水重金属污染治理。

（1）生物炭对土壤重金属的影响

生物炭能降低土壤中 Pb、Cd 的酸可提取态含量，因而降低重金属的生物有效性，对重金属表现出很好的固定效果（朱庆祥，2012），如加入 30g/kg 和 50g/kg 的生物炭后，土壤酸溶性的 Cu(Ⅱ) 浓度从 43.07% 降到 18.83% 和 11.03%（丁文川 等，2011）。水稻秸秆生物炭施加到土壤后，酸溶态的 Cu(Ⅱ) 和 Pb(Ⅱ) 含量随生物炭施加量的增加可降低 19.7% 和 18.8%，而酸溶态的 Cd(Ⅱ) 的降低量为 5.6%（Jiang et al，2012）。林爱军等（2007）采用分级提取的方法研究了施加骨炭对污染土壤重金属的固定效果，结果表明，土壤施加 10mg/kg 骨炭后水溶态、交换态、碳酸盐结合态和铁锰氧化物结合态 Pb 的浓度都显著下降，而有机结合态 Pb 的浓度显著上升，表明骨炭可以吸附固定土壤中的 Pb，改变 Pb 的化学形态，降低 Pb 的生物可利用性，Cd、Zn 和 Cu 都有类似的结果。Beesley 等（2011）用橡木、欧洲白蜡树、梧桐树、桦木和樱桃树在 400℃ 下制备生物炭，施入土壤后，土壤沥出液中 Cd 和 Zn 的浓度分别降低了 99.67% 和 97.83%。

生物炭对重金属有很强的吸附能力，研究发现，在 350℃、500℃、700℃ 下用水稻秸秆制备的生物炭对 Pb 的最大吸附量分别为 65.3mg/kg、85.7mg/kg 和 76.3mg/kg，是原秸秆生物质的 5～6 倍、活性炭的 2～3 倍（陈再明 等，2012）。土壤中施用生物炭后，Zn 和 Cd 的浓度明显下降，尤其是 Cd 的浓度降低了 91%，植物毒害也显著降低，土壤对 Pb 的吸附量增大，且随生物炭量增加吸附量显著增加（Beesley et al，2010）。有学者针对江西和广西的 2 种红壤采用一次平衡法，研究由花生秸秆、大豆秸秆、稻草和油菜秸秆制备的 4 种生物炭吸附 Cu(Ⅱ) 的效果，发现添加生物炭提高了红壤对 Cu(Ⅱ) 的吸附量，生物炭对 Cu(Ⅱ) 吸附的促进作用随生物炭添加量的增加而增加，而且低 pH 值条件下促进作用更明显；在 pH 值为 4.0 下采用 2% 生物炭添加水平下，油菜秸秆炭、花生秸秆炭、大豆秸秆炭和稻草炭使江西红壤对 Cu(Ⅱ) 的吸附量较对照分别增加 97%、79%、51% 和 54%；花生秸秆炭和大豆秸秆炭使广西红壤对 Cu(Ⅱ) 的吸附量较对照分别增加 61%

和44%，当生物炭添加量达4%时，Cu(Ⅱ)吸附量的增幅达97%和165%，其主要机制是生物炭较大的比表面积的吸附作用、表面各种基团较强的配位能力和表面的离子交换反应（佟雪娇，2011）。有学者通过将滇池底泥制成生物炭，观察其对重金属Cu(Ⅱ)、Cd(Ⅱ)和Pb(Ⅱ)的吸附实验，然后采用Langmuir等温曲线对实验数据进行了拟合，实验结果显示400℃以下烧制的生物炭对Cu(Ⅱ)、Cd(Ⅱ)和Pb(Ⅱ)的吸附随烧制温度的升高而降低，并且Pb(Ⅱ)＞Cu(Ⅱ)＞Cd(Ⅱ)（吴敏 等，2013）。

(2) 生物炭对废水重金属的吸附影响

生物炭由于其精密的孔隙结构和独特的表面化学性质，且廉价易加工，被广泛应用于废水重金属的修复治理中。生物炭对废水中重金属离子的吸附作用被认为主要是重金属离子在生物炭表面的离子交换吸附，同时还有重金属离子与其表面官能团之间的化学交联以及重金属离子在生物炭表面沉积而发生的物理吸附。张继义等（2011）研究小麦秸秆在200℃、300℃、400℃、500℃制备的生物炭下对污水中铜离子的吸附性能，发现随着炭化温度升高秸秆的微孔变形程度加剧，增加了表面粗糙程度，孔道效应更易发挥作用，增加了生物炭对铜离子的吸附量。且在200～500℃温度区间制备的生物炭产率高、能耗小、吸附速率快、达到平衡时间短，最慢的生物炭吸附剂（200℃）需要3h达到吸附平衡。最快的生物炭吸附剂（500℃）仅需0.5h就达到吸附平衡。同时生物炭的制备材料、制备条件、元素组成等都会影响生物炭的结构，从而影响其对重金属的吸附性能。刘莹莹等（2012）研究利用小麦秸秆、玉米秸秆和花生壳经350～500℃热解制成生物炭水溶液中Cd和Pb的吸附特性，发现玉米秸秆炭对Cd^{2+}和Pb^{2+}的最大吸附量远大于小麦秸秆炭和花生壳炭；在生物炭投加量为6g/L时，3种生物炭对溶液Cd^{2+}的去除率均在90%以上，玉米秸秆炭对溶液Pb^{2+}的去除率达90%；而小麦秸秆和花生壳炭的去除率仅为52%和47%。

1.2.4 生物炭与气候变化

(1) 生物炭固碳能力研究

生物炭能将植物光合作用所固定的有机碳转化为惰性碳，使其不被微生物迅速矿化，从而实现固碳减排。生物质热解形成的生物炭中的碳主要以惰性的芳香环状结构存在（Gaunt et al，2008）。因此生物炭的分解十分缓慢，生物炭赋存时间可以达到上千年，因此它是一种有效的、可行和可持续封存碳的方式（Vaccari et al，2011）。生物炭还能够在土壤中长期储存碳，因此可以用作碳减排的材料（Lehmann et al，2007）。Lehmann等（2006）最早从全球范围对应用生物炭的固碳、减排潜力进行了评估，其评估结果显示：在全球范围内转变传统的"收割-燃烧"农业耕种模式到生物炭耕种模式将会获得（0.19～0.21)×10^9t/a的固碳、减排潜力，将会抵消12%人类活动引起的土地利用变化而导致的C排放（1.7×10^9t/a,）；回收农业和林业废弃物进行生物炭生产，每年可获得碳封存潜力为0.16×10^9t；Lehmann又从目前生物质能源生产的角度对生物炭的生产潜力进行了评估，认为在目前的生物质能源生产体系下每生产1GJ的能量将获得30.6kg的生物炭，按照 2001 年全球 6EJ 的生物质能源生产量（Undp et al，2004），每年可获得碳封存潜力为 $0.18 \times 10^9 t$，当时预计到 2100 年可获得最大碳封存潜力为 $9.5 \times 10^9 t$。Woolf 等（2010）基于可持续发展的思想，设置了低、中、高 3 个全球生物质原料可持续性获得潜力，评估应用生物炭技术能够获得每年 $(1.0 \sim 1.8) \times 10^9 t$ 的固碳、减排潜力，经过 100 年，累计潜力可达到 $(66 \sim 130) \times 10^9 t$（以 $CO_2 e$[❶] 计），其中一半的潜力来源于生物炭自身的碳封存，约 30% 来源于可再生能源生产取代化石能源使用减排，其他的来源于 CH_4 和 N_2O 等温室气体减排。Roberts 等（2009）对不同生物质原料类型的 LCA 表明：利用不同原料（玉米秸秆和庭院废弃物）进行生物炭的生产和应用获得的固碳、减排潜力为 $0.86 \sim 0.89 t$（以 $CO_2 e$ 计），其中 62% $\sim$ 66% 来源于封存在生物炭中的碳。Hammond 等（2011）的评估结果显示：利用不同生物质原料的生物炭技术固碳、减排潜力为 $0.7 \sim 1.3 t$（以 $CO_2 e$ 计）；以获得生物质能源表达的潜力（以 $CO_2 e$ 计）为 $1.4 \sim 1.9 t/(MW \cdot h)$，与其他生物质能源技术 [平均净碳排放（以 $CO_2 e$ 计）为 $0.05 \sim 0.30 t/(MW \cdot h)$] 相比具有巨大的优势；通过生命周期阶段分析可知，减排量最大的是生物炭自身的碳封存（40% $\sim$ 50%），其次是生物炭对农业生产过程中温室气体排放的影响（25% $\sim$ 40%）。

（2）生物炭对温室气体的影响

目前，关于生物炭对土壤 N_2O、CH_4、CO_2 排放影响的研究很多，但由于不同学者所采用的实验材料和研究方法存在较大差异，所得结论也不尽相同。因此，对生物炭能否真正减少土壤温室气体排放还存在很多争议。

N_2O 是仅次于 CO_2 和 CH_4 之后的第三大温室气体，但其 100 年尺度下的增温潜力为等量 CO_2 的 296 倍。由于农业活动排放 N_2O 的量约占全球人为 N_2O 排放总量的 60%，并且逐年增加，2005 年农业 N_2O 排放量较 1990 年增加了 17%。生物炭施入土壤后能显著减少温室气体 N_2O 的排放，其对 N_2O 排放的影响增加或抵消部分生物炭固碳的效果（李飞跃 等，2013）。Rondon 等（2006）通过向牧草地与大豆土壤中添加 20g/kg 生物炭，发现牧草地与大豆土壤 N_2O 排放量分别降低了 80% 和 50%，和空白相比 N_2O 排放量平均减少 15mg/m^2。Zhang 等进行的水稻一季田间实验表明，在施氮肥和不施氮肥条件下，40t/hm^2 生物炭使稻季 N_2O 排放分别减少 40% $\sim$ 51% 和 21% $\sim$ 28%。Wang 等发现生物炭施入水稻土壤后土壤 N_2O 排放平均值减少了 73.1%，同时 N_2O 累计排放抑制率高达 51.4% $\sim$ 93.5%。含水率（通气状况）、土壤有机质、土壤质地、土壤 pH 值和温度由于生物炭自身特性，施入土壤后与土壤之间产生交互作用，改变了土壤环境条件，使得 N_2O 的排放受到影响。此外，生物炭的种类、添加量、土壤类型都会影响 N_2O 的排放。对 16 种不同生物炭进行实验，结果表明，15 种生物炭抑制 N_2O 的排放，只有 1 种生物炭增加了 N_2O 的排放（Spokas et al，2009）。Spokas 等（2009）研究了生物炭不同添加量对 N_2O 排放的影响，结果表明，只有当添加量大于 20% 时，生物炭对 N_2O 排放的抑制作用才达到显著水平。Deluca 等研究发现生物炭施入热带北方生态系统土壤后减少了酚类化合物的可利用性，进而增加了土壤的硝化作用。有研究表明，生物炭颗粒吸附游离

---

❶ $CO_2 e$ 指二氧化碳当量。

的 NH_4^+-N，减少了土壤 NH_4^+-N 的获得，土壤 NO_3^--N 生成减少，进而抑制了硝化作用和反硝化作用产生的 N_2O（Cayuela et al，2010）。生物炭较高的 C/N 值，抑制了土壤矿化 N 的量，降低了土壤的硝化与反硝化作用（Wang et al，2011）。生物炭施入土壤后改变了土壤的水分含量，增加了土壤的通气性，抑制了土壤的反硝化细菌的活性，从而减少了 N_2O 的排放（Zhang et al，2010）。Zwjeten 等的研究表明，生物炭抑制了硝态氮和亚硝态氮转化为 N_2O 还原酶的活性，其表面的金属氧化物能把土壤微生物产生的 N_2O 催化还原为 N_2。生物炭施入土壤后提高了土壤的通气状况，使得反硝化细菌的功能和多样性发生改变，进而影响 N_2O 的排放。

生物炭能促进土壤中有机碳分解。Hamer 等（2004）发现，生物炭较高的比表面积和较多的孔隙为微生物生长提供场所，促进了易降解有机物产生 CO_2。Major 等研究发现，生物炭添加导致土壤有机碳呼吸量在培养的第 1 年和第 2 年分别提高 40% 和 6%，土壤总呼吸量分别提高 41% 和 18%。Luo 等（2011）将 350℃ 下制备的生物炭以 5% 的质量比添加到土壤中培养 87d，结果发现土壤原有机碳损失增加了 3.3%。而另一方面，有研究表明生物炭能够抑制土壤原有机碳分解。Liang 等（2010）向土壤中添加有机质培养，结果表明生物炭含量丰富的土壤总矿化率比生物炭含量少的土壤低 25.5%，可能原因是生物炭增加了土壤团聚体结构，保护土壤有机质避免矿化。Jones 等（2011）利用生物炭与 ^{14}C 标记的土壤共同培养 21d，发现生物炭添加后 C-SOM 净矿化速率减少 21%。同时，Zimmerman 等（2011）却发现在培养 90d 后生物炭对土壤原有机碳的影响由前期的促进作用转变成后期的抑制作用。究竟生物炭对土壤原有机碳的影响如何目前还存在争议。

土壤 CH_4 排放是产甲烷菌和甲烷氧化菌平衡作用的结果。其产生途径因环境条件而异，最主要的途径是醋酸发酵和 CO_2 氢还原（Le Mer et al，2001）。而 CH_4 消耗则通过甲烷氧化菌利用 CH_4 作为碳源和能源实现。生物炭可通过调节产甲烷菌碳源影响 CH_4 排放土壤累积初级生产力增加，根系分泌物和凋落物的增多，可增加产甲烷菌碳源（丁维新等，2003）。含易分解成分多的生物炭也可为产甲烷菌提供更多碳底物，而含易分解成分的惰性生物炭则会吸附土壤本底有机质，减少产甲烷菌碳底物。Bossio 等（1999）发现稻秆燃烧后还田与稻秆直接还田相比，CH_4 释放量明显减少，这与前者所含碳底物少有很大关系。因此，利用生物炭减少 CH_4 排放应首先选择惰性生物炭。

1.3 生物炭的功能及其应用

2007 年第一届国际生物炭会议在澳大利亚举办，此后生物炭成为了全球科技工作者关注的焦点和研究热点。

1.3.1 生物炭在土壤-作物-环境系统中的作用

生物炭本身所具有的结构特征、理化特性，使生物炭成为一种可应用于农业、环境等领域的优良材质，生物炭逐渐受到重视。国内外科学家相继对生物炭在土壤-作物-环境生态系统中的作用进行了研究，并取得了一些重要研究进展。

1.3.1.1 生物炭在土壤生态系统中的作用

（1）生物炭对土壤理化性质的作用

生物炭作为土壤的直接输入物质，将导致土壤的物理结构和性质发生一定程度的变化，对土壤微生态环境产生直接或间接效应。研究表明，生物炭对土壤物理结构、性质的影响主要体现在土壤容重、土壤含水量、土壤孔隙度等方面。其在土壤中稳定性高，具有改善土壤理化性质、提高水土保持能力和增加有机碳库的良好作用。特别是在我国土壤贫瘠的干旱半干旱地区可持续发展农业资源，将生物炭返还农田，改良土壤，对作物稳产、增产具有重要作用。

Novak 等（2009）研究认为，在生物炭相对丰富的土壤中，生物炭对土壤将起到一定调控作用，并改善土壤物理结构。Steiner 等（2008）也研究认为在土壤中施用生物炭对提高土壤结构和性能有积极的促进作用，生物炭的加入改变了土壤物理性状，例如土壤紧实度等对土壤理化性质产生重要影响。生物炭的轻质多孔结构，使其施入土壤后可直接影响土壤容重。Oguntunde 等（2008）研究发现生物炭的施入使土壤容重降低 9%，而总孔隙率则从 45.7% 增加到了 50.6%。生物炭的多微孔结构也使其对土壤持水能力产生影响。Glaser 等（2002）研究表明，生物炭丰富的土壤较无生物炭土壤的田间持水量增加 18%，而表面积则提高了 3 倍，与对照相比，施加生物炭后土壤的饱和导水率提高了 88%。Asai 等（2009）的研究结果也表明生物炭能够提高土壤含水量以及降水渗入量，增加田间土壤持水量，为提高土壤中可供给作物利用的有效含水量提供了条件，特别是为干旱少雨地区的作物提供了有利条件。

生物炭对土壤水分的涵养能力，与生物炭本身所具有的多孔结构和吸附能力有关，生物炭的吸湿能力比其他土壤有机质要提高 1~2 个数量级。当然，生物炭的持水性能与所施入的土壤质地有关，亦受到生物炭本身的结构和吸湿性能影响制约。总体上，生物炭的加入对水分的持留具有积极的促进作用。

生物炭对土壤的物理性质产生影响，也间接会对土壤的一些化学性质产生重要作用。目前研究结果主要体现在生物炭对土壤 pH 值、盐基饱和度、阳离子交换量等方面的影响。

由于生物炭本身大多呈碱性，与生物炭本身的制备材质和技术过程有关。生物炭的碱性属性使其施入土壤后势必会对土壤 pH 值产生直接影响。Glaser 等（2002）研究结果表明生物炭能够调节土壤 pH 值并提高盐基饱和度。可能原因在于生物炭本身所含有的 Ca^{2+}、K^+、Mg^{2+} 等盐基离子，随生物炭进入土壤以后，在水土的交融作用下会有一定的释放。这些离子可以交换土壤中的 H^+ 和 Al^{3+}，降低其浓度，进而影响土壤 pH 值，生物炭施入土壤后对土壤 pH 值的影响效应表现为随炭量增加而有所提高（Laird et al，2010），研究发现豆科作物制成的生物炭对土壤 pH 的影响最为明显。在我国，Yuan 等（2011）研究发现生物炭结合肥料施用于南方典型老成土后土壤 pH 值提高 0.46。土壤

pH 值的提高对酸性土壤改良和喜碱作物的生长具有积极意义。生物炭本身含有丰富的官能团，CEC 值相对较高。生物炭施入土壤以后会增加土壤电荷总量，对土壤的阳离子交换量产生影响。Laird 等（2010）研究发现生物炭施入土壤后 CEC 值提高了 20%，且随炭量增加而提高。亦有研究表明生物炭丰富的土壤阳离子交换量是不添加生物炭土壤的 1.9 倍（Asai et al，2009）。土壤阳离子交换量增加可能源于其有机质表面发生一定程度的氧化或其表面吸附的阳离子数量增加或共同作用而使土壤阳离子交换量有所提高。Glaser 等（1998）也研究认为，生物炭进入土壤以后其一些表面可能会氧化形成羧基、酚基、醌基，对阳离子的吸附能力增强而提高土壤阳离子交换量。生物炭对土壤阳离子交换量的作用大小与所应用的土壤类型、生物炭的原材料以及生物炭生产条件等有关，土壤阳离子交换量是影响土壤肥力的重要指标之一，生物炭对土壤阳离子交换量的影响效应对提高土壤肥力与生产性能具有重要作用。

（2）生物炭对土壤微生物的作用

土壤是微生物赖以生存的根本，生物炭本身的多孔结构及其对土壤理化性质的改变会影响土壤的微生态环境，从而影响土壤微生物的活动。同时，土壤微生物的消长又往往对土壤生态产生影响，二者相互作用，相辅相成。生物炭对土壤微生物群系的作用及土壤微生态环境的变化具有重要影响，并直接或间接作用于植物生长发育过程。因此，诸多学者对生物炭还田后与微生物的交互作用进行了研究，生物炭的多孔性和表面特性能够为微生物生存提供附着位点和较大空间，同时调控土壤微环境的理化性质，影响和调控土壤微生物的生长、发育和代谢，进而改善土壤肥力。Steiner 等（2007）认为，生物炭对土壤中微生物的生长与繁殖会起到积极作用。生物炭均匀、密布的表面孔隙分布形成了大量微孔，为微生物栖息与繁殖提供了良好的"避难"场所，使它们免受侵袭和失水干燥的影响，同时减少了微生物之间的生存竞争（Ogawa，1994），也为它们提供了不同的碳源、能量和矿物质营养（Warnock et al，2007）。生物炭能提高土壤微生物的数量和微生物活性，并且随施用量增加而增加，亦有利于土壤中动物的生存。生物炭丰富的多孔结构，使其能够在微小的孔隙内吸附和储存不同种类和组分的物质，从而为微生物群落提供充足的养分来源。Warnock 等（2007）研究表明，由于生物炭的施入，作物根部真菌的繁殖能力增强。生物炭可以优化土壤结构，影响土壤理化性质，促进土壤微生物群落的生存和繁衍。而微生物群落的丰富和微生物活动的增强，无疑会对土壤生产力与作物生长等起到积极作用。Pietikainen 等研究了生物炭对土壤中腐殖质、pH 值和腐殖质中微生物群落生长率的影响，认为通过生物炭添加能够提高微生物群落的呼吸代谢速率，改善微生物对基质的利用格局，进而改良土壤肥力。Graber 等认为施加生物炭能增加微生物群落，因此提高植物的生物量。Warnock 等（2007）的研究发现，土壤中施入生物炭后，作物根部真菌繁殖能力增强，刺激了微生物群落发生变化。Grossman 等（2010）比较了含生物炭和不含生物炭的土壤中微生物群落的种类，发现含有生物炭的土壤不论种类和用途其微生物种类基本相同，而且和不含生物炭的土壤中微生物种类大有不同，说明生物炭对微生物的群落分布具有一定的控制作用。生物炭的添加通常能促进菌根真菌对植物根部的侵染，增加菌根真菌的丰度。有些微生物可以把黑色碳作为生存的唯一碳源，说明土壤在加入生物炭以后会促进某一类群微生物的生长，从而可以长期提高土壤肥力。

韩光明等的研究表明，土壤中添加生物炭能够极显著提高土壤细菌、真菌和放线菌的数量及微生物量 C；特别是细菌中的氨化细菌、好氧自生固氮菌和反硝化细菌的数量得到显著提高，但生物炭用量不同，其数量有所差异，这说明适量的生物质炭对促进氮代谢微生物的活性、提高根部的生物固氮能力、降低土壤中亚硝酸盐的含量可能具有一定作用。生物炭能够有效调控土壤中营养元素的循环。生物炭独特的表面特性使其对土壤水溶液中的不同形态存在的营养元素有很强的吸附作用。同时，施加生物炭之后土壤的持水能力和供水能力得到提高，生物炭通过减少水溶性营养离子的溶解迁移，避免营养元素的淋失，并在土壤中持续而缓慢地加以释放，相当于营养元素的缓释载体，从而达到保持肥力的效果。

生物炭独特的物理、化学性质使其在维持与改良土壤方面具有一定的作用。通过添加生物炭处理，可显著地改善土壤的理化性质，提高土壤微生物的数量。生物炭的性质比较复杂，如何改善设施蔬菜地土壤板结状况和增加微生物的数量、优势菌群有哪些等问题有待通过 Biolog 和 DGGE 等生理生化及分子生物学手段进一步深入研究。

（3）生物炭对土壤肥力的作用

生物炭对土壤基础理化性质及微生物群落的综合效应会对土壤肥力产生重要作用。生物炭施入土壤后能够改变土壤的某些物理结构和性质，对提高土壤肥力和作物对肥料的利用效率、增加作物产量等都有重要作用。生物炭在土壤中的综合作用能间接提高土壤养分含量和生产力，当土壤中存在相对较大量的生物炭时土壤肥力提高（Glaser et al，2001）。生物炭的多孔性、较大的比表面积和电荷密度，使生物炭对水分和营养元素的吸持能力增强（Lehmann，2007；Liang et al，2006）。

就生物炭本身而言，它的养分含量很少，能直接供给作物的养分含量更是有限。生物炭的多孔结构使其在土壤中能够吸持表面富含多种官能团的有机物质，从而增强土壤理化作用，对土壤肥力提高起到重要促进作用（Glaser et al，2002）。也有研究认为，产生这种作用的原因是生物炭表面的氧化作用与阳离子交换量的提高，而阳离子交换量的提高则与土壤中生物炭含量密切相关。有田间实验结果表明农田土壤施用 $20t/hm^2$ 以上生物炭时，大约可减少 10％ 的肥料施用量（Chan et al，2008）。

生物炭对铵离子有很强的吸附性，因而可以降低氮素的挥发，减少养分流失，从而提高土壤肥力。亦有研究认为，生物炭施入土壤可以减少可利用养分的渗漏流失，提高有效养分含量，为作物提供更多有效养分。Steiner 等（2008）的田间实验也表明，生物炭可以减少氮素流失，提高氮肥利用率。同时，也有研究报道认为生物炭对磷酸根离子也有很强的吸附能力（Steiner et al，2007）。生物炭对氮、磷两种营养元素的吸附性在酸性土壤和砂质土壤上作用更明显，生物炭能够在一定程度上避免肥料的流失，延长供肥期，对作物生长更有利。另一方面，生物炭本身含有一定的 N、P、K 等养分，其状态较为稳定但仍可以在与土壤生态环境的交互作用下缓慢释放一些营养元素供植物吸收利用，生物炭对恢复土壤肥力、提高土壤生产力有积极作用（刘玉学 等，2009）。

1.3.1.2　生物炭的作物学效应

从作物生长的综合需求角度，土壤生态环境系统功能的改善，有利于促进作物生长发育和提高作物产量。Steiner 等（2007）通过在巴西亚马孙河流域地区的田间实验表明，在土壤中施入生物炭（11t/hm²）经过 2 年 4 个生长季后发现，水稻和高粱的产量累计增加了约 75%。Lehmann 等（1999）研究发现，在热带与亚热带地区土壤中施入生物炭，除了可使高粱、大豆、玉米等作物增产外，植株中的镁和钙元素含量明显增加，减少了土壤中这两种元素的流失。刘世杰等（2009）则发现生物炭能够促进玉米苗期的生长，株高和茎粗分别比对照增加了 4.31～13.13cm 和 0.04～0.18cm。此外，生物炭可以增加玉米对氮、磷、钾的吸收，减少铵和钙等养分离子的淋失。于滨杭等（2022）采用 Meta 分析法定量分析了生物炭对我国主粮作物产量的影响及其关键因子，结果表明，与不施用生物炭处理相比，生物炭施用后可改善主粮农田土壤理化性质，提高主粮作物产量，平均增产率达到了 8.77%。其中当生物炭 pH 值为 7.0～8.0 时，主粮作物的平均增产率最大，可达 26.49%；分析结果进一步表明当土壤 C/N<60 时，平均增产率为 13.73%，显著高于 C/N≥60 时的平均增产率，特别是在生物炭施用量方面，获得了较为明确的分析结果。即当施炭量达到 10～20t/hm² 时，小麦和玉米的平均增产率最大，而当施炭量达到 15～25t/hm² 时，水稻的平均增产率最大；此外，主粮农田施用生物炭之后的作物增产效应会随着施用年限的增加而不断减弱，一般连续施用 3 年后增产效果就不显著了。陈云梅等（2021）在玉米-白菜轮作系统中探索减氮配施有机物料时，发现减氮 20% 情况下的配施生物炭、菜籽饼复合有机物料，显著增加了玉米和白菜的产量，其中玉米增产幅度达到了 9.7%，白菜的增产幅度达到了 39.2%，并延长了玉米和白菜持绿期及高光和持续时间，其中玉米苗期、拔节期、抽穗期和成熟期叶片 SPAD 值分别增加了 42.7%、11.0%、12.8% 和 30.2%，苗期、抽穗期和成熟期的净光合速率（Pn）分别增加了 11.1%、10.9% 和 119.8%，抽穗期和收获期的气孔导度（Gs）分别增加了 58.3% 和 41.7%；白菜苗期、生长期和收获期叶片 SPAD 值分别增加了 13.5%、9.2% 和 12.5%，其生长期和收获期的 Pn 分别增加了 12.7% 和 14.6%，Gs 分别增加了 64.7% 和 19.2%；此外，玉米和白菜的应用品质也得到了明显的改善，其中，玉米籽粒两种的还原糖、淀粉和粗蛋白含量分别提高了 16.2%、3.5% 和 20.3%，白菜中的维生素 C、氨基酸和还原糖含量分别提高了 26.3%、21.0% 和 27.8%。

生物炭对作物的综合效应，除了有研究认为的生物炭可以间接提高肥料利用率，改善土壤微生物生长环境外，另有研究者如 Rondo 等以及 Yamato 等（2006）等将这种增产效应归因于生物炭对土壤 pH 值的影响，他们研究认为生物炭能够维持和提高土壤 pH 值，而土壤 pH 值的变化往往伴随着土壤养分的变化，从而间接地影响作物产量；而更多研究认为生物炭这种对土壤肥力与作物的影响效应，不是由于其在土壤中可作为一种营养物质而直接起作用，而是由于生物炭可以间接地提高作物养分利用效率，从而对作物生长起到了促进作用。作物生产受到土质类型、栽培技术措施、气候变化等复杂因素制约，生物炭的作物学效应不能一概而论。但是总体来看，生物炭作为一种土壤改良物质，尤其是对低肥力土壤作物的生长会起到积极的作用，这对于提高作物总体产量具有重要意义。

1.3.1.3 生物炭在环境生态系统中的作用

（1）生物炭与农业面源污染

农业面源污染是指由不适当的农业耕作措施或废弃物处理方式等造成的分散污染源而引起的对土壤、河流、大气等环境生态系统的污染，具有不确定性大，成分、过程复杂，难以控制等特点。而与农业生产直接相关的重要的而长期未得到有效缓解的就是化学肥料的大量施用对土壤造成富营养化、酸化等问题，不仅严重影响了土壤生产力的提高，而且也对植物生态、江河水体等安全带来严重威胁。这些问题是长期以来农业生产存在的"顽疾"。而如何从根本上解决这些问题，就需要从根源上寻找出路。从农业生产本身来说，即需要减少化学肥料的施用或降低肥料的养分流失，提高肥料利用率，从而减缓富营养化或酸化对土壤与环境造成的污染。而生物炭自身大多呈碱性，可以提高土壤 pH 值（Laird et al，2010）；生物炭具有较大的孔隙度和比表面积，能强烈吸附并影响疏水性有机污染物（如 PAHs、PCBs 和 PCDDs）的迁移、转化及生物有效性；同时，生物炭具有减少养分流失、减少肥料投入、提高肥料利用率等方面的作用。生物炭所具有的这些功能与特性，使其成为可以解决这些潜在问题的重要技术措施。长期施用生物炭对解决这些农业面源污染问题，推动农业健康、可持续发展具有非常重要的现实意义。

（2）生物炭与重金属污染

生物炭良好的孔隙结构和较大的比表面积，使其具备了很强的吸附能力。这种特性不仅对养分吸附有作用，同样也会对重金属离子等起到一定吸附作用。现有研究结果表明，生物炭能够作为一种吸附质来吸附重金属，降低污染物在土壤中的富集，减轻污染程度，从而对作物生物有效性产生影响。

许多研究结果表明，生物炭的施用对土壤中重金属离子的形态和迁移行为作用明显（王汉卫 等，2009；Hua et al，2009）。周建斌等（2008）研究了棉秆生物炭对镉污染土壤的修复效果以及小白菜（brassica chinensis）对镉的吸收，结果表明生物炭能够通过吸附或共沉淀作用降低土壤镉的生物有效性，小白菜可食部镉质量分数降低 49.43%～68.29%，根部降低 64.14%～77.66%。生物炭对污染土壤修复作用较为明显，降低了污染物生物有效性，提高了蔬菜品质。张伟明等（2013）研究了玉米秸秆炭应用于污灌区重金属镉污染土壤对水稻生长的影响。结果表明秸秆炭不同施炭量处理均促进了水稻的生长，提高了作物光合速率，增加了水稻产量。同样，生物炭对于水体中重金属离子的吸附作用亦有不少相关报道。生物炭对水质界面中重金属离子具有较强的吸附作用（周润娟 等，2022；吴迪 等，2022）。Qiu 等（2008）研究表明，与活性炭相比麦草和稻草秸秆制备的生物炭对 Pb（Ⅱ）的吸附能力更强，并表现为随 pH 值升高而增加。亦有研究表明低温生产的生物炭对 Cd^{2+}、Cu^{2+}、Ni^{2+} 等重金属离子的固定和吸附能力更强（吴文卫 等，2019）。Uchimiya 等（2011）用不同温度条件下制备的生物炭对水中和土壤中的镉、铜、铅等离子进行吸附研究，发现高温热解能够使其表面的脂肪族等基团消失并形成吸附能力强的表面官能团。生物炭对重金属离子的吸附和固定强度随生物炭 pH 值升高而加强，这表明生物炭对重金属离子的吸附与生物炭表面官能团和其自身的 pH 值有关。有研究认为，土壤 pH 值的升高促使重金属离子形成碳酸盐或磷酸盐等而沉淀或者会增加土壤表面的某些活性位点，从而增加对重金属离子的吸持。而官能团则可能与特定配位体具有很强亲和力的重金属离子结合形成金属配合物，从而降低重金属离子的富集程度。

农业生产与环境污染治理中，重金属污染农田的修复与地力提高、水体安全等问题一直是制约可持续发展和生态安全的"瓶颈"。从目前研究来看，生物炭可以实现对重金属离子的固持并降低重金属污染的生物有效性，同时提高作物产量，这对于污染环境控制具有重要的现实意义。

（3）生物炭与有机污染

有机污染也是环境污染的重要方面，农业上农药瓶、地膜等随意丢弃、工业染料废水的排放等都是重要的污染源。研究表明，生物炭对土壤中有机污染物有很强的吸附与解吸迟滞作用，并影响有机污染物的迁移转化与生物有效性。生物炭结构稳定且具有丰富的多孔结构，同时具有较大的比表面积，因而对有机化合物的吸附容量和吸附强度也相对较大。有研究将小麦和水稻秸秆制成的生物炭施入土壤后，发现生物炭对有机污染物的吸附作用是正常土壤的 400～2500 倍。土壤中施用少量这种生物炭即可大幅提高对有机污染物的吸附容量。而当生物炭量超过 0.05% 时，生物炭即吸附大部分有机分子并对土壤有机污染物吸附起到主要作用。

Spokas 等（2009）研究发现应用木屑材质的生物炭施入土壤后，在生物炭量达 5% 时对除草剂莠去津和乙草胺的吸附会明显增加。余向阳等（2007）研究表明，土壤中添加生物炭亦可增强对农药毒死蜱的吸附作用，且与生物炭的施炭量、炭表面积与微孔特性呈正相关关系。另有研究报道，不同温度条件下制成的枫木炭对有机污染物的吸附主要受到生物炭的孔径分布、表面积和官能团等影响。枫木炭在吸附苯时会发生孔隙膨胀现象，并发生吸附-脱附这样一个不可逆过程。Braida 等研究发现生物炭也可以吸附多环芳烃类和染料类污染物。有研究发现生物炭（松针制备）对水稻土中多环芳烃有较强的吸附作用，且生物炭土壤的吸附量与炭用量呈正相关关系。生物炭对活性蓝和罗丹明 B 也有较好的吸附效果（Yu et al，2009）。不同热解温度的生物炭对不同土壤的作用效果不尽一致，有些土壤中施用高温制备的生物炭更有效，而有些则是低温制备的生物炭更有效。

生物炭可以用于普通农田土壤，亦可应用于受重金属、有机污染物等污染的土壤或水体。生物炭可以降低污染物富集，减轻污染程度，同时降低污染物的生物有效性。这对解决面源污染问题，实现土壤与环境的健康、可持续发展具有重要意义。

（4）生物炭与气候变化

进入 21 世纪以来，全球气候变暖，灾害性气候频繁发生，已成为威胁人类生存和经济、社会可持续发展的严峻问题。生物炭"取之于农林"亦可"用之于农林"，生物炭可以将大量废弃的、用于焚烧等的生物质转化为富碳产物储存于土壤或应用于工业、农业、环境等领域。这个过程将会改变某些自然生态系统的碳循环过程而对环境系统产生重要影响。许多专家学者认为，生物炭将是解决"粮食、环境、能源"的"黑色黄金"。其中，受到广泛关注的是生物炭可能成为缓解全球气候变暖的一种"碳汇"技术措施来应对全球气候变化。许多专家学者认为生物炭将是大气 CO_2 的重要储存库，也是增加陆地碳汇的重要技术措施之一。生物炭的形成与累积不仅是全球碳循环系统中大气 CO_2 的一个长期碳汇，同时也被认为可能是全球碳平衡中"迷失碳汇"的重要部分（Lehmann et al，2003），具有很大的"固碳"潜力与空间。减少土地利用中温室气体排放，增加陆地生态系统碳汇，是应对与减缓气候变化的重要措施之一（王勤花 等，2007），而农田增汇减排对缓解温室效应具有重要作用。在排放"源"总量不变的前提下，如何减少或避免农田生物质燃烧等产生的直接碳排放，同时减缓农业土地自身的温室气体排放，增强农田生态系统的碳汇功能，成为农业固碳减排的必然选择；而由生物质炭化而成的生物炭，可以固定稳定的碳而进行储存，对大气、土壤碳循环、陆地碳储存等都会起到重要作用。生物炭的土壤输入，被认为可能是唯一的以输入稳定性碳源而改变环境生态系统中土壤碳库自然平衡，提高土壤碳库容量的技术方式。Lehmann 在 2007 年《自然》期刊上发表文章提出，如果将植物经过无氧或缺氧条件下热分解处理转化为生物炭，就可以大大降低空气中的 CO_2 含量，据 Lehmann 估算，生物炭每年最多可吸收 10 亿吨温室气体。如果将这些生物质固定的二氧化碳转化成生物炭，那么可以使美国每年减少 10% 的 CO_2 排放量（Lehmann，2007）。

另有研究表明，生物炭除本身可作为一种重要的"碳汇"形式外，施入土壤后亦可减少 N_2O 等温室气体的排放。Rondon 等（2005）以 20g/kg 的标准向牧草地和大豆土壤中添加生物炭，发现这两种土壤的 N_2O 排放量分别降低了 80% 和 50%，CH_4 的释放过程则受到明显抑制。但是，由于目前缺乏大规模检验性实验和直接统计数据支持，生物炭 CH_4 和 N_2O 减排方面的具体贡献率和确定性机制尚不清楚，有待于进一步研究。

生物质炭化还田可能成为人类应对全球气候变化的一条重要途径。

1.3.2 生物炭应用

鉴于生物炭在土壤、作物、环境系统中的重要作用，生物炭的应用已经得到了国内外科研机构、政府、公益组织以及企业等的广泛关注。国外，美国、英国、澳大利亚、新西兰、日本等已相继成立了生物炭科研机构，国内由陈温福院士组建成立了我国第一个省级生物炭工程技术研究中心，南京农业大学、中国科学院、中国农业大学等单位也开展了对生物炭的科学研究工作。生物炭的应用推广具有重要科技价值，目前在国内的研究已逐渐受到重视，并呈快速发展态势。

1.3.2.1 生物炭在农业中的应用

生物炭施入农田土壤后可改变土壤理化性质，提高肥料利用效率，增加土壤有机物质，提高肥力，增加作物产量；生物炭作为生物质热解产生的副产物，施入土壤，不仅具有较高的稳定性，而且耐降解，提高了碳在土壤中的封存时间；此外，土壤生态系统的一些功能如促进作物生长、改良修复土壤、减少温室气体排放从而调节气候等也受其影响，生物炭对促进农业可持续发展等都具有重要作用。

（1）生物炭直接炭化还田

生物炭的主要成分是碳、氢、氧等，其中碳元素的含量在 70% 左右。由于生物炭是由许多紧密堆积且高度扭曲的芳香环片层组成，所以具有多孔、比表面积大等特点。同时，生物炭含有的羟基、羧基、苯环等主要官能团赋予了其特有的强大吸附能力和较大的离子交换量，这就为改良土壤、提高水肥利用效率提供了可能。

农业生产上每年都产生大量的秸秆等废弃生物质，这些生物质大部分被丢弃或焚烧，只有一小部分被利用。显然，生物质的大量丢弃或焚烧会造成严重的环境污染，增加温室气体排放压力，制约农业和农村经济的发展。而自用部分的比例则相当小，尚缺少规模化、集约化的利用方式。秸秆还田技术虽已得到了一些推广应用，但是存在应用地域狭窄、还田后存在负面效应、需要配套机械等问题，难以大面积推广。如何将秸秆等"废弃"资源返还给农田，增加土壤输入，改良土壤结构，是当前我国农业发展迫切需要解决的问题之一（孟军 等，2013），而生物质炭化还田技术则在解决废弃生物质资源利用的难题的同时，克服了秸秆还田等利用形式所带来的弊端，具有明显的优越性。陈温福院士2006年率先提出"农林废弃物炭化还田技术"理念并开展相关科学研究工作。研究结果表明，生物炭直接炭化还田对作物生长、土壤蓄水保肥、提高肥料利用率、增产提质等具有重要作用。

生物质直接炭化还田，主要将生物炭以沟施或穴施等"基肥"形式返还给土壤。生物炭在土壤中的存留时间较长，生物炭的长期效应也会随着时间而发挥重要作用。生物质直接炭化还田技术，无论作为生物炭一种应用形式，还是一种新的潜在培肥地力形式，对农业可持续发展、实现农业生产良性循环、农民的增产增收都具有重要意义。

（2）以生物炭为基础的炭基缓释肥技术

生物质直接炭化还田可以实现土壤地力的提高和一定程度上的农业增产，但是这一效果需要一定的时间来实现。在追求粮食增产和提高效益的急切现实驱动下，单纯以生物炭来替代化学肥料还存在一定难度，尚需要更进一步深入研究。而如何在发挥生物炭自身优势的同时，又能够减少肥料投入，改善土壤结构，提高地力，达到增产增收的目的，成为生物炭应用研究的一个重要课题。而以农林废弃物为原料制备生物炭，进而以生物炭为基质制造炭基缓释肥料应用于农业生产并进行产业化开发的模式（陈温福 等，2011）则解决了上述问题。

生物炭基缓释肥，以生物炭为基质结合作物生长所必需的营养元素，根据特定作物的营养需要制成专用缓释肥料，具有环保、高效、培肥地力等显著特点。生产实践研究证明，大豆炭基缓释肥有效地改善了大豆的农艺性状，使二粒荚数和产量分别增加了16.4％和7.2％。花生缓释肥则有效地抑制了花生秕果、虫果的发生，使百仁重、产量分别增加了10.1％、13.5％（崔月峰 等，2008）。生物质炭肥配合尿素做基肥施用，并且在水稻生长期间不追施氮肥可保持水稻产量稳定，提高水稻的谷草比、茎蘖成穗率、氮素偏生产力、氮素吸收利用率和氮素收获指数。与常规复合肥相比，各指标显著提高23.6％、14.6％、10.2％、37.4％和6.3％。这不仅减少了氮用量和氮损失，且提高了肥效（乔志刚，2014）。

生物炭与有机或无机肥料的配合施用技术在生产上也有一定应用，也可以作为生物炭在农业上的一种应用形式。但目前有关生物炭与肥料配合施用的具体作用效应、机理，生物炭与肥料的量-效关系，还有待于进一步深入研究。若生物炭与肥料的配合施用能够起到肥地、减少化学肥料施用、增产等多重效应，那么无疑生物炭与肥料的配合施用技术也将成为一项重要的农业耕作措施，并具有重要的现实意义。

施加生物炭可以明显提高土壤有机碳含量，这对于节约化肥、节能减排具有重要贡献。这个结果表示，在土壤肥力较高的土壤区域，施加生物炭可以减少化肥的施用，这对于降低化肥的环境风险具有重要意义，也是对节能减排的重要贡献。

（3）生物炭作为土壤改良剂

施用生物炭可以增加土壤中有机碳含量，改善土壤的微结构。随着土壤中有机碳含量的增加，提高了土壤中的 C/N 值，进而提高了土壤对氮素和其他养分的吸持能力（周志红 等，2011）。生物炭吸附土壤中有机分子，通过表面催化活性促进小分子聚合从而形成土壤有机质，生物炭可以延长有机质分解时间，从而有助于腐殖质的形成，改善土壤肥力。生物炭中也含有一定的矿物养分，例如氮、磷、钾、镁等，但是由于生物炭制备的生物质和条件控制不同，其所含有的养分含量不尽相同。如果生物炭与其他肥料同时施用，可以较大地提高土壤的养分含量，这是因为生物炭可以延缓肥料养分在土壤中释放的过程，降低肥料养分的淋溶，有效提高利用效率。生物炭的 pH 大多呈现碱性，主要因为生物炭中灰分含有更多的盐基离子，施入酸性土壤中可以提高土壤的 pH 值，是酸性土壤的中和剂，可有效改善酸性土壤的养分含量，但是对碱性土壤作用不明显。

① 土壤水分。生物炭具有很大的比表面积，可以使土壤保持更多的水分，施用生物炭可使土壤田间持水量增加近 20%；生物炭尤其能够提高砂质土壤的持水能力，随着生物炭用量的增加，砂土的结构逐步得到改善，容重减小、总孔隙度增大，饱和导水率减小，持水能力增强；对质地较黏的土壤，生物炭可增大土壤通透性，促进土壤水分入渗。有研究表明，在高度风化的热带土壤中施用生物炭后，土壤含水量提高 18%（Glaser et al，2002）。

② 土壤物理性质。目前，关于生物炭对土壤性质的影响研究多集中在风化土及典型热带贫瘠土壤上。木炭因其空隙结构，具有很大的表面积，对土壤的物理性质，如土壤的保水性和团聚体的形成有一定影响。生物炭对土壤类型持水量的影响通常不明显，生物炭与土壤的比表面积相对大小及生物炭的亲水性决定了不同类型土壤的持水量。富含生物炭的土壤因此具有更多有机质，更高的持水能力及更高的养分保持能力，可以更好地利用 N、P、K 等。研究发现生物炭通常可以通过加深土壤颜色、增加土壤吸热能力，进而提高土壤温度（Laird et al，2009）。此外，生物炭之所以可以改良土壤质地是因为其容重低、黏性差，因此降低了黏质土壤的容重和硬度（Glaser et al，2002）。施用适量的生物炭，不仅可以实现提高 CEC 值 5%～20%，而且对土壤的有机碳、全氮及微生物活性也具有较好的促进效应（Laird et al，2009）。

③ 土壤 CEC 值。生物炭不仅可以改变土壤的物理性质，也可以改变土壤的化学性质。此外，生物炭可以增强微生物（尤其是菌根）的活动，增加阳离子交换率。由于生物炭的比表面积取决于生物炭孔隙度及颗粒大小，其亲水性取决于生物炭亲水基团和表面积，因此，生物炭可提高比其本身比表面积小、亲水性差的黏土持水量。

土壤 CEC 值反映了土壤吸持和供给可交换养分的能力。土壤黏粒含量、矿物类型、有机质及 pH 值均可以影响土壤 CEC 值，因而生物炭对土壤 CEC 值的影响引起了广泛关注。新鲜生物炭表面具有净正电荷或净负电荷，但是与土壤有机质相比，只有较低的 CEC 值。在土壤中，生物炭表面的阴离子交换性能随着施入时间逐渐消失。高灰分含量的生物质产生高 CEC 值和高电荷密度的生物炭。另外，随着生物炭的热解温度的升高，含有大量阴离子的有机物质（如有机酸等）大量分解及比表面积增加，其 CEC 值与电荷密度呈下降趋势。生物炭对土壤 CEC 值的影响与土壤、生物炭类型及生物炭在土壤中的时间长短有关。

④ 土壤养分。生物炭可吸附铵、硝酸盐，还可吸附磷和其他水溶性盐离子，具有保肥性能（张文玲 等，2009）。Laird 等（2010）做的生物炭养分淋洗实验表明，生物炭加入土壤中可以持续降低该土壤的养分淋洗量。这是由于生物炭表面既可以产生负电荷，也可以生成正电荷，能够吸收有机质吸收的养分，同时还可以吸收有机质不易吸持的养分。Spokas 等（2009）研究发现，当土壤中的生物炭含量达到 5% 时，可明显吸收乙草胺等除草剂。总的来说，生物炭能够显著地减少土壤中 $N(NH_4^+，NO_3^-)$ 的淋溶。

生物炭作为土壤腐殖质中高度芳香化结构组分的来源，不仅能稳定土壤有机碳库，保持土壤养分不流失，而且对土壤微生物的群落结构有一定的影响，可保持土壤生态系统平衡。此外，生物炭还可有效降低农田氨的挥发，减少土壤养分淋失（何绪生 等，2011），这可能与它具有较强的吸附性有关。由于土壤中的有机质可以改善土壤团聚体和稳定性、保持水分、影响养分的吸收和交换、影响土壤微生物等，通常是衡量土壤肥力的重要指标之一，而生物炭可以提高土壤有机碳含量水平，其提高的幅度主要由生物炭的用量及稳定性决定。土壤有机碳含量增高则导致土壤的 C/N 值升高，从而使土壤对氮素及其他养分元素吸持容量增大，有利于土壤肥力的改良。

⑤ 土壤微生物及病害。Birk 等认为生物炭一般能促进植物根系中两种最常见菌类的繁殖，即丛枝菌根（AM）和外生菌根（EM）。施用生物炭后，松树幼苗的根部外生菌根（EM）侵染率比对照提高了 19%～157%；而 Solaiman 等（2010）研究发现，0.6～6.0t/hm^2 的生物炭处理中，小麦根部的丛枝菌根（AM）侵染率为 20%～40%，而对照只有 5%～20%。一般认为生物炭提高土壤微生物丰度的原因为生物炭颗粒巨大的空隙结构能为微生物繁殖提供相当安全的场所，或者生物炭吸附土壤中有毒物质利于微生物繁殖。生物炭能促进土壤微生物尤其是 VA 菌的侵染与活性，因此可能增加微生物如 glomalin-球霉菌素对矿物的分解及多糖的分泌，而多糖是土壤团聚体形成和稳定的重要物质，从而使生物炭具有稳定或增加土壤团聚体的作用。

此外，通过对亚马孙黑土（Terra Preta）的研究发现其微生物多样性比耕作土壤和非耕作土壤平均高 25%，且其微生物的多样性范围包括种、属甚至科的分类单元。但也有发现土壤微生物多样性降低的情况，如在森林土壤中，施入生物炭后，其微生物多样性降低，与没有生物炭的土壤相比，亚马孙黑土及施用生物炭后的土壤，其古细菌和真菌种类减少。Kramer 研究发现，在玉米根际与非根际环境中，土壤微生物群落结构都随着生物炭的施用量增加而逐渐复杂化。通过对施用生物炭后根际土壤与非根际土壤的微生物多样性比较，发现高生物炭施用量的根际土壤与无或低生物炭施用量的非根系土壤大不相同；相反，施用高浓度生物炭的非根际土壤与低浓度的根际土壤相似。韩光明等（2012）研究表明，生物炭处理的菠菜根际细菌、真菌和放线菌、氨化细菌、好氧自生固氮菌及反硝化细菌的数量显著增加。这说明，生物炭可为基质中微生物的生长与繁殖提供良好的环境，影响基质中的微生物活性、群落结构以及功能的多样性，从而影响水稻根系的生长发育。

目前，农业生产上存在大量盐碱、酸化等生产上难以利用的土壤，而生物炭本身所具有的优势特性，使其可以成为一种重要的土壤改良剂。生产上针对不同土壤类型，可以将生物炭制成适用于不同土壤条件的土壤改良剂，用于改善土壤环境、提高土壤地力，提高这类存在生产障碍型土壤的生产能力。同时，生物炭的孔隙结构也成为土壤微生物栖息的良好环境，保护土壤中有益微生物，促进微生物繁殖，改良土壤的微生态环境。

（4）生物炭可增加作物产量

从黄剑（2012）的研究成果可以看出，施加生物炭对作物产量影响比较显著，作物产量平均增幅达10%，主要在酸性和中性土壤中及粗质土壤中增幅较大。分析原因主要有以下几个方面：首先，生物炭的施加使得土壤孔隙度增加，容重减小，改善了土壤质地，提高了土壤持水性能，促进了植物根系和作物的生长；其次，土壤的肥力增加，尤其是生物炭与化肥混合使用，显著提高了作物的产量和生物量；施入生物炭使得土壤中有机质含量增加，同时也使有毒元素的危害减轻，增加了土壤中作物生长所需的养分，提高了产量；再者，生物炭的孔隙结构也为土壤微生物的生长和繁殖提供了良好的环境，维持了土壤生态系统的养分循环；最后，施入生物炭导致产量降低，可能是对pH敏感的作物，或者是因为生物炭具有较高的碳氮比导致了氮固定，具体原因还需进一步研究。

张伟明等（2013）研究了生物炭对水稻种植的影响。生物炭施入土壤后，水稻根系体积、鲜重、总吸收面积、活跃吸收面积明显提高，生物炭在一定程度上延缓了生长后期根系衰老，根系形态特征优化；生物炭提高了根系伤流速度与氧化力，同时维持了较为适宜的根冠比，根系生理功能增强；适宜的生物炭用量（10g/kg、20g/kg）促进了根系生长发育与生理功能的协同发展，增产效果良好；生物炭可应用于水稻生产，前景广阔。生物炭呈黑色，具有吸热保温性能，有利于产量的提高。北方水稻育苗季节在4月左右，土壤尚未完全解冻且地温回暖迟缓，此时正值冷暖交替时节，如遇寒流侵袭，容易延误播种最佳时间，将给农作物生长发育以及田间管理带来不利影响。前期实验表明，生物炭可提高地温 1.3~1.8℃，可有效缓解低温对幼苗生长的影响。除此之外，生物炭经高温灭菌之后，减免了虫草的危害。李志刚等（2012）研究了基质中添加生物炭后对番茄幼苗的影响，结果表明，生物炭可显著促进番茄幼苗的生长发育，其叶面积、株高、茎粗、地上生物量及壮苗指数等值均最大。试验发现，生物炭能增强水稻抗倒伏能力，施炭后，水稻基部节间缩短，茎秆基部干物质积累增多，节间增粗，从而增强了水稻抗倒伏能力，这可能与生物炭的理化特性对水稻碳氮代谢水平或光合作用及光合产物积累速率的影响有关。由此，炭基质对水稻茎秆的韧性和强度及维管束发育的影响，直接为水稻大穗高产提供了有力支持。

生物炭对不同作物有一定促长、增产作用，已成为国内外研究学者的普遍共识。但也有研究认为，生物炭的增产作用有一定"适用范围"，当生物炭施用量在 0.5t/hm² 时作物产量有降低趋势（Glaser，2001）。作物生产受到气候环境、土质等诸多因素影响，生物炭在不同区域的作用也不尽相同。

生物炭具有贮存土壤养分、提高土壤肥力等作用。前人研究表明，生物质炭能够通过改善土壤环境促进植物生长发育，其施入土壤后能显著提高种子萌发率、促进植物根系生长、提高作物生产力及作物产量。

1.3.2.2 生物炭在环境中的应用

（1）生物炭应用于环境污染控制

近年来，由于采矿冶炼、污水灌溉、塑料薄膜的大量使用、农药和化肥的过量施用、汽车尾气的不断排放及生活垃圾的大量产生，目前受到重金属污染的农田和水体面积日益扩大，已经对作物增产、农产品质量安全、人类健康等造成严重威胁。目前，我国一些蔬菜、粮食种植区正遭受着重金属污染的威胁，农产品重金属超标事件屡见不鲜。而目前在生产上和具体应用上难以找到一种具有广适性的技术解决措施。而众多实验表明，生物炭可以应用于重金属污染并起到降低污染物富集程度、净化水质、降低污染物生物有效性等作用。生物炭应用于环境污染控制具有材料来源广泛、价格低廉、适宜大面积推广等优势，将成为一项重要的环保技术手段，但有关于生物炭应用于污染土壤修复的量-效关系等一些科学问题尚有待深入研究。

生物炭具有较好的农用效益和环境污染修复潜力。已有研究表明，生物炭能够直接或者间接地降低土壤中重金属的生物有效性，因此有关将生物炭应用于重金属污染土壤的生态修复引起了广泛的关注。生物炭具有很大的比表面积、表面能和结合重金属离子的强烈倾向，因此能够较好地去除溶液和钝化土壤中的重金属。安增莉等（2011）主要将生物炭对土壤中重金属的固持机理分为 3 种：

① 添加生物炭后，土壤的 pH 值升高，土壤中重金属离子形成金属氢氧化物、碳酸盐、磷酸盐沉淀，或者增加了土壤表面活性位点；

② 金属离子与碳表面电荷产生静电作用；

③ 金属离子与生物炭表面官能团形成特定的金属配合物，这种反应对与特定配位体有很强亲和力的重金属离子在土壤中的固持非常重要（Cao et al，2009）。

周建斌等（2008）实验表明，棉秆炭能够通过吸附或共沉淀作用来降低土壤中 Cd 的生物有效性，使在受污染土壤上生长的小白菜可食部分和根部 Cd 的积累量分别降低 49.43%～68.29% 和 64.14%～77.66%，提高了蔬菜品质。

生物炭具有较大的比表面积和微孔结构，表面官能团丰富，可以对土壤重金属和有机污染物产生吸附作用，从而降低土壤污染物对环境的风险。Rhodes 等（2008）向 4 种土壤中添加生物炭，研究表明随着生物炭添加量的增加，4 种土壤中菲的矿化率均下降，且不添加生物炭的对照组的菲的矿化率比添加 0.1% 的生物炭处理组高，这可能是由于生物炭对菲的吸附降低了其生物有效性。另外，Yu 等（2009）研究表明，在向种植洋葱的土壤中添加毒死蜱和虫螨威时，发现洋葱在种植 35d 后，二者在土壤中的损失率由不加生物炭的对照组的 86% 和 88% 分别下降到添加生物炭的 51% 和 44%；且洋葱对毒死蜱和虫螨威的吸收量与生物炭添加量成反比。当生物炭的添加量为 1% 时，洋葱对以上两种农药的吸收量分别为不加生物炭对照组土壤的 10% 和 25%。生物炭降解及其生物有效性的降低可能是由生物炭的高吸附能力决定的。向高 Cd、Cu 含量的土壤中添加生物炭 60d 后，土壤毛细管水中这两种重金属的浓度可显著降低（Beesley et al，2010）。Novak 等（2009）研究发现向酸性土壤施用 2% 的生物炭，可有效降低土壤淋溶液中 Zn 的含量，并认为是生物炭导致土壤 pH 值升高。

目前普遍认为生物炭具有极高的化学稳定性、热稳定性及微生物稳定性。最新研究发现生物炭对温室气体如 CO、N_2O、CH_4 等具有减排作用。Spokas 等（2009）研究发现向土壤中添加生物炭，当其浓度大于 20% 时能显著降低土壤 CO 的排放，同时也能抑制 N_2O 与 CH_4 的产生。

生物炭能改变有毒元素的形态，降低有毒元素对作物以及对环境的危害，有助于植株正常发育。许多学者（Topoliantz et al，2005；Rhodes et al，2008；周建斌 等，2008）认为，生物炭可以减轻土壤中铝、铜、铁等有毒元素的危害，增加钙和镁含量，通过施用生物炭还可以减少水溶性营养离子元素的溶解迁移，通过缓释作用减少淋溶，从而提高氮肥利用率，降低化肥施用量，并有效地改善土壤的生态环境。

张键等（2007）研究了生物炭对水的处理，结果表明在技术成熟的石英砂慢滤工艺前设置生物活性炭过滤的作用是显著的。生物炭滤-石英砂慢滤能有效改善农村分散式饮水处理水质，在进一步进行其他几项水质指标的实验研究后，有望成为一种保证农村饮用水安全、高效低耗的农村饮用水水质净化新工艺。

生物炭工艺作为一种新兴污水处理技术，在国内外已有实际应用，尤其适用于高浓度成分复杂污水，作为深度处理措施。将生物炭技术应用于大豆深加工污水和制革污水处理等项目中已获得了非常好的效果。生物炭技术是一种节能高效的污水处理新工艺，它将生物膜法和活性炭法融为一体，具有操作简单、使用周期长以及运行成本低的优点。

（2）生物炭应用于固碳减排

大气 CO_2 浓度加速升高已是客观事实，寻找应对策略是各国科学家和政治家共同关注的热点问题。生物质还田可提高土壤碳库，但不合理还田不但不能减缓大气 CO_2 浓度升高，反而会加剧大气 CO_2 浓度升高（Xie et al，2010）。巴西亚马孙河流域考古发现，具有生物炭的土壤生产力比周边没有生物炭的高得多，而且生物炭稳定留存在土壤中（Lehmann，2007）。这一发现激发起研究生物炭还田作为减缓大气 CO_2 浓度升高对策的热情。

生物炭复杂的芳香环结构、疏水性脂肪族和氧化态碳等特点使生物炭在施入土壤后可以长时间保持稳定而不易被分解和矿化，比任何其他形式的有机碳更容易长期存留，可在土壤中形成稳定的有机质碳库，成为农业增汇减排的重要途径。

从固碳减排角度，应用生物炭技术将大面积、大量生物质进行炭化，将实现碳的有效储存，同时减少这部分生物质由于可能焚烧而造成的大量温室气体排放。生物炭施入土壤后，由于不易分解的稳定性而可以成为一种稳定的、长期的"碳汇"。除此之外，生物炭也可以生成"生物质煤"来应对能源危机，同时也可以进行深加工应用于冶金、轻工和食品工业等领域。

综上，生物炭施入农田后，可有效地改善土壤理化性质，促进耕地可持续生产；应用于生态与环境领域，可固碳减排，是一种有效的农业"碳汇"技术；与农、林业相结合，可解决农林废弃物污染与温室气体排放问题；应用于环保领域，可实现污染治理、水体净化等；应用于能源领域，可成为替代煤、石油、天然气的清洁能源。生物炭应用具有很大的空间和潜力，生物炭的综合利用在很大程度上可以解决可持续发展、节能降耗、环境保护与治理等领域面临的复杂问题，有助于构建低碳高效经济发展模式，对保障国家环境、能源、粮食安全意义重大（陈温福 等，2011）。

1.3.3 生物炭研究展望

生物炭是近年来迅速发展起来的热点研究领域之一。国外，如美国康奈尔大学、生物炭国际促进组织、英国生物炭研究中心等科研机构已进行了大量研究工作，并取得了一些重要进展。在中国，有关生物炭的理论研究与应用技术也已具备了一定基础，并处于快速发展时期。特别是沈阳农业大学陈温福院士提出了"以生物炭为核心，以简易制炭技术为基础，以炭基缓释肥和土壤改良剂为载体实现秸秆炭化还田，兼顾炭化生物质煤"的农林废弃物综合利用理论与技术体系，并进行了广泛而深入的科学实践与探索，在生物炭基础科学研究与产业化发展方面迈出了重要步伐，实现了变"碳"为"炭"，使生物炭发展成为造福人类的"朝阳"与"绿色"产业。生物炭的科学研究与产业化发展对于推动国家低碳经济模式转型，实现农业与环境的可持续发展，都具有重要战略意义。历史的更演与环境变迁将赋予生物炭更多的发展空间，也必将促进生物炭的快速发展。

生物炭在环境、能源、农业等领域相关理论研究工作已经取得了一些重要进展，尤其是英国、美国等科研机构和组织已开始进行深入、系统的科学研究。但目前一些研究仍主要停留在理论层面上，离实际应用和大面积推广还相去甚远。有关生物炭的制备方法和理化性质的研究相对薄弱，今后应开展生物炭的标准化和系统性研究，同时根据不同类型土壤筛选和制备适宜的生物炭。开展生物炭及其复配材料在盐碱地等土壤中的应用技术和机理研究。生物炭未来研究应注重基础理论科学与应用技术的同步发展。在丰富生物炭这一新兴学科内涵的同时，为生物炭的实际开发应用与推广开辟新路。生物炭在我国环境、能源、农业等领域的理论研究与应用技术，尚需进行更深入的系统性研究。研究上应注重宏观与微观效应的点-面结合，重点解决生物炭在土壤与环境等系统中的关键问题。在深入挖掘生物炭潜在功能与作用的同时，为低碳经济发展与农业、环境可持续发展提供新思路、新方向、新技术，实现生物炭跨越性发展。

以先进制备技术为代表的生物炭应用技术在我国已经取得了长足的发展与进步。国外生物炭制备技术自动化水平较高，但普遍存在生产成本高、受地域限制、难以大面积推广等缺点。而我国已具备良好生产技术与实践应用产业化基础。沈阳农业大学生物炭工程技术研究中心发明的小型化、低成本、节能环保型"炭化炉"及其简单实用的生物炭制备新工艺，从根本上解决了生产设备大型化、生产规模化、高成本、低产出与制炭原材料分散、储运困难之间的矛盾，使农林废弃物就地炭化、加工成为可能。今后应重点加强这种可分散、小规模、低成本的广适性制炭技术，以实现生物炭的大面积推广应用。虽然许多研究表明了生物炭在改良土壤、提高作物产量等方面有一定的效果，但研究大多停留在室内模拟和小区田间实验阶段，因地制宜地开展大规模长期应用还需加强，同时在大规模应用生物炭之前还要考虑它的成本与效益问题。目前，生物炭制备技术、工艺以及炭制品加工技术等多存在"散、杂、小"等特点，尚无统一的生产技术标准和产品标准。应进一步加快包括贮运、加工、配套生产技术等在内的生产技术标准，加强生物炭生产的联动机制，建立健全生物炭制备与应用推广技术体系，促进生物炭产业的快速发展。

生物炭在农业、环境、能源等领域具有广阔的发展空间。国外多采用直接施入土壤用以改善土壤结构、增加作物产量等方面，而在国内陈温福院士率领科研团队进行了一些有益的探索，以生物炭做缓释肥基质，已设计、开发出系列专用缓释肥料，使生物炭应用在农业的产业化开发方面走在了世界前列。生物炭的应用体现了生物炭作为新时期新兴产物的重要科技价值，随着生物炭基础科学研究与生物炭技术创新的深入，加快推进生物炭相关产业向纵深发展已成为当务之急。应继续深入开展以农业与环境领域为重点的科学研究，进一步挖掘生物炭应用空间、拓宽生物炭应用领域、提高生物炭综合利用价值，推动生物炭产业健康发展，为人民造福；生物炭作为新兴发展学科，需要国家在政策、资金、技术等方面给予倾斜。促进生物炭的产、学、研联合发展，尤其发展简易、高效的生物炭综合利用技术，将进一步推动科技成果转化步伐，解决耕地"取多补少"的问题，维持地力可持续发展，对保障国家粮食安全等都具有重要意义。积极开展生物炭对土壤水肥高效利用机理及有效性等方面的研究。我国每年产出农业秸秆高达 8 亿吨，生物炭技术的发展对废弃物资源化及发展低碳经济有着重要的意义，继续深入开展生物炭的基础和应用研究势在必行。

生物炭研究涉及面广，是边缘学科与交叉学科的结合体，解决重要科学问题需要多学科领域的专家学者的协调与合作。因此，应注重区域或全国性大范围、大尺度、系统性生物炭联合科技攻关或协同专项研究，推动生物炭研究与产业化发展。生物炭研究已取得了一些成果，但有关生物炭在土壤与环境系统中的宏观、微观效应与作用机理等诸多方面，还有待于进行更深入、更系统的研究。有关生物炭与作物-土壤-环境系统的关系及作用还有许多关键性科学问题有待进一步研究，如生物炭的碳汇稳定性问题、生态效应问题。在现有研究基础上，发展推广大面积生物炭应用技术，积极评价生物炭作为碳汇技术在我国固碳减排，缓解气候变化领域中的贡献与作用，探讨生物炭在国际碳排放交易中的可操作性等方面都需要进行系统研究。

参考文献

安增莉，方青松，侯艳伟．生物炭输入对土壤污染物迁移行为的影响［J］．化解科学导刊，2011，30（3）：7-10.

陈温福，张伟明，孟军，等．生物炭应用技术研究［J］．中国工程科学，2011，13（2）：83-89.

陈云梅，赵欢，肖厚军，等．减氮配施有机物料对玉米-白菜轮作体系作物产量、光合特性和产品品质的影响［J］．应用生态学报，2021，32（12）：4391-4400.

陈再明，远方，徐义亮，等．水稻秸秆生物炭对重金属 Pb^{2+} 的吸附作用及影响因素［J］．环境科学学报，2012，32（4）：769-776.

崔月峰，陈温福．环保型炭基缓释肥应用于大豆、花生效果初报［J］．辽宁农业科学，2008，4：41-43.

丁维新，蔡祖聪．植物在 CH_4 产生，氧化和排放中的作用［J］．应用生态学报，2003，14（8）：1379-1384.

丁文川，朱庆祥，曾晓岚，等．不同热解温度生物炭改良铅和镉污染土壤的研究［J］．科技导报，2011，29（14）：22-25.

韩光明，孟军，曹婷，等．生物炭对菠菜根际微生物及土壤理化性质的影响［J］．沈阳农业大学学报，2012，43（5）：515-520.

何绪生，张树清，佘雕，等．生物炭对土壤肥料的作用及未来研究［J］．中国农学通报，2011，27（15）：16-25.

胡江春，王书锦．大豆连作障碍研究Ⅰ．大豆连作土壤紫青霉菌的毒素作用研究［J］．应用生态学报，1996，7（4）：396-400.

黄剑．生物炭对土壤微生物量及土壤酶的影响研究［D］．北京：中国农业科学院，2012.

姜玉萍，杨晓峰，张兆辉，等．生物炭对土壤环境及作物生长影响的研究进展［J］．浙江农业学报，2013，25（2）：410-415.

柯跃进，胡学玉，易卿，等．水稻秸秆生物炭对耕地土壤有机碳及其 CO_2 释放的影响［J］．环境科学，2014（01）：93-99.

李得勤，段云霞，张述文．土壤湿度观测，模拟和估算研究［J］．地球科学进展，2012，27（4）：424-434.

李飞跃，汪建飞．生物炭对土壤 N_2O 排放特征影响的研究进展［J］．土壤通报，2013（04）：1005-1009.

李志刚，刘晓刚，李健．硫酸铵与鸡粪配比在含生物质炭育苗基质中的应用效果［J］．中国土壤与肥料，2012，1：83-88.

林爱军，张旭红，苏玉红，等．骨炭修复重金属污染土壤和降低基毒性的研究［J］．环境科学，2007，28（2）：232-237.

刘世杰，窦森．黑炭对玉米生长和土壤养分吸收与淋失的影响［J］．水土保持学报，2009，23（1）：79-82.

刘莹莹，秦海芝，李恋卿，等．不同作物原料热裂解生物质炭对溶液中 Cd^{2+} 和 Pb^{2+} 的吸附特性［J］．生态环境学报，2012（01）：146-152.

卢燕．活性炭吸附罗丹明B的研究［J］．四川理工学院学报，2010，23（6）：692-694.

马莉，吕宁，冶军，等．生物炭对灰漠土有机碳及其组分的影响［J］．中国生态农业学报，2012（08）：976-981.

孟军，陈温福．中国生物炭研究及其产业发展趋势［J］．沈阳农业大学学报（社会科学版），2013（01）：1-5.

乔志刚，陈琳，李恋卿，等．生物质炭基肥对水稻生长及氮素利用率的影响［J］．中国农学通报，2014，30（5）：175-180.

佟雪娇，李九玉，姜军，等．添加农作物秸秆炭对红壤吸附 Cu(Ⅱ) 的影响［J］．生态与农村环境学报，2011，27（5）：37-41.

王汉卫，王玉伟，陈杰华，等．改性纳米碳黑用于重金属污染土壤改良的研究［J］．中国环境科学，2009，29（4）：431-436.

吴迪，江敏，吴昊，等．虾壳生物炭对水中重金属 Pb（Ⅱ）和 Cd（Ⅱ）的竞争吸附特性及机理研究［J］．环境污染与防治，2022，44（7）：873-878.

吴敏，宁平，吴迪．滇池底泥制备的生物炭对重金属的吸附研究［J］．昆明理工大学学报（自然科学版），2013，38（2）：102-106.

吴文卫，周丹丹．生物炭老化及其对重金属吸附的影响机制［J］．农业环境科学学报，2019，38（1）：7-13.

武玉，徐刚，吕迎春，等．生物炭对土壤理化性质影响的研究进展［J］．地球科学进展，2014，29（1）：68-79.

于滨杭，姬建梅，王丽学，等．中国主粮作物生物炭产量效应的 Meta 分析［J/OL］．环境科学，2022：1-15.

余向阳，张志勇，张新明，等．黑炭对土壤中毒死蜱降解的影响［J］．农业环境科学学报，2007，5：1681-1684.

张晗芝，黄云，刘钢．生物炭对玉米苗期生长、养分吸收及土壤化学性状的影响［J］．生态环境学报，2010，19（11）：2713-2727．

张继义，蒲丽君，李根．秸秆生物炭质吸附剂的制备及其吸附性能［J］．农业工程学报，2011（S2）：104-109．

张键，程吉林，伏培仟，等．生物炭滤-砂慢滤处理农村分散式饮水的试验研究［J］．中国农村水利水电，2007，8：131-134．

张伟明，孟军，王嘉宇，等．生物炭对水稻根系形态与生理特性及产量的影响［J］．作物学报，2013，39（8）：1445-1451．

张文玲，李桂花，高卫东．生物质炭对土壤性状和作物产量的影响［J］．中国农学通报，2009，25（17）：153-157．

张喜娟，孟英，唐傲，等．功能性材料生物炭的农田应用效应［J］．作物杂志，2013，4：7．

周建斌，邓丛静，陈金林，等．棉秆炭对镉污染土壤的修复效果［J］．生态环境，2008（05）：1857-1860．

周润娟，张明．水葫芦生物炭对水中重金属离子的吸附特征研究［J］．安全与环境工程，2022，29（3）：168-177．

周志红，李心清，邢英，等．生物炭对土壤氮素淋失的抑制作用［J］．地球与环境，2011（02）：278-284．

朱庆祥．生物炭对 pH、Cd 污染土壤的修复试验研究［D］．重庆：重庆大学，2012．

Angst T E, Sohi S P. Establishing release dynamics for plant nutrients from biochar [J]. GCB Bioenergy, 2013, 5 (2): 221-226.

Asai H, Samson B K, Stephan H M, et al. Biochar amendment techniques for upland rice production in Northern Laos: Soil physical properties, leaf SPAD and grain yield [J]. Field Crops Research, 2009, 111 (1): 81-84.

Beesley L, Marmiroli M. The immobilisation and retention of soluble arsenic, cadmium and zinc by biochar [J]. Environmental Pollution, 2011, 159 (2): 474-480.

Beesley L, Moreno-Jiménez E, Gomez-Eyles J L. Effects of biochar and greenwaste compost amendments on mobility, bioavailability and toxicity of inorganic and organic contaminants in a multi-element polluted soil [J]. Environmental Pollution, 2010, 158 (6): 2282-2287.

Blackwell P, Riethmuller G, Collins M. Biochar application to soil [J]. Biochar for environmental management: science and technology, 2009: 207-226.

Bossio D A, Horwath W R, Mutters R G, et al. Methane pool and flux dynamics in a rice field following straw incorporation [J]. Soil Biology and Biochemistry, 1999, 31 (9): 1313-1322.

Briggs C M, Breiner J, Graham R C. Contributions of Pinus Ponderosa charcoal to soil chemical and physical properties [C]. 2005.

Cao X, Ma L, Gao B, Harris W. Dairy-Manure Derived biochar effectively sorbs lead and Atrazine [J]. Environmental Science & Technology, 2009, 43: 3285-3291.

Cayuela M L, Oenema O, Kuikman P J, et al. Bioenergy by roducts as soil amendments? Implications for carbon sequestration and greenhouse gas emissions [J]. GCB Bioenergy, 2010, 2 (4): 201-213.

Chan K Y, Van Zwieten L, Meszaros I, et al. Agronomic values of greenwaste biochar as a soil amendment [J]. Soil Research, 2008, 45 (8): 629-634.

Chintala R, Schumacher T E, Mcdonald L M, et al. Phosphorus sorption and availability from biochars and soil/biochar mixtures [J]. CLEAN-Soil, Air, Water, 2014, 42 (5): 626-634.

Da L, Rc B, Je A. Review ofthe pyrolysis platform for coproducing bio-oil and bioehar rolysis platform for coproducing bio-oil and bioehar [J]. Biofuels, Bioproducts&Biorefining, 2009, 3: 547-562.

Deenik J L, Mcclellan A T, Uehara G. Biochar volatile matter content effects on plant growth and nitrogen transformations in a tropical soil [C]. 2009: 26-31.

Deluca T H, Mackenzie M D, Gundale M J. Biochar effects on soil nutrient transformations [J]. Biochar for environmental management: science and technology, 2009: 251-270.

Dugan E, Verhoef A, Robinson S, et al. Bio-char from sawdust, maize stover and charcoal: Impact on water holding capacities (WHC) of three soils from Ghana [C]. 2010: 9-12

Eastman C M. Soil physical characteristics of an aeric ochraqualf amended with biochar [D]. Columbus: The Ohio State University, 2011.

Enders A, Hanley K, Whitman T, et al. Characterization of biochars to evaluate recalcitrance and agronomic performance [J]. Bioresource Technology, 2012, 114: 644-653.

Fellet G, Marchiol L, Delle Vedove G, et al. Application of biochar on mine tailings: Effects and perspectives for land reclamation [J]. Chemosphere, 2011, 83 (9): 1262-1267.

Gaskin A, Speir K, Harris D. Effect of pyrolysis chars on corn yield and soil quality in a loamy sand soil of the southeastern United States. Biochar: Sustalnability and security in a chan ging climate [Z]. Newcastle, 2008.

Gaskin J W, Steiner C, Harris K, et al. Effect of low-temperature pyrolysis conditions on biochar for agricultural use [J]. Trans Asabe, 2008, 51 (6): 2061-2069.

Gaunt J L, Lehmann J. Energy balance and emissions associated with biochar sequestration and pyrolysis bioenergy production [J]. Environmental Science & Technology, 2008, 42 (11): 4152-4158.

Glaser B, Balashov E, Haumaier L, et al. Black carbon in density fractions of anthropogenic soils of the Brazilian Amazon region [J]. Orgainc Geochemistry, 2000, 31: 669-678.

Glaser B, Haumaier L, Guggenberger G, et al. The Terra Preta'phenomenon: a model for sustainable agriculture in the humid tropics [J]. Naturwissenschaften, 2001, 88 (1): 37-41.

Glaser B, Lehmann J, Zech W. Ameliorating physical and chemical properties of highly weathered soils in the tropics with charcoal—A review [J]. Biology and fertility of soils, 2002, 35 (4): 219-230.

Grossman J M, O'Neill B E, Tsai S M, et al. Amazonian anthrosols support similar microbial communities that differ distinctly from those extant in adjacent, unmodified soils of the same mineralogy [J]. Microbial Ecology, 2010, 60 (1): 192-205.

Haefele S M, Konboon Y, Wongboon W, et al. Effects and fate of biochar from rice residues in rice-based systems [J]. Field Crops Research, 2011, 121 (3): 430-440.

Hale S E, Alling V, Martinsen V, et al. The sorption and desorption of phosphate-P, ammonium-N and nitrate-N in cacao shell and corn cob biochars [J]. Chemosphere, 2013, 91 (11): 1612-1619.

Hamer U, Marschner B, Brodowski S, et al. Interactive priming of black carbon and glucose mineralisation [J]. Organic Geochemistry, 2004, 35 (7): 823-830.

Hammond J, Shackley S, Sohi S, et al. Prospective life cycle carbon abatement for pyrolysis biochar systems in the UK [J]. Energy Policy, 2011, 39 (5): 2646-2655.

Hossain M K, Strezov V, Yin Chan K, et al. Agronomic properties of wastewater sludge biochar and bioavailability of metals in production of cherry tomato [J]. Chemosphere, 2010, 78 (9): 1167-1171.

Iswaran V, Jauhri K S, Sen A. Effect of charcoal, coal and peat on the yield of moong, soybean and pea [J]. Soil Biology and Biochemistry, 1980, 12 (2): 191-192.

Jiang J, Xu R, Jiang T, et al. Immobilization of Cu(Ⅱ), Pb (Ⅱ) and Cd (Ⅱ) by the addition of rice straw derived biochar to a simulated polluted Ultisol [J]. Journal of Hazardous Materials, 2012, 229: 145-150.

Jones D L, Murphy D V, Khalid M, et al. Short-term biochar-induced increase in soil CO_2 release is both biotically and abiotically mediated [J]. Soil Biology and Biochemistry, 2011, 43 (8): 1723-1731.

Kameyama K, Miyamoto T, Shiono T, et al. Influence of sugarcane bagasse-derived biochar application on nitrate leaching in calcaric dark red soil [J]. Journal of Environmental quality, 2012, 41 (4): 1131-1137.

Kimetu J M, Lehmann J. Stability and stabilisation of biochar and green manure in soil with different organic carbon contents [J]. Soil Research, 2010, 48 (7): 577-585.

Kolb S E, Fermanich K J, Dornbush M E. Effect of charcoal quantity on microbial biomass and activity in temperate soils [J]. Soil Science Society of America Journal, 2009, 73 (4): 1173-1181.

Laird A D, Fleming P, Davis D D, et al. Imact of biochar amendments on the quality of a typical midwestern agricultural soil [J]. Geoderma, 2010, 158 (3): 443-449.

Laird D, Fleming P, Wang B, et al. Biochar impact on nutrient leaching from a Midwestern agricultural soil [J]. Geoderma, 2010, 158 (3): 436-442.

Laird D A, Brown R C, Amonette J E, et al. Review of the pyrolysis platform for coproducing bio - oil and biochar [J]. Biofuels, Bioproducts and Biorefining, 2009, 3 (5): 547-562.

Lehmann J, Da Silva Jr J P, Steiner C, et al. Nutrient availability and leaching in an archaeological Anthrosol and a Ferralsol of the Central Amazon basin: Fertilizer, manure and charcoal amendments [J]. Plant and soil, 2003, 249 (2): 343-357.

Liang B, Lehmann J, Sohi S P, et al. Black carbon affects the cycling of non-black carbon in soil [J]. Organic Geochemistry, 2010, 41 (2): 206-213.

Liang B，Lehmann J，Solomon D，et al. Black carbon increases cation exchange capacity in soils [J]. Soil Science Society of America Journal，2006，70（5）：1719-1730.

Lehmann J. A handful of carbon [J]. Nature，2007，447（7141）：143-144.

Lehmann J. Bio-energy in the black [J]. Frontiers in Ecology and the Environment，2007，5（7）：381-387.

Lehmann J，Gaunt J，Rondon M. Bio-char sequestration in terrestrial ecosystems—A review [J]. Mitigation and Adaptation Strategies for Global Change，2006，11（2）：395-419.

Lehmann J，Weigl D，Peter I，et al. Nutrient interactions of alley cropped Sorghum bicolor and Acacia saligna in a runoff irrigation system in Northern Kenya [J]. Plant and soil，1999，210（2）：249-262.

Le Mer J，Roger P. Production，oxidation，emission and consumption of methane by soils：a review [J]. European Journal of Soil Biology，2001，37（1）：25-50.

Luo Y，Durenkamp M，De Nobili M，et al. Short term soil priming effects and the mineralisation of biochar following its incorporation to soils of different pH [J]. Soil Biology and Biochemistry，2011，43（11）：2304-2314.

Magrini-Bair K A，Czernik S，Pilath H M，et al. Biomass derived，carbon sequestering，designed fertilizers [J]. Annals of Environmental Science，2010，3（1）：15.

Major J，Lehmann J，Rondon M，et al. Fate of soil-applied black carbon：downward migration，leaching and soil respiration [J]. Global Change Biology，2010，16（4）：1366-1379.

Makoto K，Shibata H，Kim Y S，et al. Contribution of charcoal to short-term nutrient dynamics after surface fire in humus layer of a drarf bamboo-dominated forest [J]. Biology and Fertility of Soils，2012，48（5）：567-577.

Masulili A，Utomo W H，Syechfani M S. Rice husk biochar for rice based cropping system in acid soil 1. The characteristics of rice husk biochar and its influence on the properties of acid sulfate soils and rice growth in West Kalimantan，Indonesia [J]. Journal of Agricultural Science，2010，2（1）：39.

Morales M M，Comerford N，Guerrini I A，et al. Sorption and desorption of phosphate on biochar and biochar-soil mixtures [J]. Soil Use and Management，2013，29（3）：306-314.

Nguyen，HYN. The effect of bio-char on the growth of maize（Zea mays）in two types of soil [EB/OL]. 2008.

Novak J M，Busscher W J，Laird D L，et al. Impact of biochar amendment on fertility of a southeastern coastal plain soil [J]. Soil Science，2009，174（2）：105-112.

Novak J M，Lima I，Xing B，et al. Characterization of designer biochar produced at different temperatures and their effects on a loamy sand [J]. Annals of Environmental Science，2009，3（1）：2.

Ogawa M. Symbiosis of people and nature in the tropics [J]. Farming Japan，1994，28（5）：10-34.

Ogawa M，Okimori Y. Pioneering works in biochar research，Japan [J]. Soil Research，2010，48（7）：489-500.

Oguntunde P G，Abiodun B J，Ajayi A E，et al. Effects of charcoal production on soil physical properties in Ghana [J]. Journal of Plant Nutrient and Soil Science，2008，171：591-596.

Parvage M M，Ulén B，Eriksson J，et al. Phosphorus availability in soils amended with wheat residue char [J]. Biology and fertility of soils，2013，49（2）：245-250.

Qiu Y P，Cheng H Y，Xu C，et al. Surface characteristics of crop-residue-derived black carbon and lead（Ⅱ）adsorption [J]. Water Research，2008，42（3）：567-574.

Rhodes A H，Carlin A，Semple K T. Impact of black carbon in the extraction and mineralization of phenanthrene in soil [J]. Environmental Science & Technology，2008，42（3）：740-745.

Roberts K G，Gloy B A，Joseph S，et al. Life cycle assessment of biochar systems：Estimating the energetic，economic，and climate change potential [J]. Environmental Science & Technology，2009，44（2）：827-833.

Rondon M A，Molina D，Hurtado M，et al. Enhancing the productivity of crops and grasses while reducing greenhouse gas emissions through bio-char amendments to unfertile tropical soils [C]. 2006：9-15.

Rondon M，Ramirez J，Lehmann J. Charcoal additions reduce net emissions of greenhouse gases to the atmosphere [C] //Proceedings of the 3rd USDA Symposium on Greenhouse Gases and Carbon Sequestration in Agriculture and Forestry. Maryland，2005：208.

Sika M P，Hardie A G. Effect of pine wood biochar on ammonium nitrate leaching and availability in a South African sandy soil [J]. European Journal of Soil Science，2014，65（1）：113-119.

Singh B，Kaur R，Singh K. Characterization of Rhizobium strain isolated from the roots of Trigonella foenumgraecum（fenugreek）[J]. African journal of Biotechnology，2008，7（20）.

Spokas K A, Koskinen W C, Baker J M, et al. Impacts of woodchip biochar additions on greenhouse gas production and sorption/degradation of two herbicides in a Minnesota soil [J]. Chemosphere, 2009, 77 (4): 574-581.

Spokas K A, Novak J M, Venterea R T. Biochar's role as an alternative N-fertilizer: ammonia capture [J]. Plant and soil, 2012, 350 (1-2): 35-42.

Spokas K A, Reicosky D C. Impacts of sixteen different biochars on soil greenhouse gas production [J]. Annals of Environmental Science, 2009, 3: 179-193.

Steinbeiss S, Gleixner G, Antonietti M. Effect of biochar amendment on soil carbon balance and soil microbial activity [J]. Soil Biology and Biochemistry, 2009, 41 (6): 1301-1310.

Steiner C, Glaser B, Geraldes Teixeira W, et al. Nitrogen retention and plant uptake on a highly weathered central Amazonian Ferralsol amended with compost and charcoal [J]. Journal of Plant Nutrition and Soil Science, 2008, 171 (6): 893-899.

Steiner C, Teixeira W G, Lehmann J, et al. Long term effects of manure, charcoal and mineral fertilization on crop production and fertility on a highly weathered Central Amazonian upland soil [J]. Plant and Soil, 2007, 291 (1-2): 275-290.

Steiner C, Teixeira W G, Lehmann J, et al. Microbial response to charcoal amendments of highly weathered soils and amazonian dark earths in central Amazonia—preliminary results [M]. Amazonian Dark Earths: Explorations in space and time, Springer, 2004: 195-212.

Streubel J D, Collins H P, Garcia-Perez M, et al. Influence of contrasting biochar types on five soils at increasing rates of application [J]. Soil Science Society of America Journal, 2011, 75 (4): 1402-1413.

Topoliantz S, Ponge J F, Ballof S. Manioc peel and charcoal: a potential organic amendment for sustainable soil fertility in the tropics [J]. Biology and Fertility of Soils, 2005, 41 (1): 15-21.

Tryon E H. Effect of charcoal on certain physical, chemical, and biological properties of forest soils [J]. Ecological Monographs, 1948: 81-115.

Uchimiya M, Lima I M, Thomas Klasson K, et al. Immobilization of heavy metal ions (Cu II, Cd II, Ni II, and Pb II) by Broiler Litter-Derived biochars in water and soil [J]. Journal of Agricultural and Food Chemistry, 2010, 58 (9): 5538-5544.

Uzoma K C, Inoue M, Andry H, et al. Effect of cow manure biochar on maize productivity under sandy soil condition [J]. Soil use and management, 2011, 27 (2): 205-212.

Vaccari F P, Baronti S, Lugato E, et al. Biochar as a strategy to sequester carbon and increase yield in durum wheat [J]. European Journal of Agronomy, 2011, 34 (4): 231-238.

Van Zwieten L, Kimber S, Morris S, et al. Effects of biochar from slow pyrolysis of papermill waste on agronomic performance and soil fertility [J]. Plant and soil, 2010, 327 (1-2): 235-246.

Van Zwieten L, Kimber S, Morris S, et al. Influence of biochars on flux of N_2O and CO_2 from Ferrosol [J]. Soil Research, 2010, 48 (7): 555-568.

Wang J, Zhang M, Xiong Z, et al. Effects of biochar addition on N_2O and CO_2 emissions from two paddy soils [J]. Biology and Fertility of Soils, 2011, 47 (8): 887-896.

Warnock D D, Lehmann J, Kuyper T W, et al. Mycorrhizal responses to biochar in soil concepts and mechanisms [J]. Plant and Soil, 2007, 300: 9-20.

Wei L, Xu G, Shao H, et al. Regulating Environmental Factors of Nutrients Release from Wheat Straw Biochar for Sustainable Agriculture [J]. CLEAN-Soil, Air, Water, 2013, 41 (7): 697-701.

Woolf D, Amonette J E, Street-Perrott F A, et al. Sustainable biochar to mitigate global climate change [J]. Nature communications, 2010, 1: 56.

Xie Zubin, Liu Gang, Bei Qicheng, et al. CO_2 mitigation potential in farmland of China by altering current organic matter amendment pattern [J]. Science China Earth Sciences, 2010, 53 (9): 1351-1357.

Yamato M, Okimori Y, Wibowo I F, et al. Effects of the application of charred bark of Acacia mangium on the yield of maize, cowpea and peanut, and soil chemical properties in South Sumatra, Indonesia [J]. Soil Science and Plant Nutrition, 2006, 52 (4): 489-495.

Yao Y, Gao B, Chen J, et al. Engineered carbon (biochar) prepared by direct pyrolysis of Mg-accumulated tomato tissues: Characterization and phosphate removal potential [J]. Bioresource technology, 2013, 138: 8-13.

Yao Y，Gao B，Inyang M，et al. Removal of phosphate from aqueous solution by biochar derived from anaerobically digested sugar beet tailings [J]. Journal of hazardous materials，2011，190 (1)：501-507.

Yu X Y，Ying G G，Kookana S R. Reduced plant uptake of pesticides with biochar additions to soil [J]. Chemosphere，2009，76：665-671.

Yuan J H，Xu R K，Zhang H. The forms of alkalis in the biochar produced from crop residues at different temperatures [J]. Bioresource Technology，2011，102 (3)：3488-3497.

Zeelie A. Effect of biochar on selected soil physical properties of sandy soil with low agricultural suitability [D]. Stellenbosch：Stellenbosch University，2012.

Zhang A，Cui L，Pan G，et al. Effect of biochar amendment on yield and methane and nitrous oxide emissions from a rice paddy from Tai Lake plain，China [J]. Agriculture，Ecosystems & Environment，2010，139 (4)：469-475.

Zhang W，Li Z，Zhang Q，et al. Impacts of biochar and nitrogen fertilizer on spinach yield and tissue nitrate content from a pot ex-periment [J]. Journal of Agro-Environment Science，2011，10：7.

第 2 章
生物炭的制备与特性

生物炭的应用领域虽然很广，包括农业、工业、环保、养殖、保健等众多领域，但生物炭的生产制备是一切应用的前提。本章主要讲述生物炭的生产历史、生物炭制备工艺、生物炭的性质及影响因素、裂解温度对生物质材料炭转化率及特性的影响研究。

2.1 生物炭生产历史

生物炭的生产历史大致可以分为三个时期。

第一个时期，生物炭的生产和应用属于粗放式的，也有可能是无意识的。大量的研究证实南美洲 Terra Preta 和 Terra Mulata 黑色土壤中的生物炭距今有 500～2500 年，在 Terra Preta 中有些生物炭甚至可以追溯到公元前 450 年（Stephan，2007）。在这一时期生物炭的生产是非目的性的，它只不过是生活及农业活动中用燃烧的方式处理废弃物和残遗品，其应用是生产实践得出的经验总结。

第二个时期为发现和探索时期，1870 年美国地质学家和探险家 James Orton 首次在其著作《亚马孙与印第安人》一书中谈及亚马孙黑色土壤 Terra Preta（图 2-1，书后另见彩图），这也是最早关于生物炭生产与农业应用的文字报道。随后包括土壤学家、考古学家、地理学家、人类学家通过大量的研究证实 Terra Preta 是南美印第安人在长期的农业生产中加入不完全燃烧的有机物质造成的（Lehmann et al，2009），同时也尝试着去复制 Terra Preta 土壤。这一时期生物炭的生产沿用已使用了几千年的以"炭化"为目的的木炭生产技术。

第三个时期可称为现代工业化生产时期，其特点是以资源的综合高效利用为目的，在生产生物炭的同时综合开发利用其他副产品，其应用已扩展到除农业之外的能源、化学、环境等领域。早在 20 世纪 70 年代，一些发达国家（如美国、日本、加拿大等）就开始了生物质裂解技术的研究与开发；到 80 年代，美国有 19 家公司和研究机构从事生物质裂解技术的研究与开发，加拿大有 12 个大学的实验室在开展生物质裂解技术的研究。此外，菲律宾、马来西亚、印度、印度尼西亚等发展中国家也开展了这方面的研究（肖烈 等，2008）。

人类的大量开采导致煤、焦炭等传统活性炭原料储量锐减，世界面临能源与环境危

（a）普通土壤　　　　　　　　　　　　（b）Terra Preta 土壤

图 2-1　普通土壤和 Terra Preta 土壤（源于国际生物炭倡导组织网站）

机。因此必须寻求一种绿色环保、低成本、高功效和可持续发展的新能源来满足对能源日益增长的巨大需求。由于以生物质为原料制备的生物炭具有无污染、高储量、可再生等特点，其已成为最具发展潜力的新材料和新能源之一。生物质资源虽然丰富，但由于保存和转化的技术落后导致生物质资源浪费严重，如秸秆等农业废弃物在田间焚烧，林业产品加工产生的木屑、锯末等被直接丢弃，食品加工的壳、皮等被当作垃圾填埋，这不仅污染了环境，还造成了生物质资源的巨大浪费。因此，将生物质原料转化为生物炭不仅实现了废弃资源的高附加值再利用，还满足了对活性炭的巨大需求。生物炭具有发达的孔隙结构、高的比表面积和丰富的表面官能团，这使生物炭在能源与环境领域中有广泛的应用前景。

生物炭（biochar）指在缺氧或限氧条件下植物生物质热解而得到的一种黑炭材料，含碳量高且空隙结构发达，可以保持养分和水分，是一种理想的土壤改良剂。生物炭主要用来作为土壤改良剂，原因主要包括：

① 相当高的防腐稳定性；

② 具有超高的养分保留能力。

同时，生物炭作为土壤改良剂的环境效益主要包括 3 个方面：

① 减缓温室效应；

② 改良土壤；

③ 减轻环境污染。

生物炭的特性决定其用途，如果以固碳为目标，则要求其在稳定性高的基础上增大产量，这样固碳效益才会显著；若以改良土壤为目标，则要求其不仅能保留土壤养分、水分，还必须具备一定的抗分解能力。生物炭的特性由原料和制备条件所决定。目前研究中，生物炭的原料包括阔叶树、牧草、树皮、作物残余物（如稻草、坚果壳和稻壳）、柳枝稷、有机废物（如酒糟、甘蔗渣、橄榄废物、鸡粪、牛粪、剩余污泥和纸浆）。生物炭的原料种类繁多，其制备条件也多种多样。按生物质热解技术升温速率可分为快速热解、中速热解和慢速热解，其特点如表 2-1 所列。温度是不同制备技术的关键因素。因此，针对具体的原料，必须系统地研究制备条件与生物炭性能之间的关系，以期获得优质的生物炭。

表 2-1　不同生物炭热解技术的比较

热解技术	特点	生物油占比	生物炭占比	生物气占比
快速热解	中温,约 500℃,很短的热气停留时间,<2s	75%(25%水分)	12%	13%
中速热解	中低温,适度的热气停留时间	50%(50%水分)	25%	25%
慢速热解	中低温,数小时停留时间	30%(70%水分)	35%	35%

2.2　生物炭制备工艺

2.2.1　生物质热解炭化原理及炭化设备

2.2.1.1　炭化原理

生物质热解是一个十分复杂的热化学反应过程，主要包括纤维素、半纤维素、木质素的分解，生物炭主要来自木质素的热解。炭化主要分为 3 个阶段。

① 干燥阶段。在温度低于 110℃时主要是原料内部分子吸收热量脱水，分子内部并没有发生明显变化。

② 预炭化阶段。这一阶段，温度低于 350℃时，半纤维素中羧基和羰基分解，并放出大量 H_2O、CO_2、CO。

③ 炭化阶段。随着温度的升高，纤维素中纤维糖基分热解生成左旋葡萄糖，左旋葡萄糖中 C—C、C—O 键断裂分解释放 H_2、CO、焦油，芳香族化合物转化成少量炭。在大于 400℃木质素分解达到峰值，热解阶段发生大量化学键的断裂，C—C 键、O—H 键、C—H 键、苯环、醚键等断裂，使整个分子分解为大分子碎片，进一步分解为小分子碎片，通过重整、脱羰、脱水、缩聚等形成苯酚类化合物，即 CO_2、CH_4 等气体以及羟基、甲基、羟甲基、甲氧基等。这些小分子随着温度的不断升高而逐渐脱出，形成水、甲烷、甲醇等产物，大量含苯自由基形成多环芳香族化合物，进一步形成炭。

2.2.1.2　炭化设备研究现状

根据原料在设备中炭化过程不同，可分为窑式热解、固定床热解及移动床热解等。

（1）窑式热解

窑式热解炭化是将原料堆放在窑内，长时间在完全无氧环境下进行焖烧。窑内温度及燃烧过程完全凭借工作人员的眼观和经验进行，往往会出现未烧透及烧成灰两种极端情况，排放的废气、废渣、废液回收利用率低。为了解决传统炭化法带来的问题，传统窑型逐渐退出使用范围，出现了多种新型窑型。新增加了多种烟道与气孔，窑体选用耐火材料，增加了对"三废"的处理，有些炉体点火方式不同于以往，采用上面点火。该窑型适用于小规模生产、对产物质量要求低及生产条件不高的地区。

（2）固定床热解

固定床热解炭化是较为传统的热解方法，工作原理与窑式热解有相似之处，物料在床层上的空间位置几乎是固定的，适用于尺寸较大的物料。固定床热解根据加热方式的不同分为外加热式和内加热式。外加热式热解炭化过程采用外源热量对系统提供热量，对炉壁材料要求较高。其加热主要采用两种方式。一种方式是工业生产过程产生的可回收利用热气对生物质进行接触式换热，能源利用率高，符合我国能源可持续发展战略；但由于原料堆积疏密程度会影响气体流通，造成传热不均匀。此外，该加热方法对原料粒度有一定要求，不适用于粒度较大的生物质。另一种方式为微波加热，此种方式无须对秸秆粉碎即可使用，易于操作，升温迅速；但对设备本身结构要求较高，在辐射过程中辐照不均匀，即使采用多管辐射也会因角度问题出现不均匀性，且会有微波泄漏的情况。该种方法目前只停留在实验阶段，可为新型炭化设备的开发提供新的思路和相关数据。内加热式热解炭化设备依靠自身燃烧释放的热量维持反应，不消耗其他形式的能量；但燃气的热值比较低，物料消耗大，反应过程难以控制，包括反应炉内填充物料比例、燃烧时间、出料间隔时间、风量大小等。采用固定床进行热解炭化要反复进行炉的加温和冷却，产物可能会由于炉内温度的不同而有所变化。

（3）移动床热解

移动式热解炭化设备以一种流水线的作业形式将生物质进行热解，生物质在反应器内不同位置进行不同反应。物料在进料区由输送机构传送到干燥区，排出所含水分，接着发生热解；炉内温度继续上升，物料随着一次次出料而逐渐下移进入炭化阶段，继续下移到达冷却和出料区。结合移动床式设备特点，出现一系列管式热解设备，各炭化管按一定形式排布，物料在各个分管内完成反应，过程易于控制，提高了物料转化率。与其他设备相比，移动式具有传热效率有所提高、结构紧凑、设备制造简单的特点，由于原料在反应器内各个区域发生反应，固体与液体、气体分离易操作，便于实现对不同阶段的反应控制和监测，有利于实现连续性生产。该设备适合尺寸较小的原料，但反应器内容易造成原料堵塞，导致传热不均匀；另外，对反应产生的气体分离难以实现，导致气体回收率低，残留在反应器内的可燃气在出料阶段遇到少量空气会发生爆炸、再次燃烧等危险。

2.2.2 生物炭制备工艺概述

生物炭的制备实际上是生物质的裂解过程，裂解是指生物质在缺少氧化剂（空气、氧气等）的条件下，加热到一定的温度，通过热化学反应将生物质大分子物质（木质素、纤维素和半纤维素）分解成较小分子的燃料物质（可燃气、生物油、固态炭）的热化学转化技术。

早期生物炭的生产工艺相对比较粗放，也没有严格的技术工艺参数，最简单的方法是将土壤覆盖在点燃的生物质上（如木材、农作物秸秆、生活有机废弃物等），使其长时间表现为无焰燃烧，或称之为隔绝氧气的焖燃烧。传统的以"炭化"为目的的生物炭制备工艺已有几千年的历史，其工艺经历土窑、木窑、砖窑、钢制窑以及混凝土窑。随着制窑技术的改进，产炭率有所提升，但总体上还是存在产率低、易产生空气污染等问题。现代化的生物炭生产尽量做到物尽其用，生产效率高、工艺控制精确、产品性能稳定、能源转化率高。现代化工业生物质裂解的能源转化率可达 95.5%，通过裂解，各种生物质均可转化为可燃气、生物油和生物炭。控制不同的反应条件如温度、原料、压力、滞留时间等，可改变 3 种产物的比例（图 2-2）。

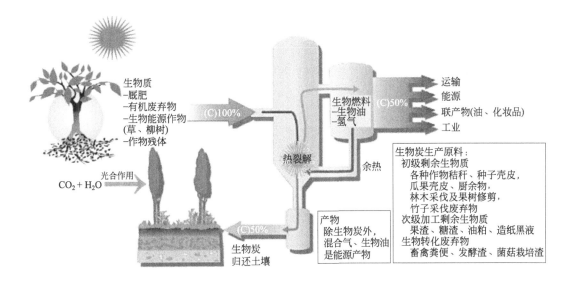

图 2-2　生物炭生产与利用（何绪生 等，2011）

目前，工业热解是生物炭生产的主流方向，其主要包括慢速热解、常规（中速）热解和快速（闪速）热解。

2.2.2.1　热解工艺

（1）慢速热解

慢速热解是一种以生成木炭为目的的炭化过程，生物质在极低的升温速率、温度约 400℃下长时间裂解，焦炭的最高产率为 35%（质量分数），这个过程也称为生物质炭化。当温度高（700～900℃）、加热速率慢、气体产物停留时间长时，可最大限度地得到气体产物。其他参数控制合适，可以获得近似相同比率的可燃气体、木醋液以及固体炭。

（2）常规（中速）热解

常规热解是将生物质原料放在常规的裂解装置中，在低于 600℃的中等温度及中等反应速率（0.1～1.0℃/s）条件下，经过几个小时的裂解，得到占原料质量的 10%～20% 的生物油和 20%～25% 的生物炭。

常规热解工艺在国外已趋成熟，主要有固定床上吸式气化炉、固定床下吸式气化炉、单流化床气化炉、循环流化床气化炉、双流化床气化炉。在大规模应用方面主要是发电和集中供暖，其综合发电成本已接近小型常规能源的发电水平，在欧美尤其是北欧地区如芬兰和丹麦等已投入商业应用。

（3）快速（闪速）热解

快速热解也称为闪速裂解，指生物质在缺氧、常压、超高加热速率 $10^4\,K/s$ 左右、超短产物停留时间的条件下，被快速加热到较高温度，从而引发大分子的分解，产生了小分子气体和可凝性挥发分以及少量焦炭产物。与慢速热解相比，快速热解的传热反应过程发生在极短的时间内，强烈的热效应直接产生裂解产物，再迅速淬冷，通常在 0.5s 内急冷至 350℃ 以下，最大限度地增加了生物油的产出比例（马林转 等，2004）。

快速热解迄今在国外经过众多研发机构和公司的大量研究，已开发出不同种类的快速或闪速热解工艺和反应器（表 2-2）。在欧美一些发达国家如美国和荷兰等，生物质快速热裂解制取生物油的技术已进入商业示范应用阶段，技术已基本成熟，目前正进行生物油应用技术的研究与开发。

表 2-2 国外生物质快速热解技术工艺研发概况（肖烈 等，2008）

技术工艺	研发单位	规模
涡旋反应器裂解工艺	美国国家可再生能源实验室	20kg/h
烧蚀裂解	美国国家可再生能源实验室	20kg/h
旋转锥式反应工艺	荷兰 Twente 大学	50t/d
沸腾流化床裂解工艺	加拿大 Waterloo 大学	100t/d
循环流化床裂解工艺	加拿大 Ensyn	70t/d
热循环真空裂解工艺	加拿大 Instiute Pyrovac Inc.	50kg/h
携带床反应器工艺	美国 Georgin 工程学院	45kg/h
奥格窑裂解工艺	加拿大 WWTC	42kg/h
旋风裂解工艺	Jacques	55kg/h

2.2.2.2 生物黑炭转化的技术工艺与流程

生物黑炭是生物质有机碳在无氧状态高温裂解下分离可燃气后剩余的炭化副产品。生物黑炭一词，原本是指称为慢速热解的专门生产过程的产物（表 2-3），该过程是无氧而相对低温（<500℃，一般介于 240～350℃）条件下的炭化过程，能量向热量的转化较少，从而避免了大量碳逸失。最近，温度略高条件下的短促热解以及微波炭化等新技术也被纳入生物黑炭生产技术范畴。生物黑炭与自然和人为活动中生产的炭屑、活性炭和炭黑不同，尽管这些都是有机生物质炭热处理下的产物。高温热解也释放 CO_2，在秸秆生物黑炭转化制备装置中，生产过程一般只消耗其中 10% 的能量。就消耗生物质较多的合成气生产过程而言，其生物黑炭副产物中仍有超过 60% 的碳保留。用于转化而生产生物黑炭的原料来自植物生产的各种秸秆原料和废弃物，包括：木屑，树皮，多种作物秸秆（作物茎叶、果壳、米糠），生物能作物柳枝稷，加工工业如制糖工业中甘蔗渣、制油工业中油菜饼和橄榄油的残渣等有机废弃物，造纸工业中的纸渣（纸浆），畜禽养殖业废弃物以

及城市污泥、生活垃圾等废弃物。当然，单宁和木质素含量高而灰分和氮含量低的有机废弃物最适合中温（约500℃）条件下生物黑炭的加工。

表 2-3　几种热解过程产物中原料生物质的去向　　　　　　　单位：%

热解技术	工艺过程	液体(生物油)	固体(生物黑炭)	气体(合成气)
快速热解	中温，<500℃，热蒸汽快速循环	75	12	13
过渡性热解	中低温，中度热蒸汽循环	50	25	25
慢速热解	中低温，热蒸汽慢循环	30	35	35
气化裂解	高温，>800℃，热蒸汽极慢循环	5	10	85

不过，兼顾能源高效利用和潜在固碳减排效益最大化的生物黑炭商业制造技术还很不成熟，还没有形成适合不同原料的最优化生物黑炭工程转化的商业化技术。但木材和农作物秸秆的生物黑炭转化技术基本成形，其基本工作流程见图 2-3。

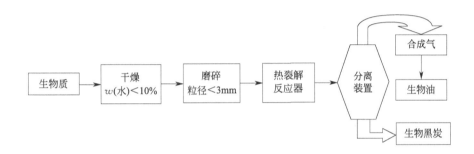

图 2-3　生物质热解转化生物黑炭的基本流程与产物

2.2.2.3　微波炭化法

微波加热是通过被加热体内部偶极分子的高频往复运动，使分子间相互碰撞产生大量摩擦热量，继而使物料内外部同时快速均匀升温。微波加热具有操作简单、升温速率快、反应效率高、可选择性均匀加热等优点。微波炭化法的影响因素有微波功率、活化剂种类、活化剂浓度、浸泡时间和加热时间等。

Yang 等以椰子壳为原料，先在 1000℃下炭化 120min，之后分别以 CO_2 气体、水蒸气为活化剂，在微波加热至 900℃下活化制备了生物炭。在 CO_2 流量 600cm^3/min，活化时间 210min 工艺下制得的生物炭比表面积为 2288m^2/g，产率为 37.5%；水蒸气流量为 1.35g/min，活化时间 75min 工艺下制得的生物炭比表面积为 2079m^2/g，产率为 42.2%。除微波物理活化法外，微波化学活化法也得到了广泛运用。Liu 等以竹子为原料，H_3PO_4 为活化剂，在磷酸与原料的质量比为 1:1，微波功率 350W，活化时间 20min 的工艺下制得的生物炭比表面积为 1432m^2/g，产率为 48%。化学活化剂包括 $ZnCl_2$、H_3PO_4 和 KOH 等，其中 KOH 活化可制得高比表面积活性炭。这主要是因为 KOH 与 C 反应生成了 K_2CO_3，同时 K_2CO_3 分解产生 K_2O 和 CO_2，这些物质均有利于炭表面孔隙结构的发展；此外 K_2CO_3、K_2O 和 C 反应生成金属钾，当活化温度超过金属钾沸点时，钾蒸气也会影响孔结构。张利波等以烟秆的炭化物为原料，KOH为活化剂，在碱炭质量比为4:1，微波功率700W，加热时间30min工艺下制得的生物炭比表面积为3406m^2/g，比表面积较高。

生物质资源不但包括植物性生物质，而且还包括动物性生物质。因此生物质炭还可从动物性原料中获得。壳聚糖是虾壳、蟹壳等海洋动物废弃物的主要衍生产物。以壳聚糖为原料，$ZnCl_2$为活化剂，在$ZnCl_2$浓度为0.20g/mL，微波功率为650W，炭化时间为10min的工艺下制得的壳聚糖生物炭比表面积为700～1100m^2/g，且可通过调节活化剂浓度对壳聚糖生物炭比表面积与孔径进行控制。壳聚糖的微波炭化为生物炭的制备提供了新选择，为动物类生物炭转化提供了一种新方法，为有效地利用动物质资源奠定了基础。微波炭化的不足在于物料的反应温度不能精确控制，且过量的微波辐射将损害健康。

2.2.2.4 水热炭化法

水热炭化法是在一定温度和压强下将水热反应釜内的生物质（碳水化合物、有机分子和废弃生物质等）、催化剂和水进行加热，实现对生物质炭化的过程。水热炭化可加速生物质与溶剂之间的物理化学作用，促进离子与酸/碱的反应，分解生物质中的碳水化合物结构，最终形成生物炭材料并析出。低温水热炭化（180～300℃）因其反应条件较温和，可通过水热炭化中生物质的脱水与聚合作用获得功能炭化材料，得到了更为广泛的应用。生物质原料的种类、组成与结构，反应催化剂的选择，反应温度、压强以及反应时间等都会影响水热炭化过程和最终炭化产物的结构与性质。而催化剂（金属离子等）的使用，将加快水热炭化过程，缩短炭化时间，改善生物炭的结构与性质（Cui et al，2007）。将5g淀粉溶于40mL水，以$[Fe(NH_4)_2(SO_4)_2]$（5mmol）为活化剂，在pH值为4和200℃条件下炭化12h，制得了比表面积为113.8m^2/g的炭球；同样以1g淀粉为原料，改用35mg Fe_2O_3为活化剂，在200℃条件下加热48h，制得的炭球比表面积为402.0m^2/g，与Fe^{2+}活化相比炭球比表面积有显著提高，但反应时间过长。刘守新等采用水热炭化方法将商品活性炭和30mL 0.1～1.0mol/L的葡萄糖溶液混合，在180℃高压釜中反应5h，制得了比表面积为441.0m^2/g的炭材料，所制材料对Cr（Ⅵ）的饱和吸附量为0.48mmol/g，较改性前商品活性炭的吸附量提高了4倍。

除单独使用水热炭化法制备生物炭外，水热炭化法还可与其他方法联用。Guiotoku等以松木屑和α-纤维素为原料，采用微波炭化/水热炭化联用制备了生物炭。生物质在微波炭化以及柠檬酸（1.5mol/L）催化下，在200℃的弱酸性水介质中参与炭化反应。反应过程中微波起到了加热与辅助催化的作用。

由于水热炭化反应在水溶液环境下进行，省去了原有预干燥过程，而且在反应脱水过程中，生物质将释放出自身1/3的燃烧能，因此水热炭化具有高能效的特点；水热炭化的水介质气氛有助于炭化过程中材料表面含氧官能团的形成，因此炭化产物一般含有丰富的表面官能团。此外水热炭化的设备简单，操作简便且生物炭的产率较高。

2.2.2.5　木质材料炭化过程

木材、木屑、树根、果核和果壳等木质材料的炭化，是将其放在炭化设备内加热，进行热分解。在热解过程中，发生一系列复杂化学反应，产生很多新生产物，木质材料发生了变化。根据热分解过程的温度变化和生成产物的情况等特征，炭化过程大体上可分为如下4个阶段。

（1）干燥阶段

干燥阶段的温度在20～150℃，热解速度非常缓慢，主要是木材中所含水分依靠外部供给的热量进行蒸发，木质材料的化学组成几乎没有变化。

（2）预炭化阶段

预炭化阶段的温度为50～275℃，木质材料热分解反应比较明显，木质材料化学组成开始发生变化，其中不稳定的组分，如半纤维素，分解生成二氧化碳、一氧化碳和少量醋酸等物质。以上两个阶段都要外界供给热量来保证热解温度的上升，所以又称为吸热分解阶段。

（3）炭化阶段

炭化阶段的温度为75～400℃，在这个阶段中，木质材料急剧地进行热分解，生成大量分解产物。生成的液体产物中含有大量醋酸、甲醇和木焦油，生成的气体产物中二氧化碳含量逐渐减少，而甲烷、乙烯等可燃性气体逐渐增多。这一阶段放出大量反应热，所以又称为放热反应阶段。

（4）煅烧阶段

煅烧阶段的温度上升至450～500℃，这个阶段依靠外部供给热量进行木炭的煅烧，排出残留在木炭中的挥发性物质，提高木炭的固定碳含量。这时生成液体产物已经很少。

应当指出，实际上这四个阶段的界限难以明确划分，由于炭化设备各个部位受热量不同，木质材料的电导率又较小，因此，设备内木质材料所处的位置不同，甚至大块木材的内部和外部也可能处于不同热解阶段。

炭化的原料很多，薪材、森林采伐剩余物、森林抚育时消除的杂木、木材加工厂的剩余物（如木屑）等都可以进行炭化。除木屑为粒状，需采用特殊炭化炉炭化外，其他原料多以木段为主，都适合大多数炭化炉或炭窑炭化原料的要求。炭化原料树种可分为三类：第一类为硬阔叶材，如水青冈、麻栎、苦槠、榆等；第二类为软阔叶材，如杨、柳、椴等；第三类为针叶材，如马尾松、南亚松、湿地松等。要生产出高质量的木炭，以适合冶金工业和二硫化碳工业等工业部门使用，炭化原料应选用硬阔叶材，而针叶材常用来生产松木炭，用于制造活性炭。炭化材最好大小均匀，若直径太大，应把它劈开，劈裂线长度要求小于12cm。炭化材的长度由炭化炉或炭窑的高度决定，若木材不劈开，因木材的导热性差，炭化时产生的气体混合物，由木材内部通向外部，所需通过的路径很长，炭化时间也长，会导致木材机械强度下降。供炭化的薪材多属萌芽林，故最好在秋冬季采伐，此时，树木处于休眠阶段，树液停止流动，根部贮存物质，不受损害，利于来年萌芽更新；而且秋季天气晴朗，相对湿度小，木材含水量低，伐下的薪材易干燥，可缩短炭化时间，减少燃料消耗，生产的木炭裂缝少，质量高。此外，腐朽木、病害枯死的木材，均不宜作炭化原料，因为腐朽木材炭化时，木炭疏松、易碎和容易自燃，大大降低木炭质量。

2.2.2.6 筑窑烧炭

炭窑修筑前,都要进行窑址选择,对窑址有如下要求:

① 附近资源丰富,原料和木炭的运输比较方便;

② 靠近水源,但又不会受到地表水冲刷淹没,或积聚雨水;

③ 土质坚实,最好是能耐火烧的黏土;

④ 坡度较小,又有堆放原料和木炭的地方;

⑤ 如果是山坡地,选择的山坡方向要使筑成的炭窑燃烧室通风口朝向常风的方向,有利于通风和燃烧。

现以猪头窑为例子,说明炭窑的筑造过程。

在选好的窑址上,画一个等边三角形,其中一个顶角,用于连接燃烧室,这个顶角应朝常风方向。三角形边长约 2.1m 并修成弧形,在线内向下挖 1m 深左右,即为炭化室。在燃烧室对面炭化室后下方正中挖烟道腔和排烟孔,孔高 14cm,宽 18cm,炭化室前端略高于后端。在炭化室前端三角形顶角打一排横向木楔后即进行装柴,薪材直立装入炭化室中,质量好的上等薪材装在后面,中等的装在中间,质量差的下等材装在最前面,装材细头向下,粗头向上,中心略高于四周,使薪材堆成拱形。上面盖上一层稻草,在炭化室的后面两个边角上放上 2 个藤圈,在炭化室的中前部近边线上也放上 2 个藤圈,这 4 个藤圈作为烟孔。然后沿四周铺泥土,筑窑盖,边铺土,边打紧,锤打得越紧越好,窑盖筑好后,将烟孔中的泥土挖去,并铺上松土。

在炭化室前面筑燃烧室,燃烧室前端低于后端。筑好窑型后就可进行烘窑,烘窑时在燃烧室点火,火力不要太猛。如果烘窑速度太快,炭窑将不够坚实,火烧去木楔,形成通道,逐渐烧入炭化室,待烟孔松土发白时,把松土挖去,从烟孔冒出白烟,当烟色开始转青时,将烟孔盖上,打开烟道口,使烟气从烟道口冒出,烟色全部变青时,将所有孔口堵塞,进行闷窑,经 2d 冷却后炭窑即成型固定,在窑的侧面开一个出炭门,进行出炭,以后可以继续装柴烧炭,其过程和前面烘窑相同,只是烧炭时间较短,正常的烧炭周转时间为 3~4d。

各种形式的炭化窑如图 2-4 所示。

2.2.2.7 Pyro 生物炭设备技术参数

法国的 Pyro 设备是一个连续高温厌氧加热生物炭的裂解炉(图 2-5)。通过热解,生物废弃物可以分解成生物炭和气体,产生过程中,设备自动收集气体,然后在高温下燃烧,这样做可以在保证它们不污染环境的同时,将这些能量用于支持设备自身的生产运作。因此,生产过程一旦启动,即可进入一种自我供输的状态,并且,整个生产过程只生产可以由作物自然吸收的废弃物、水和二氧化碳。

一台 Pyro6 机器(产业化版)占地 150m^2,高 8m(图 2-6),折合成本价(人民币)为 800000 元/月。供电条件为:Pyro-1 运作时的最低耗电量为 7kW·h,电压 380V。耗电量:Pyro-1 的预热会消耗油 10L,运作耗电量为 4kW·h。供热:Pyro-1 所产生的热能为 100~150kW。废弃物的最佳级配(结构粒度)在 0~15mm 之间,因此要先碾碎废弃物。废弃物必须是同一种类,且质量均匀。更换废弃物时,必须关掉机器,重新设定参

(a) 球形窑

(b) 联体砖质式炭化窑

(c) 工业化机窑

(d) 改良性快速高温炭窑

图 2-4 各种形式的炭化窑

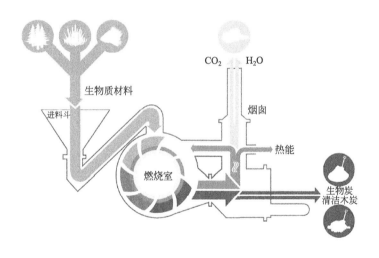

图 2-5 法国的 Pyro 设备

数，然后重新燃烧。6t 潮湿的废弃物（湿度为 50％）可以生产 1t 的生物炭，3t 干燥的废弃物（相对湿度＜15％）可以生产 1t 的生物炭。Pyro6 机器可以 24h 全天候运行，一个星期 6d，一年按 48 个星期算，也就等于一年可以工作 6900h，产量约为 300kg/h，也就是每台机器每年生产 2000t 生物炭，因此每台机器每年最多需要 6000t 的干燥废弃物生产生物炭（图 2-7～图 2-9）。

图 2-6 设备安装车间（面积 150m^2，高 8m）

图 2-7 Pyro6 设备 1d 内生物炭的产量

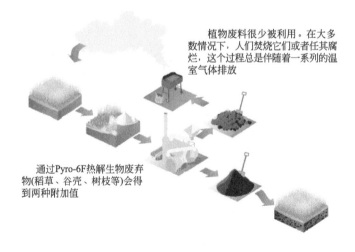

植物废料很少被利用。在大多数情况下，人们焚烧它们或者任其腐烂，这个过程总是伴随着一系列的温室气体排放

通过Pyro-6F热解生物废弃物(稻草、谷壳、树枝等)会得到两种附加值

图 2-8 Pyro-6F 系统热解生物废弃物的优势

得益于一系列的独立、互补模块，Pyro-6F可以适用于所有生物质项目

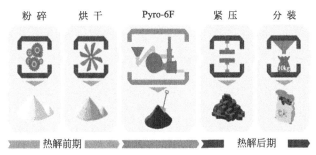

粉 碎　　烘 干　　Pyro-6F　　紧 压　　分 装

热解前期　　　　　　　　　　　　　热解后期

Pyro-6F所使用的生物废弃物原料必须到达水分含量小于15%和最大粒度不超过10mm
热解前的粉碎机、干燥机的使用将使得所有类型的生物废弃物都变成符合Pyro-6F生产要求的原料

Pyro-6F生产出的是生物炭，需要把它们凝聚起来以用作燃料。另外，热解后的紧压和分装过程都已经实现了全部自动化

图 2-9　Pyro-6F 系统在生物质项目中的热解流程

2.2.3　几种炭化炉烧炭介绍

（1）移动式炭化炉工艺与操作

移动式炭化炉（图 2-10）用 2mm 厚的薄钢板焊接，由炉下体、上体和顶盖叠接而成。炉下体为空心圆台体，距离下端 20mm 高的弧面上，间隔等距离通风口和烟道各 4个，通风口和烟道上分别装有通风管和烟囱，炉下体的内部设有 4 块扇形炉栅，中央竖立一个点火通风架。炉上体直径比下体略小，性状相同。炉顶盖中央设一个点火口，用点火口盖来封闭它。炉体全高 1525mm，有效容积 2.75m³，一次处理原料量体积 2.2m³。

节能移动式炭化炉

图 2-10　移动式炭化炉

移动式炭化炉对原料的要求为：炭材长 1m，直径 3～8cm；点火材长 25cm，直径 5cm；燃料材长 50cm，直径 5cm，含水率要求在 25％以下。烧炭时，将炉下体放在平地

中心，装入 4 块扇形炉栅，炉上体放在炉下体的凹槽上，点火通风架竖立在炉栅中央，烟囱和通风管分别插在烟道口和通风口上。点火材呈井字形平放在点火通风架上；制炭材直立地装在炉内，大头向上，大径级和含水率较高的装在炉体中央；制炭材的顶端横铺一层燃料材。炉顶盖放在炉上体的凹槽上，为了密封，各层的凹槽内均用砂土填满，炉下体外缘填一层厚 250mm 的泥土并夯实。用明子等易燃材料点火，从炉顶盖上的点火口投入炉内，将点火材和制炭材顶端的燃料材点燃，并不断地添入燃料材；当烟囱口温度达到 60℃ 时，盖上点火口，并用砂土填入凹槽内密封。

当炭化进行 4~5h 时，炉内制炭材的干燥阶段结束。当烟囱口烟气由白色变黄色时，逐步关闭通风口插板。当通风口出现火焰，烟囱口冒青烟，烟囱内发出嘶嘶响声，预示炭化过程结束。立即用泥土封闭通风口，再过 30min，将烟囱除去，封闭烟道口。炉内温度冷却至 40℃ 时，开炉出炭。木炭得率为 25% 左右，木炭含水率为 6%。

(2) 多槽式木屑炭化炉工艺与操作

木屑是一种多孔隙松散的物料，在炭化时，特别要注意木屑是热的极不良导体，所采用的设备形式，应考虑如何加快传热和传热均匀的问题，否则炭化将不能完成。多槽炭化炉是根据木屑特性而设计的专用木屑炭化设备。

多槽炭化炉每台炉有 14 个立式炭化槽，每个炭化槽的两侧都为烟道，一台炉内共有 15 个烟道，炉的内部用耐火砖，外部用青砖砌成，炉长 7m，宽 4.5m，每炉设 5 个燃烧室，每一燃烧室与炉内的 3 个烟道相通，燃烧烟气在炉内烟道中分 5 层曲折上升至顶部，与烟囱连通，烟囱高 10m，高温烟气在运动中将热量通过隔墙间接地传给炭化物料。炭化产生的蒸汽气体通过房顶排气罩排空，炉顶设加料室，原料由此加入炭化槽，每个炭化槽均有一个卸炭口，卸炭口设在与燃烧室相反的一面。

生产时，首先在燃烧室点火，加热炭化槽，待温度升至 300℃ 时开始投料，直至加满为止，每个炭化炉第一次投料可投下松木屑 1400~1700kg，待部分木屑炭化后，在各炭化室内上下搅动一下以免炭化室内木屑之间存有空隙引起灰化，在搅动时，被木屑阻留在炭化室内的气体往往会连同烟火一齐上扬，烧伤人体，应特别注意安全。对炭化室进行搅动后便可进行第二次投料，投料量 600~800kg。在炭化过程中，当炭化槽冒出青烟或无烟、加料口和出炭口外部没有火焰冒出、炭化槽内物料呈暗红色、不冒火星时，表明炭化结束，即可出炭。出炭时，把出炭门打开，用长柄铁耙把炭粉耙入铁桶内，立即用湿炭粉盖上，以防炭粉灰化。每炉投料量为 2~2.5t 木屑，炉温约 700℃，炭化时间随原料含水率而异，4~8h，每炉可得木屑炭 300~400kg，耗煤 1.5~1.7t。

这种炭化炉结构简单，容易砌造，操作易掌握；但耗煤量大，炭得率低，质量不够均匀，高温操作，劳动强度大。

(3) 回转炉炭化工艺与操作

回转炉是锯屑料炭化、活化制取活性炭的一个关键设备。回转炉为卧式，内径 1m，长 13m。筒体为钢板制成，内衬耐火砖。在筒体中部外面装有大齿轮，借以推动筒体转动。两端各有一对托轮，支承筒体重量。炉头和炉尾均有密封装置。安装的倾斜度为 2°~5°。回转炉为连续操作，锯屑料由圆盘加料器和螺旋送料器送入炉尾。物料借助筒体转动和倾斜度缓慢地向炉头移动。在炉头设有燃烧室，燃烧原油或煤气，产生的高温烟气直接进入炉中，由炉头向炉尾流动，与物料逆流直接接触。在炭化过程中，形成带黏性的塑性物料，黏附在炉壁上，结块成痂，堵塞炉膛。为了防止堵塞，在炉内装有链条串联好的星形刮刀，让它随着筒体的转动，不停地撞击炉壁，将粘在炉壁上的结块物料刮下。活化好的物料称活化料，从炉头落入出料室，并定期取出，送往回收工序。废烟气从炉尾经烟道进入废气回收系统。开炉时，先启动转炉，再点火升温，待炉尾温度升至300℃左右，开始加料。如果需要停炉，先停止进料，继续保持一定的炉温，待炉内物料全部排出后方熄火停炉。热炉未完全冷却之前，每隔数分钟至20min转动筒体一次，防止筒体变形。

回转炉炭化、活化的工艺条件如表2-4所列。

表 2-4 回转炉炭化、活化的工艺条件

工艺指标	参数
活化区物料温度/℃	500～600
炭化、活化时间/min	约40
炉内充填系数/%	15～20
筒体转速/(r/min)	1～3
炉内压力	略带负压
炉头烟气温度/℃	700～800
炉尾烟气温度/℃	200～300
出料间隔时间/min	20

（4）多管炉水蒸气活化生产粉状活性炭的工艺流程

原料木炭送到双辊轧机料斗，经两道双辊轧炭机轧碎后，由振动筛进行筛选，选取3～30mm炭粒作为活化的原料，太粗的炭粒返回再破碎，太细的炭粒可作为生产颗粒活性炭的原料。合格炭粒由吊车提升到活化炉炉顶备用。炭每隔一定时间加进活化炉的活化管内，与送进的过热蒸汽反应，炭在逐步下降过程中被蒸汽加热干燥，补充炭化，然后活化，最后经冷却由最下端卸料口隔一定时间卸出。水蒸气先经预热室过热至300～400℃后送进活化管内作为活化介质，它与炭并流也是由上而下，在流动过程中不断与炭粒接触，并起一系列活化反应，在活化管下部变成了水煤气，水煤气与活化炭一同进入冷却段后，在分离段管内被分离出来，由煤气管送到底部活化管外炉膛燃烧，由二次空气管吸入空气以满足燃烧需要，以此产生的热量来维持炉温，使活化反应继续不断地进行。

活化好的炭冷却后，用皮带输送机送往球磨机粉碎，利用排风机的吸力将输送带上活化料吸入球磨机中，重量较大的砂石等杂质留在输送带上被除去，粉碎后的细炭由风力吸入分离器中，粗炭由分离器返回球磨机中再碎，合格炭随风力送往旋风分离器中分离，旋风分离器排出的气体再经袋滤器捕集细炭粉之后排空。由旋风分离器与袋滤器收集的炭，可直接作为成品出售。若用户对活性炭纯度要求较高，则上述所收集的活性炭，还必须经过酸洗、水浇和脱水处理，以除去活性炭中铁盐和灰分等杂质，经脱水后的炭含水50%左右，可作为湿活性炭出售。若要求生产干活性炭，还需烘干，使含水率降至10%左右，即为干活性炭成品。

1) 多管炉对原料的要求

多管炉属移动床活化炉，这种活化炉要求原料有一定粒度并能借助自重逐渐在活化管内由上往下移动，在移动的过程中与活化剂作用，而达到活化。炭的粒度与活化速度、活化均匀度密切相关。粒度小，活化速度大，活化均匀。粒度大，活化反应还要受到活化剂在炭内扩散速度的影响。因此，大炭粒的活化速度会慢些。炭粒的活化过程是由颗粒外表向颗粒内部逐步进行的，当炭颗粒较大时，常会发生炭粒外表已经完成活化而内部尚未达到完全活化，因而影响产品质量。而炭粒过小会增加炭层的阻力，活化剂不易均匀通过，也达不到均匀活化的目的。作为工业生产的原料，除了要求一定大小的粒度外，还要求原料颗粒大小均匀，防止不同大小的颗粒掺杂，导致活化不均匀现象的出现。当用圆形多管炉生产粉状活性炭时，一般要求用松木和松根木炭或桦木炭作为原料，木炭应在 450～600℃炭化制得。对原料炭的规格要求：砂石等杂质不超过 5%，未炭化物和腐朽炭不超过 5%，水分不超过 15%。首先用人工除去木炭中的生炭头和大块杂质，然后用双辊轧炭机破碎，再经振动筛筛选，选取粒度为 3～30mm 的炭粒为活化原料。

2) 多管炉炭活化工艺

多管炉炉体内部用耐火砖，外面用红砖砌成，长 3.48m，宽 3.38m，高 7.05m。炉体四周用角钢加固，炉膛截面长 1.95m，宽 1.22m。炉膛内装有 8 条立式活化管，分成两排，每条活化管由 23 个管子堆叠砌成，除顶端和底部各有一节钢制管子外，其余各节均用耐火材料制成。每节管子内径 15cm，高 25cm，壁厚 2cm，活化管总高 5.2m。活化管顶部有料仓，活化管下部钢管连接冷却套管、煤气分离器、出炭罐等。煤气分离器的外侧设有连接管，将煤气送入炉膛燃烧，炉体一侧的下方设有一个燃烧室，燃烧室由炉膛与烟道相连，供烘炉、开炉之用。为了产生过热蒸汽，在炉膛两侧壁设有蒸汽预热室，炉体上有测温孔、视火孔、清灰孔、二次空气进口孔等。

进行活化时，对新开的炉，要进行烘炉操作。烘炉是保持活化炉正常运行、延长使用寿命的重要措施。新炉烘炉要严格按操作规程进行，要保持炉温缓慢均匀上升，防止忽高忽低上下波动。烘炉时间大约 30d，当炉温达 800℃后可开始投料，并通入蒸汽进行活化。始炉炭常常活化不完全，可反复返回再活化，待活化合格后，转入正常生产，加热炉停用，封闭炉门。转入正常生产后，炉内热量已达到平衡，不需要外加热源。

一般每隔 30～40min 卸料一次，加料一次，过热水蒸气在过热室过热到 300～400℃，由活化管上部进气管导入作为活化剂，与炭一起由上而下流动，不断与炭接触，并发生一系列反应，生成的水煤气与活化炭一起进入冷却段，在煤气分离器中被分离出来，送进活化管外的炉膛中燃烧产生热量，维持炉温，保证活化反应必需的热量。高温活化段的炉膛温度控制在 950～1050℃，通入活化管的蒸汽表压为 0.15～0.20MPa，估计蒸汽用量为炭量的 6～8 倍。操作时可调节烟囱闸板以控制炉温。

3) 活化料的后处理

活化好的炭称为活化料。多管炉生产的活化料要进行以下处理，方可成为产品出售。

① 除杂与粉碎。活化料冷却后用皮带输送机送往粉碎机，一般采用球磨机或万能粉碎机进行粉碎。利用排风机的吸力将输送带上的活化料吸入粉碎机中，重量较大的砂石和

金属碎片等杂质留在输送带上被除去。粉碎后的炭粒度要求大于 120 目的不超过 5%～8%，这样得到的粉炭再进行下一步处理，或根据用户要求直接作为成品炭出售。

② 酸洗、水洗和脱水。可用盐酸洗涤除去炭中含有的灰分和铁盐等杂质。酸洗和水洗在酸洗池中进行。酸洗池为长方形，长 1.65m，宽 1.15m，深约 3m，用耐酸水泥制成，再涂环氧树脂。酸洗时，先在池内放入少量热水，倒入磨碎炭，再加热水使炭全部润湿后，加 20% 左右的盐酸，用直接蒸汽加热并搅拌，使混合均匀，然后利用真空系统将炭料吸入高位槽贮存，待冷却到 60℃ 以下，放入另一酸洗池，用装有微孔塑料管吸滤器吸滤，废酸液通过微孔塑料管吸出，而炭被吸附在吸滤管壁上。再将吸滤器连炭一起转入净水池中继续吸滤，这时净水通过炭层，洗去酸液和杂质，一直洗至 pH 值为 5～6，得到的湿炭含水分约 50%，可作为成品销售。

③ 干燥、混合与包装。生产含水率 10% 以下的干炭时，可用洞道式干燥室干燥。湿炭装入铝盘中，放到小车上，推入洞道式干燥室，用 70℃ 热空气作为干燥介质进行干燥。炭干燥后从另一端出口拉出，每隔 2h 拉出和推入一辆载炭小车。一定批量的干炭混合均匀后进行包装。

4）多管炉生产粉状活性炭的原材料消耗和优缺点

多管炉生产粉状活性炭，每吨活性炭产品的原材料消耗分别为：松木炭 4t，煤 0.61t，活化用水蒸气 6～8t，盐酸 0.1t。

Ⅰ. 多管炉的优点

① 操作比较简单，稳定，易于控制，劳动强度小；

② 生产周期短；

③ 产品质量比较稳定，所生产的活性炭适合作药用炭；

④ 可以利用活化过程中产生的水煤气燃烧的热量加热活化炉，节约燃料，降低成本；

⑤ 生产能力大，每台多管炉年生产活性炭可达 150～200t。

Ⅱ. 多管炉的缺点

① 管炉活化松木炭时质量好，活化杂木炭时质量较差；

② 水蒸气过热的温度较低，只能达到 300℃ 左右，影响活性炭的质量；

③ 由于原料木炭是通过管壁间接受热的，因此活化管内温度分布不均，使原料木炭的活化程度不一致；

④ 由耐火材料制成的活化管节，若受热不均匀，极易损坏。

（5）焖烧法生产粉状活性炭的工艺流程及原理

1）焖烧法生产粉状活性炭的工艺流程

将木屑炭或木炭经粉磨、酸洗、水洗、滤干后的湿炭粉装在活化罐里。将含有一定量氧气的高温烟道气作为活化剂，通过活化罐壁上的孔隙与罐内木炭直接接触进行活化，由于炭在封闭活化罐内，用高温烟道气焖烧，所以习惯上称为焖烧法。

木屑由皮带输送机送到振动筛进行筛选，选取合格的木屑再由皮带输送机送到立式多槽炭化炉平台。在炭化炉中，木屑炭化为木屑炭后装入料桶，倒入球磨机进行粉碎，磨碎到 100 目左右，然后把磨碎炭粉倒入酸煮池中，加入干料重量 15% 的工业盐酸，并通入蒸汽蒸煮 4h，然后停气浸泡一段时间，让炭与盐酸作用生成的可溶性盐类从炭中更好地扩散到液体中，把酸洗池的物料移到酸洗桶，酸洗桶下部接真空管进行抽滤，使炭与废酸水分离。经酸洗后的炭化品呈强酸性并附有残留的部分可溶物，必须用清水进行充分洗涤，洗至炭化品呈中性，并进行脱水。

水洗后的湿炭粉打碎后，装入活化罐内，每 10 罐一叠，最上面加盖，用小车送入焖烧炉活化室，装满后关好炉门，用耐热水泥密封，打开烟道闸门，点火升温，在 12～14h 将温度升高到 850℃，在 850～900℃下保温 20～48h，进行保温活化。温度要求稳定，不得忽高忽低。在活化后期，要取样化验脱色力，达到要求后，就可出炉。打开炉门，取出活化罐，放置在空地上自行冷却后倒出活性炭，经混合器混合均匀，即可包装出厂。

2）活化罐和焖烧炉炭化工艺原理

活化罐是用 50％耐火黏土、30％燃烧后的硬质黏土粉末、20％耐火砖粉调成膏状，用机械法制成内径 140mm、高 140mm、厚 8mm 的小罐。成坯小罐阴干后，按品字形叠放于炉内，于 700℃左右经 50 多小时烧成。烧成的活化罐不仅要求有一定的孔隙度，而且要有较好的强度，能经受骤冷骤热的考验。焖烧炉内用耐火砖，外用青砖砌成，每炉一个燃烧室，用煤燃烧，燃烧产生的高温烟道气分成两股从前往后通过底部烟道，再由炉后两个火孔进入活化室，然后又由前端两个火孔通向炉底另两条烟道，通过整个炉底后经垂直烟道送烟囱排空，用闸门控制烟气流量，可控制炉内温度。一般 4～8 台焖烧炉为 1 组，2 组使用 1 个烟囱。活化室高 1500mm，宽 1200mm，长 1700mm，四周由耐火砖砌成，可装活化罐 700 个。活化室炉门上装热电偶，以便进行测量温度。焖烧法能使炭活化的主要原因，是上述配方制成的活化罐罐壁有孔隙，高温烟道气能通过罐壁的孔隙与炭直接接触进行活化。据试验，罐的孔隙率一般以 30％较好，所谓孔隙率是指气孔体积占耐火材料体积的百分率。若用钢铁制成活化罐，由于这种材料制成的罐壁没有孔隙，在同样的活化条件下，活化效果会很差。实验还证明，烟道气中含有一定量的氧气对炭的活化起到非常重要的作用。总之，对炭进行活化，要生产出高品质和高产量的活性炭，必须首先具有优质活化罐，同时还要在生产过程中，随时注意活化温度、活化时间，以及由烟道气带入的空气总量。

3）焖烧法的原材料消耗和优缺点

采用焖烧法生产粉状活性炭，每吨活性炭的主要原材料消耗分别为：木屑炭 3.5t，工业盐酸 0.5～0.7t，水 90～100t，煤 8～10t，电 900～1000kW·h。

主要的优缺点如下。

Ⅰ.焖烧法优点

① 可使用多种原料，既可采用木屑，也可采用木炭进行生产，而且对材料无严格要求，阔叶树木材、针叶树木材都可应用；

② 可生产的活性炭品种多，既能生产粉状活性炭，又能生产颗粒活性炭；

③ 焖烧炉炉体结构简单，维修方便，投资少，上马快。在某些地区，建立一个规模不太大的活性炭生产厂，采用此法是比较适合的；

④ 用焖烧法生产的活性炭杂质含量少，化学纯度高，活性炭的质量好；

⑤ 此法在我国的生产历史较长，积累了丰富的生产实践经验，在生产过程中可实现

操作自如，产量稳定。

Ⅱ. 焖烧法缺点

① 原材料消耗大，特别是煤的消耗，比多管炉活化法大十多倍，盐酸的消耗量也较大；

② 劳动强度大，操作条件差，焖烧炉操作属高温作业，体力消耗极大，特别是经常需要用眼睛来观察活化室中活化的情况，活化室的强光，对眼睛有损害；

③ 焖烧炉活化的生产周期长，一般每炉的活化时间少则 30～40h，有的需要 60～70h 才能完成活化，生产效率较低；

④ 产品质量不够稳定。

（6）生物质材料机制炭工艺

坚果（如核桃、油茶籽、香榧等）经加工后分选并拉回的果壳、农作物秸秆、中草药生产厂经提取有效成分后与被抛弃并晒干的中草药渣混合，再掺入少量锯木屑或含木质素较高的木材加工后的废弃物，利用制炭过程中释放的余热进一步对其加热脱水，使含水量降至 10％以下后输进制炭机压成炭坯，并装入炭窑，通过点火于无氧状态下自燃炭化制成炭块。

1）材料设备与方法

① 材料：果壳类（油茶壳、核桃壳、香榧壳），秸秆类（药渣、小麦、水稻、玉米、豆类），锯木屑。

② 设备：ZT-03 环保型高密度制炭机；HGJ-01 型滚筒气流式连续烘干机；SJ 型滚动式连续筛粉机；炭窑（黄山市金秋炭业有限公司自建）。

2）实验方法

① 工艺流程如图 2-11 所示。

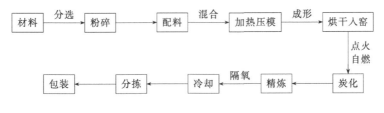

图 2-11　机制炭制备工艺流程

② 制炭原料配方。取果壳类和秸秆类废弃物分别以 0∶1、2∶3、1∶0 比例混合，加入 15％的锯木屑，混匀，经粉碎、烘干，进入制炭机压制成炭坯，再送入炭窑，经点火后于无氧状态炭化炭块，测定机制炭的各项理化参数。

③ 理化参数的测定方法。灰分、水分、挥发分和固定碳按 GB/T 17664 规定的方法测定；热值按 GB/T 213 规定的方法测定。

3）结果与分析

表 2-5 所列为果壳与秸秆混合物制得机制炭理化参数。理化参数的选择参照国家对原薪柴所烧制炭制定的产品标准。结果表明，秸秆类材料制得的机制炭理化性能明显比果壳类材料的机制炭差，但两类材料经混合生产的机制炭的各项理化参数接近国家标准，表明其产品可以部分替代原薪柴炭。

表 2-5　果壳与秸秆混合物制得机制炭理化参数

试样	含水量/%	抗压性/(MPa/mm²)	密度/(g/cm³)	灰分/%	挥发分/%	光泽度	热值/(J/g)	固定碳/%	抗碎性/%
纯果壳	2	3.5	1.2	2.2	4.9	光滑	7866	92.9	83.7
果壳、秸秆混合比2∶3	5.8	2.5	1.1	8.6	9.4	一般	7860	86	72.9
纯秸秆类	5.5	2.1	0.9	8.6	10.1	差	6773	76.5	72.1
原薪柴炭国家标准	≤5.0	—	—	≤4.0	≤5.0	—	≥7800	≥85.5	—

秸秆类材料制得的机制炭因秸秆类材料含大量纤维素和一定数量的矿物质,其中纤维素的构件分子含较多羟基,每个分子中碳原子只能通过羟基提供形成氢键的氢原子而与水分子结合,不仅导致在加热过程中烘干、脱水、黏结的时间长,而且弹性较高难以被压紧,导致碳棒疏松、散碎炭较多,成型率较低,热值低,燃烧时间较短,水分、挥发分、灰分也较大,从而降低产品等级,难以达到国家标准。

果壳类材料制得的机制炭因果壳类材料中含丰富的脂类物质和一定量的以含苯丙烷基为结构单位的木质素,它们与纤维素碳化物不同,体现在烧制过程中能随着加热压模过程中正常升温使材料先发生软化,然后液化,从而提高了被压缩材料的可塑性,材料颗粒能紧密黏结形成结构致密的料坯,加速料坯着火进程。

此外,果壳、秸秆混合材料制得的机制炭中,果壳与秸秆以2∶3的比例混合后,制炭原料中含有适量脂质、木质素,所制机制炭的各项理化参数能达到国家或行业的相关标准,实现合理利用秸秆类的废弃物,尤其是药渣,减少了原地焚烧中碳氧化物的排放和对环境的污染。因此,果壳等富含脂质和木质素的材料可以作为黏合剂并以一定的比例与木质素脂质含量少的材料混合,制得符合国家标准的机制炭。

为了提高间接燃烧工艺条件下的出炭率,大连市金州区登沙河镇姜家村气化工程自1998年12月中旬投产以来,设备运转正常,技术指标稳定,运行情况良好。在原来的基础上,对制气工艺做了部分调整,即由制气后制棒变为制气前制棒。过去将用机械打包机打压成块的秸秆放置在热解炉中,隔绝空气加热(即间接燃烧法)制气,制气后再用秸秆热解生成的粉炭制成棒炭。现在的工艺是将秸秆粉碎后,掺入一定比例的锯末(主要为提高炭棒的质量),加热烘干后,用制棒机挤压成棒,再将棒放置在热解炉中制气。

制气的炭化炉是由加热炉,上升烟道和炭化炉芯(5L 称碳化釜)组成的圆柱形炉体,直径3m,高4m。加热炉位于炭化炉底部,以煤为燃料,通过煤的燃烧产生热量,使炭化炉芯中的炭棒受热后热解,产生可燃气。加热炉的圆形密封耐火砖墙与炭化炉芯间的空间即为加热炉上升烟道,加热炉中煤炭燃烧产生的热量通过上升烟道,传递到炭化炉芯中。炭化炉芯的外径1.82m,高3m,底部为球形封头,中部为圆柱釜体,顶部为平板密封。产气时,用电动葫芦将炉苍吊坐在加热炉墙体上,密封后加热热解。产气结束后,将炉芯吊出,冷却后出炭。

实践发现,釜体底部和釜体中心部分的炭棒裂缝较重,釜体顶部的炭棒粉化较多,其他部分相对较轻或基本正常。经分析认为,产生这样的现象有2个原因:a. 炭棒中残留水分；b. 部分炭棒受热不均。炭棒受热后，炭棒中残留水分变成水蒸气汇集在釜体顶板上，随着水蒸气的增加，汇集在顶板上的水蒸气逐渐变成水珠。釜体出气管是仰角，罗茨风机有限的抽力不足以将水珠抽走，水珠汇集多了，便滴落在釜体顶部的炭棒上，造成炭棒粉化，釜体底部与中部的炭棒受热不均是造成炭棒裂缝的主要原因。

为了解决炭棒粉化的问题，将出气管由仰角变成俯角，并在出气管下面加一个集水井，使釜体顶板汇集的水珠能顺势而下，流出釜体，进入集水井，从而有效地解决了这个问题。为了使釜内炭棒受热均匀，改变了炭棒的装炉方法。用钢筋焊制扇形铁笼，3 个铁笼平面组合在一起正好是圆形，圆心处是一个直径 35cm 的圆，釜内共可放置 4 层铁笼，4 层铁笼叠加在一起，在釜体中心形成一个圆柱形空洞。点燃加热炉后，热量通过上升烟道向釜内传递的同时，也由釜底通过圆柱形空洞向釜体内四周扩散。两股热量通过两个方向同时加热只有 61.5cm 厚（炉芯内径 1.58m）的炭棒，使釜内炭棒受热基本均匀，釜内各处的温度也基本相同。因而，釜内炭棒能够同时热解，同时产气，产气后的炭棒能够保持相同的物理特性。

经上述改动后，炭化炉产出的可燃气完全符合工艺要求。出炭完好率由过去的 50% 提高到 90% 以上，从而增加了收入。

（7）移动式农林固体废物制生物炭装置及工艺

我国农林固体废物的产量巨大，秸秆焚烧以及农林废弃物的大量堆存，不仅污染环境，还有火灾隐患，影响农业生产。农林固体废物热解制生物炭是一条减碳绿色的资源化路径，然而农林废弃物具有不同的地域、季节的分散难收集难运输等特点，山西卓壹环保科技有限公司在现有基础上，自主研发了移动式农林固体废物制生物炭装置，以实现农林废弃物分散就地转化，产品综合利用于土壤修复、环保、农业等产业，减少了农林废弃物处置成本，增加产品的附加值。该装置的主要性能为：设备产能以生物炭 24h 产量计算，日产量 100kg～10t 可订制（图 2-12、图 2-13），可选型 1t/d、2t/d、3t/d、5t/d、10t/d；装置生物炭的产率为 27%～34%，木醋液产率约为 20%，木焦油产率约为 5%；设备电功率 4～20kW，配备柴油发电机；装置自点火系统，无需额外加热能源。

主要工艺流程为：40km 半径农林固废收集—粉碎—移动式炭化装置—产生物炭、木醋液及木焦油等—生产炭基肥及土壤改良剂产品（就地使用或集中精制加工）。

装置特点如下。

① 环保性能突出：装置充分利用生物质热解燃气清洁燃烧技术，无烟气污染物排放；农林废弃物以生物炭及木醋液产品全部回收利用；

② 季节、地域不均一适应性好：车载移动式装置运输方便，容易实现农林固体废物处置的快速入场及转化，应对季节性秸秆和果树枝条等废弃物处置比较灵活；对于不同区域分布不均，可以灵活调用不同数量的车载炭化装置灵活配置处置产能；

③ 能够促进炭基绿色农业发展：装置能够将秸秆、废弃枝条、养殖粪污等固体废物低成本制生物炭，在有效杀虫除菌的同时，为农业提供可持续可循环的炭基农资产品，助力农业低碳高质绿色发展。

图 2-12　移动式 1.5t 生物炭装置

图 2-13　100kg/d 的实验室用生物炭装置

2.2.4　水热法制备生物炭

制备具有特定的孔结构和表面官能团及其复合功能型的新型炭质吸附材料，是当今炭材料领域的研究热点和前沿问题。金属离子的吸附主要取决于活性炭的孔结构和表面化学结构。活性炭表面化学结构主要由表面含氧官能团的数量和性质决定。含氧官能团为金属离子的活性吸附点，取决于炭本身的性质和其氧化历程。Rivera 等发现，Cr^{3+} 吸附量增加与活性炭表面含氧官能团数量成正比。在高于正常的苷化温度（110～120℃）条件下，在 160～180℃下将葡萄糖进行水热处理，葡萄糖发生芳化和炭化反应，得到球形胶束，胶束进一步生长，得到球核或球形粒子。将葡萄糖在 500℃下水热处理 12h，制得 $\phi 1$～$2\mu m$ 的炭微球，炭微球结构规整，得率接近 100%，且炭表面形成大量 C=O、C=C 和 O—H 键，其中还原性的官能团—CHO 和—OH 可与 Ag^+ 发生银镜反应，制得核-壳型贵金属复合纳米炭材料。研究证实，在葡萄糖溶液的水热处理过程中发生了炭化反应，制得表面有大量的—COO和—CHO基团的单分散纳米炭球。本工作拟以商品活性炭和葡萄糖为原料，采用水热合成方法，制得富含氧官能团的炭球-活性炭复合材料，并以CrO_4^{2-}为模型物评价其对无机金属离子的吸附性能。

（1）实验部分

1）试验名称

炭球-活性炭复合材料的制备。

2）试验过程

以唐山建新活性炭厂的椰壳活性炭为原料（比表面积为$868.8m^2/g$，粒径2～4mm）。将该活性炭水洗以除去表面浮尘和杂质，在105℃恒温干燥24h，储于干燥器中备用（标为AC_{raw}）。将干燥后炭样置于石英反应器中于水平管式电炉内空气气氛中以5℃/min升温速率由室温升至400℃，恒温4h后自然冷却至室温，然后称取0.5g该炭样加入30mL不同浓度（0.1mol/L、0.3mol/L、0.5mol/L、0.7mol/L和1.0mol/L），分别标为AC_{01}、AC_{03}、AC_{05}、AC_{07}和AC_{10}葡萄糖水溶液中，超声分散10min后25℃恒温振荡24h，然后置于40mL Teflon密封高压釜中180℃反应5h。自然冷却至室温后以乙醇和去离子水分别洗涤3次，105℃恒温干燥10h备用。

3）炭球-活性炭复合材料的表征

采用康塔公司的Quantachrome Autosorb-1自动吸附仪，以液氮为吸附介质，77.4K时测试不同压力下的吸附体积，相对压力范围为10^{-6}～1.0，所有样品测试前均在100℃脱气2h。BET比表面积（S_{BET}）按照BET方程计算，总孔容积以$P/P_0=0.95$时的吸附量换算成液氮体积计算。SEM测试在QUATA 200型扫描电镜上进行。利用美国物理电子公司生产的PHI 5700型光电子能谱仪测试材料的表面组成、化学态及元素含量，X射线源采用ALK_a（$hv=1486.6eV$）射线，采用污染碳Cls（$E_a=284.62eV$）作能量校正。利用美国尼力高公司生产的MANGAN560型傅里叶变换红外光谱仪研究材料表面官能团变化情况，KBr压片。

4）平衡吸附试验

分别取30mL浓度为0.2～3.0mmol/L的CrO_4^{2-}溶液和0.2g活性炭放入50mL锥形瓶中，于25℃条件下以150次/min恒温振荡36h。吸附达到平衡后离心分离，取上层清液测量Cr(Ⅵ)浓度。根据Cr(Ⅵ)浓度变化计算活性炭的吸附量。

（2）结果与讨论

对SEM测试结果进行分析，由图2-14可以看出，在活性炭表面有大量炭球生成，炭球在活性炭表面及大孔入口处呈不均匀分布。与单一葡萄糖溶液水热处理时生成粒径均匀的炭球不同，活性炭表面炭球尺寸及其均匀程度受葡萄糖溶液浓度影响显著。在葡萄糖溶液浓度较低（<0.5mol/L）时，炭球在活性炭表面呈单层分布，尺寸分布较宽，直径在50～200nm之间。随葡萄糖溶液浓度增加，炭球粒径逐渐增大并趋于均匀。当葡萄糖溶液浓度为0.7mol/L时，活性炭表面已经完全被炭球覆盖，并可以看出新炭球在紧密堆积的第一层炭球表面生成并长大（$\phi300\sim500nm$）。当葡萄糖溶液浓度增加到1.0mol/L时，可以看到明显的多层炭球堆积结构。

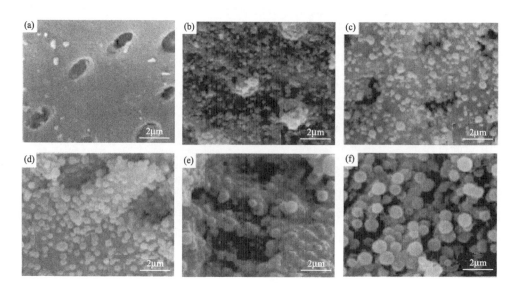

图 2-14　炭球-活性炭复合材料的 SEM 照片

　　对 FTIR 测试结果进行分析，由于含有葡萄糖或部分脱水葡萄糖，水热合成得到的炭球表面含有大量—OH 和 C═O 官能团。与活性炭表面紧密键合的少量聚合葡萄糖也可增加活性炭表面官能团数量。

　　图 2-15 为各炭球-活性炭复合材料的 FTIR 谱图。对于未改性活性炭，其表面官能团数量较少，除 O—H 吸收峰外，几乎无其他明显特征峰。对于炭球-活性炭复合材料，$3400cm^{-1}$ 处 C—OH 或吸附水的 O—H 振动峰和 $1060cm^{-1}$ 处 C—OH 强度明显增大。由此表明，复合材料表面羟基数量较活性炭有较大幅度增加。$1640cm^{-1}$ 处出现 C═O 的特征峰，由此也证实了复合材料表面含氧官能团的存在。对照 C_{raw}、C_{01} 和 C_{05} 可以看出，活性炭经葡萄糖溶液中水热处理后，$1380cm^{-1}$ 处出现—COO 的特征峰，随着葡萄糖溶液浓度增大，该峰强度逐渐增强。

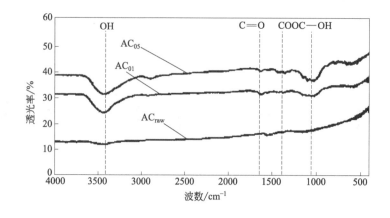

图 2-15　炭球-活性炭复合材料的 FTIR 谱图

2.3 生物炭的性质及影响因素

生物质的热解及气化均可产生生物炭，但是慢速热解和水热炭化工艺的生物炭产率最大，目前，学界普遍认为生物炭的原材料和热解温度对生物炭的理化性质影响最为显著。产炭率随着裂解温度升高而降低，但生物炭中碳的浓度将随温度的升高而提高。裂解温度在400～500℃之间产炭率较高，当温度大于700℃后，裂解过程中产生的主要是液体或气体的油料物质，特别是快速的高温热裂解大约只产生20％的生物炭，其他的60％为生物柴油、20％为合成气。生物炭呈碱性，且裂解温度越高，pH值越高。然而，影响生成的生物炭中碳的含量以及养分的有效性的因素最重要的是制备生物炭的秸秆原料本身的性质。

由于热解在原料、热解工艺、条件等方面的差异，生物炭表现出不同的特性参数，如固定碳、比表面积、热值、孔隙度、挥发分等，对生物炭用途有一定影响，不同用途应选用不同的特性参数。

2.3.1 固定碳

固定碳是生物炭除去水分、灰分和挥发分后的残留物碳素（RA）的百分含量。关于固定碳含量的测定方法还没有国家标准，一般依据《煤的工业分析方法》（GB/T 212—2008）确定。固定碳含量随热解终温的升高而增加，玉米秸秆炭热解温度从450℃上升到750℃后，固定碳从69.32％增加到70.32％。棉秆炭固定碳平均含量约为78.14％，稻草炭固定碳平均则为60.01％，玉米秸秆生物炭固定碳平均为69.96％，木质类生物炭平均值约为80％。由于生物质在炭化后固定碳含量大幅提高，增幅为6～12倍，因此固定碳较大的生物炭适用于碳减排、提高土壤碳汇输入等。对仅以提高固定碳为目的的生物炭原料可以采用木质类生物质，炭化设备应采用移动床式，该类设备各个阶段在不同反应区域内进行，炭化温度容易控制，且固液气产物易分离，有利于制取固定碳含量高的生物炭。

2.3.2 热值

热值是单位质量的燃料完全燃烧后冷却到原来的温度所放出的热量，体现生物炭储存能量的大小。热值一般采用量热仪进行测量，依据《煤的工业分析方法》（GB/T 212—2008）确定。玉米秸秆类生物炭热值平均热值约为26490J/g，水稻秸秆类生物炭平均热值为22817J/g，木屑颗粒生物炭热值约为23680J/g。热值较大的生物炭是作为烧烤或冶炼金属用炭，释放热量随热值增大而增大，热解压力对产物热值也有一定影响。Nader等研究发现，在137.9Pa的压力条件下获得麦草炭具有最大的热值（约为24670J/g）。朱金陵等对玉米秸秆炭的热值随炭化温度的变化趋势进行研究，结果显示温度区间在300℃以下时，热值迅速提高，最大值约为23000J/g。对以生产热值生物炭为目的的炭化设备，无论采用固定式还是移动床式均应解决炭化室内原料的均衡传热问题，保持炭化温度。

2.3.3 比表面积

比表面积是单位质量生物炭所具有的总面积，是影响物质吸附性能的重要因素。目前，比表面积检验的方法有多种，一般采用《气体吸附 BET 法测定固态物质比表面积》（GB/T 19587—2017）。升温速率、热解温度、原料特性等对比表面积都有一定影响，随着热解温度的升高，绝大多数生物炭比表面积呈上升趋势。如温度从 300℃ 增加到 700℃ 时，秸秆炭比表面积由 $116m^2/g$ 增加到 $363m^2/g$；温度从 200℃ 增加到 700℃ 时，木炭比表面积由 $2.3m^2/g$ 增加到 $247m^2/g$。高温下升温速率快使物料热解迅速，挥发分释放集中，可增加炭的比表面积。经试验测定，玉米秸秆类生物炭比表面积平均约为 $170m^2/g$，水稻秸秆类生物炭比表面积平均约为 $120m^2/g$。比表面积大的生物炭具有更好的吸附能力，施入土壤中能改善土壤比表面积和孔隙，调节土壤松紧度，还有利于水分和营养元素的维持；另外，经过进一步加工可制成吸附剂使用。对以获得高比表面积的生物炭为目的的炭化设备，采用移动床式较为适合，无需反复加热，炭化温度和升温速率易调节和维持。

2.3.4 孔隙度

孔隙度是生物炭颗粒间的空间。生物炭孔隙小到纳米，大到微米，一般采用加速表面积孔分析仪对生物炭孔大小和体积进行分析。孔隙与原料特性有很大差异，小麦秸秆平均孔容积达到 $0.027cm^3/g$，热解温度、时间、速率对孔隙都会造成影响。如热解温度从 400℃ 升高到 600℃，小麦生物炭孔容积由 $0.006cm^3/g$ 增大到 $0.012cm^3/g$，均匀分布的表面孔隙形成大量微孔，A.C.Lua 对开心果果壳热解过程研究发现，滞留时间由 1h 增加到 2h，孔隙度由 $0.201cm^3/g$ 增加到 $0.222cm^3/g$，升温速率由 5℃/min 逐渐增加到 40℃/min，孔隙度从 $520.9m^2/g$ 减小到 $440.3m^2/g$。丰富的孔隙结构特征对于生物炭的吸附能力有很大价值，孔内可吸附和储存不同种类和组分的物质，为微生物提供养分，同时可以影响土壤容量和持水能力。孔隙度大的生物炭应用于农业对土壤肥力的增加。对于生产该类生物炭的炭化设备而言，需保持较高的炭化温度、较长的滞留时间和较小的升温速率。

2.3.5 FTIR

图 2-16 是 0.5h 下不同温度的生物炭的 FTIR 谱图。从图中可以看出，原料 $3400cm^{-1}$ 的强吸收代表了羟基（—OH）的伸缩振动。$2927cm^{-1}$、$1446cm^{-1}$ 和 $1370cm^{-1}$ 主要指原料中生物高聚物的—CH_2 振动。$1734cm^{-1}$ 和 $1160cm^{-1}$ 的吸收峰代表了酯基中的 C═O 和 C—O 的伸缩振动。$1160\sim1030cm$ 的谱带代表了纤维素含氧官能团中的脂肪族 C—O—C 和醇羟基（—OH）。$1613cm^{-1}$ 处的谱带是由芳环中的 C═O 和 C═O 伸缩引起的，$1514cm^{-1}$ 处的谱带是木质素中的 C═C 环伸缩振动引起的。$2927cm^{-1}$、$1446cm^{-1}$ 和 $1370cm^{-1}$ 处随着温度升高，吸收峰逐渐变小，500℃ 时吸收峰基本消失，表明随着热解温度的升高，—CH_2 含量也逐渐减少，当达到一定温度时制备的产品中—CH_2 最终消失。

1270cm⁻¹ 处的谱带是由芳香族—CO 和酚—OH 伸缩引起的。815cm⁻¹ 的吸收峰是由芳香族的 CH 平面变形引起的。随着温度的升高，这些基团经历了不同的变化。300℃ 以下，3400cm⁻¹（—OH）和 1160～1030cm⁻¹ 吸收峰强度急剧减弱，其他的吸收峰仍然保留，表明随着温度升高，极性基团显著减少。当加热至 300℃ 时，芳香族 CO—和酚—OH（1270cm⁻¹）伸缩减弱。酯 C=O 吸收峰（1734cm⁻¹ 和 1160cm⁻¹）在 300℃ 时减少，当温度达到 500℃ 时，基本消失，而 815cm⁻¹（CH）和 1270cm⁻¹（芳香族 CO—和酚—OH）处吸收峰强度增大，表明随着温度的升高，生物炭中芳香结构的基团增加，表面极性减弱，稳定性增强。图 2-17～图 2-19 分别为热解时间为 2h、6h、12h 时不同温度下的生物炭的 FTIR 谱图，从图中可以看出，不同温度下其表面官能团变化和 0.5h 时基本一致。

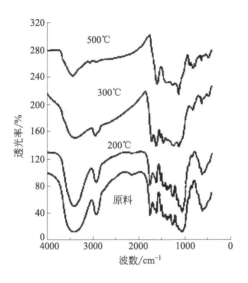

图 2-16　0.5h 下不同温度的生物炭的 FTIR 谱图

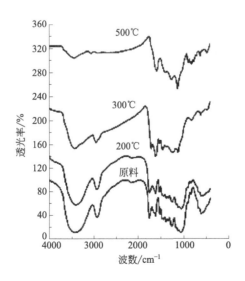

图 2-17　2h 下不同温度的生物炭的 FTIR 谱图

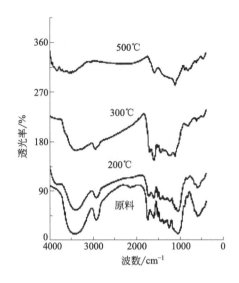

图 2-18　6h 下不同温度的生物炭的 FTIR 谱图

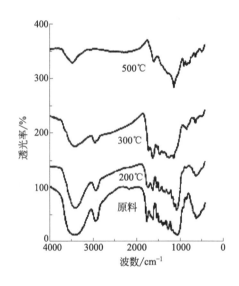

图 2-19　12h 下不同温度的生物炭的 FTIR 谱图

图 2-20 是 500℃时不同热解时间下生物炭的 FTIR 谱图，可以看出，在温度一定时热解时间对表面官能团的影响较小。因此，不同温度下生物炭表面官能团结构的变化与温度密切相关。

2.3.6　pH 值及养分特性

生物炭的元素组成及表面结构决定了生物炭的特性，其中 pH 值是重要特性之一。图 2-21 是不同温度和时间下生物炭水溶液的 pH 值。

由图 2-21 中可以看出，随着热解温度的升高，pH 值从 4.90～5.63 升高至 9.27～9.62，而热解时间对 pH 值的影响较小，为 0.06～0.73。这与上述 FTIR 分析结果一致，

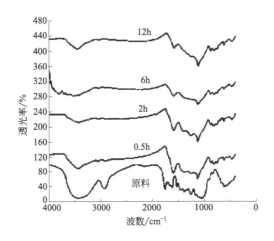

图 2-20　500℃时不同时间下生物炭的 FTIR 谱图

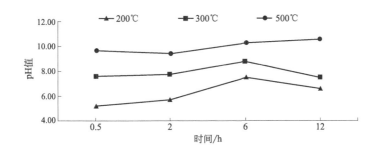

图 2-21　不同温度和时间下生物炭水溶液的 pH 值

温度升高，酸性基团减少而碱性基团增加。同时，高温条件下，包裹于原料高聚物中的矿物元素 K、Ca、Na、Mg 易于暴露，溶解于水溶液时对 pH 值起了一定的贡献。在现有研究中，用于改良土壤的生物炭的 pH 一般为碱性。然而，通过改变制备条件和原料，pH值范围为 4～12 的生物炭均可获得。同时，在 70℃下经过 4 个月的培养，其 pH 值可降低至 2.5。众多研究表明，生物炭加入土壤可以显著地改变土壤 pH 值。这与焚烧秸秆然后还田原理相似，生物炭含有不同浓度的碱性物质，如 K、Ca、Na、Mg 氧化物、氢氧化物及碳酸盐物质。生物炭中的这些碱性物质可以快速地释放到土壤中，并沿着土壤剖面垂直下渗，从而改善土壤的酸碱性。土壤的 pH 值改变对土壤温室气体的释放有一定的影响。土壤的 pH 值增加时，某些温室气体的释放受到抑制。因此可以通过向土壤中添加一定量的具有适宜的 pH 值的生物炭的方法，从一定程度上减缓全球气候变暖的趋势。但是在 Luckas 等的研究中指出，两种家禽粪便制备的生物炭分别使土壤 pH 值从 4.8 增加至 6.0 和 5.8，而绿色植物制备的生物炭对土壤 pH 值没有任何改变。因此，生物炭作为土壤改良剂时，必须根据原料和土壤特性进行科学系统的分析。

　　生物炭除了含有大量的碳，还含有一定量的氮、磷、钾等养分，特别是作物秸秆来源的生物炭含钾量丰富，可以供给作物生长所需养分。生物炭的理化性质受原料来源、裂解温度、裂解时间等因素的影响，同种类或不同种类之间差异较大。如表 2-6 所列，生物炭的含碳量为 17.41%～72.38%，含氮量为 0.59%～3.00%，含磷量为 0.20%～3.00%，含钾量在 0.60%～7.75%较大范围内发生变化。通常作物秸秆和畜禽粪便等原料来源的生物炭呈碱性（pH＞7.5），这主要是因为生物炭在裂解过程中会有碳酸盐、磷酸盐以及灰分等的形成。Yuan 等（2011）、袁金华（2011）发现生物炭表面的—COO—和—O—等官能团和生物炭中的碳酸盐是碱的主要存在形式，有机官能团的贡献呈相反的趋势。因此，生物炭的 pH 值随裂解温度的升高而升高。然而，部分木材来源的生物炭的 pH 值较低甚至呈酸性，例如在 300℃条件下裂解的桦木生物炭 pH 值低于 4.48。

表 2-6　常见代表性生物炭的养分 pH 及养分特性

生物炭来源	裂解温度与维持时间	pH 值	C/%	N/%	P/%	K/%	碱解氮/(mg/kg)	速效磷/(mg/kg)	速效钾/(mg/kg)
小麦秸秆	450℃	10.35	—	0.59	1.44	1.15	—	—	—
小麦秸秆	500℃,2h	10.02	47.38	0.98	—	—	—	325.00	3820.00
小麦秸秆	450℃	9.93	—	1.19	0.20	7.75	185.60	363.20	6500.00
花生壳	500℃,2h	9.89	17.41	0.60	—	—	—	611.30	3872.00
花生壳	—	8.55	44.67	0.99	—	—	—	202.99	2134.81
玉米秸秆	—	8.90	37.95	0.98	—	—	—	225.30	2013.11
玉米芯	450℃,1～2h	9.81	72.31	0.86	0.96	1.21	—	—	—
果木	450℃	10.43	72.38	1.19	—	—	—	—	—
棉秆	300℃	8.54	59.91	—	—	—	55.50	8.49	7.62
棉秆	600℃	10.48	27.85	—	—	—	4.67	56.49	16.22
蘑菇棒	400～500℃,3h	8.94	43.83	1.38	—	—	—	—	1239.00
牛粪	500℃,2h	—	42.50	3.00	0.90	1.50	—	—	—
猪粪	500℃,2h	—	42.40	1.60	3.00	0.60	—	—	—
鸡粪	500℃,2h	—	18.30	1.00	1.80	4.10	—	—	—

2.3.7　生物质差异对生物炭性质的影响

影响生物炭中碳含量以及养分有效性最重要的因素是制备生物炭原料本身的性质。如阔叶树和针叶树的掉落物经高温热解制成生物炭，阔叶树的养分如 Ca、Mg、K 的含量要比针叶树的高。Cantrell 等（2012）研究发现牛粪生物炭中挥发性物质和 C 含量高，但灰分、N 及 S 含量少；猪粪生物炭中含有大量的 P、N 和 S，但 pH 值和 EC 值较低；家禽粪生物炭的 EC 值最高。温度从 300℃增加到 600℃，家畜粪生物炭中的总氮、有机碳，其变化范围分别为 1.18～41.71g/kg、325～380g/kg。

云南是我国著名的核桃主产区之一，核桃年产量 5.14 万吨，居全国之首；甘蔗渣是甘蔗制糖的副产物，1t 甘蔗产生 0.3～0.4t 的渣，我国每年蔗渣产生量为 600 万吨（胡晓明 等，2012）；我国每年烟叶产量 450 万～500 万吨，其中有近 25%的烟叶、烟末等下脚料被废弃，不能用于卷烟生产，估计云南省烟草废弃物的数量有 60 万吨以上（董占能等，2008）。

吴春华等（2007）以核桃壳为原料制得的活性炭的碘吸附值为 978mg/g，亚甲基蓝脱色力为 160mL/g，得率为 51%。Carriera 等（2012）用甘蔗渣制得生物炭，其 BET 比表面积和 CEC 值分别为 418m^2/g 和 122cmol/kg，实验证明是一种很不错的污水处理剂和土壤改良剂。刘项等（2004）用 15% $ZnCl_2$ 活化废次烟叶渣，得到的活性炭吸附性能力不亚于商业活性炭。

此外，近些年在众多不同生物质炭开发方面也有一定的进展。陈永等（2010）用椰壳纤维所制活性炭的比表面积达到 2032m^2/g，中孔发达，特别是 2～4nm 的中孔比例达到 28%。活性炭对碘的吸附值为 1435mg/g，亚甲基蓝吸附值为 495mg/g，产率为 49%。Xu 等（2011）用农业废弃物生产生物炭用以吸附水溶液中的龙胆紫，其吸附容量主要受生物质的种类影响，从大至小是油菜秸秆生物炭＞稻秆生物炭＞花生秆生物炭＞大豆秆生物炭＞谷壳生物炭，渗透试验表明 156g 谷壳炭几乎能吸附 18.2L 废水（1.0mmol/L）中所用的龙胆紫。

此前的研究一直认为由于鸡粪含有较高挥发分及灰分不适合生产活性炭。Cui 等（2007）利用鸡粪高挥发分但硫含量低、而煤中硫含量高的特性，将两者按一定比例混合在实验室中生产出了比表面积较高的活性炭。Koutcheikoa 等（2007）用鸡粪生产活性炭，活化剂为 NaOH，活化温度范围为 600～800℃，BET 比表面积从 486m^2/g 升到 788m^2/g，孔径从 2.8nm 降到 2.2nm，相比普通的没有活化的生物炭，活化过程降低了活性炭中的吡咯氮，增加了吡啶氮。

2.3.8 工艺条件对生物质炭性质的影响

对于裂解炭而言，Sun 等（2012）认为生物的化学特性及物理结构不仅仅受最高裂解温度的影响，还与加热速率、裂解时间、粒径有很大的关系。Titirici 等（2007）的红外光谱表明，羟基、酚羟基、羧基、脂族双键和一定的芳香性是生物质炭的典型结构特征。高温裂解（＞500℃）产生的生物炭比表面积更大（400m^2/g）、含有更多的芳香化合物，所以更难分解，并且有良好的吸附性能。用低温裂解（＜500℃）的方法产炭率更高，低温生物炭是显著的无定形碳结构，且含有丰富的营养元素（如 N、P 和 S），而这些元素在高温状态下将会流失，但低温度炭中非芳香碳含量很高，所以相对高温炭而言在土壤中更加活跃，微生物更容易降解、更容易自然氧化对土壤肥力贡献很大，许多盆栽和田间试验也证实低温炭对农作物的增产效果要优于高温炭。

随着温度上升，生物炭芳构化程度加深，表面疏水性增强，持水性下降，不易保持土壤间隙水（McBeath et al，2009）；热解温度升高，CEC 值降低。CEC 值与生物炭 O/C 比相关，热解温度较低时纤维素分解不完全，含氧官能团如羟基、羧基和羰基被保留，生物炭具有更高的 O/C 比和较大的 CEC 值，如 Lee 等（2010）发现温度从 450℃ 升至 700℃，CEC 值从 26.36cmol/kg 下降至 10.28cmol/kg。生物炭的理化性质除主要受生物质材料和裂解温度影响外，还受其他许多因素如升温度速率、裂解时间、生物炭粒径等的影响（Titirici et al，2007）。Bruun 等（2012）研究发现，将慢速热裂解工艺和快速热裂解工艺生产的生物炭分别施入土壤，65d 后两种生物炭分别有 2.9% 和 5.5% 分解为 CO_2，说明慢速热裂解工艺中生物质裂解更为彻底。另外，两种炭也有不同的 pH 值（分别为 10.1 和 6.8）、BET 表面积（分别为 $0.6m^2/g$ 和 $1.6m^2/g$）。Deal 等（2012）用气化炭炉生物炭和窑炉生物炭改良土壤，结果表明前者的改良效果较好；另外，相对于玉米芯、桉树、花生壳和谷壳而言，咖啡壳的改良效果最好。

2.3.9 生物炭吸附性能及影响因素

研究表明低温炭的比表面积一般小于 $400m^2/g$，且根据材料与工艺不同有较大的差异（Yuan et al，2011）。生物炭的微孔结构、尺寸、孔径分布、孔容积及比表面积都与生物质材料及生产工艺有关（Joseph et al，2010）。吴成等（2012）发现热解温度从 150℃ 升至 500℃，比表面积从 $12m^2/g$ 升至 $307m^2/g$。牛粪和甜菜渣生物炭对 Pb^{2+}、Cu^{2+}、Ni^{2+} 和 Cd^{2+} 都有较好的吸附能力，其中对 Pb^{2+} 的吸附容量可达 200mmol/kg，与商品活性炭相近（Yang et al，2012）。生物炭能固定土壤中的 N 元素，减少流失、下渗及挥发量，从而减少对环境的污染，被生物炭吸附的 N 元素并不是不可逆的，其仍然能被植物吸收，不仅如此，生物炭还能固定周围空气中的氨态氮，将其施入土壤中后也能被植物有效地利用（Spokas et al，2012；Taghizadeh-Toosi et al，2012），值得一提的是裂解方法对土壤氮的矿化-固定没有很大的影响（Bruun et al，2012）。

传统的活性炭生产工艺中活化剂主要是氯化锌和磷酸、氯化锌和磷酸等物质，具有浸蚀溶解一部分原料的作用。何娇等（2011）用 300～700℃ 温度热解芝麻秸秆 8h 后，再用 H_3PO_4 溶液进行表面改性，制备了芝麻秸秆生物质炭。其比表面积、碘值和亚甲基蓝吸附值的最大值分别为 $269.95m^2/g$、434mg/g 和 150mg/g。Shi 等的研究表明，温度对以 H_3PO_4 为活化剂的香蒲活性炭的比表面积影响最显著，其次为活化时间。

除了传统的活化剂外，近些年在探索新的活化剂很有成效。张利波等（2006）以烟秆为原料，氢氧化钾为活化剂，所制活性炭碘吸附值为 1198mg/g，亚甲基蓝吸附值为国家一级品标准的 3 倍。王新宇等（2011）认为 KOH 具有最强的活化能力，其活化制备的活性炭具有较高的微孔含量和发达的孔隙结构，比表面积达 $2362m^2/g$，孔容积达到 $1.26cm^3/g$，而 K_2CO_3 和 Na_2CO_3 不适合用作活化石油焦制备活性炭的活化剂。在工艺方面，微波辐射工艺因其生产速度快、能耗低被视为最有前途的新工艺方法。吴春华等（2007）用微波辐射工艺制得核桃壳活性炭，其活化时间是传统工艺的 8%，得率是传统工艺的 1.5 倍左右。刘月蓉等（2010）用微波-氯化锌法制备竹质粉状活性炭，微波加热比传统方法缩短活化时间，产品性能高于国家标准，其碘吸附值为 1070mg/g，得率达到 32.3%。朱艳丽等（2005）以黄麻秆为原料，氢氧化钾为活化剂，微波辐射工艺制得活性炭，活性炭碘吸附值为 1264mg/g、亚甲基蓝吸附值为 210mL/g、得率为 11.29%。谭非等（2010）的研究表明，在微波功率 600W、微波加热时间 6min、碳酸钾浓度 0.20g/mL、浸渍时间 24h 的工艺条件下制得活性炭的比表面

积为 $1186.10m^2/g$、碘吸附值可达 $1189.68mg/g$、亚甲基蓝吸附值为 $190mL/g$、得率为 29.48%。另外，林冠烽（2009）认为，以工业下脚料杉木屑为原料，通过二步炭化法制得的活性炭的性能比一步炭化法更优，二步炭化法活性炭比表面积、总孔容积、碘吸附值分别为 $1288m^2/g$、$0.78m^3/g$、$1038mg/g$。

综上所述，反应器不同使热解产物分配和特性有所不同，反应过程中温度与风量的控制是热解炭化设备制取生物炭的关键部分。如热解温度对生物炭特性影响较大，随着温度升高，固定碳、比表面积、热值、孔隙、pH 值相应都有增大趋势。不同参数的生物炭有不同特性，应用领域也不同，应根据实际情况，选择合适的热解参数。目前，相关研究集中在实验室小规模研究，缺乏实际应用中生物炭的基础特性，还需做大量研究。另外，产物的分离与收集也是设计炭化设备的重要环节，各炭化设备的比较如表 2-7 所列。在生产过程中，应根据实际情况，选择合适的设备进行生产以保证高的生产率和效率，从而使能源最大化利用。

表 2-7 炭化设备比较

性能	窑式	固定床式	移动床式
原料特性	传统：木材 新型：秸秆、稻壳等	秸秆、花生壳等多种生物质	原料尺寸尽量小
设备组成	窑体、通风口、排气口	入料口、热解炉、冷却炉	入料口、预炭化装置、炭化装置、冷却装置
热解控制	不控制	部分控制	部分控制
得炭率	高	较高	较高
生产周期	30min～5d	较短	较短
产物处理	传统：不处理 新型：回收	回收、部分利用	回收、部分利用
适合生产生物炭类型	质量不高、固定碳含量高	可根据加热方式生产多种生物炭	固定碳、比表面积较高的生物炭

由上述可知，新型设备源源不断地出现，逐步取代不完善的传统方法，不仅在设备方面取得突破，在后续的设备熟化过程中对产物质量及副产品的进一步回收利用也加以考虑。但在这一领域中还存在尚未解决的问题，主要有以下几方面。

① 缺乏满足不同用途生物炭特性的定向调控工艺。目前的生物炭研究大多集中在炭化工艺优化，而没有特定工艺（如温度、升温速率、加热方式、热解温度等）对生物炭用途的影响。应针对不同功能生物炭对其特性的要求进行研究，便于在实际应用中根据需要选择合适的生物炭，进而选择相应的工艺。

② 缺乏对各类炭化设备适应性研究。炭化过程采用何种设备，不仅与原料相关，也应考虑产物的适用范围。在以后的研究中应加大设备对产物影响的分析，便于后续研究和生产的选择。

③ 热解过程综合效益有待提高。热解过程始终伴有高温烟气的产生，而少量设备对烟气的余热进行回收利用，如可以通过烟道引入炭化室对物料进行干燥。另外，生物炭从

炭化设备落下时温度在 400℃ 左右，目前很少有文献涉及生物炭余热的回收利用，应增加相应设备减少热解过程中能量的损失，提高生物炭转化率和综合效益。

2.4 裂解温度对生物质材料炭转化率及特性的影响

6 种生物质材料分别是玉米秸秆、锯木屑、紫茎泽兰、咖啡壳、葡萄修剪枝、甘蔗渣（图 2-22），其中玉米秸秆采自云南农业大学后山试验田、紫茎泽兰采自云南农业大学校园、锯木屑由龙头街木材加工厂提供、甘蔗渣由云南甘蔗种植基地提供、咖啡壳由后谷咖啡有限公司提供、葡萄修剪枝由"云南红"酒业集团——东风农场提供。以上生物质炭材经自然风干后备用。

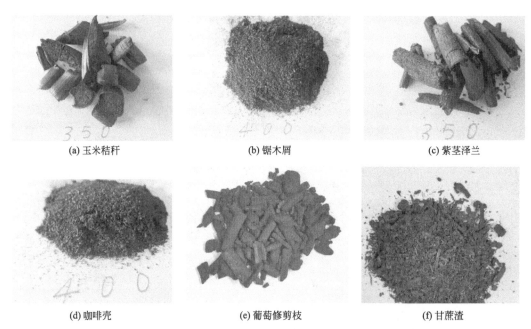

(a) 玉米秸秆　　　　　　　(b) 锯木屑　　　　　　　(c) 紫茎泽兰

(d) 咖啡壳　　　　　　　(e) 葡萄修剪枝　　　　　　(f) 甘蔗渣

图 2-22　玉米秸秆、锯木屑、紫茎泽兰、咖啡壳、葡萄修剪枝、甘蔗渣生物炭外观

2.4.1 不同裂解温度下 6 种生物炭的产率及 pH 变化

随着裂解温度的上升不同生物质的产炭率都会逐渐下降，裂解温度 ≥400℃ 时产炭率皆趋于稳定或变化很小，产炭率维持在 35% 左右[图 2-23(a)]，且随着裂解温度升高各生物质产炭率下降趋势皆符合方程：$y = a\ln(x) + b$，R_2 分别为 0.9786（锯木屑）、0.9557（玉米秸秆）、0.9193（咖啡壳）、0.9261（紫茎泽兰）、0.8595（葡萄修剪枝）、0.8854（甘蔗渣）。

一般而言，生物炭为碱性物质，其碱性特性可以用于提高酸性土壤 pH。从图 2-23(b) 可以看出，紫茎泽兰、玉米秸秆、锯木屑、甘蔗渣和葡萄修剪枝随着裂解温度的上升，生物炭的 pH 值都升高，当裂解温度为 500℃时，紫茎泽兰生物炭 pH 值可达 10.70；此外，炭材对 pH 值也有影响，锯木屑炭和甘蔗渣炭的 pH 值最高时分别为 8.48 和 8.04，明显小于同样裂解温度下其他生物质炭的 pH 值。

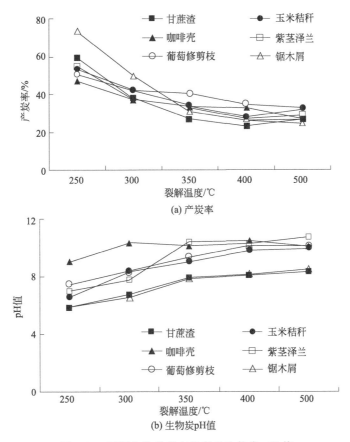

图 2-23　不同生物质的产炭率及生物炭 pH 值

2.4.2　不同生物炭水溶性氮（WSN）和水溶性磷（WSP）含量分析

生物炭中氮（N）、磷（P）含量主要是由生物质本身性质决定的，首先不同材料中 N、P 含量有差异，其次温度对生物质中含 N、P 物质的影响也不尽相同，另外 WSN 和 WSP 含量可能与生物炭本身 N、P 的吸附差异有关。随着裂解温度的上升（图 2-24），甘蔗渣和锯木屑生物炭 WSN 含量有明显的下降趋势，最低分别降至 42.8mg/kg 和 12.5mg/kg，但是裂解温度对其他 4 种生物质炭 WSN 含量影响不大，其含量最终皆维持在 300mg/kg 上下。

与 WSN 含量变化趋势不全相同，所有生物质炭 WSP 含量都随着裂解温度的上升而下降，250～350℃温度区间内急剧下降，此后下降速率变缓或维持不变。从图 2-24 中也不难看出，炭材对生物炭 WSP 含量有一定影响，锯木屑生物炭起始 WSP 含量为所有生物炭 WSP 含量中的最小值，随着裂解温度上升，WSP 含量在 500℃时降至 0mg/kg，说明锯木屑本身 P 含量相当较低，加之裂解温度上升 P 素不断挥发或是其对 P 素有较好的吸持能力。

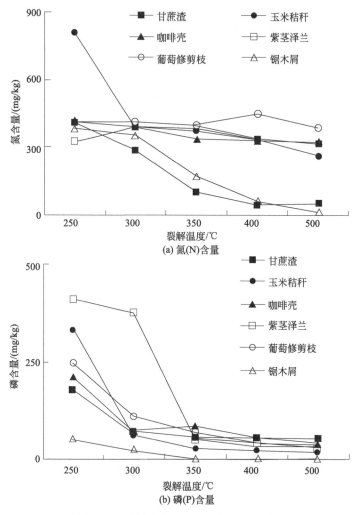

图 2-24 不同生物炭 WSN 和 WSP 含量

2.4.3 不同生物炭吸附性能分析

根据材料的木质化程度（锯木屑木质化程度最高，其次为紫茎泽兰、玉米秸秆），只选择三种材料制成的生物炭进行了基本吸附性能的测定。比表面积在一定程度上反映物质的吸附性能，碘值反映材料的吸液能力，亚甲基蓝吸附值反映材料的脱色能力。

研究表明低温炭的比表面积一般小于 $400m^2/g$，且根据材料与工艺不同有较大的差异（Yuan et al，2011）。总体而言，紫茎泽兰炭相对另两种生物炭 BET 表面积明显要小，随着裂解温度升高 400℃裂解制得玉米秸秆生物炭和锯木屑生物炭的比表面积要高于其他生物炭，分别为 $107.97m^2/g$ 和 $103.72m^2/g$（图 2-25），裂解温度大于 400℃，BET 比表面积开始下降。

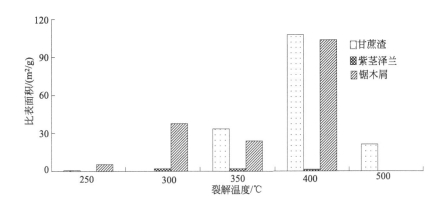

图 2-25　不同生物炭比表面积

紫茎泽兰生物炭质炭碘吸附值表现了随温度的上升而持续上升的趋势，且在 500℃ 时表现了最大的碘吸附效果；甘蔗渣炭和锯木屑炭以 350℃ 时裂解所得的碘吸附值最大，分别达到了 570mg/g 和 315mg/g（图 2-26）。

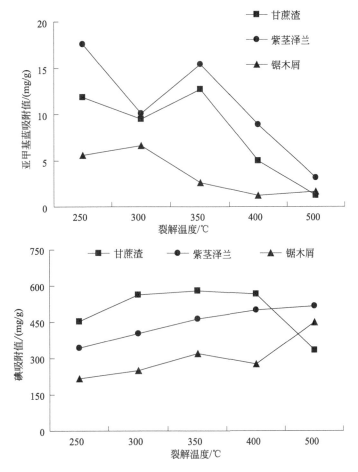

图 2-26　不同生物炭的碘吸附值和亚甲基蓝吸附值

在250～400℃温度区间内，玉米秸秆炭和紫茎泽兰炭的亚甲基蓝吸附值要高于其他生物炭，最高值分别为12.71mg/g和17.55mg/g，需要指出的是因为随着裂解温度升高，生物炭pH值升高可能影响亚甲基蓝吸附值。

参考文献

陈永，周柳江，洪玉珍，等．椰壳纤维基高比表面积中孔活性炭的制备［J］．新型炭材料，2010，25（2）：151-156.

董占能，白聚川，张皓东，等．烟草废弃物资源化［J］．中国烟草科学，2008，29（1）：39-42.

何娇，孔火良，高彦征．表面改性秸秆生物质环境材料对水中PAHs的吸附性能［J］．中国环境科学，2011，31（1）：50-55.

何绪生，耿增超，佘雕，等．生物炭生产与农用的意义及国内外动态［J］．农业工程学报，2011，27（2）：1-7.

胡晓明，高正卿，何桂源．云南省甘蔗渣资源及综合利用现状［J］．轻工科技，2012，（5）：89-90.

林冠烽，黄彪，吴开金，等．低浓度磷酸法制备麻杆活性炭［J］．中国会议，2009.

刘项，徐龙君．利用烟草废弃物制备活性炭的研究［J］．煤炭转化，2004（1）：64-66.

刘月蓉，张晓东，杨军，等．微波设备氯化锌法制备竹质粉状活性炭工艺研究［J］．福建林业科技，2010，37（3）：56-62.

马林转，何屏，王华，等．生物质裂解实验研究［J］．云南化工，2004，2：9-11.

谭非，王彬元，林金春，等．微波加热-化学活化法制备活性炭的优化工艺研究［J］．生物质化学工程，2010，44（1）：1-5.

王新宇，孙晓峰，张治安，等．活化剂种类对活性炭结构及性能的影响［J］．中南大学学报（自然科学版），2011，42（4）：865-870.

吴春华，赵黔榕，张加研，等．微波辐照核桃壳氯化锌法制备活性炭的研究［J］．生物质化学工程，2007，41（1）：25-27.

肖烈，张忠河，何永梅，等．国内外生物质裂解技术发展和应用现状［J］．安徽农业科学，2008，36（36）：16102-16104.

袁金华，徐仁扣．生物质炭的性质及其对土壤环境功能影响的研究［J］．生态环境学报，2011，20（4）：779-785.

张利波，彭金辉，涂建华，等．氢氧化钾活化烟杆制造活性炭及表征［J］．化工进展，2006，25（4）：415-419.

朱艳丽，彭金辉，张利波，等．微波辐射氢氧化钾法制备黄麻秆活性炭工艺［J］．云南化工，2005，32（3）：11-13.

Bruun E W, Ambus P, Egsgaard H, et al. Effects of slow and fast pyrolysis biochar on soil C and N turnover dynamics [J]. Soil Biology & Biochemistry, 2012, 46: 73-79.

Cantrell K B, Hunt P G, Uchimiya M, et al. Impact of pyrolysis temperature and manure source on physicochemical characteristics of biochar [J]. Bioresource Technology, 2012, 107 (none): 419-428.

Carrier M, Hardie A G, Uras U, et al. Production of char from vacuum pyrolysis of South-African sugar cane bagasse and its characterization as activated carbon and biochar [J]. Journal of Analytical & Applied Pyrolysis, 2012, 96 (7): 24-32.

Cui H, Cao Y, Pan W P. Preparation of activatedcarbon for mercury capture from chicken waste and coal [J]. Journal of Analytical and Applied Pyrolysis, 2007, 2 (80): 319-324.

Deal C, Brewer C E, Brown R C, et al. Comparison of kiln-derived and gasifier-derived biochars as soil amendments in the humid tropics [J]. Biomass and Bioenergy, 2012, 37: 161-168.

Haefele S M. Black soil, green rice [J]. Rice Today, 2007 (2): 14.

Inyang M, Gao B, Ying Y, et al. Removal of heavy metals from aqueous solution by biochars derived from anaerobically digested biomass [J]. Bioresource Technology, 2012, 110: 50-56.

Joseph S D, Camps-Arbestain M, Lin Y, et al. An investigation into the reactions of biochar in soil [J]. Soil Research, 2010, 48 (7): 501-515.

Koutcheikoa S, Monrealb C M, Kodamab H, et al. Preparation and characterization of activatedcarbon derived from the thermo-chemical conversion of chicken manure [J]. Bioresource Technology, 2007, 13 (98): 2459-2464.

Lee J W, Kidder M, Evans B R, et al. Characterization of biochars produced from cornstovers for soil amendment [J].

Environmental Science & Technology, 2010, 44 (20): 7970-7974.

Lehmann J. Black is the new green [J]. Nature, 2006, 442: 624-626.

Lehmann J, Joseph J. Biobiochar for environmental management: Science and Technology [J]. Physical properties of biochar, Earthscan, London, 2009: 13-32.

Maria, M, Titirici, Arne et al. A Direct synthesis of mesoporous carbons with bicontinuous pore morphology from crude plant material by hydrothermal carbonization [J]. Chemistry of Materials, 2007, 19 (17): 4205-4212.

McBeath A V, Smernik R J. Variation in the degree of aromatic condensation of chars [J]. Organic Geochemistry, 2009, 40: 1161-1168.

Spokas K A, Novak J M, Venter EaR T. Biochar's role as an alternative N-fertilizer: Ammonia capture [J]. Plant and Soil, 2012, 350 (1-2): 35-42.

Sun H, Hockaday W C, Masiello C A, et al. Multiple controls on the chemical and physical structure of biochars [J]. Industrial Engineer Chemistry Research, 2012, 51: 3587-3597.

Taghizadeh-Toosi A, Clough T J, Sherlock R R, et al. Biochar adsorbed ammonia is bioavailable [J]. Plant & Soil, 2012, 350 (1-2): 57-69.

Xu R K, Xiao S C, Yuan J H, et al. Adsorption of methyl violet from aqueous solutions by the biochars derived from crop residues [J]. Bioresource Technology, 2011, 102 (22): 10293-10298.

Yuan J H, Xu R K, Zhang H. The forms of alkalis in the biochar produced from crop residues at different temperatures [J]. Bioresource Technology, 2011.

第3章
生物炭与固碳减排增汇

在碳达峰、碳中和的大背景下，充分发挥生物炭的固碳减排增汇作用意义重大。本章详细讲述了 CO_2 浓度增加与气候变暖、碳捕集与封存技术研究进展、生物炭的固碳减排增汇效应。温室效应（greenhouse effect），又称"花房效应"，是大气保温效应的俗称。大气能使太阳短波辐射到达地面，但地表受热后向外放出的大量长波热辐射线却被大气吸收，这样就使地表与低层大气温作用类似于栽培农作物的温室，故名温室效应。自工业革命以来，人类向大气中排入的二氧化碳等吸热性强的温室气体逐年增加，大气的温室效应也随之增强，其引发了一系列问题，已引起全世界各国的关注。全球气候变暖问题已经越来越严重，碳捕集与封存（CCS）技术在未来若干年将成为解决温室效应最重要的手段之一。农业是温室气体的第二大排放源，同时也是巨大的"碳汇"，生物炭在土壤中高度的稳定性起到良好的"碳封存"效应，能够抑制土壤中温室气体的排放，起到"减碳"效应；能够替代或减少化肥的使用达到"零碳"效应，严格区分生物炭的"储碳""减碳"和"零碳"效应，对于应对气候变化具有重要意义。

3.1 二氧化碳浓度增加与气候变暖

近百年来全球的气候正在逐渐变暖，与此同时，大气中的温室气体的含量也在急剧增加。许多科学家都认为，温室气体的大量排放所造成的温室效应的加剧是全球变暖的基本原因。1986年，瑞典化学家诺贝尔化学奖得者阿尔赫纽斯指出：在地质年代中的 CO_2 对地球气候有调节作用，并首先提出"煤的燃烧放出 CO_2 会使全球大气圈变暖"的论断。

3.1.1 温室效应

温室效应是指透射阳光的密闭空间由于与外界缺乏热交换而形成的保温效应，就是太阳短波辐射可以透过大气射入地面，而地面增暖后放出的长波辐射却被大气中的二氧化碳等物质所吸收，从而产生大气变暖的效应。大气中的二氧化碳就像一层厚厚的玻璃，使地球变成了一个大暖房。据估计，如果没有大气，地表平均温度就会下降到 $-23℃$，而实际地表平均温度为 $15℃$，这就是说温室效应使地表温度提高 $38℃$。大气中的 CO_2 浓度增加，阻止地球热量的散失，使地球发生可感觉到的气温升高，这就是"温室效应"（图 3-1）。CO_2 浓度越大，温室效应效果越明显（孙红文，2013）。

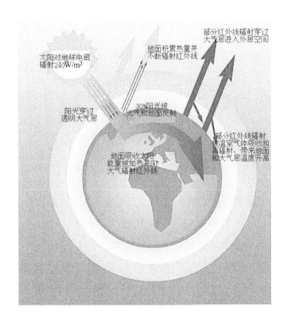

图 3-1　温室效应示意图

强烈的温室效应将导致全球变暖，而当世界的平均温度升高 1℃，巨大的变化就会产生：海平面上升，山区冰川后退，积雪区缩小。由于冰川消融、海平面升高，将引起海岸滩涂湿地、红树林和珊瑚礁等生态群丧失，海岸侵蚀，海水入侵沿海地下淡水层，沿海土地盐渍化等，从而造成海岸、河口、海湾自然生态环境失衡，给海岸带生态环境系统带来灾难。

3.1.2　温室气体 CO_2

二氧化碳是大气的重要组分，它直接影响自然界物质循环和生物生存与发展，直接影响人类社会生存环境和生活质量，同时它又受到生物和人类活动及气候的影响，时刻在变化。二氧化碳正常情况下平均约占大气体积的 0.03%，但大气中二氧化碳的具体含量随季节变化而变化，这主要是由于植物生长的季节性变化。从总体上看，绿色植物的光合作用与呼吸作用使大气中 CO_2 浓度基本上保持平衡，使地球有适合生物生长的气候条件和生态环境。

一个多世纪以来，大气中 CO_2 浓度不断增加（表 3-1），多年来的平均增长率为 0.4%。尤其是工业革命以来的 100 多年中，人类活动力度不断加大，使大气中 CO_2 浓度迅速增加，19 世纪 60 年代每年排放 CO_2 5.4 亿吨，据 2022 年 3 月国际能源署报告显示，2021 年全球能源相关 CO_2 排放量增长达到 363 亿吨，在 2019~2021 年间，全球 CO_2 排放量增加了 7.05 亿吨，且排放增产量超过了 20 亿吨，增量创历史新高。目前排放量还在增加，温室效应在不断加重。《斯特恩报告》指出："在过去的 2 个世纪，将近 2 万亿吨的 CO_2 通过人类活动排放到大气层，地球上的土壤、植被及海洋约吸收了总排放量的 60%，剩下积存在大气层中的 CO_2 约有 8000 亿吨。这对应着大气 CO_2 浓度的 100mg/kg 的增加，即每 80 亿吨 CO_2 对应 1mg/kg 的浓度增量。"截至 2013 年 5 月，地球大气层中的二氧化碳浓度已超过 400mg/kg。2000～2009 年间的浓度增长率为每年 2.0mg/kg，且逐年加速。

表 3-1　大气中 CO_2 浓度变化情况

年份	1850 年	1958 年	1970 年	1978 年	1980 年	1984 年	1988 年	2010 年	2050 年
CO_2 浓度/(mg/kg)	280	314	320	330	331	343	349	380	550(预计)

CO_2 并非大气中唯一的温室气体，但是它却在温室效应的过程中发挥了重要作用，主要原因有两个方面：首先虽然 CO_2 的温室强度并不大，只有甲烷的 1/20，但是它在大气中的浓度高，而且人类消耗能源绝大部分过程都增加了大气中的 CO_2，所以，它对温室效应的总贡献最大，占了 50% 以上。随着 CO_2 浓度增加，这种作用会更大；同时，由于 CO_2 的温室效应，使大气中 CO_2 浓度增加与海洋中 CO_2 形成互动作用：大气中 CO_2 浓度的增加使地表与海平面的温度均有升高，导致表层海水的 CO_2 分压升高，从而使得海洋向大气释放更多的 CO_2。研究表明，表层海水的温度每升高 1℃，大气中 CO_2 浓度会增加 6%，这样就加剧了温室效应。

CO_2 本应在大气、海洋和生物间不断交换，理论上讲，大气中增加的 CO_2 大部分都应该转移到海洋中去，但是由于海洋平均深度达 4000 多米，表层水和深层水相互交错，如果想把溶入海水中的 CO_2 进行混合，需要几百年甚至上千年。所以海洋吸收 CO_2 的速度远远小于大气中 CO_2 的增长速度，因此 CO_2 主要由绿色植物来吸收。但是半个多世纪以来，植被破坏现象日趋严重，特别是森林破坏后，一方面燃烧树木放出大量 CO_2 进入大气中，另一方面森林吸收 CO_2 量大大减少，全球每年释放到大气中的 CO_2 约有 70% 来自化石燃料燃烧，30% 是森林破坏造成的。联合国粮农组织报告显示，在 1980 年被砍伐掉的森林减少量对大气中 CO_2 的吸存能力约占人为碳排放总量的 1/4。因此，大气中无法被海洋和植被吸收的多余出来的 CO_2 只能继续停留在大气中，极大地加剧了温室效应的程度。

3.1.3　二氧化碳浓度增加对全球气候的影响

近 200 年来，大气中 CO_2 增加了 40%，全球年平均气温升高了 1.5℃，全球变暖的事实来自 1850 年有温度记载后的 150 多年已经确定无疑。对于 CO_2 影响全球变暖的观点，绝大部分科学家的看法是：首先，任何自然现象都不像大气中 CO_2 的浓度那样以这么快的速度积累，它应该是人类活动所为；其次，CO_2 浓度增加加速是大量使用化石燃料、砍伐森林和人类不文明生活方式的结果；最后，CO_2 是大气中产生温室效应的主要原因，若大气中 CO_2 浓度按现在水平发展，到 21 世纪中叶（2050 年）地球年平均气温将升高 1.5～4.5℃。

世界资源研究所等国际机构发表的数据显示，从历史累计排放来看，从工业革命到 1950 年，发达国家的排放量占全球累计排放量的 95%；从 1950 年到 2000 年，发达国家排放量占全球的 77%；从 1904 年到 2004 年的 100 年间，中国累计排放量占全球的 8%。如今，大气中的 CO_2 浓度已经达到了 210 万年来的最高值，即 385mg/kg，人们认为温室效应导致了全球变暖。由于地表的地理地貌特征不同，地表物理、化学结构不同，植被和气候带不同，水陆差异等，CO_2 浓度倍增，全球变暖程度各地不同。地表升温首先在亚热带地区出现，然后向中高纬度地区扩展。全球平均地表增温 1.7℃，陆地比海洋快，北半球比南半球升温明显，北半球中纬度地区为 1.5℃，北美哈德逊湾、欧洲、东亚中部升温 2℃ 以上，北纬 60°海域升温 1.7℃，而北大西洋升温 2.5～3.0℃，东太平洋升温 2℃。由于海洋热容量大，其对气候的调节作用，可延缓气温升高，所以实际值可能只有理论值的 1/2。

二氧化碳浓度增加所引发的温室效应极大改变了地表与海平面的温度，导致全球变暖，从而对生态、气候、海洋、农作物、人体健康等都产生了长远的不利影响。

（1）对生态的影响

首先，全球气候变暖导致海平面上升，降水重新分布，改变了当前的世界气候格局；其次，全球气候变暖影响和破坏了生物链、食物链，带来更为严重的自然恶果。例如，有一种候鸟，每年从澳大利亚飞到我国东北过夏天，但由于全球气候变暖使我国东北气温升高，夏天延长，这种鸟离开东北的时间相应延缓，再次回到东北的时间也相应延后。结果导致这种候鸟所吃的一种害虫泛滥成灾，毁坏了大片森林。另外，有关环境的极端事件增加，例如干旱、洪水等。

（2）对气候的影响

全球气候变暖使大陆地区，尤其是中高纬度地区降水增加，非洲等一些地区降水减少。有些地区极端天气气候事件（厄尔尼诺、干旱、洪涝、雷暴、冰雹、风暴、高温天气和沙尘暴等）出现的频率与强度增加。

（3）对海洋的影响

随着全球气温的上升，海洋中蒸发的水蒸气量大幅度提高，加剧了变暖现象。而海洋总体热容量的减小又可抑制全球气候变暖。

（4）对农作物的影响

全球气候变暖对农作物生长的影响有利有弊。其一，全球气温变化直接影响全球的水循环，使某些地区出现旱灾或洪灾，导致农作物减产，且温度过高也不利于种子生长。其二，降水量增加尤其在干旱地区会促进农作物生长。全球气候变暖伴随的二氧化碳含量升高也会促进农作物的光合作用，从而提高产量。

（5）对人体健康的影响

全球气候变暖直接导致部分地区夏天出现超高温，人们突发心脏病及各种呼吸系统疾病的概率上升，每年都会夺去很多人的生命，其中又以对新生儿和老人的危险性最大；全球气候变暖导致臭氧浓度增加，低空中的臭氧是非常危险的污染物，会破坏人的肺部组织，引发哮喘或其他肺病；全球气候变暖还会造成某些传染性疾病的传播。

阅读材料：IPCC 第六次评估报告

2021 年 8 月 9 日，在日内瓦发布的政府间气候变化专业委员会（IPCC）最新评估报告指出，科学家们一直在观测全球各个区域和整个气候系统的变化，观测到的许多变化为几千年来甚至几十万年来前所未有的，一些已经开始的变化（如持续的海平面上升）在数百到数千年内不可逆转。大力和持续减少 CO_2 与其他温室气体排放将限制气候变化。

IPCC 第一工作组报告《气候变化 2021：自然科学基础》在经过 IPCC 195 个成员国政府代表参加的为期两周（从 7 月 26 日开始）的线上会议评审后，于 8 月 6 日批准。

第一工作组的报告是 IPCC 第六次评估报告（AR6）的第一部分，AR6 将于 2022 年完成。"这份报告体现了大家在特殊情况下付出的卓绝努力。"IPCC 主席李会晟（Hoe-sung Lee）说，"这份报告中的创新，以及它所反映的气候科学的进步，为气候谈判和决策提供了宝贵的支持。"

更迅速的变暖

报告显示，自 1850～1900 年以来，全球地表平均温度已上升约 1℃，并指出从未来 20 年的平均温度变化来看，全球温升预计将达到或超过 1.5℃。该报告基于改进的观测数据集，对历史变暖进行了评估，并且在科学理解气候系统对人类活动造成的温室气体排放响应方面取得了进展。该报告对未来几十年内超过 1.5℃ 的全球升温水平的可能性进行了新的估计，指出除非立即、迅速和大规模地减少温室气体排放，否则将升温限制在接近 1.5℃ 甚至是 2℃ 将是无法实现的。IPCC 第一工作组联合主席法国气候与环境科学实验室瓦莱丽·马森·贝尔莫特（Valérie Masson-Belmotte）女士说："这份报告是对现实情况的检验。我们对过去、现在和未来的气候有更为清晰的了解，这对把握未来方向、采取行动以及应对方式都至关重要。"

每个地区都面临着更多的变化

气候变化的许多特征直接取决于全球升温的水平，但人们所经历的情况往往与全球平均状况有很大不同。例如，陆地升温幅度大于全球平均水平，而北极地区温升幅度则是其 2 倍以上。IPCC 第一工作组联合主席翟盘茂指出："气候变化已经在以多种方式影响着地球上每个区域。我们所经历的变化将随着升温而加剧。"报告预估，在未来几十年里，所有地区的气候变化都将加剧。报告显示，全球温升 1.5℃ 时，热浪将增加，暖季将延长，而冷季将缩短；全球温升 2℃ 时，极端高温将更频繁地达到农业生产和人体健康的临界耐受阈值。但这不仅仅是温度的问题。气候变化正在给不同地区带来多种不同的组合性变化，而这些变化都将随着进一步升温而增加，包括干湿的变化，风、冰雪的变化，沿海地区变化和海洋的变化。现举例如下。

① 气候变化正在加剧水循环。这会带来更强的降雨和洪水，但在许多地区则意味着更严重的干旱。

②气候变化正在影响降雨特征。在高纬度地区，降水可能会增加，而在亚热带的大部分地区预估可能会减少。预估季风降水将发生变化并因地而异。

③整个21世纪，沿海地区的海平面将持续上升，这将导致低洼地区发生更频繁和更严重的沿海洪水，并将导致海岸受到侵蚀。以前百年一遇的极端海平面事件，到21世纪末可能每年都会发生。

④进一步的变暖将加剧多年冻土融化、季节性积雪减少、冰川和冰盖融化以及夏季北极海冰减少。

⑤海洋的变化，包括变暖、更频繁的海洋热浪、海洋酸化和含氧量降低，都与人类的影响有明显的联系。这些变化既影响到海洋生态系统，也影响到依赖海洋生态系统的人们，而且至少在21世纪余下的时间里，这些变化将持续。

⑥对于城市来说，气候变化的某些方面可能会被放大，包括高温（因为城市地区通常比其周围地区温度更高）、强降水事件造成的洪水和沿海城市的海平面上升。

第六次评估报告首次从区域角度对气候变化进行了更详细的评估，包括重点关注有用的信息，从而为风险评估、适应和其他决策提供依据，并关注搭建新框架，以有助于将气候的自然变化（热、冷、雨、旱、雪、风、沿海洪水等）信息进行转化，以使其对社会和生态系统具有意义。

人类对过去和未来气候的影响

马森·贝尔莫特说："几十年来一直很明确的是，地球的气候一直在发生变化，而人类对气候系统的影响也是非常明确的。"新报告也反映了归因科学方面的重大进展，即了解气候变化在加剧特定天气气候事件（如极端热浪和强降雨事件）中的作用。该报告还显示，人类的行动有可能决定未来的气候走向。有证据清楚地表明，虽然其他温室气体和空气污染物也能影响气候，但二氧化碳仍然是气候变化的主要驱动因素。"稳定气候需要大力、快速和持续地减少温室气体排放，并达到二氧化碳的净零排放。减少其他温室气体和空气污染物排放，特别是甲烷，对健康和气候都有益处。"瞿盘茂说。

节选自《速看！IPCC第六次评估报告第一工作组报告出炉！》，中国气象报社，2021。

阅读材料：IPCC"人类致气候变化可能性超95％"

IPCC第五次气候变化评估报告第一工作组第十二次会议于2013年9月23日至26日在斯德哥尔摩召开。各国政府代表27日在斯德哥尔摩签署了IPCC第一工作组有关气候变化的自然科学基础报告。

与前几次评估报告相比，新报告进一步提高了对人类引发气候变化的确信程度。之前三次评估报告分别于1995年、2001年与2007年发布，所提出的可能性依次是50％以上、66％以上以及90％以上。

新报告结合了32个国家600多位作者的努力，引用了9200多篇科学论文和超过2×10^6G的数据，得出了前述结论。

报告显示，全球变暖的事实非常明确，人类活动对气候的影响也很清楚。目前大气中二氧化碳、甲烷和一氧化氮等温室气体的浓度已上升到过去80万年来的最高水平，人类使用化石燃料和开发利用土地是温室气体浓度上升的主要原因。

IPCC 第一工作组联合主席、中国科学院院士秦大河说，科学评估发现大气和海洋变暖、冰雪融化、全球平均海平面上升、温室气体浓度升高。他说，海洋升温、冰川和冰盖融化将使海平面继续上升，速度比过去 40 年来都快。

第一工作组另一位联合主席托马斯·斯托克说，全球变暖将使热浪出现得更频繁、持续时间更长，湿润地区降雨增加，而干燥地区降雨更少。他强调，遏制气候变化需要"大幅度和持续地削减"温室气体排放。

报告估算了不同情形下全球地表平均温度的上升幅度，在温度升幅最低的情形下，到 21 世纪末气温将比 1850～1900 年间上升 1.5℃ 以上。而在温度升幅最高的情形下，气温将上升 2℃ 以上。

在对极为脆弱的南亚地区的中期（2046～2065 年）温度预估中，最高升温部分将分布在尼泊尔、不丹、印度北部、巴基斯坦以及中国南部的地区，升温幅度为 2～3℃，而这些地区的长期（2081～2100 年）预估为升温 3～5℃。

节选自何苗.《全球变暖　受人类影响可能性超 95％》，重庆日报，2013。

阅读材料：IPCC 第四次评估报告

联合国政府间气候变化专业委员会第 27 次全体会议于 2007 年 11 月 16 日在西班牙瓦伦西亚召开，大会通过了第四份评估报告。该报告指出，能否减小全球变暖所带来的负面影响，"将很大程度上取决于人类在今后二三十年中在削减温室气体排放方面所做的努力和投资。"

据共同社等媒体报道，报告指出，"越是希望减小全球变暖所带来的影响，就必须越早使温室气体的排放量减少。"强调了应尽早采取行动，且已不容迟缓。

第四份评估报告是一系列报告的汇总，它将被提交至 12 月即将在印度尼西亚召开的气候变动框架条约签约国会议，将对《京都议定书》中未涉及的 2013 年起的全球变暖对策产生重大影响。

报告根据已被公开的 3 份报告总结称，20 世纪后半叶全球变暖的原因"极可能"是人类活动，并且预测 21 世纪末地球平均气温较上世纪末的上升幅度最大可为 6.4℃。报告还谈到，近年来已经有越来越多的人开始对气温加速上升表示担忧。

报告还指出，为了将从工业革命前开始的气温升高幅度控制在 2.4～3.2℃ 范围之内，并尽可能地减少全球变暖的负面影响，就有必要在 2015～2030 年之间使得 CO_2 的排放量转为下降。

联合国气候变化评估报告的前三部分分别于 2007 年 2 月、4 月和 5 月修订完成。这三部分梗概从不同侧面就全球气候变暖对世界各国社会、经济等各领域的影响进行了分析。这些报告指出，气候变暖有 90％ 以上的可能是由人为活动造成的，报告同时还揭示了这一现象对人类构成的潜在威胁，并对减缓气候变暖提出了相应对策。

节选自李洋.《IPCC 最新报告出炉：对抗全球变暖取决于今后努力》，中国新闻网，2007。

3.2 碳捕集与封存技术研究进展

碳捕集与封存（carbon capture and storage，CCS）技术，是指将 CO_2 从电厂等工业或其他排放源分离，经过富集、压缩并运送到特定地点，注入储层以实现被捕集的 CO_2 与大气长期分离的技术。CCS 技术当前被认为是短期内应对全球气候变化最重要的技术之一。

3.2.1 碳捕集技术

CO_2 捕集技术并非因为气候问题而被提出，在工业领域，此项技术一直被用于去除气流中的 CO_2 或者分离出 CO_2 作为气体产物。CO_2 的捕集主要用于大点源。碳捕集不可能发生在汽车尾气的排放或者动物的呼吸过程，因为点源太小，且捕获无法进行。现在认为的大点源主要有火力发电站、煤的气化和液化、水泥生产、石化工业、钢铁工业以及天然气的生产。其中，天然气的生产过程是最可能优先进行捕集的，因为天然气在运输过程中必须脱去大部分 CO_2，这部分 CO_2 基本为纯 CO_2 气体，非常适于封存。

从 CO_2 的捕集原理来看，目前有 5 种方法，分别是化学吸收、物理吸收、物理吸附、膜分离以及深冷分离。由于所利用的原理不同，各种碳捕获技术的性能特点也各不相同，因此适用场合也有所差别（Rackley，2011）。

（1）化学吸收

化学吸收是利用某些化学试剂能够与 CO_2 反应生成化合物的性质来捕获 CO_2。能够用于捕获 CO_2 的化学试剂主要包括碱性盐溶液（热钾盐）、氨水和醇胺溶液。化学吸收法目前发展比较成熟，有工业示范而且装置规模小，适合 CO_2 浓度/分压低的场合，如燃煤电厂、水泥厂、钢铁厂的烟气捕获等。

（2）物理吸收

物理吸收是利用 CO_2 在某些物理试剂中的溶解度远大于其他组分的特点而进行 CO_2 的捕获。可以在低温、高压条件下进行捕获，同时吸收能力大，吸收剂耗量少，而且通过简单的降压或常温气提的方法就能再生，无需加热，因而能耗降低，投资及操作费用也降低。此方法目前发展也基本成熟，适合 CO_2 浓度/分压较高的场合如 IGCC 电厂、天然气/煤化工厂等。

（3）物理吸附

物理吸附是利用某些材料（如活性炭等）对 CO_2 具有选择吸附性的特点实现捕获。吸附剂的气体处理能力一般与吸附剂的比表面积有关，比表面积越大，吸附剂的气体处理能力越强。所以吸附剂一般都是多孔材料，常用的吸附剂包括分子筛、活性炭、硅胶和活性氧化铝等，或者是采用某两种或几种活性剂的组合。研究结果显示，由于 CO_2 的分子空间结构、分子极性等固有的性质，绝大多数的吸附剂对 CO_2 的吸附能力都比 CH_4、

CO、H_2 和 N_2 等其他气体大，因此绝大多数吸附剂都可以用于 CO_2 的分离。但总体而言，物理吸附技术目前仍不成熟，处在概念验证和小型试验阶段。

（4）膜分离

膜分离技术是利用特定尺寸通道的膜材料对 CO_2 分子具有选择通过性的特点实现捕获。其技术核心是确定对不同气体组分具有选择透过性的膜材料，多为半渗透的非多孔介质膜。气体在膜中渗透遵循的是溶解-扩散机理，即吸附在膜一侧表面的气体分子溶解，并且在浓度差的作用下向膜中扩散、移动，然后从膜的另外一侧解析出来。由于不同气体在膜中的溶解扩散速率不同，因此可以实现不同气体组分的分离。目前膜分离 CO_2 技术仍处在概念验证和小型试验阶段。

（5）深冷分离

深冷分离技术是利用烟气中不同组分具有不同沸点的特点实现捕获。深冷分离法目前主要用于在天然气化工过程中分离湿天然气中的 CO_2 组分，同时回收 C_2 以上的烃类物质。除用于分离 CO_2 外，此法还是目前工业制氧的最主要方法，全世界 80％ 的制氧量都是通过深冷分离法完成的。深冷分离法的特点是产品气体纯度高，但设备投资大，压缩、冷却的能耗也高，一般仅适用于大规模气体分离过程。此法目前仍不成熟，处在概念验证和小型试验阶段。

从 CO_2 的具体捕集阶段来看，目前已掌握的三种方法是燃烧前捕集、燃烧后捕集和富氧燃烧捕集。三者各有优势，但也同时都有成本与技术上的缺陷尚待解决（骆仲泱，2012）。

1）燃烧前捕集

燃烧前捕集主要运用于 IGCC（整体煤气化联合循环）系统中，将煤高压富氧气化变成煤气，再经过水煤气变换后产生的 CO_2 和 H_2，气体压力和 CO_2 浓度都很高，将很容易对 CO_2 进行捕集，剩下的氢气可以被当作燃料使用。该技术的捕集系统小，能耗低，在效率以及对污染物的控制方面有很大的潜力，因此受到广泛关注。然而，IGCC 发电技术仍面临着投资成本太高、可靠性还有待提高等问题。

2）燃烧后捕集

燃烧后捕集即在燃烧排放的烟气中捕集 CO_2，目前常用的 CO_2 分离技术主要有化学吸收法（利用酸碱性吸收）和物理吸收法（变温或变压吸附），此外还有膜分离法技术，正处于发展阶段，但却是公认的在能耗和设备紧凑性方面具有非常大潜力的技术。从理论上说，燃烧后捕集技术适用于任何一种火力发电厂。然而，普通烟气的压力小，体积大，CO_2 浓度低，而且含有大量的氮气，因此捕集系统庞大，耗费大量的能源。

3）富氧燃烧捕集

富氧燃烧采用传统燃煤电站的技术流程，但通过制氧技术，将空气中大比例的氮气脱除，直接采用高浓度的氧气与抽回的部分烟气（烟道气）的混合气体来替代空气，这样得到的烟气中有高浓度的 CO_2 气体，可以直接进行处理和封存。富氧燃烧捕集技术试图综合前两种技术的优点，做到既可以在传统电厂中应用，排出的 CO_2 的浓度和压力也较高。由于该技术主要着力在燃烧过程中，也被看作是燃烧中捕集技术。与传统电厂直接用空气助燃的燃烧技术不同，富氧燃烧是用纯度非常高的氧气助燃，同时在锅炉内加压，使排出的 CO_2 在浓度和压力上与 IGCC 差不多，再用燃烧后的捕集技术进行捕集，从而降低了前期投入和捕集成本。但看似完美无缺的解决方案，却有一个巨大的技术难题——制氧成本太高，这也使得富氧燃烧捕集技术在经济性上并没有太大优势。

3.2.2 碳封存技术

目前潜在的可用于 CO_2 封存的技术有地质封存（在地质构造中，如石油和天然气田、不可开采的煤田以及深部咸水层构造）、海洋封存（直接释放到海洋水体中或海底）、化学固定以及陆地和海洋生态系统封存。通过陆地和海洋生态系统捕集和封存 CO_2 可导致大气中 CO_2 的净消除。其中，CO_2 的地质封存是最具潜力的封存技术，深海封存的能力比其他几种方式的封存能力的综合都要大一个数量级（肖钢，2011）。

（1）地质封存

地质封存一般是将超临界状态（气态及液态的混合体）的 CO_2 注入地质结构中，这些地质结构可以是油田、气田、咸水层、无法开采的煤矿等。IPCC 的研究表明，CO_2 性质稳定，可以在相当长的时间内被封存。若地质封存点经过谨慎的选择、设计与管理，注入其中的 CO_2 的 99％都可封存 1000 年以上。油气田是 CO_2 封存的首选之地，因为这种地质构造在地质年代时期内一直保存流体。在油气田开发中已经积累了不少 CO_2 封存的专业技术经验，把 CO_2 注入油田或气田用以驱油或驱气可以提高采收率（使用 EOR 技术可提高 30％～60％的石油产量），在经济上抵消 CCS 的整体成本。向煤层中注入 CO_2 提高 CH_4 回收率的研究正处于示范阶段，将 CO_2 注入无法开采的煤矿可以把煤层中的煤层气驱出来，即所谓的提高煤层气采收率（enhanced coal bed methane recovery）。然而，若要封存大量的 CO_2，最适合的地点是咸水层。咸水层一般在地下深处，富含不适合农业或饮用的咸水，这类地质结构较为常见，同时拥有巨大的封存潜力。不过与油田相比，目前人们对这类地质结构的认识还较为有限。总体而言，CO_2 地质封存是目前最经济可靠的封存技术，具有其他方式不可比拟的优点：首先，在油气田开发、废物处置和地下水保护中积累的经验有助于该技术的顺利开展；其次，在世界范围内有着较大容量的封存潜力；最后，有较好的安全性，可以保证注入的 CO_2 长期封存于储层中。

1）地质封存的机制

CO_2 注入底层以后，储层构造上方的大页岩和黏质岩起到了阻挡 CO_2 向上流动的作用。毛细管力则可使 CO_2 停留在储层空隙中。当 CO_2 与地层流体和岩石发生化学反应时，CO_2 就从地质化学作用上被"俘获"了。首先，CO_2 会溶解在地层水中，而一旦溶解在地层中几百年乃至几千年，充满 CO_2 的水就变得越来越稠，沉落在储层构造中而不再向地面上升。其次，溶解的 CO_2 与矿石中的矿物质发生化学反应而形成离子类物质，经过数百万年，部分注入的 CO_2 将转化为坚固的碳酸盐矿物质。当 CO_2 被吸收能力强的煤或有机物丰富的页岩吸附时，就可置换 CH_4 类气体。在这种情况下，只要压力和温度保持稳定，那么 CO_2 将长期处于"俘获"状态。总而言之，在地质封存过程中注入的

CO_2 是通过物理和化学俘获机制的共同作用被有效地封存于地质介质中。物理俘获机制主要是针对可迁移的 CO_2 气体或超临界流体而言的,包括构造俘获、残余气体俘获和吸附俘获三种机制。化学俘获机制分为溶解俘获、矿物俘获和水力学俘获。

2) 地质封存的容量估算

全球各地都存在可能适合封存 CO_2 的沉积盆地,尤其是油气储层、深部咸水层构造和不可开采的煤层。目前对石油天然气储层封存能力的估算主要是基于用 CO_2 的量去代替汽油的量,对咸水层的认识则十分有限。除强化采油外,这些储层需要等到油气资源采完后才可用于封存 CO_2,而且,由于油气生产带来的压力变化和地质力学效应也可能会使实际的封存能力降低。

3) 地质封存 CO_2 可能泄漏的途径及监测

CO_2 地质封存的主要风险是泄漏到近地面、地面或者泄漏进入地下水。一般而言,当地的地质条件在保证 CO_2 有效封存中起到关键作用,泄漏可能会发生在不适宜 CO_2 封存的盖层,也可能通过盖层扩散或通过断层渗漏。另外,CO_2 注入点附近的油井和钻孔以及人类活动都是潜在的泄漏途径。因此 CO_2 泄漏的检测尤为重要:红外气体分析是利用 CO_2 分子对红外光的吸收来测量 CO_2 浓度,主要适用于某个点或一系列点进行测量;激光主要是通过路径检测的手段获取 CO_2 浓度,具体方法包括 RAMAN 激光雷达、差分吸收激光雷达和给定路径调谐激光;高光谱成像测量 CO_2 浓度的原理也是基于 CO_2 对特定波长的光的吸收率不同;微感系统包括微电子机械系统(MEMS)、智能微尘等,主要特点是体积小,测量原理也是根据特定波长的红外辐射吸收率来计算 CO_2 浓度;生物监测是根据某些生物对于特定物质敏感的特性,如经过训练的狗可以从人体的体味中分辨出癌细胞的气味、苍蝇对于数十种气味非常敏感。

(2) 海洋封存

海洋封存 CO_2 的一种潜在方案是将捕集的 CO_2 直接注入深海(深度大于 1000m),大部分 CO_2 在这里将与大气隔离若干世纪。具体的实施办法是通过管道或船舶将 CO_2 运输到海洋封存地点,再从那里把 CO_2 注入海洋的水柱体或海底。被溶解的 CO_2 随后会成为全球碳循环的一部分。这种封存办法也许会对环境造成负面的影响,例如过高的 CO_2 含量将杀死深海的生物,使海水酸化等;此外,封存在海底的 CO_2 也有可能会逃逸到大气当中。海洋封存尚未采用,也未开展小规模试点示范,目前仍然处在研究阶段。

1) 封存机理

CO_2 海洋封存有两种实施途径:一种是使用陆上的管线或者移动的船将 CO_2 注入水下 1500m,这是 CO_2 具有浮力的临界深度,在这个深度下 CO_2 将得到有效的溶解和扩散;另一种是使用垂直的管线将 CO_2 注入水下 3000m,由于其密度比海水大,不能溶解,所以只能沉入海底,形成 CO_2 液态湖。

2) 海洋封存的风险

实验表明 CO_2 的增加能危害海洋生物,随着时间推移,一些海洋生物钙化的速度、繁殖、生长、周期性供氧及活动性放缓的同时死亡率上升。另外,一些生物对 CO_2 的少量增加就会做出反应,这些生物在接近注入点或 CO_2 湖泊时预计会立刻死亡。关于

将 CO_2 直接注入海洋后在长时间对海洋生物和生态系统所产生的慢性影响，目前尚无研究。

（3）化学固定

CO_2 化学固定是将其作为碳源转换成有用的化学物质以达到固定的目的。最初的化学固定主要是用于生产甲醇、尿素、碳酸氢铵等大宗化工产品。目前的主要研究方向是两种：一是作为一种重要的化工资源，应用于工业产品的生产；二是应用于矿物碳酸化固定。

1）工业利用

CO_2 的工业利用实质是将其作为工业合成的化学原料生产含碳化工产品，以达到固定（利用）CO_2 的目的。这类产品涉及无机、有机和高分子化学等广阔领域。CO_2 的化学性质并不活泼，但是在高温或者催化剂存在的情况下也会发生化学反应，其分子结构决定它是较强的电子接受体，利用它易与过渡金属的低价态配合物发生作用，使其催化氢化还原，可制得甲醇，CO_2/H_2 合成甲酸等。CO_2 与不饱和烃的均相催化反应以烯烃、丙二烯、1,3-二烯烃和亚甲基环丙烷为加合物可生成内酯或酸。以 CO_2 为原料，可与不饱和烃、胺类、环氧化合物和其他化合物等发生二元或三元共聚反应，生成交联、接枝、嵌段等共聚体。

2）矿物碳酸化固定

自然界中，CO_2 与一些矿石在一定条件下可以反应生成碳酸盐和二氧化硅，如硅酸盐矿石、蛇纹石、橄榄石和钙硅石等。CO_2 的矿物碳酸化固定是模仿了自然界中 CO_2 的矿物吸收过程，即 CO_2 与含有碱性或碱土金属氧化物的矿石反应，生成永久的、更为稳定的碳酸盐等过程。白云石、方解石、菱镁矿等矿石的钙、镁含量虽然高，但已经是碳酸盐，没有太大的固定能力。矿物碳酸化过程有干法和湿法两种：干法过程是 CO_2 气体直接与矿石原料发生气固反应，而湿法过程则是碳酸化反应在溶液介质中进行。研究发现，含钙化合物具有较高的反应活性，其反应速率一般大于含镁化合物，因而更多的机理研究在于含镁化合物，特别是含镁硅酸盐矿石的湿法碳酸化过程的研究。

直接干法气固碳酸化路线首先由 Lackner 等提出，CO_2 气体直接与矿石发生一步气固反应生成碳酸盐，此路线直接、简单，但常温常压下反应速率却很慢，升高温度可以提高反应速率，但对反应平衡不利，因此许多研究者转向考虑增大压力。直接湿法碳酸化路线首先由 O'Connor 等提出，其实质是 CO_2 溶于水形成碳酸，在碳酸作用下矿石逐步溶解并沉淀出碳酸盐。为提高反应速率，一般向溶液中添加矿物催化剂，如 $NaHCO_3$ 和 $NaCl$ 的混合物。另外，还有间接碳酸化，就是用酸、碱溶解矿石，从中提取出钙离子、镁离子，再进行碳酸化反应。

（4）陆地和海洋生态系统封存

陆地和海洋生态环境中的植物、自养微生物等通过光合或化学作用，吸收和固定大气中游离的 CO_2，并在一定条件下实现向有机碳的转化，从而达到固定 CO_2 的目的。因其符合自然界循环和节省能源的理想方式（经济、安全、有效），目前被认为是地球上最主要和最有效的固碳方式，在碳循环中起决定作用。

1）森林固定

森林约占陆地植物现存量的 90%，另外与草原、农田植物相比森林具有较高的碳储存密度，即与别的土地利用方式相比，单位面积内可以储存更多的有机碳。全球植物每年固定大气中 11% 的 CO_2，森林每年固定 4.6%。森林通过光合作用吸收 CO_2，生成烃类化合物，即生物量，从而将 CO_2 以有机碳的形式固定于森林植物中。森林生态系统的固碳作用取决于两个对立过程，即碳素（RA）输入过程和碳素输出过程。植物首先通过光合作用吸收 CO_2 生成有机质储藏在体内，形成总初级生产量（GPP）。而后，通过植物自身的呼吸作用释放出来一部分碳素，GPP 减去这一部分即为净初级生产量（NPP），NPP 可反映森林生态系统的碳素输入能力。植物以枯枝落叶、根屑等形式把碳储藏在土壤里，而土壤里的碳有一部分会被微生物和其他的异样生物通过分解和呼吸释放到大气中，这是碳素输出过程，NPP 减掉这一部分即为净生态系统生产力（NEP），它可以反映森林生态系统的固碳能力。森林生态系统在碳循环中的作用主要取决于生物量、林产品、植物枯枝落叶和根系碎屑以及森林土壤四个方面。

2）微生物固定

固定 CO_2 的微生物一般有两类：光能自养型微生物和化能自养型微生物。光能自养型微生物包括微藻类和光合细菌，它们都含有叶绿素，以光为能源，CO_2 为碳源合成菌体物质或者代谢产物；化能自养型微生物以 CO_2 为碳源，以氢气、硫化氢、铵根离子、亚硝酸根离子、亚铁离子等为能源。1954 年，卡尔文等提出了 CO_2 固定的途径——卡尔文循环，并论证了这个循环在许多自养微生物中均存在。近年来的研究表明，自养微生物固定 CO_2 的生化机制除了卡尔文循环外，还有其他一些途径，目前比较明晰的微生物固定 CO_2 途径主要有卡尔文循环、还原三羧酸循环、乙酰辅酶 A 途径以及甘氨酸途径。微藻也是固定 CO_2 的一大群体，近些年国内外对微藻固定 CO_2 技术的研究主要从藻种的选育、固定机制、工艺研究和综合利用四个方面开展。

阅读材料：CCS 典型项目

美国未来发电计划（FutureGen）

项目原打算在一个 260MW 的 IGCC 电厂测试碳捕集技术和 CCS 系统，目标是将电厂废气减少到近零排放的水平。2008 年 6 月 30 日美国能源局宣布将重新整合未来煤电计划。美国能源局将只赞助 CCS 系统，而不再向 IGCC 电厂投资。

挪威 Sleipner 项目

Sleipner 项目开始于 1996 年，是世界上首个将 CO_2 封存在地下咸水深层的商业实例，由挪威国家石油公司运营。该项目每年可封存 100 万吨 CO_2。

德国黑泵电厂项目

这是世界上首个能捕集和封存自身所产生的 CO_2 的燃煤电厂，于 2008 年 9 月 9 日由瑞典瀑布电力公司在德国东北部的施普伦贝格动工建设，电厂装机容量为 30MW。

此外，中国已经于 2008 年在北京一个热电厂改造了 CO_2 捕集设备，更多的 CCS 项目正在规划中。

华能-CSIRO 燃烧后捕集示范项目

该示范项目由澳大利亚联邦科学与工业研究组织（CSIRO）、中国华能集团公司以及西安热工研究院（TPRI）联合建设。该项目是对华能北京高碑店热电厂进行碳捕集改造，设计 CO_2 回收率大于 85%，年回收 CO_2 能力为 3000t。该示范项目已于 2008 年 7 月 16 日正式投产。

华能上海石洞口第二电厂

华能上海石洞口第二电厂碳捕获项目是在其二期新建的两台 66 万千瓦的超超临界机组上安装碳捕集装置，该装置总投资约 1 亿元，由西安热工研究院设计制造，处理烟气量（标）为 66000m³/h，约占单台机组额定工况总烟气量的 4%，设计年运行时间为 8000h，年生产食品级二氧化碳 10 万吨。该项目已于 2009 年 12 月 30 日投入运营。

中电投重庆合川双槐电厂

中电投重庆合川双槐电厂是在一期两台 30 万千瓦的机组上建造碳捕集装置，总投资约 1235 亿元，由中电投远达环保工程有限公司自主研发设计，年处理烟气量（橡）为 5000 万立方米，年生产工业级二氧化碳 1 万吨。该碳捕集项目于 2010 年 1 月 20 日投入运营。

中英碳捕集与封存合作项目（NZEC）

中英煤炭利用近零排放合作项目（near zero emissions coal，NZEC）旨在应对中国日益增加的燃煤能源生产和二氧化碳（CO_2）排放。英国计划通过三个阶段实现 NZEC 示范的目标：第一阶段，研究在中国示范和发展 CCS 技术的可行性方案；第二阶段，进一步开展 CCS 技术的开发工作；第三阶段，在 2014 年之前建成 CCS 技术示范电厂。

中英煤炭利用近零排放项目（COACH）

中英煤炭利用近零排放项目（Cooperation action within CCS China-EU），旨在促进中欧碳捕集与封存（CCS）领域的合作。目前中国计划在 2010 年之前建造一座具备 CO_2 捕集与封存技术的燃煤电厂，COACH 项目将为这一计划提供必要的技术支持。

绿色煤电计划（Greengen）

绿色煤电计划是中国华能集团公司于 2004 年提出的，计划的总体目标是研究开发、示范推广以煤气化制氢、氢气轮机联合循环发电和燃料电池发电为主，并对污染物和 CO_2 进行高效处置的煤基能源系统；大幅度提高煤炭发电效率，使煤炭发电达到污染物和 CO_2 的近零排放。2009 年 7 月 6 日，绿色煤电天津 IGCC 示范电站开工建设，总投资 21 亿元，采用华能自主研发的具有自主知识产权的每天 2000 吨级两段式干煤粉气化炉，首台机组将于 2011 年建成。

节选自章轲.《碳产业：把握绿色革命的核心》，第一财经日报，2009。

阅读材料：未来燃煤发电的完美技术组合：CCS＋IGCC

近年来，随着全球能源供应的日趋紧张，昔日被认为应该淘汰的煤炭工业重新焕发了生机。有专家预言，在未来几十年里煤炭在世界能源体系乃至全球经济和社会发展中将扮演着重要角色。然而，燃煤产生的大量二氧化碳排放使地球温室效应明显加剧，导致全球气温变暖问题日显突出。既要使用煤炭，又要减少二氧化碳的排放，世界各国的科研人员为如何解决这一"矛"与"盾"问题，开展了史无前例的技术创新研究。目前，碳捕捉及封存（CCS）技术和整体煤气化联合循环（IGCC）技术被认为是最有潜力的技术，二者结合，将能实现二氧化碳的零排放，大大提高燃煤效率。

CCS技术

目前，全球最公认的降低二氧化碳排放的方法是碳捕捉及封存（CCS）。该技术要求首先对燃煤发电中产生的二氧化碳进行捕捉和收集，这与能源行业及其他工业活动中，在高压下收集浓缩二氧化碳气流的方法非常类似。

二氧化碳的收集有后燃烧系统、预燃烧系统和加氧燃烧3种方式。操作条件决定收集方式。后燃烧收集碳的技术同现已大规模用于天然气分离二氧化碳的技术相似；预燃烧收集碳技术现已大规模应用于生产氢气；加氧燃烧收集二氧化碳的技术还处于示范阶段。收集到的二氧化碳必须运送到一个合适的场所进行封存。在技术层面上，使用管线或者船舶就可以运送二氧化碳，而二氧化碳在30℃和5个大气压条件下就可以保持液态。二氧化碳存储方式又分成4种：a. 通过化学反应将二氧化碳转化成固体无机碳酸盐；b. 工业直接应用，或作为多种含碳化学品的生产原料；c. 注入海洋1000m深处以下；d. 注入地下岩层。第四种方式最具潜力，向地层深处注入二氧化碳的技术，在很多方面与油气工业已开发成功的技术相同，有些技术从20世纪80年代末就开始使用了。

适宜封存二氧化碳的地层有不可开采的煤层裂缝、衰竭的油气层和深盐水层3种。向衰竭或将要衰竭的油气层注入二氧化碳是最有吸引力的选择，因为它可将CCS和提高采收率技术联系在一起。研究表明，我们生存的地球可封存不少于2万亿吨的二氧化碳，地下封存可能出现的危险，包括二氧化碳的突然爆发和逐渐渗透。

目前，人们对二氧化碳的捕捉及封存已经积累了大量经验，例如利用二氧化碳提高采油技术已广泛应用于美国二叠纪盆地、加拿大的韦伯恩油田和挪威的斯雷普纳等油田。CCS技术用于燃煤电站的主要基础设备也能够在工业上进行生产，但完整的技术系统还没有，现在需要的是大型CCS示范项目为未来发展铺平道路。

两大技术珠联璧合

使用煤炭最多的行业是发电，因此，解决燃煤发电中二氧化碳的问题成了最主要的任务，而目前最具潜力的技术是IGCC。该技术是一种先进的动力系统，它可将煤气化技术和高效联合循环相结合。它由两大部分组成，即煤的气化与净化部分和燃气-蒸汽联合循环发电部分。第一部分的主要设备有气化炉、空分装置、煤气净化设备；第二部分的主要设备有燃气轮机发电系统、余热锅炉、蒸汽轮机发电系统。

IGCC的工艺过程如下：煤经气化成为中低热值煤气，经过净化，除去煤气中的硫化物、氮化物和粉尘等污染物，变为清洁的气体燃料，然后送入燃气轮机的燃烧室燃烧，被加热的气体用于驱动燃气做功，燃气轮机排气进入余热锅炉加热给水，产生过热蒸汽驱动蒸汽轮机做功。

一般的热电站，通常会在普通大气压下利用锅炉燃烧煤炭，煤炭燃烧产生的热将水变成蒸汽，再通过涡轮机转化成电能。现代电厂中，燃烧煤产生的废气，会通过其他设备去除硫与氮的成分，最后经烟囱排出。在去除一般污染物后，可以再从其中抽出二氧化碳。由于废气中大部分是氮，二氧化碳占的含量比较低，因此这样处理二氧化碳的方式既耗能又昂贵。

而在 IGCC 系统中则不燃烧煤，而是让煤在与空气隔绝的高压氧化炉中与有限的氧和蒸汽一同作用，氧化过程中形成的合成气体，主要成分是一氧化碳与氢，并不含氮。同时，利用 IGCC 技术，从合成气体中也去除了大部分的一般污染物，再加以燃烧，产生的气体用于获得水蒸气，推动涡轮机运转。这一过程称为复合式循环。

因此，可以在 IGCC 技术中利用 CCS 方法，对生产过程中的碳进行捕捉和封存，使 IGCC 有可能成为未来极低排放发电系统的最佳方法，并成为氢能经济的一部分。在设有捕捉二氧化碳程序的 IGCC 电厂中，合成气体脱离气化炉，经过冷却并去除粒子后，与蒸汽发生作用，产生的主成分为二氧化碳和氢的混合气体。这里二氧化碳被捕捉，经过压缩和干燥，最后运输到封存地。剩余的含氢气体，再被燃烧用于发电。

研究发现，与传统的燃煤发电中捕捉和封存二氧化碳的技术相比，使用高品质煤的 IGCC 电站，捕捉二氧化碳所消耗的能量少、成本也低。另外，汽化系统是在高压和高浓度状态下抽取二氧化碳，比传统的方法要容易得多；收集二氧化碳过程中的高压，也对输送二氧化碳有很大帮助。

整体上说，如果在燃煤发电中采用 CCS 技术，生产每 $1kW \cdot h$ 电所需消耗的煤可比在传统电厂中要多消耗 30%，比在 IGCC 电站中要少消耗 20%。美国正在设计建设应用 CCS 技术的 IGCC 的电站，这将是世界第一座零排放燃煤发电厂。目前 IGCC 发电技术正处于第二代技术的成熟阶段，燃气轮机初温达到 1288℃，单机容量可望超过 400MW。世界在建和拟建的 IGCC 电站 24 座，总容量 8400MW。荷兰的 BAGGENUM 电站已于 1994年投入运行，美国 WABASHRIVER 电站及 TAMPA 电站、西班牙的 PUERTOLLANO电站已于 1997 年前相继投入试生产。

呼唤政策支持

然而，今天，大多数燃煤发电企业在计划建设的新电站中，并没有使用 CCS 技术，因为应用 CCS 技术的成本比较高。应用 CCS 技术的成本取决于电站的类型、封存二氧化碳的场所与电站的距离、岩层的性质等因素。有研究机构对使用 CCS 技术的 IGCC 电站两种情况进行了评估，结果发现，如果将二氧化碳封存在距离电站 100km 的地下盐水层中，生产 $1kW \cdot h$ 电的成本比直接排放二氧化碳到大气要增加 1.9%；如果将捕捉的二氧化碳用于 100km 外的采油井，只要石油的价格不低于每桶 35 美元，电站的成本就不会增加。

另外，大多数企业认为，目前的政策也不能使应用 CCS 技术的企业降低成本，达到最大盈利。例如，只有对二氧化碳的排放处罚不少于每吨 25~35 美元，那些将二氧化碳出售给采油企业的电站才能不亏损，但许多国家在制定的政策中，对二氧化碳排放处罚力度比较小。

但大多数燃煤企业已经认识到，环境保护的要求和现实性迟早会迫使企业应用 CCS

技术，虽然在计划建设的新电站中没有应用 CCS 技术，但对未来使用 CCS 技术做好了准备，也就是说，一旦需要就可以投入使用。这就意味着，CCS 技术本身不是一个限制性因素，而关键的因素则是经济激励，此外还需要政策的大力支持。

节选自《未来燃煤发电的完美技术组合：CCS＋IGCC》，东北电力技术，2012，5：3。

3.3 生物炭的固碳减排增汇效应

随着温室气体排放增加，自然气候变化异常等环境形势日益严峻，以 CO_2 为代表的温室气体减排已经成为应对气候变化挑战的一个重要议题。由于土地利用而引起的土壤碳汇损失是大气碳素含量不断升高的主要驱动力，生物炭作为一种具有高度稳定性的富碳物质，在其产生和储存的过程中都能起到将生物质中碳素锁定而避免经微生物分解等途径进入大气的作用，从而有效发挥土壤碳汇的作用，起到了增汇减排、影响气候变化和全球热辐射平衡的积极作用。生物炭的气候调节能力主要是由于其具有高度的稳定性，因此降低了光合作用所固定的碳返回大气的速率（吴敏，2013）。自然界的碳循环基本过程是：大气中的二氧化碳被陆地和海洋中的植物吸收，然后通过生物或地质过程以及人类活动，又以二氧化碳形式返回大气中（李力，2011）。生物炭的形成有效地打破了这种循环，使碳元素以一种稳定的生物炭形式进入土壤，而在这种循环中被固存，以此来减少大气中的二氧化碳，这与煤炭的形成起到了同样的作用，但前者能够使大气中的二氧化碳更快地再平衡。如果在全球范围进行生物炭的生产与应用，那么固存大气二氧化碳的潜力值估计为每年 10 亿吨级的规模（王萌萌，2013）。

生物炭的固碳减排增汇效应最早可以追溯到关于亚马孙河流域黑土对碳平衡和气候影响的研究中，近年来随着应对气候变化的迫切需要和碳素固定封存技术的日益发展，生物炭增汇减排作用研究也呈现出新的特点，主要集中在以下几个方面。

① 对生物炭减排机理进行研究和解释。Spokas 等通过在实验室条件下检测不同配比的生物炭-土壤-水分体系中 CO_2、N_2O 和 CH_4 的排放量，观察到在扣除体系自身气体排放之后，温室气体的减排总量与生物炭质量呈显著正相关，这一结论直接支持了生物炭能够有效降低土壤有机质矿化速率从而实现增汇减排的假说。

② 通过实验室的微观尺度对生物炭生成速率和固定碳素速率进行研究，进而推断生物炭在宏观的全球尺度上增汇减排的效果。但是，由于炭化条件等诸多因素的差异导致生物炭的生成速率难以确切估计，同时所有的估计都是基于一系列简化假设推断，因此不同研究者给出的生物炭增汇减排的具体估计值有较大差异，寻求较为准确且一致的数据将是未来研究的方向。

③ 从生物炭系统的层次上研究生物炭减排增汇与其他环境应用的关系，以及生物炭的生命周期评价，从而全面考量增汇减排的收益和消耗、环境复杂性和能源需求，最大限度地发挥生物炭增汇减排的功效。生物炭系统减排可以与土壤改良相耦合，即在农田轮作的基础上采用速生植株做生物炭原材料，将农作物生物质循环利用、产生生物炭、热解以

利用生物能联合起来。在这个过程中，一方面实现生物炭改良土壤与增汇减排的双赢；另一方面产生的生物能代替了化石燃料的使用，在另一个层次上减少了碳排放（李飞跃，2013）。

3.3.1 生物炭在土壤中的减排作用

（1）生物炭的稳定性

目前研究人员普遍认为，生物炭具有极高的化学稳定性、热稳定性和微生物稳定性。一方面，生物炭高度炭化且芳香环和烷基结构紧密堆积，这种化学稳定性机制可对碳素进行固定；另一方面，生物炭表面的有机结构通过稳定力作用与土壤中的矿物形成有机-无机复合体，即土壤团聚体，生物炭封闭其中，通过团聚体的物理保护作用降低土壤微生物对其分解的风险，从而保持稳定（袁金华，2011）。

CO_2 经由光合作用进入生态系统内，由生物体完成向生物质的转化，最后以生物炭的稳定形式将碳素稳定封存在土壤碳库中，实现了土壤碳固定。从长期来看，相较生物质以非炭形式直接进入土壤而被缓慢、持续而完全地降解产生 CO_2 这一途径，生物炭的产生能够留存至少 40% 的有机碳。碳素一转化成生物炭，即使通过沉降、掩埋、风化等地质年代的循环过程，仍然能在土壤和沉积物中大量存在，继续发挥碳汇作用，可以说是一个稳定的土壤碳库。关于生物炭封存碳素较为准确的存留时间以及对土壤碳库稳定性的影响，目前还存在一些争议，有学者根据自然产生的生物炭已经存在数千年的事实认为生物炭是一个长期碳汇，也有学者根据实验室和田间实验数据认为生物炭只有数百年的稳定期（孟军，2013）。

（2）降低矿化作用强度

生物炭的减排作用是通过降低土壤中有机碳的矿化作用的强度实现的。一般认为，土壤有机碳矿化是土壤释放 CO_2 的主要途径，因此控制土壤有机碳的矿化作用能够有效降低大气中的 CO_2 水平。

（3）生物炭对其他温室气体的减排作用

生物黑炭施入土壤后同时对 CH_4、N_xO 等温室气体也有减排作用。中科院南京土壤研究所林先贵研究员团队和谢祖彬研究员团队通过田间实验和分子生物学原位测定，研究了生物黑炭对两种典型稻田土壤（Inceptisol 和 Ultisol）甲烷排放的影响及其微生物学机制。结果表明，与秸秆直接还田相比，添加生物黑炭显著降低了稻田甲烷排放量。微生物学机制研究发现，生物黑炭同时刺激了产甲烷古菌和甲烷氧化菌生长，且后者的增幅大于前者，使得两者数量比例大幅下降，更多甲烷气体被后者同化，进而降低稻田甲烷排放。该过程不仅将更多的碳固持在土壤中，更可通过甲烷氧化细菌介入的微生物食物链促进稻田生态系统物质和能量的循环过程，以利于稻田土壤肥力的可持续性。另有盆栽试验表明，添加生物炭和对照相比，作物的 CH_4、N_2O 排放通量减少，这可能是由于生物黑炭施入后土壤容重降低，通气性改善，加上生物黑炭的高 C/N 值，限制了氮素的微生物转化和反硝化，从而改变了农田生态系统的氮循环。

3.3.2 生物炭的增汇作用

土地利用引起的土壤碳库损失是大气温室气体浓度不断升高的主要驱动力,而陆地生态系统包括土壤增汇是《京都议定书》中接受的减排机制之一。在陆地生态系统中,植物光合作用固定的大气二氧化碳,50%用于自身呼吸作用,而另外的50%通过凋落物的形式归还土壤,其经过土壤微生物的作用释放到大气中,这个平衡被称为"碳中性"。如果凋落物经过高温热解,可产生25%的生物黑炭归还土壤,由于生物黑炭的化学和微生物惰性以及土壤团聚体的物理保护使得其成为土壤的惰性碳库,只有5%的碳经过土壤微生物的作用重新释放到大气,而土壤多固定了20%的碳,这样就产生净碳吸收,这个平衡被称为"碳负性"。有学者估算,若印度尼西亚每年有368000t的作物秸秆以及废弃物通过高温热解可转化为77000t的生物黑炭而施入土壤储存,利用高温热解的方法每年可减少230000t CO_2 的排放,运用生物黑炭技术社会经济上潜在可行的增汇量可达 9.5×10^9t。到2100年,人类活动排放的二氧化碳量的1/4将可以通过处理废弃有机质得到的生物黑炭进行封存,这可能降低大气中二氧化碳浓度达40mL/m³。

3.3.3 生物黑炭农用的固碳减排意义

秸秆热解生物能转化在能量利用上优于其他生物能技术,这不仅是因为其产物保留了多于50%能量的生物质炭,更重要的是采用这种技术得到的生物黑炭产品的田间施用可以改善土壤的理化性质,从而提高作物产量,增加土壤碳库并减少其他温室气体的排放。由于面临国际粮食安全挑战和能源排放与全球变暖的挑战,施用生物黑炭以培育肥沃高碳土壤的国际呼声越来越高。随着农业碳交易或碳补偿机制的期望认可,生物黑炭转化和农业应用越来越显得经济可行。当前普遍认为,生物黑炭的土壤施用可能是唯一的通过施入稳定性碳来改变生态系统土壤碳库自然平衡,从而达到大幅度提高土壤碳库容量的技术方式。

目前,生物质燃烧构成了全球 CH_4 排放量的10%和 N_2O 排放量的1%。将生物能作物裂解转化为生物黑炭,尽管不能完全消除这些排放,但是能通过热解而大大减少温室气体释放。尽管生物能作物是生物黑炭转化的良好原料,但是全面推广利用这些作物原料来生产生物能或用于生产生物黑炭将会冲击耕地资源,并反过来影响生物能作物的价格。这正如美国利用玉米等农产品大规模转化生产生物乙醇一样,严重影响了世界粮食价格。因此,目前的生物黑炭生产主要是利用农业废弃物。当前研究应着眼于将农业中每年持续生产的非收获性生物质或生物质废弃物转化为稳定的碳组分而施用于农田。研究表明,秸秆等废弃物转化为生物黑炭施于农田不仅可避免燃烧释放,而且能提高土壤碳储存进而实现减排,并且这种更大的土壤碳库比陆地生态系统固碳(例如再造林)更长效。

关于生物黑炭的农业应用对于农田土壤改良和土壤增汇的作用已有详细介绍。多处的田间试验表明,农田土壤施用20t/hm² 以上的生物黑炭大约可以减少10%的肥料施用量,这对农业减排具有特别的意义(潘根兴 等,2010)。一些研究还发现,使用生物黑炭提高了作物的抗逆能力，从而减缓气候变化对作物生产力的影响。在巴西、哥伦比亚、肯尼亚等美洲和非洲热带农业地区的试验表明，在退化和酸性土壤上施用生物黑炭能不同程度地稳定或者保持作物在极端气候下的生产力，提高土壤肥力，因而有助于农业适应和减缓气候变化的影响。许多研究报道认为，相对于其他农业领域的固碳减排技术，土壤中施用生物黑炭对于减缓气候变化和作物生产力的效益明显，对于土地生产力及其可持续性的作用十分突出。特别是在当前经济作物价格上扬形势下，将生物黑炭应用于经济作物农田生产所产生的经济效益优势将越来越明显。美国一些农业行业协会呼吁在园艺和草坪中应用生物黑炭，而在日本，施用于土壤的生物黑炭市场交易量已达到每年 1.5 万吨。

目前全球约有 15 亿公顷农田。根据 GAUNT 等估算，全球农田每 10 年轮回施用生物黑炭 1 次（由于生物黑炭的稳定性，不需要每年或经常性施用黑炭于土壤），平均每年可固定 0.65Pg CO_2 当量，可占目前未知碳汇的 1/5 以上。根据国际生物黑炭行动计划在各地的试验，农田中施用生物黑炭的净碳汇（以 CO_2 计）为 2～19t/(hm^2·a)，如果 1t 生物黑炭得到的碳交易额达到 47 美元，则实现上述的生物黑炭固碳潜力经济上是可以实现的。当然，全球大规模的生物黑炭农业应用还有待于全面推进。

阅读材料："生物炭"投产上规模，"微波炉"固碳助减排

一直以来人们都在寻求固定 CO_2 从而减少其排放的办法。日前，气候专家已经找到最清洁环保的方式，进行工业规模 CO_2 固定，利用巨型微波熔炉将 CO_2 封存在"生物炭"（biochar）中，然后进行掩埋。

据《卫报》消息，英国埃克塞特大学（University of Exeter）地理学教授克里斯·特尼（Chris Turney）称，用特制的巨型"微波炉""烹饪"木材，最后将其"烘烤"成几乎由纯碳组成的木炭，然后掩埋在土壤里。这种特制"微波炉"将成为战胜全球变暖的最新利器。

微波炉烹饪土豆得出"生物炭"点子

特尼教授表示，在树木生长过程中从空气中吸收的 CO_2，几乎都留在了经特制微波炉具处理后剩下的木炭中。这种碳可以掩埋在土壤中，存在几千年稳定不变。因此，该技术每年可以减少向空气中排放几十亿吨 CO_2。由此，生长速度较快的松树等林木可当作"生物炭"原料，木材经微波炉具中处理、掩埋，然后又有新长出来的松树作为原料，如此循环。

木炭通常是在熔炉中高温燃烧木材获得，但这种方法往往很脏，而且只能转化20%～30%的木材。而特尼教授的"微波炉"可以将50%的木材转变为木炭。

特尼教授的发现源于他青年时代一次烹饪经历。那次他错误地将土豆放在微波炉里烤了 40min，发现那个土豆最后变成了焦炭。特尼教授说："许多年后大家谈论碳捕获技术，或许木炭会是努力的方向。"

特尼教授已经制造了一个长约 5m 的"生物炭"特制微波炉具模型机。他还打算3月

份在英国成立他自己的公司，专门制造下一代新型生物炭技术设备。特尼教授希望新设备将能处理更多的木材，并削减成本。

"生物炭"固碳作用不容忽视

事实上，特尼教授并非唯一一个推崇"生物炭"技术的人。英国著名的大气学家詹姆士·拉伍洛克（James Lovelock），以及美国国家航空航天局（NASA）的詹姆士·汉森（James Hansen）教授都曾高调主张生物炭的潜在益处，称该技术是应对气候变暖最具潜力的解决方案。

汉森教授在近期的一篇论文中计算，用目前使用的燃烧废弃有机材料的方法生成生物炭，未来 50 年内，可将大气中的 CO_2 含量减少百万分之八。但这个含量相当于以目前二氧化碳排放速度，三年间向空气中排放的总量。

特尼教授认为，生物炭技术是目前为止解决气候变暖问题的"尚方宝剑"。生物炭加工设备可修建在吸收大量 CO_2 的林区旁边。他说："可以直接伐木，将其炭化，然后栽种新树苗。巨大林木资源在吸收 CO_2 方面，可以达到一定生产规模。"

生物炭可以被埋入废弃煤矿，或耕种时埋入土壤中。木炭碎料的孔洞结构十分容易聚集营养物质和有益微生物，从而使土壤变得肥沃，利于植物生长。生物炭填埋还有利于改善土壤排水系统，并将 80％ 左右的诸如一氧化氮和甲烷等温室气体封存在土壤中，阻止其排放到大气中。

英国东安格里亚大学（University of East Anglia）气候科学家蒂姆·雷顿（Tim Lenton）在《大气化学》杂志（*Atmospheric Chemistry*）最新发表的有关地球工程分析技术论文中计算显示，到 2100 年，人类活动排放 CO_2 量的 1/4 将可以通过处理废弃有机质得到的生物炭进行封存，这意味着空气中 CO_2 的含量将减少百万分之四十。

康奈尔大学（Cornell University）的约翰尼斯·莱曼（Johannes Lehmann）通过相关计算得出，运用生物炭技术每年固定 95 亿吨碳现实可行。而全球每年因化石燃料燃烧产生的碳含量是 85 亿吨。

"生物炭"技术"全球化"进程堪忧

一些国家已经投资大规模碳捕获及存储项目，希望能减少 CO_2 排放量。但特尼教授认为这些项目不能完全解决问题。"（碳捕获及存储项目）只能解决诸如电站等大型单一排放源的问题，而这些源头的排放只占整个 CO_2 排放的 60％。"

碳评论博客写手克里斯·古德尔（Chris Goodall）出版的《拯救地球的十种技术》一书将生物炭技术列为其中之一。他表示："唯一的问题是，尽可能大规模组织生物炭生产和固碳活动。在有组织的情况下，农民因将生物炭埋入土壤，得到报酬，而非烧火做饭，这件事要在全球范围内运转起来还颇有难度。"

节选自张颖.《"生物炭"投产上规模，"微波炉"固碳助减排》，人民网，2009-03-18。

参考文献

李飞跃，梁媛，汪建飞，等. 生物炭固碳减排作用的研究进展［J］. 核农学报，2013，27（5）：0681-0686.

李力，刘娅，陆宇超. 生物炭的环境效应及其应用的研究进展 [J]. 环境化学，2011，30（8）：1411-1421.

骆仲泱. 二氧化碳捕集、封存和利用技术 [M]. 北京：中国电力出版社，2012，1.

孟军，陈温福. 中国生物炭研究及其产业发展趋势 [J]. 沈阳农业大学学报（社会科学版），2013，15（1）：1-5.

潘根兴，张阿凤，邹建文，等. 农业废弃物生物黑炭转化还田作为低碳农业途径的探讨 [J]. 生态与农村环境学报，2010，26（4）：394-400.

孙红文. 生物炭与环境 [M]. 北京：化学工业出版社，2013，7.

王萌萌，周启星. 生物炭的土壤环境效应及其机制研究 [J]. 环境化学，2013，32（5）：768-780.

吴敏，宁平，吴迪. 滇池底泥制备的生物炭对重金属的吸附研究 [J]. 昆明理工大学学报（自然科学版），2013，38（2）：102-106.

肖钢，马丽，肖文涛. 还碳于地球：碳捕获与封存 [M]. 北京：高等教育出版社，2011，8.

袁金华，徐仁扣. 生物质炭的性质及其对土壤环境功能影响的研究进展 [J]. 生态环境学报，2011，20（4）：779-785.

中国21世纪议程管理中心. 碳捕集、利用与封存技术进展与展望 [M]. 北京：科学出版社，2012.

Rackley S A. 碳捕获与封存 [M]. 李月，译. 北京：机械工业出版社，2011.

第4章
生物炭与土壤改良

　　土壤是指覆盖于地球陆地表面，具有肥力特征的、能够生长绿色植物的疏松物质层。不同土壤上所产生植物收获量的不同，其不仅与土壤以外的环境条件和人类干涉的方式和程度有着十分密切的关系，同时也向人们揭示了土壤本身存在着优劣之别。土壤学家把这种土壤内在的优劣性归结为土壤肥力的差异，即土壤向植物不断地供应和协调水、肥、气、热的能力的差异。千百年来，人类祖祖辈辈在利用土壤维系自身的生存和发展的同时，逐渐认识了土壤肥力差异的实质，于是就不断地试图改善土壤肥力，以增加植物收获。

　　当今世界人口与耕地的矛盾越来越突出，联合国粮农组织在 *Protect and Produce* 一书中指出，地球表面只有很少的土地适合农业生产，仅有11％（约15亿公顷）的土地为农用耕地，另有89％为非宜农土地（其中28％太干旱，23％有化学问题，22％土层太浅，10％太湿，还有6％为永久冻土）（表4-1）。另一方面，现有的15亿公顷耕地中，低产土壤占有相当大的比重，并且土地在不断退化和丧失，可以设想即使目前的土地退化率不再增加，在未来20年里也要丧失1.0亿～1.4亿公顷的宜耕土地。

表4-1　非宜农作物土壤的情形

项目	太干	太冷	太薄	砂石太多	黑黏土	盐渍土
土壤	干热漠钙土，移动沙丘等	永久冻土带土壤，冰河土壤	薄层土和其他岩石露头地形上的土壤	红砂土、粗骨土以及其他粗质地土壤	变性土	盐土，碱土
农耕潜力	雨养农业无收；如果有灌溉或能中高产	无收或收成很低	一般很低，部分可用作牧场	收成中或低，取决于土壤养分和水分管理水平	利用问题较多，但良好土壤管理能中产或高产	通常较低，改良后可有中等收成

　　我国用占世界7％～9％的耕地养活了占全球20％的人口，创造了世界奇迹，但同时，人多地少始终是中华民族的一个危机（图4-1）。2016年年末，全国共有农用地64512.66万公顷，其中耕地13492.10万公顷（20.24亿亩），园地1426.63万公顷，林地25290.81万公顷，牧草地21935.92万公顷；建设用地3909.51万公顷，其中城镇村及工矿用地3179.47万公顷（图4-2）。2012～2016年耕地面积增减情况见图4-3。全国土地利用数据预报结果显示，2017年年末，全国耕地面积为13486.32万公顷（20.23亿亩），全国因建设占用、灾毁、生态退耕、农业结构调整等减少耕地面积32.04万公顷，通过土地整治、

农业结构调整等增加耕地面积 25.95 万公顷，年内净减少耕地面积 6.09 万公顷。我国耕地资源的基本国情是"一多三少"，即耕地总量多，人均耕地少；人均耕地只有世界平均水平的 40%；高质量的耕地少；耕地粮食单产比发达国家或农业发达国家低 150～200kg；耕地后备资源少：耕地后备资源严重不足，且出于生态保护的要求，耕地后备资源开发受到严格限制，后备资源开发补充的耕地已十分有限。

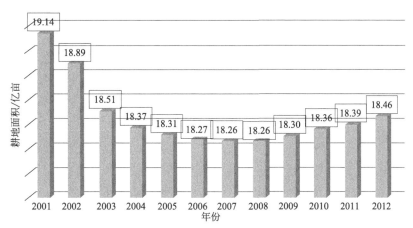

图 4-1　近年来我国耕地面积的变化（《2001～2012 年中国国土资源公报》）

（1 亩＝666.67 平方米）

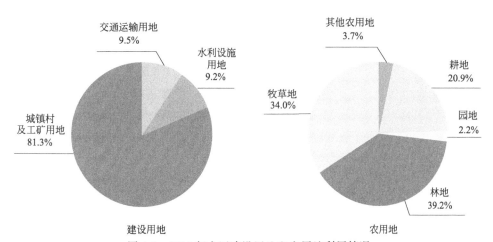

图 4-2　2016 年全国建设用地和农用地利用情况

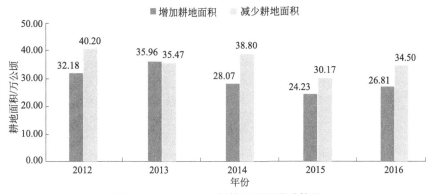

图 4-3　2012～2016 年耕地面积增减情况

耕地的现状和人口的不断增长，使得土地保护和土壤改良已不仅仅是农业土壤工作者的口号。随着农业现代化进程加速，特别是近年来，在气候变化、环境污染、能源短缺、粮食危机和农业可持续发展面临挑战的背景下，人类生存的环境和空间日趋严峻，生物炭在农业领域尤其是对土壤的作用的相关研究已受到广泛关注。科学家将目光转向生物炭，萌发了创造"技术土壤"的构想，希望通过提高土壤固有的养分储量，解决目前气候变化、能源以及食品和水资源危机。

4.1 生物炭在土壤中的作用

4.1.1 生物炭在土壤环境系统中的来源及稳定性

（1）生物炭在土壤环境系统中的来源

生物炭是近年提出并广泛使用的学术用语，但它的制造、发现与使用却可以追溯到19世纪。一百多年前，有西方学者曾在书中记载过巴西亚马孙河流域存在一种黑色、肥沃的土壤。当时生活在亚马孙河流域的人们开始将这种"黑土"（Terra Preta）在农业上使用，多被用作盆栽植物培养或者肥料（图4-4，书后另见彩图）。黑土土质肥沃，具有极强的恢复贫瘠土壤肥力的特性，当地人称其为"印第安人黑土壤"。现代科学研究表明，这种黑土是2500年甚至6000年以前由生活在亚马孙河流域的先民们制造而成的。巴西人工黑土层的厚度多为40～80cm，呈现黑色，明显不同于其周围的土壤，一般认为，它们的制造原料包括动物粪便、骨骼和植物废弃物等。但最重要的来源是森林大火或火耕（Bond et al，2004），古老的"刀耕火种"式农田开垦或其他原始耕种方式也遗留下来一部分木炭等生物炭。这些生物炭使土壤呈现黑色并随着时间的推移而逐渐累积，使亚马孙河流域土壤成为"沃土"，显著提升了土壤生产能力。

(a) 印第安黑土剖面 　　　　　　　　　　 (b) 氧化土剖面

图 4-4　印第安黑土和相邻的氧化土剖面

Renner（2007）研究发现，千百年来亚马孙地区原住居民所制造的这种黑土壤，其生物炭含量是平均值约为（25±10）mg/hm^2 周围土壤的 70 倍，且远高于其他区域。研究显示，人工黑土中的生物炭大部分以不受保护的独立状态存在。人工黑土中 N、P、K、Ca 等营养元素和 Zn、Mn 等微量元素含量较高，其中 N、P 等元素的量也相当于后者的 3 倍，且其中 P 元素的生物可利用性也较高，这为植物生长提供了充分的养分条件。Kim 等研究显示人工黑土中的细菌种群丰度高于原始森林土壤。研究人员发现人工黑土和周围土壤在重组有机碳含量上有一定差别，而 Liang 等研究通过对人工黑土的培养试验显示，富炭的人工黑土中加入有机物质后会使得有机物质更快地进入土壤有机无机复合体中。巴西人工黑土中作物的长势和产量也明显优于其他类型土地，而这种良好的性状还具有长效性，当地人已经在不外施肥料的情况下耕作了许多年。Steiner 等研究认为亚马孙河流域地区的黑土壤肥力维持了数千年是因为土壤中富含碳元素，而这些碳元素主要由长期累积的生物炭所贡献。这些存在于土壤中的大量生物炭对土壤构成、迁移与性质转化，以至于提升土壤生产性能、提高作物产量等都起到了重要作用。

（2）生物炭在土壤环境系统中的稳定性

随着经济与社会的发展，生物炭在土壤中的来源方式更加多样。同时受到环境生物以及生态条件等的影响，生物炭在土壤中会发生复杂的理化交互反应与作用，使生物炭性质发生变化。有关土壤中生物炭的理化性质及其生物稳定性方面的研究还相对有限（Sohi et al，2009）。但已有专家学者研究认为，生物炭可能是土壤腐殖质中高芳香化结构的组成成分，也是化学性质上更具稳定性的芳香结构的土壤碳库，可以在土壤中长时间保持相对稳定的状态。生物炭是惰性碳（inert carbon），一般情况下会发生物理迁移，但不会发生明显的化学变化（张旭东 等，2003）。生物炭被认为是某些土壤和沉积物有机质的重要组成部分，对稳定土壤有机碳库具有重要作用。Oades 也研究认为在土壤有机质模型应用中，基本上可以用生物炭含量来代表土壤有机碳的惰性碳库部分。生物炭的稳定性与其自身结构相关，生物炭所具有的苯环结构稳定而不易降解。Chmidt 等研究表明，生物炭高度的芳香化结构和疏水性脂族碳结构使得其比其他任何形式的有机碳更具有生物化学和热稳定性，从而在环境和古沉积物中长期存留而不易被矿化。这些研究结果表明，生物炭的基本性质与特性决定了生物炭难以在自然条件下短时间内转化成其他有机或无机物质，可以在土壤中长时间存在而不易发生分解。生物炭即使发生分解，其分解速率也相当慢，存在时间可达数百年或更长，但目前还没有能够精确测定生物炭在土壤及环境生态系统中周转周期的方法。但是，也有研究认为在特定环境条件下，生物炭可以发生一定程度的分解或降解。Seiler 等（1980）研究认为，地球上每年由生物质燃烧而形成的生物炭保守估计为 1011kg，而在生物、大气、土壤等其他碳储存库中，生物炭总量将会更大（Seiler et al，1980）。因此，假设这些炭不能发生一定程度上的降解，那么，在一百万年的时间内，这些炭将会覆盖整个地球表面。Seiler 等和 Shindo 等也研究认为在地球表层空间内炭质可以发生一定程度上的降解。生物炭在土壤中的矿化受气候、土壤性质以及微生物等多种因素的影响。Cheng 等（2006）和 Goldberg 等认为生物炭在土壤历史变迁中，将最终被矿化。否则，这些积累的生物炭将成为土壤的最主要有机碳成分。虽然有些科学家认为生物炭能够发生降解，但是目前为止还没有直接的证据可以证明生物炭的降解途径和机制。

一些科学家在不同试验条件下，研究提出了一些可能的降解途径和机制。生物炭可以发生光化学和微生物两种形式的降解。亦有研究证明，生物炭在一定环境条件下可以发生物理、化学、微生物三种形式的降解。Xu 等（2017）研究发现，生物炭的稳定性还受到外在环境因素以及生物炭中矿物组分等因素的影响。自然生态系统中，由于土壤侵蚀和雨水冲刷等自然环境作用，也会导致生物炭发生一定程度上的物理降解。温度等环境条件的剧烈变化，频繁的风化作用，会在一定程度上加速这种进程。当土壤中生物炭微孔内的水分受到冰冻而膨胀时，会在物理作用力的推动下迫使大的生物炭颗粒分裂变小。地质环境的变迁与地球物理、化学的交互作用对生物炭的分解也会起到一定作用。有研究发现，在50 年时间内，热带稀树草原表层土壤中的生物炭，在一定程度上发生了因物理降解而流失的现象，并在土壤垂直方向上进行了重新分配。李飞跃等（2015）研究发现，碳素持留率随着炭化温度的升高而逐渐降低，低于 500℃时的降低速率较大，高于 500℃时的降低速率逐渐减小。在某些环境条件下，微生物的分解作用也会促使生物炭发生分解或降解。Bruun 等（2011）研究发现，随着炭化温度的升高，生物炭中纤维素和半纤维素含量逐渐降低，生物炭的矿化速率减小，稳定性增强。Enders 等（2012）比较了不同炭化温度制得生物炭的稳定性，发现与 250℃制备的木质生物炭相比，400℃、525℃和 650℃制备的木质生物炭在 1 年内的矿化速率分别降低了 27％、43％和 44％，说明高温条件下制备的生物炭具有更强的稳定性。

4.1.2 生物炭在土壤-作物-环境系统中的作用

生物炭本身所具有的结构特征与理化特性，使生物炭成为一种可应用于农业、环境等领域的优良材质。尤其是亚马孙河流域黑土壤中大量生物炭的发现及其所发挥的重要作用，使生物炭逐渐受到重视。国内外科学家相继对生物炭在土壤-作物-环境生态系统中的作用进行了研究，并取得了一些重要研究进展。

（1）生物炭对土壤微生物的作用

土壤是微生物赖以生存的根本，生物炭本身的多孔结构及其对土壤理化性质会影响土壤的微生态环境，从而影响土壤微生物的活动。同时，土壤微生物的消长又往往对土壤生态产生影响，二者相互作用，相辅相成。Renner 等、Agegnehu 等（2015）、Khan 等（2013）发现，由于生物炭具有独特的理化性质，施入农田还能发挥额外的农业和环境效益。例如，改善土壤结构，提高土壤肥力等。生物炭均匀密布的表面孔隙形成了大量微孔，为微生物栖息与繁殖提供了良好的"避难"场所，使它们免受侵袭和失水干燥的影响，同时减少了微生物之间的生存竞争，也为它们提供了不同的碳源、能量和矿物质营养。生物炭被认为是某些土壤和沉积物有机质的重要组成部分，生物炭是由生物质在限氧条件下经过炭化产生的一类高度芳香化的富炭固态物质（Ahmad et al，2014）。生物炭的稳定性不仅受自身特性的影响，也受到其存在的土壤特性和气候条件等外在环境因素的影响。Luo 等（2011）研究表明，生物炭在 pH 值为 3.7 的土壤中的降解速率显著低于 pH 值为 7.6 的土壤，其原因可能是具有一定微生物毒性的可利用态 Al、Mn 在 pH 值较高的土壤中含量较低，从而间接提高了土壤微生物量，促进了微生物对生物炭的氧化降解。这些研究结果表明，生物炭的基本性质与特性决定了生物炭难以在自然条件下短时间内转化成其他有机或无机物质，但可以在土壤中长时间存在而不易发生分解。生物炭即使发生分解，其分解速率也相当慢，存在时间可达数百年或更长（张旭东 等，2003）。一些科学家在不同试验条件下，研究提出了一些可能的降解途径和机制。Goldberg 发现生物炭能提高土壤微生物的数量和微生物活性，并且随施用量增加而增加，也有研究认为生物炭亦有利于土壤中动物的生存。生物炭丰富的多孔结构，使其能够在微小的孔隙内吸附和储存不同种类和组分的物质，从而为微生物群落提供充足的养分来源。生物炭可以优化土壤结构，影响土壤理化性质，促进土壤微生物群落的生存和繁衍。而微生物群落的丰富和微生物活动的增强，无疑会对土壤生产力与作物生长等起到积极作用。

（2）生物炭对土壤性质的影响

1）生物炭对土壤物理性质的影响

生物炭可以改变土壤的物理性质如土壤结构、粒径分布、容重以及质地等，从而可以影响土壤透气性、持水能力、可使用性和生产力等。土壤中添加生物炭可以增加土壤颗粒的比表面积，从而改善土壤水分的保留和土壤透气性。土壤比表面积的增加可能有益于土壤整体吸附能力及微生物群落的增殖。土壤持水能力取决于土壤基质孔隙的分布及连通性，而这两者由土壤粒径、土壤有机质（SOM）含量及土壤团聚特性所决定，且生物炭可以与 SOM、土壤矿物、微生物活性高分子等反应，改善土壤团聚体。

2）生物炭对土壤化学性质的影响

生物炭中矿物元素的释放，可以显著增加土壤 pH 值。一般来说，生物炭灰分含量越高，增加土壤 pH 值的能力越强。因此，生物炭已被视为一种有效的酸性土壤改良剂。生物炭具有高的 CEC 值，可以作为一种结合剂（binding agent），提高土壤 CEC 值。印第安黑土的 CEC 值为 10～15cmol/kg，显著高于邻近的氧化土（1～2cmol/kg）。虽然研究报道印第安黑土的高 CEC 值与土壤 pH 值和黏土含量直接相关，但也与土壤中生物炭含量显著相关。Van Zwieten 等研究发现高 pH 值土壤（calcarosol）添加生物炭未显著改变土壤 CEC 值。

3）生物炭对土壤养分的影响

土壤养分持留和可利用性：生物炭可以直接通过表面电荷或共价反应吸附土壤养分离子。研究表明，生物炭对 NH_4^+ 具有较强的吸附能力，且 Taghizadeh Toosi 等（2012）发现生物炭上吸附的 NH_4^+ 可以被作物所利用。Fang 等（2015），以柳叶桉为原料制备生物炭，开展了为期两年的室内培养试验，研究了不同土壤类型（始成土、新成土、氧化土、变性土）和不同培养温度（20℃、40℃、60℃）对生物炭稳定性的影响，发现随着培养温度的升高，生物炭的分解速率加快，稳定性降低，主要原因是温度升高促进了土壤微生物的生长及活性。生物炭导致的土壤 CEC 值的增加，可以促进土壤对阳离子（如 Mg^{2+}、Ca^{2+}、K^+ 和 NH_4^+）的吸附和持留能力。另外，生物炭含有丰富的有机质和发达的孔隙结构，可以促进土壤形成大的团聚体，进而增加土壤对养分离子的吸附和保持。土壤养分的淋失一直是困扰农业生产和环境污染治理的问题，生物炭可以有效减少土壤养分的淋失，从而节约农业成本，减少农业面源污染的风险。Lehmann 等研究发现生物炭有效减少了土壤中 N、K、Ca 和 Mg 的淋失，显著促进了养分有效性及植物对养分的吸收。然而，生物炭对土壤养分淋失的具体机制目前仍然不清楚，还有待进一步研究。

（3）生物炭可固定大气中的 CO_2

生物炭极强的稳定性为其封存大气中的 CO_2 提供了可能。大气中的 CO_2 通过光合作用固定于生物质，生物质残体进入土壤后，在微生物的分解下很快会全部转化为 CO_2 释放到空气中，这个过程没有 C 的固定，属于 C 中性过程。但是，通过热解使生物质转化为 BC 并且添加于土壤中，虽然经过长时间的风化会有部分的生物炭被分解为 CO_2 重新释放回大气中，但是有大部分的生物炭长期稳定地存在于土壤中，从而实现了 C 的固定，因此，这个过程也被称为"C 负"性过程。因此，科学家提出生物质炭化还田有望成为人类应对全球气候变化的一条重要途径。土壤中生物炭的固 C 作用，使土壤转化为了稳定的 C 汇，可为缓解全球气候变暖危机做出突出贡献。

（4）生物炭可以影响 N_2O 和 CH_4 的释放

土壤 N_2O 的产生主要来自土壤无机氮素的转化过程，主要包括硝化作用、反硝化作用和硝化细菌反硝化作用。这些过程受到多种因素的影响，如土壤氮素供应、水分、质地、耕作活动及气候条件等。生物炭对土壤 N 素循环的影响，为抑制土壤 N_2O 的释放提供了可能。已有研究表明土壤中添加生物炭可以有效减少 N_2O 的释放。生物炭也可以有效促进土壤 CH_4 的吸收，从而减少 CH_4 向大气中的释放。Liu 等研究发现稻田土壤中分别添加 2.5% 的竹炭和秸秆炭时，CH_4 的释放分别减少了 51.1% 和 91.2%。然而，也有研究报道生物炭可以促进土壤 N_2O 和 CH_4 的释放。但是，无论是生物炭对土壤温室气体释放的抑制还是增强，生物炭与土壤相互作用所引起的温室气体释放改变的生物机制和非生物机制仍然还不清楚。

（5）生物炭可以吸附疏水性有机物（HOCs）

土壤中添加生物炭可以增强土壤对多环芳烃（PAHs）、多氯联苯（PCBs）、杀虫剂和农药等疏水性有机污染物（HOCs）的吸附，从而影响这些污染物在土壤中的迁移和转化。大量研究表明，生物炭对污染物的这种影响是污染物的结构特性（如分子量和疏水性）与生物炭特性（如比表面积、孔径分布和表面功能性）共同作用的结果。研究表明，热解温度对生物炭吸附 HOCs 有决定性影响。随着热解温度的上升，生物炭表面积增加，含 O 量减少，表面极性官能团减少，疏水性增强，最终导致了其对 HOCs 有较高的吸附能力。生物炭进入土壤后，环境因素如土壤有机质（SOM）、金属离子及气候等会引起生物炭的老化（aging），从而影响其吸附性能。Wang 等报道疏水性较强或分子尺寸较大的有机物可以降低小分子有机物在生物炭上的吸附。土壤中的可溶解天然有机质（NOM）如腐殖酸、富里酸和脂质组分可能是影响土壤中 BC 吸附能力的最关键因素。这些研究中认为生物炭吸附能力的降低归因于其孔隙的堵塞和 NOM 与污染物的竞争吸附。然而，随着社会经济的发展以及环境问题的日益突出，土壤中会不断出现新型污染物，如药品和个人护理品（PPCPs）、全氟化合物（PFCs）等，势必会与土壤环境中存在的生物炭发生相互作用。因此，研究生物炭对此类新型污染物的吸附能力及相应机制，掌握污染物在土壤中的分布、迁移转化以及生物可利用性已经至关重要。

另外，需要注意的是生物炭在生产过程中会形成或蓄积一些有机或无机物，如重金属、PAHs、二噁英等，当生物炭添加到土壤后，这些物质会释放出来，可能会引起土壤的污染。然而，目前科学家们对这方面的关注较少。生物炭中这些污染物可能来源于污染的生物质原料，也有可能通过热解反应形成。例如，以剩余污泥、家禽粪便等为原料生产的生物炭中重金属含量一般较高。虽然很多研究表明，生物质只有在高于700℃热解时才会产生大量PAHs，但是近来一些研究发现生物质在较低温度下（300～700℃）慢速热解时，也会形成大量的PAHs。然而，McHenry等认为土壤中生物炭的添加量只有高达 $250t/hm^2$（正常添加量为 $0.5～135t/hm^2$）时，其所含的污染物才可能会对土壤产生危害。大量证据表明，生物质原料和热解条件是决定生物炭中污染物种类及其含量的重要因素。因此，生物炭应用的研究中应该加大对其自身所含污染物的关注，针对不同原料和热解条件，具体研究不同污染物的形成过程，评估其对土壤的潜在环境风险，为生物炭的广泛安全使用提供理论和技术支持。

Hossain 等（2010）研究发现在土壤中加入生物炭可以使 CEC 值提高40%。添加少量的生物炭会显著提高土壤中碱性阳离子的含量，这将会提高土壤养分。当土壤中存在相对较大量的生物炭时，土壤肥力提高（Glaser et al，2001）。也有研究认为，产生这种作用的原因是生物炭表面的氧化作用与阳离子交换量的提高，而阳离子交换量的提高则与土壤中生物炭含量密切相关（Steiner et al，2007）。另一方面，生物炭本身含有一定的 N、P、K 等养分，其状态较为稳定但仍可以在与土壤生态环境的交互作用下缓慢释放一些营养元素供植物吸收利用（Laird et al，2010）。

4.1.3 土壤保肥保水性的改善

生物炭对土壤基础理化性质及微生物群落的综合效应会对土壤肥力产生重要作用。Glaser 等研究表明，生物炭施入土壤后，能够改变土壤的某些物理结构和性质，对提高土壤肥力和作物对肥料的利用效率，增加作物产量等都有重要作用（Liang et al，2006）。生物炭在土壤中的综合作用能间接提高土壤养分含量和生产力（Novak et al，2009），当土壤中存在相对较大量的生物炭时，土壤肥力提高。生物炭的多孔性、较大的比表面积和电荷密度，使生物炭对水分和营养元素的吸持能力增强。就生物炭本身而言，它的养分含量很少，能直接供给作物的养分含量更是有限。生物炭的多孔结构使其在土壤中能够吸持表面富含多种官能团的有机物质，从而增强土壤理化作用，对土壤肥力提高起到重要促进作用。也有研究认为，产生这种作用的原因是生物炭表面的氧化作用与阳离子交换量的提高，而阳离子交换量的提高则与土壤中生物炭含量密切相关。有田间试验结果表明农田土壤施用 $20t/hm^2$ 以上生物炭时，大约可减少10%的肥料施用量。生物炭对铵离子有很强的吸附性，因而可以降低氮素的挥发，减少养分流失，从而提高土壤肥力。亦有研究认为，生物炭施入土壤可以减少可利用养分的渗漏流失，提高有效养分含量，为作物提供更多有效养分。Steiner 等的田间试验也表明，生物炭可以减少氮素流失，提高氮肥利用率。也有研究报道认为，生物炭对磷酸根离子也有很强的吸附能力。生物炭对氮、磷两种营养元素的吸附性在酸性土壤和砂质土壤上作用更明显，生物炭能够在一定程度上避免肥料的流失，延长供肥期，对作物生长更有利。生物炭对恢复土壤肥力，提高土壤生产力有积极作用。

农业生产上每年都产生大量的秸秆等废弃生物质，这些生物质大部分被丢弃或焚烧，只有一小部分被利用。显然，生物质的大量丢弃或焚烧会造成严重的环境污染，增加温室气体排放压力，制约农业和农村经济的发展。而自用部分的比例则相当小，尚缺少规模化、集约化的利用方式。秸秆还田技术虽已得到了一些推广应用，但是存在应用地域狭窄、还田后存在负面效应、需要配套机械等问题，难以大面积推广。如何将秸秆等"废弃"资源返还给农田，增加土壤输入，改良土壤结构，是当前我国农业发展迫切需要解决的问题之一。而生物质炭化还田技术则在解决废弃生物质资源利用的难题的同时克服了秸秆还田等利用形式所带来的弊端，具有明显的优越性。陈温福院士 2006 年率先提出"农林废弃物炭化还田技术"理念并开展相关科学研究工作。研究结果表明，生物炭直接炭化还田对作物生长、土壤蓄水保肥、提高肥料利用率、增产提质等方面都具有重要作用。生物炭直接炭化还田，主要将生物炭以沟施或穴施等"基肥"形式返还给土壤。生物炭在土壤中的存留时间较长，生物炭的长期效应也会随着时间而发挥重要作用。生物炭直接炭化还田技术，无论作为生物炭的一种应用形式，还是一种新的潜在培肥地力形式，都对农业可持续发展、实现农业生产良性循环、农民的增产增收具有重要意义。

4.2 生物炭改良土壤物理性质

4.2.1 生物炭对大棚土壤容重与密度的影响

土壤容重（soil bulk density）是单位容积土体（包括土粒和孔隙）原状土壤的干质量或干重量（g/cm^3 或 t/m^3），它的数值总是小于土壤密度，两者的质量均以 $105 \sim 110℃$ 下烘干土计。土壤容重值多介于 $1.0 \sim 1.5 g/cm^3$ 范围内。土壤干容重分级指标见表 4-2。

表 4-2 土壤干容重分级指标

分级	干容重/(g/cm^3)	分级	干容重/(g/cm^3)
过松	<1.00	紧实	$1.35 \sim 1.45$
适宜	$1.00 \sim 1.25$	过紧实	$1.45 \sim 1.55$
偏紧	$1.25 \sim 1.35$	坚实	>1.55

（1）生物炭对大棚土壤容重的影响

生物炭质地疏松，比较面积大，施用生物炭显著降低了大棚土壤容重，能有效改善大棚土壤的板结状况。随着生物炭添加量的增加，大棚土壤容重呈现逐渐降低的趋势，干容重的降低趋势比湿容重更大（图4-5）。当生物炭添加量为4％的时候，大棚土壤干容重为1.25g/cm³，进入适宜范围；当生物炭添加量为8％的时候，大棚土壤干容重达到1.11g/cm³，此时的干容重为最佳种植要求；当生物炭添加量为16％的时候，大棚土壤干容重为0.80g/cm³，超出了适宜种植的范围。所以，生物炭添加量为8％的时候对大棚土壤干容重的改良效果最好。陈红霞等（2011）通过华北平原高产农田3年定位试验研究发现，土壤中施用2250kg/hm²和4500kg/hm²生物炭，耕层0～7.5cm土壤容重降低幅度分别为4.5％和6.0％。王彩云等研究发现，施用5％的玉米秸秆炭可显著降低连作6年和10年的设施土壤容重。

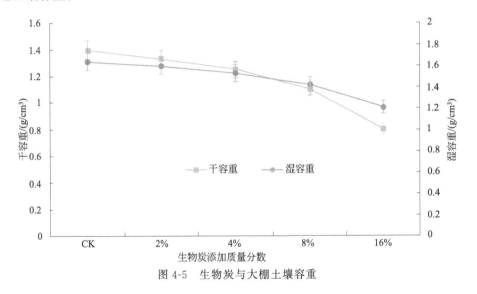

图4-5　生物炭与大棚土壤容重

湿容重代表土壤的持水能力，湿容重和干容重的差值越大，土壤的持水能力越强。未添加生物炭的大棚土壤吸水能力为0.24g/cm³，随着生物炭添加量的增加，吸水能力逐渐增强，四个处理相比CK的增加量分别为12.50％、16.67％、29.17％、70.83％，添加量为2％和4％的时候差异不显著，添加量为8％和16％的时候，土壤吸水能力显著增加。当生物炭添加量为8％的时候，大棚土壤持水量为27.93％，达到适墒的范围（25.5％～28.5％），大棚土壤持水能力改良达到最佳效果，生物炭添加量为2％和4％的时候，大棚土壤墒情小于25.5％，没有达到适墒水平，添加量为16％的时候，墒情远远大于28.5％，反而不利于大棚土壤改良（图4-6）。

（2）生物炭对大棚土壤密度的影响

土壤密度也是随着生物炭添加量的增加而减小（图4-7），在添加量为2％、4％、8％、16％的时候分别为2.72g/cm³、2.65g/cm³、2.56g/cm³、2.52g/cm³，当生物炭添加量超过8％的时候，大棚土壤密度降低的趋势减缓。通常在计算土壤指标的时候，取土壤密度为2.65g/cm³，生物炭添加量为4％时正好达到这个通用值，因此，4％的生物炭

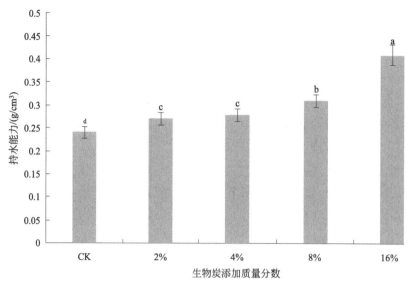

图 4-6　生物炭对大棚土壤持水能力的影响

（柱形图上的不同小写字母表示在 $P<0.05$ 水平上存在显著性）

添加量对大棚土壤密度的改良效果最好。

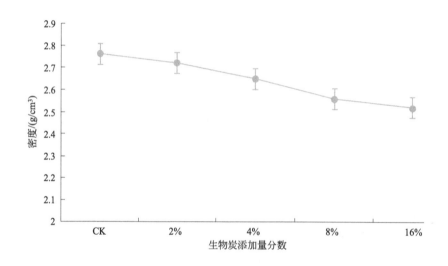

图 4-7　生物炭对大棚土壤密度的影响

4.2.2　生物炭对大棚土壤孔隙度的影响

（1）生物炭对大棚土壤总孔隙度的影响

添加生物炭对大棚土壤总孔隙度具有显著的改变作用，趋势为总孔隙度随着生物炭添加量的增加，大棚土壤的总孔隙度先减少后增加（图 4-8），当添加 2％和 4％的生物炭的时候，总孔隙度减小，此时的总孔隙度分别为 34.62％和 36.18％，显著低于大棚土壤41.68％的总孔隙度，这是由于生物炭本身比土粒要细，填充了大棚土壤本身的孔隙，且在生物炭 2％和 4％添加量下，差异不显著。当添加量为 8％的时候，大棚土壤的总孔隙度显著增加，达到 52.46％，显著高于大棚土壤。当添加量为 16％的时候，生物炭完全分散了大棚土壤，总孔隙度显著升高，达到了 93.32％，与生物炭本身的性质接近。

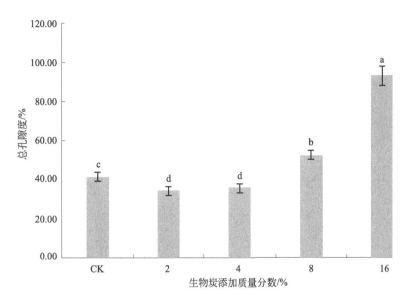

图 4-8　生物炭与大棚土壤总孔隙度
（柱形图上的不同小写字母表示在 $P < 0.05$ 水平上存在显著性）

（2）生物炭对大棚土壤通气孔隙的影响

土壤中＞0.1mm 以上的孔隙，其中的水分在重力作用下很快流失，主要容纳空气，称为通气孔隙（大孔隙），大棚土壤通气孔隙的变化趋势与总孔隙度基本一致，随着生物炭添加量的增加，大棚土壤的通气孔隙先减少后增加（图 4-9）。经测定大棚土壤的通气孔隙为 13.47％，生物炭添加量为 2％时，通气孔隙为 12.41％显著低于大棚土壤；生物炭添加量为 4％时，通气孔隙为 13.32％，与大棚土壤基本一致；生物炭添加量为 8％时，大棚土壤通气孔隙显著增加到 18.66％；生物炭添加量为 16％时，大棚土壤通气孔隙迅速增加到 42.06％。

（3）生物炭对大棚土壤持水孔隙的影响

0.001～0.1mm 的孔隙主要贮存水分，称为持水孔隙（小孔隙），大棚土壤持水孔隙的变化趋势与总孔隙度完全一致，随着生物炭添加量的增加，大棚土壤的通气孔隙先减少后增加（图 4-10）。大棚土壤本身的持水孔隙为 28.21％，当生物炭添加量为 2％时，持水孔隙下降到 22.21％；当生物炭添加量为 4％时，持水孔隙为 22.86％，与生物炭添加量为 2％的时候无差异；当生物炭添加量为 8％时，持水孔隙显著增加到 33.80％；当生物炭添加量为 16％时，持水孔隙增加到 51.26％，接近生物炭的水平。

（4）生物炭对大棚土壤大小孔隙比的影响

大小孔隙比是指在一定时间内土壤中容纳气、水的相对比值，通常以通气孔隙和持水孔隙之比表示。大棚土壤总孔隙度只能反映土壤容纳空气和水分的空间总和，难以反映

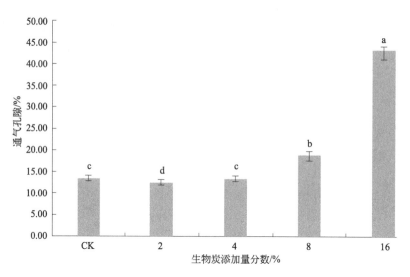

图 4-9　生物炭对大棚土壤通气孔隙的影响

（柱形图上的不同小写字母表示在 $P<0.05$ 水平上存在显著性）

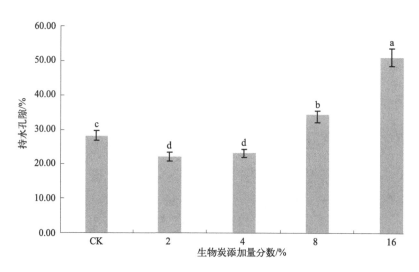

图 4-10　生物炭对大棚土壤持水孔隙的影响

（柱形图上的不同小写字母表示在 $P<0.05$ 水平上存在显著性）

水、气的相对容纳空间。而大小孔隙比能够反映土壤中气、水间的状况，是衡量栽培基质的重要指标，与总孔隙度一起可全面反映土壤中气和水的状况。如果大小孔隙比大，说明土壤空气容重大，贮水能力弱而通透性强；反之，空气容量小。一般来说，土壤的大小孔隙比应保持在 0.55～0.65。大棚土壤的大小孔隙比为 0.48，土壤空气容量小；当生物炭添加量为 2%、4% 和 8% 时，大小孔隙比为 0.56、0.58 和 0.55，都能达到土壤适宜的孔隙比；当生物炭添加量为 16% 时，大小孔隙比为 0.82，贮水能力过大反而影响土壤内的呼吸作用（图 4-11）。

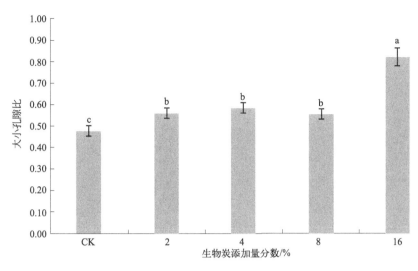

图 4-11　生物炭对大棚土壤大小孔隙比的影响

(柱形图上的不同小写字母表示在 $P<0.05$ 水平上存在显著性)

4.2.3　生物炭对大棚土壤水分常数的影响

土壤孔隙状况与土壤水分常数密切相关，除了孔隙状况外，本节对土壤水分常数也进行了研究。结果表明，生物炭同样会明显影响土壤的水分常数。

(1) 生物炭对大棚土壤田间持水量的影响

田间持水量 (field moisture capacity)：指在地下水较深和排水良好的土地上充分灌水或降水后，允许水分充分下渗，并防止水分蒸发，经过一定时间，土壤剖面所能维持的较稳定的土壤水含量 (土水势或土壤水吸力达到一定数值)，是大多数植物可利用的土壤水上限。实验证明，大棚土壤田间持水量随着生物炭用量的增加呈逐渐升高的趋势。对照的田间持水量为 21.86％，生物炭处理的田间持水量显著大于对照；当生物炭添加量为 2％ 与 4％ 时，田间持水量分别为 24.26％ 和 26.18％，差异不显著，与 8％ 添加量和 16％ 添加量之间均有显著差异。当生物炭添加量为 8％ 时，大棚土壤的田间持水量显著升高，达到 32.64％；当生物炭添加量为 16％ 时，大棚土壤的田间持水量升高更快，达到 53.23％。生物炭能显著改善大棚土壤的有效含水量指标 (图 4-12)。

(2) 生物炭对大棚土壤萎蔫系数的影响

土壤萎蔫系数 (soil wilting coefficient) 即永久萎蔫点，指植物产生永久萎蔫时的土壤含水量，通常可视为植物可利用土壤水的下限。实验证明 (图 4-13)，大棚土壤的萎蔫系数随生物炭的添加量的增加而增加，与前面几组指标的趋势基本一致，但萎蔫系数的变化程度较小。大棚土壤的萎蔫系数为 2.32％，当生物炭添加量为 2％ 时，萎蔫系数为 2.41％，它们之间无显著差异。当生物炭添加量为 4％ 和 8％ 时，大棚土壤的萎蔫系数显著升高，分别为 2.66％ 和 2.74％，但 4％ 和 8％ 添加量之间差异不显著；当生物炭添加量为 16％ 时，大棚土壤的萎蔫系数显著升高，达到 3.36％。

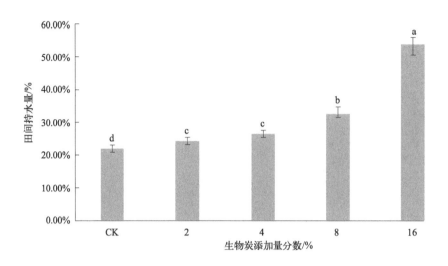

图 4-12　生物炭对大棚土壤田间持水量的影响

（柱形图上的不同小写字母表示在 $P < 0.05$ 水平上存在显著性）

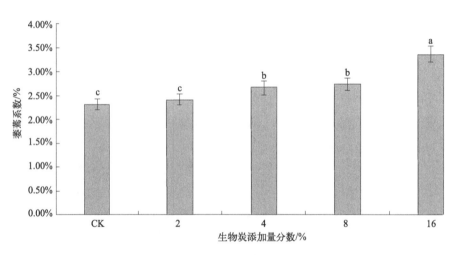

图 4-13　生物炭对大棚土壤萎蔫系数的影响

（柱形图上的不同小写字母表示在 $P < 0.05$ 水平上存在显著性）

4.2.4　生物炭对大棚土壤水分动态的影响

添加生物炭对大棚土壤水分含量的动态变化也有影响，这里用容积含水量的变化来表示土壤生物炭对大棚土壤水分动态的影响。如图 4-14 所示，从添加生物炭到第 15 天，随着添加时间的增加，所有处理的大棚土壤的容积含水量都呈现逐渐减少的趋势，CK 从 26.00％降低到 22.08％，降低程度小，呈线性降低，12d 后趋于稳定。当生物炭添加量为 2％时，大棚土壤的容积含水量从 30.36％降低到 26.36％，在添加前 6 天没有显著下降，从第 6 天到第 9 天显著下降，第 9 天以后趋于稳定。当生物炭添加量为 4％时，大棚土壤的容积含水量在添加生物炭的前3d从47.96%下降到44.32%，在第3～6天稳定，在第6～12天从44.16%下降到38.70%，在第12天后稳定。当生物炭添加量为8%时，在第6天之前降幅较快，从58.76%降低到52.72%，第6～15天降幅减缓，从52.72%降低到48.60%。当生物炭添加量为16%时，大棚土壤的容积含水量在0至9d从83.12%迅速降低到60.72%，然后稳定。综合来看，生物炭添加比例越大，对大棚土壤水分动态变化越大，生物炭的影响效果主要出现在施用的前9d，9d之后，只有生物炭添加量为4%和8%的处理能持续发生作用。

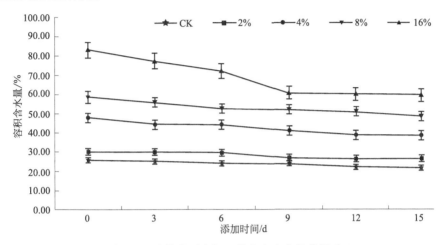

图4-14　生物炭对大棚土壤容积含水量的影响

4.3　生物炭改良次生盐渍化土壤

4.3.1　温室大棚土壤的次生盐渍化

（1）我国设施农业发展现状

设施农业是指利用工程技术手段和工业化生产的农业，设施农业能够为植物生产提供适宜的生长环境，使其在经济的生长空间内，获得较高经济效益。设施农业属于高投入高产出，资金、技术、劳动力密集型的产业。它是利用人工建造的设施，使传统农业逐步摆脱自然的束缚，走向现代工厂化农业、环境安全型农业生产、无毒农业的必由之路，同时也是农产品打破传统农业的季节性，实现农产品的反季节上市，进一步满足多元化、多层次消费需求的有效方法。一般分为玻璃/PC板技术类连栋温室（塑料连栋温完）、日光温室、塑料大棚、小拱棚（遮阳棚）四类。

① 玻璃/PC板连栋温室具有自动化、智能化、机械化程度高的特点，温室内部具备保温、光照、通风和喷灌设施，可进行立体种植，属于现代化大型温室。

② 日光温室的优点有采光性和保温性能好、取材方便、造价适中、节能效果明显，适合小型机械作业。

③ 塑料大棚是我国北方地区传统的温室，农户易于接受，塑料大棚以其内部结构用料不同，分为竹木结构、全竹结构、钢竹混合结构、钢管（焊接）结构、钢管装配结构以及水泥结构等。总体来说，塑料大棚造价比日光温室要低，安装拆卸简便，通风透光效果好，使用年限较长，主要用于果蔬瓜类的栽培和种植。

④ 小拱棚（遮阳棚）的特点是制作简单，投资少，作业方便，管理非常省事。主要用于种植蔬菜、瓜果和育苗等。

经过 30 多年的发展和探索，设施农业在我国大部分地区得到推广，已经普及到农村地区，农民发展设施农业积极性很高。随着我国农业技术的快速发展，设施农业技术逐渐成熟，适合不同地区、不同自然条件的设施技术不断改进，再加上政策的扶持和技术指导，我国设施农业面积迅速扩大，已成为全球设施农业生产大国，面积和产量都位于世界前列。2010 年我国设施园艺面积 5440 万亩，其中日光温室面积超过 570 万亩，设施蔬菜 5020 万亩；在设施水产中，海水与淡水养殖总规模已达 156 万公顷和 4358 万立方米。到 2012 年我国设施园艺面积已经达到 5796 万亩，比 2007 年增加了 2040 多万亩，2007～2012 年我国设施园艺面积年均增长 9.1%；设施园艺产业净产值达 5800 多亿元，其中设施蔬菜瓜类产量 2.67 亿吨，约占蔬菜瓜类总产量的 34%。在今后 5～10 年，设施农业将迎来高速发展期。

中国设施农业分布地域广、经营规模大；但农户单位经营面积偏小。中国各省市设施农业发展普遍，并均具有一定规模，已经形成环渤海湾及黄淮海地区设施蔬菜产区、长江中下游地区设施蔬菜产区、西北设施蔬菜产区等集中发展区域，呈现出明显的布局区域化特点：中国设施农业分布地域广、经营规模大；但农户单位经营面积偏小。中国各省市设施农业发展普遍，并均具有一定规模，已经形成环渤海湾及黄淮海地区设施蔬菜产区、长江中下游地区设施蔬菜产区、西北设施蔬菜产区等集中发展区域，呈现出明显的布局区域化特点。

（2）我国设施农业土壤质量退化问题

随着设施栽培面积的迅速扩大及栽培年限的增加，由于长期覆盖栽培、高度集约经营、设施环境内水、热失衡等原因，其内部的微生态环境发生显著变化，设施土壤普遍出现次生盐渍化、酸化、养分失调、微生物区系破坏、土传病害加重等一系列质量退化及连作障碍问题，并已成为制约设施农业可持续发展的瓶颈。

设施土壤与露地土壤相比，其表层易发生次生盐渍化，致使土壤某些化学性状恶化，影响到设施栽培作物的产量和品质。这种次生盐渍化程度与设施栽培条件有关。

与露地土壤相比，设施土壤生态环境发生很大改变。设施土壤酸化成因主要体现如下：

① 高温高湿的条件使有机质分解得更快，产生更多的有机酸和腐殖酸；

② 高复种指数下，为了保证作物的质量和产量，肥料施用量过大，偏施或过量施用化肥就成为设施土壤酸化的另一原因；

③ 高蒸发和无雨水淋洗使设施土壤养分易于在土壤表层积累，造成设施土壤表层酸化更为严重。

土壤微生物群落及其数量的变化可以作为土壤肥力状况的重要生物学指标，其变化特征取决于设施土壤生态环境质量。随着设施栽培年限的延长，设施土壤生态环境发生改变，直接影响到设施土壤微生物的生存环境，从而导致设施内土壤微生物在种群、数量及活性上均与露地存在较大差别。

设施土壤养分失调主要表现在有机质、全氮、碱解氮、速效磷，均高于露地栽培，中量和微量元素缺乏。随耕种年限增加，钾和中微量元素处于亏缺状态。导致作物生理缺元素和抗逆性降低，病虫害时有发生。

工业"三废"的排放及城市生活垃圾、污泥和含重金属的农药、化肥的施用，导致大棚土壤中某些重金属如铅、汞、镉、砷等超标，污染环境，同时也影响了设施大棚土壤质量。

（3）我国设施农业土壤次生盐渍化程度及趋势

次生盐渍化又称"次生盐碱化"，指由于不合理的耕作灌溉而引起的土壤盐渍化过程。因受人为不合理措施的影响，使地下水抬升，在当地蒸发量大于降水量的条件下，使土壤表层盐分积累，造成土壤盐渍化。

对于全年性进行设施栽培覆盖的土壤，次生盐化发生早且严重。如20世纪70年代日本适宜蔬菜生长的设施土壤面积仅占设施蔬菜栽培总面积的20%～30%，土壤可溶性盐分浓度在10.0～16.0g/kg的设施面积较大，超过设施总面积的40%。关于我国不同设施栽培地区中发生次生盐渍化的报道甚多。哈尔滨蔬菜生产区大棚土壤总盐量高于露地2.0～13.4倍，8年以上连作大棚土壤大部分出现了盐渍化，盐类浓度已达到了危害蔬菜正常生长的程度。宁夏峡口栽种3～10年的日光温室蔬菜土壤其盐分含量比露地菜田高0.5～3.0倍，并随棚龄延长而上升。在山东寿光等地的设施土壤中0～15cm表土土壤电导率（EC）为0.8～1.15mS/cm。兰州市安宁区部分蔬菜设施栽培土壤盐分浓度为1.0～3.09g/kg，0～20cm表层盐分浓度达到1.78g/kg，已属盐渍化土壤。由此可见，我国不同地区设施土壤都存在不同程度的盐渍化危害。

温室土壤调查发现，北京、济南、上海、江苏等地大棚土壤盐分含量显著高于露地，不同程度的设施土壤次生盐渍化使蔬菜作物的生长发育受到较大的影响。对上海地区设施土壤盐渍化调查表明：玻璃和塑料大棚表土积盐，一般3～5年的盐害，导致蔬菜作物的显著减少；对哈尔滨市温室土壤盐渍化的调查表明：连作8年以上的温室土壤次生盐渍化严重。对浙江保护地土壤盐渍化的调查表明：有一半以上保护地出现表土盐现象，且很严重，已导致土壤次生盐渍化。对天津、山东、兰州市土壤盐渍化的调查表明：

① 保护地蔬菜土壤盐分浓度显著高于露地。如果管理不当，2～3年便产生盐毒害；

② 塑料大棚栽培，大约5年，设施将有不同程度的盐渍化产生。保护地蔬菜栽培中土壤盐渍化已成为一个普遍存在的问题。

4.3.2　生物炭在改良设施农业土壤盐渍化中的应用

（1）生物炭对次生盐渍化大棚土壤的改良效果

1）对土壤全盐、电导率（EC）和有机质含量的影响研究表明，经 42d 的改良试验，对大棚土壤全盐、EC 和有机质含量分别进行测定，4 种外源有机物料处理均能不同程度地降低全盐含量（图 4-15），其中生物炭处理效果最佳。生物炭、商品有机肥处理与对照组（CK）呈现极显著差异，分别比 CK 降低 23.89％和 17.00％，调理剂和猪粪处理降低全盐的效果显著，分别较 CK 有 12.55％和 7.29％的降幅。

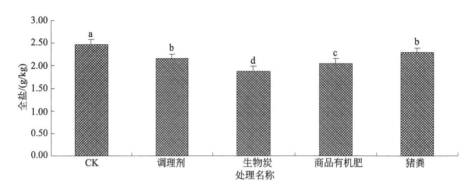

图 4-15　不同外源有机物料处理对土壤全盐的影响
（柱形图上的不同小写字母表示在 $P < 0.05$ 水平上存在显著性）

由于土壤 EC 值与全盐含量呈现显著的线性关系（$R^2 = 0.9998$），故有机物料对于土壤 EC 的改良效果与全盐的改良效果一致，如图 4-16 所示，与对照组（CK）相比，调理剂和猪粪能显著降低大棚土壤的 EC 值，降幅分别为 10.12％和 5.89％，生物炭和商品有机肥能极显著降低大棚土壤的 EC 值，降幅分别达到 18.88％和 13.60％，其中生物炭的改良效果最好。

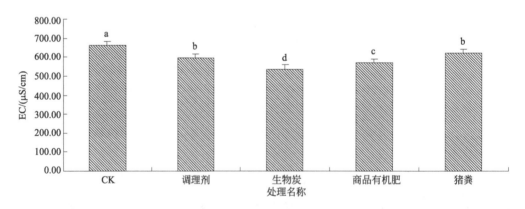

图 4-16　不同外源有机物料处理对土壤 EC 的影响
（柱形图上的不同小写字母表示在 $P < 0.05$ 水平上存在显著性）

如图 4-17 所示，外源有机物料处理后有机质含量均有所增加，其中，生物炭、商品有机肥和猪粪处理有机质含量显著高于对照组（CK），分别较 CK 增加了 15.61％、17.53％、18.48％，而土壤调理剂处理后有机质含量与 CK 相比差异不显著，增幅为 2.03％。

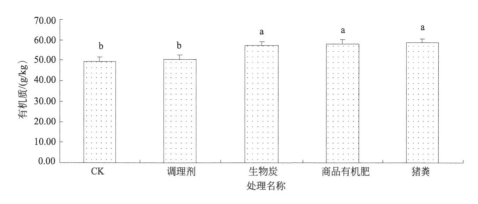

图 4-17　不同外源有机物料处理对土壤有机质的影响

（柱形图上的不同小写字母表示在 $P<0.05$ 水平上存在显著性）

2）对盐分离子的影响

经改良试验，大棚土壤 8 种主要盐害离子的试验数据见表 4-3。施入不同有机物料之后，土壤中的盐分组成变化如表 4-3 所列：总体来看，土壤中阳离子的组成规律为 Ca^{2+} $>Mg^{2+}>Na^+>K^+$，其中 Ca^{2+} 的含量在组成全盐的阳离子中占绝对优势（70%～95%），是次生盐渍化的主导阳离子；土壤中阴离子的组成规律为 $NO_3^->SO_4^{2-}>Cl^->$ HCO_3^-，其中 NO_3^- 含量占全部阴离子的 1/2 以上，SO_4^{2-} 含量也比较高（30%～45%），NO_3^- 和 SO_4^{2-} 是次生盐渍化的主导阴离子。

表 4-3　外源有机物料对土壤盐分组成的影响　　　　　　　　单位：mg/kg

处理	K^+	Na^+	Ca^{2+}	Mg^{2+}	Cl^-	HCO_3^-	NO_3^-	SO_4^{2-}
CK	37.64ab	75.62b	1213.30a	92.41b	24.37a	11.59b	700.94a	314.30d
调理剂	39.59a	73.10b	976.16c	88.64c	13.74d	12.81a	621.54b	331.91c
生物炭	31.55c	53.24c	923.60c	81.92e	15.95c	10.07c	383.91c	379.93b
商品肥	32.11bc	98.00a	652.68d	84.51d	9.75e	13.12a	703.72a	455.96a
猪粪	35.17b	96.97a	1116.42b	105.86a	17.73b	12.20ab	656.98b	247.59e

注：表中数据均为平均值，同列数字后面不同小写字母表示差异显著（$P<0.05$），下同。

Ca^{2+} 是水硬度的重要离子，Ca^{2+} 含量降低，能减少土壤板结，改善土壤理化结构。与 CK 相比，调理剂、生物炭、商品有机肥处理都可以显著降低主导阳离子 Ca^{2+}，降幅分别为 19.5%、23.9% 和 46.2%，猪粪处理对 Ca^{2+} 影响较小，降幅为 8.0%。对于其他阳离子来说，生物炭处理降低 K^+ 效果最好，比 CK 降低 16.2%，调理剂处理会少量增加 K^+ 含量；生物炭处理降低 Na^+ 效果最好，比 CK 降低 29.6%，商品有机肥、猪粪处理会增加 Na^+ 含量，增幅较 CK 分别为 29.6% 和 28.2%，调理剂处理对 Na^+ 不产生影响，调理剂、生物炭和商品有机肥处理较 CK 都能降低土壤中 Mg^{2+} 的含量，降幅分别为 4.1%、11.4% 和 8.5%，生物炭处理效果最佳，猪粪处理 Mg^{2+} 含量显著增加，较 CK 的增幅为 14.6%。

对于主导阴离子 NO_3^- 来说，生物炭处理能有效降低土壤中 NO_3^- 的含量，相对于

CK 的降幅达到了 45.2%，适合用来改良以 NO$_3^-$ 为主导因素的次生盐渍化土壤，调理剂、猪粪处理也能在一定程度上降低 NO$_3^-$ 含量，降幅分别为 11.3% 和 6.3%，商品有机肥处理对改良 NO$_3^-$ 效果不佳；对于另一种主导阴离子 SO$_4^{2-}$，各处理之间呈现不同效果，相对于 CK 而言，只有猪粪处理降低了 SO$_4^{2-}$ 含量，降幅为 21.2%，而调理剂、生物炭、商品有机肥处理下 SO$_4^{2-}$ 含量均有所增加，增幅分别为 5.6%、20.9% 和 45.1%。4 个处理都能有效降低 Cl$^-$ 含量，降幅较 CK 分别为 43.6%、34.6%、60.0% 和 27.2%，但由于 Cl$^-$ 含量在全盐组成中的比例极低（<1%），所以这个改良的意义不大。生物炭处理能降低土壤中 HCO$_3^-$ 的含量，降幅分别为 13.11%，调理剂、商品有机肥和猪粪处理会少量增加土壤中 HCO$_3^-$ 含量，相比 CK 的增幅分别为 10.5%、13.2% 和 5.3%，但是由于 HCO$_3^-$ 占全盐的含量比例更低（<0.5%），因此改良 HCO$_3^-$ 的意义更小。

3）对蔬菜生物量和硝酸盐含量的影响

由图 4-18 可知，与对照组（CK）相比，不同有机物料处理均能显著提高生菜产量，增产率分别为 27.78%、56.04%、38.7.96% 和 43.65%，其中生物炭处理增产率最大。

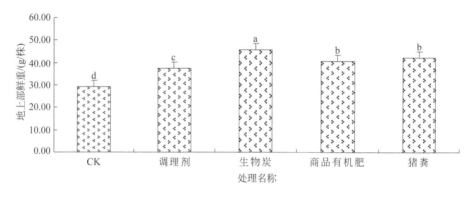

图 4-18　不同外源有机物料处理对生菜产量的影响
（柱形图上的不同小写字母表示在 $P < 0.05$ 水平上存在显著性）

由图 4-19 可知，与对照组（CK）相比，不同有机物料处理生菜硝酸盐含量均有所降低，调理剂、生物炭和商品有机肥处理生菜硝酸盐含量显著低于 CK，猪粪处理生菜硝酸盐含量则与 CK 差异不显著。与 CK 相比，调理剂、生物炭、商品有机肥和猪粪 4 个处理硝酸盐含量的降幅分别为 6.55%、15.26%、3.99%、0.59%，其中生物炭处理生菜硝酸盐含量降幅最大，食用性最强。

（2）不同种类生物炭对次生盐渍化大棚土壤的改良效果

根据外源有机物料对次生盐渍化大棚土壤的改良效果，生物炭是改良次生盐渍化土壤的最佳有机物料，为进一步了解生物炭对次生盐渍化大棚土壤的改良效果，选择甘蔗渣、紫茎泽兰、锯木屑和麦秆制成的 4 种生物炭来对次生盐渍化大棚土壤进行改良试验，以确定何种生物炭是改良次生盐渍化大棚土壤的最佳选择。

1）对土壤全盐、EC 和有机质含量的影响

经改良试验，对最后一次取样的盆栽土壤样本进行全盐、EC 和有机质含量的测定，

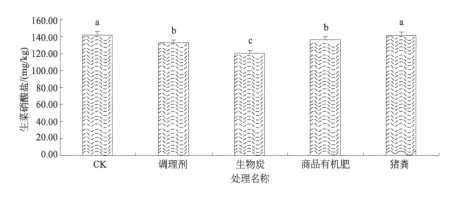

图 4-19　不同有机物料处理生菜硝酸盐含量

（柱形图上的不同小写字母表示在 $P < 0.05$ 水平上存在显著性）

测定结果如图 4-20～图 4-22 所示。由图 4-20 可知，4 种生物炭处理后，甘蔗渣生物炭、锯木屑生物炭和麦秆生物炭均能不同程度地降低土壤全盐含量，与对照组（CK）相比，甘蔗渣生物炭的降低效果不显著，降幅仅为 0.83%，锯木屑生物炭能显著降低全盐含量，降幅为 14.61%，麦秆生物炭能则能极显著降低全盐含量，降幅达到了 34.80%，对次生盐渍化土壤盐分的改良效果最好；而紫茎泽兰生物炭处理后全盐含量较 CK 高，且差异显著，对盐渍化土壤的改良效果不佳。

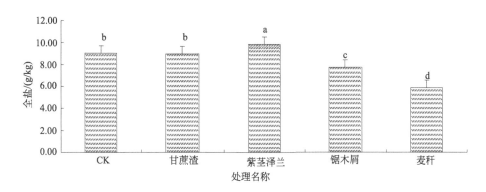

图 4-20　不同生物炭处理对土壤全盐含量的影响

（柱形图上的不同小写字母表示在 $P < 0.05$ 水平上存在显著性）

如图 4-21 所示，4 种生物炭对 EC 的改良效果与全盐的相似，与对照组（CK）相比，甘蔗渣生物炭、锯木屑生物炭和麦秆生物炭均能不同程度地降低土壤 EC 值，其中，甘蔗渣生物炭的降低效果不显著，降幅仅为 0.76%，锯木屑生物炭和麦秆生物炭能显著降低土壤 EC，降幅分别为 13.01% 和 30.98%，麦秆生物炭的改良效果最佳。

如图 4-22 所示，4 种生物炭处理后有机质含量均有所增加，其中，锯木屑生物炭处理后有机质含量增加不显著，增幅仅为 0.22%，甘蔗渣生物炭、紫茎泽兰生物炭和麦秆生物炭处理后有机质含量显著高于 CK，增幅分别为 3.36%、8.70%、14.10%，麦秆生物炭能有效增加土壤有机质的含量，意义重大。

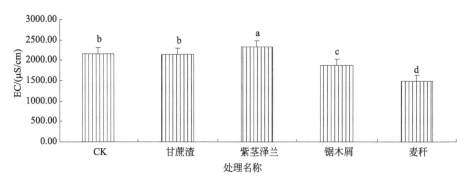

图 4-21　不同生物炭处理对土壤 EC 的影响

（柱形图上的不同小写字母表示在 $P<0.05$ 水平上存在显著性）

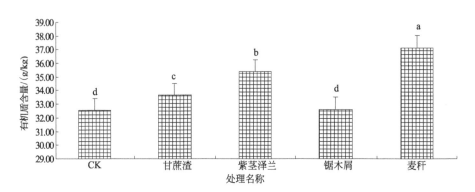

图 4-22　不同生物炭处理对土壤有机质含量的影响

（柱形图上的不同小写字母表示在 $P<0.05$ 水平上存在显著性）

2）对盐分离子的影响

经过土壤改良试验，次生盐渍化大棚土壤 8 种主要盐害离子的试验数据见表 4-4。对于阳离子来讲，4 种不同种类的生物炭处理后，K^+ 含量均较 CK 有所增加，其中，锯末生物炭处理 K^+ 含量与 CK 差异不显著，甘蔗渣生物炭和麦秆生物炭处理 K^+ 含量与 CK 差异显著，紫茎泽兰生物炭处理 K^+ 含量则与 CK 的差异达到极显著水平，由此可知，生物炭能活化土壤中的钾，使之变为有效形态（K^+），为作物生长提供更多的钾养分；锯木屑生物炭能显著降低 Na^+ 含量，较 CK 降低了 50.20mg/kg，降幅为 32.86%，而其他生物炭处理 Na^+ 含量有所增加；麦秆生物炭能显著降低 Ca^{2+}、Mg^{2+} 的含量，两者分别降低了 252.69mg/kg 和 61.55mg/kg，降幅分别为 15.57% 和 26.60%，其他生物炭处理后 Ca^{2+}、Mg^{2+} 含量与 CK 相比差异不显著。

对于阴离子来说，甘蔗渣生物炭能显著降低 HCO_3^- 和 Cl^- 含量，HCO_3^- 含量降低了 0.51mg/kg，降幅为 4.46%，Cl^- 含量则降低了 36.34mg/kg，降幅为 37.56%，甘蔗渣生物炭对于次生盐渍化土壤 HCO_3^- 和 Cl^- 具有显著的改良效果；麦秆生物炭处理后，NO_3^- 和 SO_4^{2-} 含量分别降低了 1812.03mg/kg 和 621.19mg/kg，降幅分别达到了 31.84% 和 48.49%，能显著降低土壤 NO_3^- 和 SO_4^{2-} 含量。

表 4-4　不同生物炭处理对八大离子含量的影响　　　单位：mg/kg

处理	K^+	Na^+	Ca^{2+}	Mg^{2+}	HCO_3^-	Cl^-	SO_4^{2-}	NO_3^-
CK	3.90c	152.77b	1623.28bc	231.42ab	11.39c	96.75b	1281.16ab	5691.45b
甘蔗渣	14.14b	152.77b	1720.11b	232.94ab	10.88d	60.41d	1290.40ab	5414.59bc
紫茎泽兰	86.63a	244.80a	1995.55a	241.44a	12.51b	118.46a	1322.77a	6283.37a
锯木屑	5.61c	102.57c	1607.83c	222.45b	14.44a	68.24cd	1180.96b	4990.70c
麦秆	14.14b	169.50b	1370.59d	169.88c	12.71b	72.52c	659.96c	3879.43d

综上所述，4 种生物炭均能增加土壤 K^+ 含量，提高土壤供钾能力，为作物生长提供钾营养；锯木屑生物炭对于土壤 Na^+ 具有良好的改良效果，可用于以 Na^+ 为主导离子的盐渍化土壤的改良；甘蔗渣生物炭能显著降低土壤 HCO_3^- 和 Cl^- 含量，能有效改善土壤因 HCO_3^- 和 Cl^- 含量过高引起的毒害作用；而麦秆生物炭能显著降低土壤主导阳离子 Ca^{2+}、Mg^{2+} 和主导阴离子 NO_3^- 和 SO_4^{2-} 的含量，有效降低次生盐渍化大棚土壤的盐害程度，是 4 种生物炭中改良次生盐渍化大棚土壤效果最佳的生物炭，是改良以 Ca^{2+}、Mg^{2+}、NO_3^- 和 SO_4^{2-} 为主导离子的盐渍化土壤的最佳选择。

3）对蔬菜生物量和硝酸盐含量的影响

与其他生物炭处理相比，单施紫茎泽兰生物炭做基肥处理在盆栽试验过程中土壤较紧实，通气透水能力差，莴苣的生长状况不如其他处理，盆栽第 28 天时，莴苣由中心开始发黄，出现生长不良现象，随之向叶片蔓延；第 35 天时，整株均出现发黄现象，并由中心开始出现枯萎；至第 42 天，即收获时，莴苣中心枯萎，叶片发黄，失去光合作用的能力，生长严重不良，这也正是紫茎泽兰生物炭处理蔬菜减产的原因，紫茎泽兰生物炭处理莴苣硝酸盐含量最低也是由于生长不良，属特殊现象。

由图 4-23 可知，与 CK 相比，甘蔗渣生物炭、锯木屑生物炭和麦秆生物炭处理均能显著增加蔬菜产量，增产率分别为 38.21%、49.85% 和 63.69%，其中麦秆生物炭处理增产率最大。

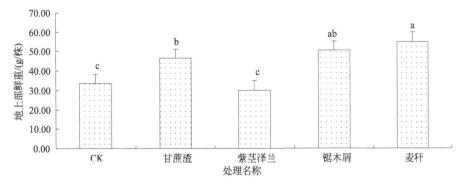

图 4-23　不同生物炭处理对莴苣产量的影响
（柱形图上的不同小写字母表示在 $P<0.05$ 水平上存在显著性）

由图 4-24 分析可见，施用不同生物炭处理后，莴苣中硝酸盐含量均不同程度有所下降。其中，与对照组（CK）相比，紫荆泽兰生物炭和麦秆生物炭处理的蔬菜中硝酸盐含量达到了显著差异水平，以紫荆泽兰生物炭对蔬菜中硝酸盐含量的降幅为最大，达到了23.5%；其次是麦秆生物炭，硝酸盐含量降幅达到了 14.99%。甘蔗渣生物炭和锯木屑生物炭则与 CK 的差异不显著，降幅分别为 2.37%、1.07%。由此可知，施用紫荆泽兰、麦秆来源的生物炭均能有效降低莴苣中硝酸盐的含量，提高莴苣品质。

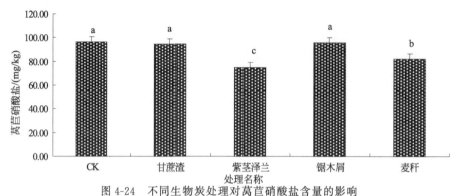

图 4-24　不同生物炭处理对莴苣硝酸盐含量的影响

（柱形图上的不同小写字母表示在 $P < 0.05$ 水平上存在显著性）

（3）不同用量生物炭对次生盐渍化大棚土壤的改良效果

基于外源有机物料和不同种类生物炭对次生盐渍化大棚土壤的改良效果进行了研究，麦秆生物炭是改良次生盐渍化大棚土壤的最佳生物炭，为确定麦秆生物炭的最佳施用量，本书做了进一步的研究。

1）对土壤全盐、EC 值和有机质含量的影响

如图 4-25 所示，随着麦秆生物炭用量的增加，0.00～15.00g/kg 这个用量阶段，随着用量的增加土壤全盐含量呈逐渐下降的趋势，而当用量为 20g/kg 时，全盐含量的下降趋势又有所回升。与不施麦秆生物炭相比，施用量为 5.00g/kg、10.00g/kg、15.00g/kg 和 20.00g/kg 时，全盐的降幅分别为 4.52%、9.52%、21.13% 和 14.75%，其中麦秆生物炭用量为15.00g/kg 时，全盐的降幅最大，是改良次生盐渍化大棚土壤全盐的最佳用量。

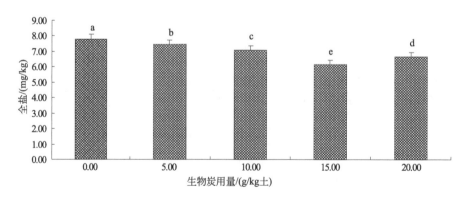

图 4-25　不同用量麦秆生物炭对土壤全盐的影响

（柱形图上的不同小写字母表示在 $P < 0.05$ 水平上存在显著性）

由图 4-26 可知，不同用量麦秆生物炭对土壤 EC 值的改良效果和全盐相似，与不施麦秆生物炭相比，随着用量的增加 EC 值先呈下降趋势而后又有所回升，当用量为 15.00g/kg 土时 EC 值最低，此时 EC 值的降幅为 19.53%。

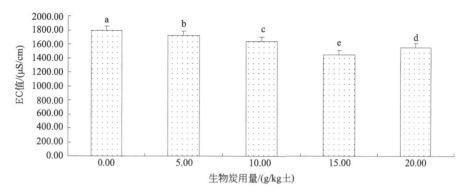

图 4-26　不同用量麦秆生物炭对土壤 EC 的影响

（柱形图上的不同小写字母表示在 $P<0.05$ 水平上存在显著性）

由图 4-27 分析可知，随着麦秆生物炭用量的增加，土壤有机质含量不断增加。与不施用麦秆生物炭的处理相比，用量为 5.00g/kg、10.00g/kg、15.00g/kg、20.00g/kg 的土壤有机质增幅分别达到了 1.06%、5.11%、9.71% 和 15.66%。由此可知，在一定范围内，生物炭施用量越大，土壤有机质含量就越高。

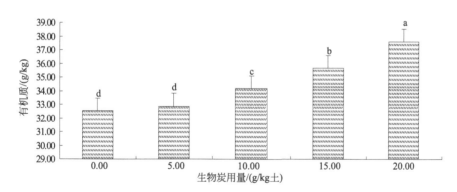

图 4-27　不同用量麦秆生物炭对土壤有机质含量的影响

（柱形图上的不同小写字母表示在 $P<0.05$ 水平上存在显著性）

2）对盐分离子的影响

由表 4-5 可知，与不施用麦秆生物炭相比，不同用量麦秆生物炭施用后，土壤 K^+ 含量均显著增加，用量越大，K^+ 含量越高，土壤钾素的有效性提高；土壤 HCO_3^- 含量显著增加，但由于 HCO_3^- 在次生盐渍化土壤盐分组成中所占的比例不大（<1%），总体而言，施用麦秆生物炭导致 HCO_3^- 增加的弊小于其有效降低土壤盐害的利；而土壤 Na^+、Ca^{2+}、Mg^{2+}、Cl^-、SO_4^{2-}、NO_3^- 含量均显著降低，其中施用量为 15.00g/kg 土时这 6 种离子的含量分别是同一类离子中含量最小的，此时 Na^+、Ca^{2+}、Mg^{2+}、Cl^-、SO_4^{2-}

和 NO_3^- 含量的降幅分别为 26.74%、26.97%、11.00%、28.21%、23.55% 和 31.74%，由此可知，用量为 15.00g/kg 土时能有效降低大棚土壤的主要盐害离子含量，是调控次生盐渍化大棚土壤主要盐害离子的最佳施用量。

表 4-5　不同用量麦秆生物炭处理后八大离子含量　　　　单位：mg/kg

用量/(g/kg)	K^+	Na^+	Ca^{2+}	Mg^{2+}	HCO_3^-	Cl^-	SO_4^{2-}	NO_3^-
0.00	10.70d	270.34a	1966.97a	175.71a	7.42c	166.25a	1073.07a	3956.15a
5.00	12.92c	216.69c	1569.25c	170.96b	10.17b	149.92b	962.70b	3197.68b
10.00	13.31c	209.32cd	1663.85b	164.93c	10.68b	155.68b	978.67b	3070.36b
15.00	17.50b	198.06d	1436.45d	156.38d	11.39a	119.35c	820.33d	2700.46d
20.00	20.18a	237.48b	1627.85bc	163.49c	10.17b	156.23b	864.00c	2911.87c

3）对蔬菜生物量和硝酸盐含量的影响

由图 4-28 可知，随着麦秆生物炭用量的增加，生菜地上部鲜重也增加，当用量为 15.00g/kg 土时生菜地上部鲜重最大，而后又有所降低；与不施麦秆生物炭相比，5.00g/kg、10.00g/kg、15.00g/kg 和 20.00g/kg 土生菜地上部鲜重的增幅分别为 13.20%、25.17%、31.52% 和 10.93%，用量为 15.00g/kg 土时增幅最大，由此可知，麦秆生物炭施用量为 15.00g/kg 土时生菜的增产率最大。

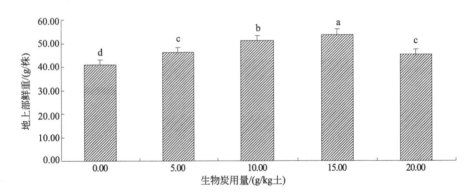

图 4-28　不同用量麦秆生物炭对生菜产量的影响

（柱形图上的不同小写字母表示在 $P<0.05$ 水平上存在显著性）

如图 4-29 所示，随着麦秆生物炭用量的增加，生菜硝酸盐含量降低，当用量为 15.00g/kg 土时生菜硝酸盐含量最小，而后又有所增加；与不施麦秆生物炭相比，5.00g/kg、10.00g/kg、15.00g/kg 和 20.00g/kg 土生菜硝酸盐含量的降幅分别为 15.55%、17.82%、23.23% 和 11.28%，用量为 15.00g/kg 土时降幅最大，由此可知，麦秆生物炭施用量为 15.00g/kg 土时生菜硝酸盐含量最低，生菜品质最好。

4）麦秆生物炭对大棚次生盐渍化土壤改良的动态过程

由于 15.00g/kg 麦秆生物炭对大棚次生盐渍化土壤的全盐、EC 值及大部分组成离子改良效果良好，为进一步了解其改良作用机制，重点分析了 15.00g/kg 麦秆生物炭改良

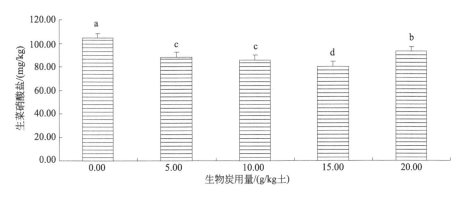

图 4-29 不同用量麦秆生物炭对生菜硝酸盐含量的影响

（柱形图上的不同小写字母表示在 $P < 0.05$ 水平上存在显著性）

次生盐渍化大棚土壤的动态作用过程。如图 4-30 所示，15.00g/kg 麦秆生物炭能降低大棚土壤次生盐渍化的盐害程度，与不施用麦秆生物炭相比，在生菜整个生育期内土壤全盐含量都有所降低，作用效果最好的时期出现在种植的 7～28d，为生菜的营养生长期，种植 28d 后进入生殖生长期，养分吸收量减少，土壤中的盐分含量下降减少并趋于稳定，生物炭的改良效果也趋于稳定。因此整个营养生长期是生物炭降低土壤盐分的最佳时期。

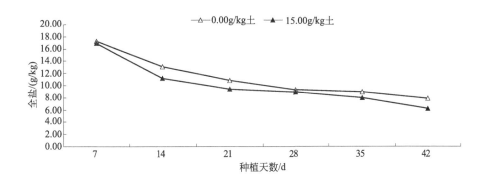

图 4-30　15.00g/kg 麦秆生物炭对土壤全盐的作用过程

　　EC 值与全盐存在极高的相关关系，因此其变化规律与全盐基本一致，用生物炭来改良次生盐渍化土壤 EC 值的作用时间与全盐的作用时间相同，如图 4-31 所示。

　　由图 4-32 可知，15.00g/kg 麦秆生物炭在降低次生盐渍化土壤 Ca^{2+} 的作用过程中，呈现稳步下降的趋势，效果作用于整个生菜生育期，因此，利用生物炭来改良土壤 Ca^{2+} 含量，应在种植前施用生物炭效果最佳。

　　15.00g/kg 麦秆生物炭降低次生盐渍化土壤 NO_3^- 的最大作用期出现在 7～28d（见图4-33），这一时期是生菜的营养生长期，需要大量的氮养分来供给生长。生物炭能吸附活化 NO_3^-，提高生菜对 NO_3^- 的利用率，同时降低土壤中 NO_3^- 含量，起到改良土壤和增产的双重作用。

　　SO_4^{2-} 是试验大棚土壤的主要阴离子之一，对于土壤次生盐渍化的贡献也很大。

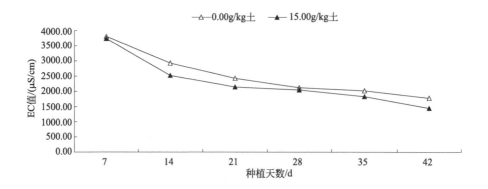

图 4-31 15.00g/kg 麦秆生物炭对土壤 EC 值的作用过程

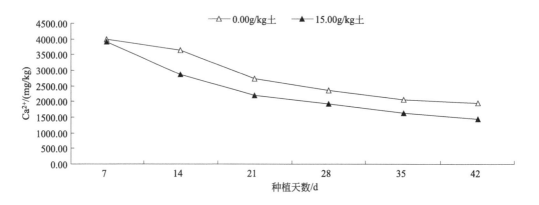

图 4-32 15.00g/kg 麦秆生物炭对土壤钙离子（Ca^{2+}）的作用过程

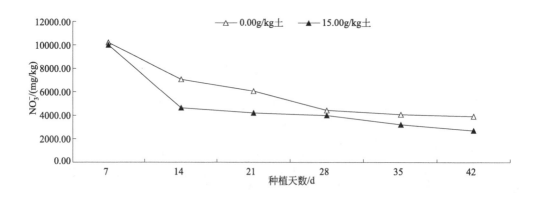

图 4-33 15.00g/kg 麦秆生物炭对土壤硝酸根离子（NO_3^-）的作用过程

15.00g/kg 麦秆生物炭对土壤 SO_4^{2-} 的作用过程如图 4-34 所示。由图 4-34 可知，在盆栽试验的整个过程中，土壤 SO_4^{2-} 含量呈现稳步下降的趋势，由此可知 15.00g/kg 麦秆生物炭作用于生菜的整个生育期，对于次生盐渍化大棚土壤 SO_4^{2-} 的改良具有重要意义。

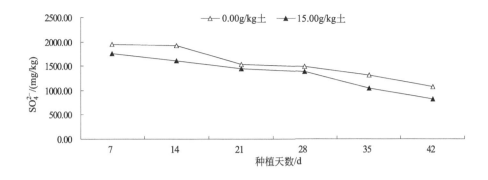

图 4-34　15.00g/kg 麦秆生物炭对土壤硫酸根离子（SO_4^{2-}）的作用过程

5）麦秆生物炭改良次生盐渍化大棚土壤的经济分析

麦秆生物炭的价格为 1500 元/t，15.00g/kg 土＝33750kg/hm² 土。单施 15g/kg 土麦秆生物炭，一季能降低土壤全盐 21%。

4.4　生物炭改良酸性土壤

4.4.1　酸性土壤概述

（1）土壤酸化现象

酸性土壤是低 pH 值土壤的总称，包括红壤、黄壤、砖红壤、赤红壤和灰化土等。酸性土壤分布区降水充沛，淋溶作用强烈，盐基饱和度较低，酸度较高。酸性土壤在世界范围内分布广泛，在农业生产中占有重要地位。中国各类酸化土壤面积约 2 亿公顷，因为酸化导致的土壤退化和作物减产现象屡见不鲜。据 Gao 等 2010 年报道，在 1980～2000 年的 20 年间，我国高达 90% 的农田土壤均发生不同程度的酸化，pH 值平均下降约 0.5 个单位，尤其是北方经济作物土壤的 pH 值平均下降了 0.58 个单位。

（2）自然酸化过程

土壤自然酸化过程土壤酸化是伴随土壤发生和发育的一个自然过程。当降雨量大于蒸发量时，土壤中可以发生淋溶过程，即进入土壤中的水带着土壤中的可溶性物质沿剖面向下迁移进入地下水，或随地表径流进入地表水。由于 H^+ 的性质非常活泼，当降雨中含有 H^+ 或土壤中有 H^+ 产生时，这些 H^+ 很容易与土壤发生反应而消耗土壤中的碱性物质。另一方面，土壤中的碱性物质也可在淋溶过程中随水分迁移。这两个过程使土壤中的碱性物质不断消耗，土壤的酸－碱平衡被破坏，土壤逐渐呈酸性反应。

土壤自然酸化的早期，土壤中碳酸盐的溶解和硅酸盐矿物的风化消耗 H^+，导致土壤 pH 值逐渐下降；随后强烈的淋溶作用使土壤表面交换位上的盐基阳离子逐渐淋失，交换性酸（交换性氢和交换性铝）逐渐形成，土壤呈酸性或强酸性反应。因此，高温多雨的热带、亚热带地区以及湿润的寒温带地区（北欧和北美）多分布酸性土壤（红壤和灰化土）。土壤自然酸化过程中 H^+ 主要来源于碳酸和有机酸的解离。

（3）人为酸化过程

土壤自然酸化过程的速度一般是比较缓慢的，而且红壤中的铁铝氧化物还对土壤的自然酸化过程产生一定程度的抑制作用，减缓了红壤的自然酸化进程。然而，近几十年来由于人为活动的强度不断增加，特别是全球工业化导致酸沉降增加和农业土壤的高强度利用导致大量外源 H^+ 不断进入土壤，使土壤酸化过程大大加速，并对生态环境和农林业生产造成严重危害。化学肥料，特别是氨态氮肥通过硝化作用释放质子，加速土壤酸化。土地利用方式改变及植物种植对土壤酸化有重要影响，森林土壤比经常翻耕的农田土壤更容易发生酸化。事实上在农田生态系统中，免耕措施更易加速土壤酸化。农作物收获从土壤中移走钙、镁、钾等盐基养分，也加速土壤酸化。豆科类植物和茶树对土壤酸化具有更明显的加速作用。

（4）土壤酸化的危害

土壤酸化抑制根系发育，土壤酸化可加重土壤板结，使根系伸展困难，发根力弱，缓苗困难，容易形成老小树，老僵苗，根系发育不良，吸收功能降低，长势弱，产量降低。土壤酸化加重农药浪费：酸化土壤中植物长势减弱，抗病能力降低，易被病害侵染，不得不增加施药量。

土壤酸化可导致大部分中微量元素吸收利用率很低。土壤酸化导致肥料流失严重，肥料利用率不足 30%。土壤酸性不但使 70% 的氮素流失，同时也使 $60\%\sim80\%$ 的易生成不溶性物质的磷钾成分吸收不了，加上酸性导致根系生长弱及养分自身吸收利用率低，其结果导致大量使用化肥，作物却生长缓慢，病害多，产量低，品质差，造成投入增加，效益大幅度降低。

土壤酸化可导致作物营养不良，缺素症严重，如苹果苦痘病、红点、根瘤、丛叶、花叶、果锈病及梨铁头、斑点、鸡爪印等，病毒等病也频繁发生。树势抗逆力弱，容易受病菌侵蚀，用再好的药也控制不了病害的发生。由于土壤酸化改变了土壤微生态环境，根际有害微生物在酸性条件下大量繁殖，且这些病害控制困难。

土壤酸化可导致土壤有益微生物种群变化，细菌个体生长变小，生长繁殖速度降低，如分解有机质及其蛋白质的主要微生物类群芽孢杆菌，放线菌、甲烷极毛杆菌和有关真菌数量降低，影响营养元素的良性循环，造成农业减产。特别是酸雨可降低土壤中氨化细菌和固氮细菌的数量，使土壤微生物的氨化作用和硝化作用能力下降，对农作物生长十分不利。

4.4.2 生物炭改良酸性土壤作用机制

生物炭作为一种在限氧或缺氧条件下生物质经慢速热解得到的细粒度、多孔性的碳质材料，其有机官能基团及碱性物质丰富，其独特的物化性质使得其在酸化土壤改良方面潜力巨大。生物炭的添加可以有效避免常规的酸化土壤改良方法存在的诸多问题，如长期使用石灰造成的土壤板结、有机物料的快速降解引起的 CO_2 温室气体的释放等。研究表明，生物炭的总碱含量是决定其对土壤酸度中和效果的主要因素，总碱含量越高，改良效果越好。另外，生物炭的有机官能团（如羧基、酚羟基）在较高 pH 值下以阴离子形态存在，可与酸性土壤中的 H^+ 发生结合反应，中和土壤酸度的研究主要针对由于铝毒和肥力低造成的酸性红壤。而对于因过量施氮造成的北方果园典型酸化土壤，生物炭可能通过促进氮的微生物固定、抑制氮的矿化、吸附土壤中的 NH_4^+ 和 NO_3^-、减少土壤 N_2O 的释放等过程，影响土壤硝化作用，减少土壤 H^+ 释放，提高土壤 pH 值，最终改善土壤质地。

适当加入石灰石或白云石被认为是防止土壤酸化的常用方法，虽然其可以较为快速地缓解或消除土壤酸化及其影响，但其副作用也不容忽视。向酸性土壤中施加碱渣、菇渣、污泥、泥炭等土壤调理剂，既可将碱渣、菇渣等废弃物农用，变废为宝，又可改良酸性土壤，降低酸性土壤的 Al 毒害，从而提高农产品的产量和品质。钱泽樱（2021）以江西省德兴铜矿富家坞官帽山的代表性酸性土壤为供试材料，利用江苏绿之源生态建设有限公司自主研发的生物炭改良剂对酸性矿山土壤进行了改良试验，结果表明，施用生物炭改良剂后，与对照相比，不同用量的生物炭改良剂（1t/hm²、5t/hm²、10t/hm²、20t/hm²）经过 180d 均可不同程度地提高土壤 pH 值，土壤 pH 值分别增加了 0.04、0.20、0.25 和 0.6，均较对照提高了 0.87%～13.02%，也有研究表明，生物炭可以显著提高酸性土壤的 pH 交换性 Ca、Mg 含量，这是由于生物炭可以与土壤中带负电基团（酚基、羧基和羟基）和阴离子（硅酸盐、碳酸盐和碳酸氢盐）中的 H^+ 结合，从而降低土壤中的 H^+，提高土壤 pH 值；同时，施用生物炭改良剂后，土壤中的有机质（SOM）、交换性钾、钙、镁含量均有显著增加，其中有机碳的最大增幅为 63.52%，活性有机碳的最大增幅为 46.67%，交换性 Ca 最大增幅为 68.12%，生物炭技术在酸性土壤改良中的应用也为生物质资源化利用提供了新途径。

生物炭的 pH 值取决于生物炭制备时采用的生产工艺（Novak et al，2009）和生物质种类（Gaskin，2008）。不同的生产原料或生产工艺会对生物炭的特性产生重要的影响。生物炭通常呈碱性，并且随着裂解温度升高碱性增大。生物炭含有一定量的碱性物质，因此一般呈碱性。这是因为植物通过吸收养分使体内含有一定量的 K^+、Mg^{2+} 和 Ca^{2+} 等金属阳离子，为保持植物体内电荷平衡，在生长发育过程中植物体内会积累一定量的碱基，这些碱基通过高温热解后被浓缩，因此生物炭呈碱性。研究发现，生物炭的灰分越高，其 pH 值越高。因此，生物炭可以用作酸性土壤的改良剂来中和土壤酸度，提高土壤的 pH 值。有研究表明，生物炭（稻草秸秆为原料）施入南方典型老成土后，土壤的 pH 值提高了 0.1～0.46。

生物炭中含有碱性物质，加入土壤后这些碱性物质可以很快释放出来，中和部分土壤酸度，使土壤 pH 值升高。生物炭能够显著提高土壤 pH 值、改变土壤质地、增大盐基交换量，从而引起土壤阳离子交换量增加。袁金华等研究表明，稻壳炭含有一定量的碱性物质和盐基阳离子，能够显著降低土壤酸度，增加土壤交换性盐基数量和盐基饱和度，它可使土壤交换性铝、可溶性铝和有毒形态铝含量降低，从而有效缓解酸性土壤地区铝对植物的毒害。生物炭作为石灰替代物，可通过提高土壤碱基饱和度降低交换铝水平、消耗土壤质子来提高酸性土壤 pH 值，同时可改良酸性土壤一些养分的有效性。

生物炭也能改变有毒元素的形态，降低有毒元素对作物及环境的危害，有助于植株正常发育。许多学者认为，施用生物炭能显著提高土壤 pH 值，由此降低 Al、Cu、Fe 等重金属可交换态的含量，与此同时增加 Ca 和 Mg 等植物必需元素的可利用性，一方面可减轻有害元素对作物生长过程中的伤害，另一方面可增加植物对营养元素的摄取，从而促进植株的生长。

生物炭添加到中国北方酸化土壤后，通过高 pH 值的中和作用以及抑制土壤硝化作用提高了酸化土壤的 pH 值，同时降低了土壤容重，明显改善了土壤质量。其中添加 BC400、添加量为 5% 的改性效果最为明显，可使土壤 pH 值提高 1.33 个单位，土壤容重降低 8.3%。生物炭通过改善土壤质量，进而促进了植物生长，特别是对植株根系生长的促进作用更为明显。由此可见，生物炭技术在中国北方酸化土壤质地改良方面具有很好的应用前景。

4.4.3 生物炭改良酸性土壤应用案例

云南省土壤培肥与污染修复工程实验室使用的两种生物炭材料由玉米秸秆在两种不同（300℃、700℃）的热解温度生产，添加 8% 生物炭的处理分别为（C300、C700），对照为 CK，连续施用 2 年。应用结果表明这两种生物炭可以诱导酸性土壤的主要化学性质发生的变化，有效地改良了酸性土壤。

（1）生物炭对酸性土壤含水量的影响

通过图 4-35 可以看出，施用生物炭可显著提高土壤含水量，且不同制备温度对生物炭的保水性能具有不同的影响。其中，300℃条件下制备的 C300 生物炭处理后，土壤含水量最大，C700 次之，CK 的土壤含水量最小。与 CK 相比，C300 处理后的土壤含水量提高了 38.61%，C700 的土壤含水量提高了 18.46%，均达到了显著差异水平。

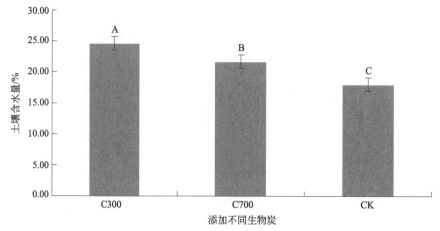

图 4-35　生物炭对土壤含水量的影响

（2）生物炭对酸性土壤 pH 值的影响

通过图 4-36 可以看出，CK 土壤的 pH 值分别为 5.59、5.62、5.67，C300 土壤 pH 值分别为 5.79、5.88，C700 土壤 pH 值分别为 6.27、6.32；总体上看，C700 处理措施土壤的 pH 值最大，C300 次之，CK 最小；C300 处理措施土壤 pH 值每年都在增大，相比 CK 土壤 pH 值在生物炭施用后的第 2 年和第 3 年增大的比例分别为 3.58％和 1.55％，均未达到显著水平；C700 处理措施的土壤 pH 值每年都在增大，相比 CK 土壤 pH 值在生物炭施用后的第 2 年和第 3 年增大的比例分别为 7.16％和 5.51％，均达到显著水平。

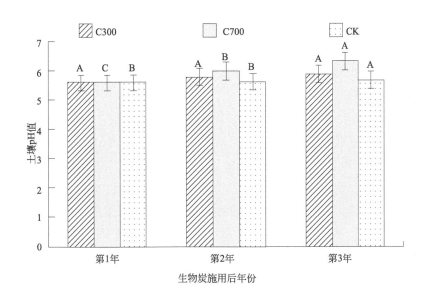

图 4-36　生物炭对土壤 pH 值的影响

（3）生物炭对酸性土壤有机质的影响

通过图 4-37 可以看出，CK 土壤的有机质含量分别为 14.52g/kg、15.13g/kg、14.19g/kg，C300 土壤有机质含量分别为 39.55g/kg、43.72g/kg，C700 土壤有机质含量分别为 45.27g/kg、47.25g/kg；总体上看，C700 土壤有机质含量最高，C300 次之，CK 土壤有机质含量最低；C300 土壤有机质含量比 CK 提高的比例在生物炭施用后的第 2 年和第 3 年分别为 172.38％和 201.10％，均达到极显著水平；C700 土壤有机质含量比 CK 提高的比例在生物炭施用后的第 2 年和第 3 年分别为 211.78％和 225.41％，均达到极显著水平。

生物炭改良酸性土壤的 SEM 电镜分析。如图 4-38 所示将 C300 土壤、C700 土壤与未做的 CK 土壤进行土壤形态的微观形貌观察（SEM），放大倍数均为 2000 倍。由图可以看出，CK 土壤结构较疏松多孔，土壤结构松散、孔隙度大，颗粒较大且少、流动性强，具有较大的环境风险；CK300 土壤和 CK700 土壤可以看出土壤结构变化更为紧密，出现了网状土壤结构，土壤颗粒更为绵密，呈一定规则的絮状交联结构颗粒。由

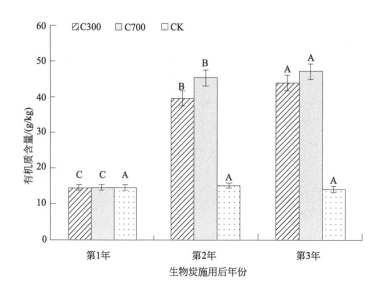

图 4-37　生物炭对土壤有机质含量的影响

图可知，经生物炭处理后，酸性土壤颗粒与孔隙度越小，结构越紧密，土壤改良效果越好。

　　综合分析了添加300℃和700℃制备的生物炭后，酸性土壤的物理、化学性质发生了变化，均出现了网状土壤结构，土壤颗粒更为绵密，呈一定规则的絮状交联结构颗粒，能显著改善土壤水气条件，提高土壤有机质和速效养分，添加700℃制备的生物炭改良效果最佳。

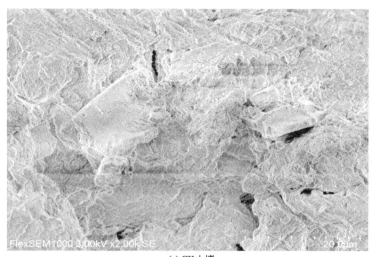

(a) CK土壤

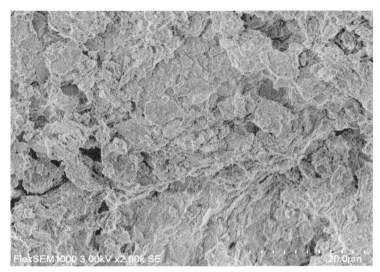

(b) C300土壤

(c) C700土壤

图 4-38　土壤钝化处理前后 SEM 图（×2000）

参考文献

陈红霞，杜章留，郭伟，张庆忠. 施用生物炭对华北平原农田土壤容重、阳离子交换量和颗粒有机质含量的影响［J］.
　　应用生态学报，2011，22（11）：2930-2934.

钱泽樱，黄超民，舒小平. 利用生物炭改良剂对酸性矿山土壤改良试验［J］. 中国高新科技，2021（04）：134-135.

张旭东，梁超，诸葛玉平，等. 黑炭在土壤有机碳生物地球化学循环中的作用［J］. 土壤通报，2003（04）：349-355.

Agegnehu G，Bass A M，Nelson P N，et al. Benefits of biochar, compost and biochar-compost for soil quality, maize
　　yield and greenhouse gas emissions in a tropical agricultural soil［J］. Science of the Total Environment，2015，543：
　　295-306.

Ahmad M，Rajapaksha A U，Lim J E，et al. Biochar as a sorbent for contaminant management in soil and water：A re-
　　view［J］. Chemosphere，2014，99：19-33.

Bond, Tami C. A technology-based global inventory of black and organic carbon emissions from combustion [J]. Journal of Geophysical Research Atmospheres, 2004, 109 (109).

Bruun E W, Hauggaard-Nielsen H, Ibrahim N, et al. Influence of fast pyrolysis temperature on biochar labile fraction and short-term carbon loss in a loamy soil [J]. Biomass & Bioenergy, 2011, 35: 1182-1189.

Cheng C H, Lehmann J, Thies J E, et al. Oxidation of black carbon by biotic and abiotic processes [J]. Organic Geochemistry, 2006.

Enders A, Hanley K, Whitman T, et al. Characterization of biochars to evaluate recalcitrance and agronomic performance [J]. Bioresource Technology, 2012, 114: 644-653.

Fang Y, Singh B, Singh B P. Effect of temperature on biochar priming effects and its stability in soils [J]. Soil Biology and Biochemistry, 2015, 80: 136-145.

Gaskin J W, Steiner C, Harris K, et al. Effect of low-temperature pyrolysis conditions on biochar for agricultural use [J]. Transactions of the Asabe, 2008, 51 (6): 2061-2069.

Glaser B, Haumaier L, Guggenberger G, et al. The Terra Preta' phenomenon: A model for sustainable agriculture in the humid tropics [J]. Naturwissenschaften, 2001, 88 (1): 37-41.

Goldberg D. Lingle R. Alleles, Loci and the Traveling Salesman Problem [J]. Proceedings of the 1st International Conference on Genetic Algorithms and Their Applications, Los Angeles, 1985, 154-159.

Hossain M K, Strezov V, Chan K, et al. Agronomic properties of wastewater sludge biochar and bioavailability of metals in production of cherry tomato (*Lycopersicon esculentum*) [J]. Chemosphere, 2010, 78 (9): 1167-1171.

Khan S, Chao C, Waqas M, et al. Sewage sludge biochar influence upon rice (*Oryza sativa* L) yield, metal bioaccumulation and greenhouse gas emissions from acidic paddy soil [J]. Environmental Science and Technology, 2013, 47: 8624-8632.

Laird D A, Fleming P, Davis D D, et al. Impact of biochar amendments on the quality of a typical midwestern agricultural soil [J]. Geoderma, 2010, 158 (3): 443-449.

Lehmann J, Joseph S. Biochar for environmental management: Science and technology [M]. London: Earthscan, 2009.

Li F Y, Wang J F, Xie Y, et al. Effects of pyrolysis temperature on carbon retention and stability of biochar [J]. Transactions of the Chinese Society of Agricultural Engineering, 2015, 31 (4): 266-271.

Liang B, Lehmann J, Solomon D, et al. Black carbon increases cation exchange capacity in soils [J]. Soil Science Society of America Journal, 2006, 70 (5): 1719-1721.

Luo Y, Durenkamp M, Nobili M D, et al. Short term soil priming effects and the mineralisation of biochar following its incorporation to soils of different pH [J]. Soil Biology and Biochemistry, 2011, 43: 2304-2314.

Novak J, Busscher W, Laird D, et al. Impact of biochar amendment on fertility of a southeastern Coastal Plain soil [J]. Soil Science, 2009, 174 (2): 105-112.

Renner R. Rethinking biochar [J]. Environmental Science and Technology, 2007, 41: 5932-5933.

Seiler W, Crutzen P. Estimates of gross and net fluxes of carbon between the biosphere and the atmosphere from biomass burning [J]. Climatic Change, 1980 (2-3).

Sohi S, Lopezcapel E, Krull E, et al. Biochar, climate change and soil: A review to guide future research [R]. CSIRO Land and Water Science Report, 2009.

Steiner C, Teixeira W G, Lehmann J, et al. Long term effects of manure, charcoal and mineral fertilization on crop production and fertility on a highly weathered Central Amazonian upland soil [J]. Plant and Soil, 2007, 291 (1/2): 275-290.

Taghizadeh Toosi A, Clough T J, Sherlock R R, et al. Biochar adsorbed ammonia is bioavailable [J]. Plant and Soil, 2012, 350 (1/2): 57-69.

Xu X, Zhao Y, Sima J, et al. Indispensable role of biochar-inherent mineral constituents in its environmental applications: A review [J]. Bioresource Technology, 2017, 241: 887-899.

第 5 章
生物炭的作物效应

虽然早在 19 世纪，亚马孙河流域古老的印第安人就在一种特殊的黑土"Terra Preta"上种植农作物以提高产量（Tenenbaum，2009；Harder，2006），但在农业生产中较大面积应用生物炭还是近 10 年的事。本章简要论述了生物炭用于粮食作物、经济作物、蔬菜及果树的研究进展，以及笔者把生物炭应用于南方葡萄园的第一手研究资料及工程实践。

5.1 生物炭用于粮食作物

随着人们对生物炭应用研究的不断深入，生物炭在农业生产上的应用也逐渐受到重视，并已在水稻、玉米、高粱、小麦、大豆、花生、烟草、豇豆、萝卜、菠菜等作物上取得了较好的效果。生物炭对作物生长发育和产量影响的研究目前主要集中于作物种类，生物炭种类和生物炭添加量（Lehmann et al，2006）。作物种类主要包括稻谷、小麦、玉米等粮食作物以及番茄等蔬菜类作物，关于经济作物的研究较少（Jeffery et al，2011）。生物炭对作物影响的研究，主要是生物炭原材料及生物炭生产温度的控制（Leinweber et al，1999）。既然生物炭可以用于改良土壤，也必然影响到土壤上所种植作物的产量与品质，这正是生物炭作物效应所关注的。

5.1.1 生物炭对粮食作物生长发育的影响

（1）生物炭促进粮食作物生长发育

生物炭对植物生长也有良好的作用，在配合施肥的情况下生物炭显著提高了红壤上小麦氮的吸收，生物量大幅增加。刘世杰等则发现生物炭能够促进玉米苗期的生长，株高和茎粗分别比对照增加了 4.31～13.13cm 和 0.04～0.18cm。在酸性土壤中以 10t/hm² 的标准施用生物炭，土壤中交换性铝的毒害作用减小，小麦株高提高了 30%～40%（Van Zwieten et al，2007）。此外，生物炭可以增加玉米对氮、磷、钾的吸收，减少铵和钙等养分离子的淋失。张伟明（2012）研究表明将生物炭应用于不同栽培环境条件下、不同作物的常规农业生产，结果生物炭对水稻与大豆的生长发育都起到了一定促进效应。这是由于应用生物炭后优化了土壤生态环境，增强了作物生理功能，提高了作物对养分的吸收能力，增加了养分吸收总量，促进了作物生长发育，提高了作物产量和品质。曲晶晶等（2012）研究发现，施用小麦秸秆制备的生物炭在红壤性水稻土上，在 20t/hm² 及 40t/hm² 生物炭水平下与氮肥配施，能够提高早晚稻产量及晚稻的氮素利用率，在不同的试验点，对晚稻产量的影响有差别，施用生物炭，水稻氮肥利用率显著提高，在 40t/hm² 施用量水平下，长沙试验点的水稻氮肥利用率提高了 20.33%，进贤试验点的利用率提高了 17.58%，进贤试验点的氮肥农学效率提高了 39.81%。钟雪梅等（2006）研究表明，用竹炭包膜肥可以提高盆栽玉米的生物量、吸氮量，玉米生长前期需要的肥料较少，竹炭包膜肥 I 可以有效延缓氮素的释放，减少氮素的淋失，在生育后期玉米需要较多的肥料，而这时竹炭包膜肥 I 可以较好满足作物氮素的供给，所以其玉米生物量和吸氮量均比尿素处理增长显著。刘玉学等（2009）研究发现施用生物质炭可影响水稻苗期、拔节期、抽穗期和成熟期的株高、叶绿素含量、光合特性等。任卫东（2012）研究发现，不同炭基肥料对大豆的农艺性状、产量性状和产量的影响不同，不同炭基肥料处理对大豆底荚高度、分枝数、单株粒数的影响较大，对株高、主茎节数、百粒重的影响不大。

生物炭不仅对作物生长发育有直接影响，同时对种子萌发及幼苗的生长也具有明显的作用效果。张文妍等（2015）采用稻壳生物炭钝化城市污泥，促进了萝卜种子的发芽，减轻了污泥对种子根系伸长的抑制，提高了发芽指数。宋婷婷等（2019）分析研究了花生壳生物炭、玉米秸秆生物炭、杨木屑生物炭和竹屑生物炭对小麦、黄瓜种子发芽率及根、茎生长的影响。结果表明，生物炭对小麦和黄瓜种子的发芽率促进效果不显著，但对其根、茎伸长影响显著，特别是花生壳生物炭为 80g/kg 对黄瓜根长、茎长促进伸长了 31.6%、85.1%，效果最优，而玉米秸秆生物炭、杨木屑生物炭和竹屑生物炭施用量达到 40g/kg 时，对小麦根长、茎粗的生长率提高了 45.3%～83.5%、79.3%～133.2%，对黄瓜根长、茎长生长率提高了 18.6%～39.8%、63.1%～84.0%，表现了效果最优的特征。总体看来，不同生物炭对作物发芽、根长、茎长的促进效果因种类不同而存在一定差异，但随着生物炭添加量的增加，均表现了低浓度促进、高浓度抑制的趋势。

付嘉英（2013）研究表明生物炭基肥能减少小麦中硝酸盐的含量，提高可溶性糖和维生素 C 的含量及其产量。

另外，生物炭基缓释肥主要是以生物炭为基质结合作物生长所必需的营养元素，根据特定作物的营养需要制成的专用缓释肥料，具有环保、高效、培肥地力等显著特点。生产实践研究证明，大豆炭基缓释肥有效地改善了大豆的农艺性状，使二粒荚数和产量分别增加了 16.4% 和 7.2%。花生缓释肥则有效地抑制了花生秕果、虫果的发生，使百仁重、产量分别增加了 10.1%、13.5%。

（2）生物炭对粮食作物生长发育无作用

生物炭的用量也会影响作物生长，研究发现生物炭用量较低时会促进植物生长，相反用量过高时则会抑制其生长（Glaser et al, 2001），这推测可能与生物炭矿质养分含量低及土壤高的碳氮比易降低土壤有效性养分有关，生物炭的减产效应更易出现在有效养分低或低氮土壤上。张晗芝等（2010）研究表明，施用小麦秸秆生物炭，在玉米苗期的前 33d，生物炭用量为 48t/hm² 时，对玉米株高的生长有显著的抑制作用，随着玉米生长发育时间的延长，抑制作用逐渐消失，播种 60d 时，对玉米的植株的干物质积累，氮、磷的吸收没有显著的影响，当施用生物炭量为 $12t/hm^2$ 及 $48t/hm^2$ 时土壤中全氮和有机碳的含量显著提高，但对土壤中全磷、有效磷、pH 值影响没有达到显著性差异。生物炭对玉米苗期的生长及养分吸收没有促进作用。研究发现在 300℃、400℃、500℃ 温度下制备的生物炭，当施入红壤中后，对小麦植株的氮磷钾含量、氮磷钾的吸收和干物质重积累没有促进作用；当施入水稻土壤后，对小麦植株的干物质重积累和氮磷钾的吸收有抑制作用，对氮磷钾的含量影响不显著（张明月，2012）。

生物炭在低磷地块能增加稻子产量，改善稻子对氮肥和氮磷复合肥等化学肥料的反应，这可能和提高了养分的利用率有关。但在低氮土壤上生物炭却使植物绿度降低，表明氮素的吸收不仅没有因为生物炭的施用而增加，相反还有所降低（Asai et al，2009）。Glaser 等（2002）发现，在氮贫瘠的土壤中加入生物炭，土壤 C/N 值提高，短期内会出现作物生长率降低的趋势，从而限制了土壤氮素的利用率。Deenik 等（2009）研究发现生物炭如果含高挥发性物质则会抑制作物生长，推测可能是高挥发性物质增加了土壤 C/N 比从而导致土壤有效氮降低，进而降低植物对氮素的吸收。

（3）生物炭对粮食作物土壤 N 素转化的影响

生物固氮是植物获取 N 素营养的重要途径，生物炭的施用也会对生物固氮产生影响。如 Rondan 等向具根瘤与无根瘤的豆类植物的土壤中添加不同浓度的生物炭，研究发现，与对照相比，生物炭能显著增加生物固氮，并认为生物炭对生物固氮的促进作用主要与微量元素有关，如 Ni、Fe、B 和 Ti 等。但是也有研究表明，生物炭施用可能降低豆科作物的固氮作用（Warnock et al，2007）。因为生物炭可能会吸附一种黄酮类物质，这种物质是诱导根瘤菌侵染的信号分子，从而抑制根瘤菌的繁殖以及生物固氮作用（Jain et al，2002）。

5.1.2 生物炭对粮食作物产量的影响

（1）生物炭对粮食作物产量的促进作用

Lehmann 等（1999）研究发现，在热带与亚热带地区土壤中施入生物炭，除了可使高粱、大豆、玉米等作物增产外，植株中的镁和钙元素含量明显增加，减少了土壤中这两种元素的流失。Blackwell 等（2007）和 Chane 等分别对常规生产的生物炭和缺氧状态下生产的生物炭对粮食作物产量的影响进行了研究。在镉污染土壤中施用生物炭提高光合速率，增加干物质积累，提高产量，对水稻生长具有较大的促进作用。在最终产量形成上，生物炭用量 $1125kg/hm^2$ 处理与用量 $22500kg/hm^2$ 处理均与对照达到极显著性水平，分别比对照提高产量 18.4% 和 2.92%。葛成军等（2012）研究发现单施生物炭促进作物增产的原因可能是生物炭改善土壤的通透性，抑制微生物进行反硝化作用，从而增加土壤中的全氮量，提高氮素的有效性，可能降低氮循环速率。曲晶晶等（2012）研究表明，施用小麦秸秆制备的生物炭在红壤性水稻土上，生物炭与氮肥配施，在长沙和进贤 2 个试验点不同的生物炭施用量下早稻产量差异不显著，但在进贤试验点，当生物炭施用量为 20t/

hm² 时晚稻产量比未施用生物炭的产量高 5.18%，当生物炭施用量为 40t/hm² 时晚稻的产量提高了 7.95%；而在长沙试验点 3 个处理间晚稻产量差异不显著。Uzoma 等（2011）研究证明，将以牛粪为原料生产的生物炭施用于砂质土上，生物炭的施用量分别为 0、10t/hm²、15t/hm²、20t/hm²，玉米的产量随着生物炭施用量的增加而呈现出递增的趋势，但是 15t/hm² 处理的产量要高于 20t/hm² 处理。Uzoma 等（2011）将生物炭应用于砂质土壤生产玉米，结果是当生物炭施用量达到 15t/hm² 和 20t/hm² 时，产量分别提高了 150% 和 98%。Iswaran 等（1980）以 0.5t/hm² 的标准向土壤中添加生物炭，发现每盆大豆增产 10.4g。在南美洲热带地区，施用生物炭使豇豆产量提高了 28%（Liang et al，2006）。

生物炭对作物生物量和产量的促进作用还随时间的延长表现出一定的累加效应。Major 等（2010）对玉米和大豆轮作土壤进行多年的生物炭处理试验，结果表明，施用 20t/hm² 生物炭的土壤，第 1 年玉米产量并未提高，但在随后的 3 年中产量逐年递增，分别比对照提高了 28%、30% 和 140%。在巴西亚马孙河流域的田间试验也表明，以 11t/hm² 标准在土壤中施入生物炭，经过 2 年 4 个生长季后，水稻和高粱的产量累计增加了 75%（Steiner et al，2007）。

另外，近期有研究表明（刘玉学，2011；黄耀，2003；Lehmann et al，2002），如果生物质炭与其他有机或无机肥料配合施用，作物的增产效果将会更好，Masahide 等研究表明生物炭与肥料配合施用能够增加玉米和花生的产量，主要与生物炭能增加土壤的有效养分、提高土壤阳离子交换量、减少交换性有害离子含量、促进作物生长有关。在中国，研究者将生物炭与化肥混合，发明了专用炭基肥料。实验结果表明，炭基花生专用肥有利于花生叶片功能期的延长，饱果率增加 14.2%、百仁重增加 10.1%、产量增加 13.5%。炭基玉米专用肥有效地提高了穗粒数与粒重，产量提高 7.6%～11.6%。炭基大豆专用肥使分枝数增加 16.4%，单株二粒荚数、三粒荚数分别增加 16.4%、27.9%，单株粒数增加 12.1%，百粒重增加 4.7%，产量增加 7.2%（崔月峰 等，2008；崔月峰，陈温福，2008）。Lehmann 等（1999）在总结全球各地开展的相关研究时发现，当生物炭施用量（按纯碳计算）在 50t/hm² 以下时，对作物产量的作用基本都是正向的。

（2）生物炭对粮食作物产量的负面影响

生物炭对作物产量的影响也有负面的报道。Haefele 等（2011）在研究稻壳生物炭对 3 种不同肥力水平土壤上轮作作物产量影响的试验中发现：在肥沃的 N、P、K 丰富、渗透压及 CEC 值水平均较高的 Anthraquic Gleysols 土壤上及肥力较差的有酸反应，渗透压较低，P、K 供应不足，但 CEC 值、土壤 TC 水平较高的 Humic Nitisols 土壤上，生物炭对作物增产没有起到作用，甚至还出现了使作物减产的情况。在肥力极低的土壤 TC、TN、渗透压、养分 K 均极低，CEC 值更低，四季轮作的 Gleyic Aerisols 土壤上，生物炭的使用使作物产量提高了 16%～35%，这说明生物炭在肥力差的土壤上施用对作物有增产的作用。Gaskin 等（2008）研究发现，生物炭添加到黏性沙地土壤中时，当添加量为 11～22t/hm² 时，对作物产量无显著影响；对于如大豆、玉米等对 pH 敏感的作物，生物炭施入量过大反而会降低产量。Sugiura 和 Kishimoto 用火山灰土种植大豆和玉米的田间试验研究发现，施用生物质炭分别为 5t/hm² 和 15t/hm² 时，玉米和大豆均出现减产的现象，其原因可能是生物质炭施入土壤后提高了土壤 pH 值，从而降低了磷及某些微量元素的有效性。同时 Asai 等（2009）也发现在不施氮肥的前提下施用生物质炭，水稻叶片叶绿素含量反而降低，从而减少了作物产量；在施氮肥条件下，水稻产量随着生物炭用量的增多会增加，但生物炭量达到了 16t/hm² 时，产量不因氮素的添加而升高。Kishimoto 和 Sugiura 研究在火山灰土（volcanicash soil）对大豆和玉米的田间试验表明，施用生物炭量分别为 5t/hm² 和 15t/hm² 时，大豆和玉米均表现减产。其原因可能是生物炭施用后提高了土壤 pH 值，从而降低了磷和某些微量元素的有效性。

也有由于生物炭施用量低而减产的报道，Glaser（2001）研究表明生物炭施用量在 0.5t/hm² 时，作物产量降低。Lehmann 等（2003）对亚马孙河流域的试验研究发现，生物黑炭与肥料一起使用可以促进水稻对 N 的吸收利用，可能是配施使土壤对 NH_4^+ 的吸附能力增强。但是对于石灰质土壤，肥料与生物质炭的混施减少了小麦及萝卜的产量，原因可能与这两种作物的营养特性有关。因此，生物炭的增产作用及适宜用量还需视农田作物类型、土壤类型和性质以及施肥情况而定。

总之生物炭对作物的综合效应，除了有研究认为的生物炭可以间接提高肥料利用率、改善土壤微生物生长环境外，另有研究者如 Lehmann 等（2003）、Rondon 等（2007）以及 Yamato 等（2006）将这种增产效应归因于生物炭对土壤 pH 值的影响。他们研究认为：生物炭能够维持和提高土壤 pH 值，而土壤 pH 值的变化往往伴随着土壤养分的变化，从而间接地影响了作物产量。而更多研究认为，生物炭这种对土壤肥力与作物的影响效应，不是由于其在土壤中可作为一种营养物质而直接起作用，而是由于生物炭可以间接地提高作物养分利用效率，从而对作物生长起到了促进作用（Iswaran et al，1980）。作物生产受到土质类型、栽培技术措施、气候变化等复杂因素制约，生物炭的作物学效应不能一概而论。但是总体来看：生物炭作为一种土壤改良物质，尤其是对低肥力土壤作物的生长会起到积极的作用。这对于提高作物总体产量具有重要意义。

5.2 生物炭用于经济作物

5.2.1 生物炭对经济作物的影响

（1）生物炭对经济作物生长发育指标的影响

王璐等（2021）比较了 CK（化学肥料）、S（秸秆）、B（生物炭）、F（牛粪）、SB（1/2 秸秆＋1/2 生物炭）、SF（1/2 秸秆＋1/2 牛粪）、FB（1/2 牛粪＋1/2 生物炭）、SFB（1/3 秸秆＋1/3 牛粪＋1/3 生物炭）8 个处理对苹果幼苗生长及氮素利用的影响，结果表明，施用有机物料均可促进苹果幼苗的生长（表 5-1、表 5-2），其中以 SFB 处理下的植株株高、茎粗、叶面积、根系活力、鲜重达到最优，显著高于 CK 及单施有机物料的处理。从表 5-1 分析来看，有机物料单独使用的处理 B 根系形态指标要优于 S、F 处理，与其他处理相比，添加生物炭的处理 SFB、FB、SB、B 植株根系活力相对更高，分别达到了对照 CK 的 1.23 倍、1.18 倍、1.13 倍、1.12 倍；从表 5-2 分析来看，有机物料配施处理的植株鲜重、株高、茎粗及叶面积均高于有机物料单独施用的处理（表 5-2），其中，3 种有机物料配施（SFB）处理下苹果幼苗鲜重、株高、茎粗和叶面积均为最大，2 种物料配施处理下植株生物量指标差异规律不显著（$P>0.05$），其中 FB 处理的株高显著高于 SB、SF 处理（$P<0.05$），SF 处理的叶面积显著高于 FB、SB 处理（$P<0.05$），SB 处理的植株鲜重及茎粗均高于 FB、SF 处理；有机物料单独施用中，施用生物炭后植株的生物量增加了 16.0%。

表 5-1　不同有机物料处理对苹果幼苗根系生长的影响（王璐 等，2021）

处理	总根长/cm	总表面积/cm²	根系体积/cm³	根尖数/个	根系活力/[µg/(h·g)]
CK	1346.2±98.5d	338.8±23.1d	2.86±0.24d	10251.7±555.2d	80.07±3.51d
S	1623.6±139.3c	406.0±42.8c	3.83±0.31c	11216.3±673.7c	87.09±3.13c
B	2015.0±125.2b	437.7±35.6c	4.32±0.31b	12234.0±638.0b	89.57±3.72bc
F	1815.0±168.4c	382.6±29.9c	3.62±0.26c	11332.3±668.4c	86.87±3.22c
SB	2430.6±182.1ab	517.3±42.5b	4.82±0.24a	12694.0±667.8ab	90.87±3.21bc
SF	2380.6±160.1ab	498.1±37.7b	4.63±0.48a	12721.0±764.3ab	87.75±3.43c
FB	2462.8±138.1ab	526.3±38.9b	4.80±0.48a	12948.0±754.0ab	94.88±3.29ab
SFB	2659.8±202.8a	568.9±33.1a	4.83±0.44a	13176.6±684.8a	98.22±4.13a

注：数据右方的英文小写字母表示不同处理间某指标差异显著（$P>0.05$），相同者表示不显著。

表 5-2　不同有机物料处理对苹果幼苗植株生物量指标的影响（王璐 等，2021）

处理	鲜重/g	株高/cm	茎粗/mm	叶面积/mm²
CK	20.57±1.40d	33.84±1.59c	5.62±0.20ef	7077.1±162.8e
S	24.27±1.49c	36.17±2.98bc	6.04±0.45d	8351.8±310.3cd
B	24.12±0.74c	36.17±2.28bc	5.95±0.14de	8210.8±177.3d
F	27.91±3.38b	37.73±3.82abc	6.09±0.20d	8594.6±200.9bcd
SB	27.92±1.59b	40.37±2.10ab	6.73±0.17b	9324.6±249.5b
SF	27.04±1.96bc	40.73±3.91ab	6.53±0.15bc	10146.1±560.6a
FB	26.00±2.07bc	41.77±2.97a	6.23±0.15cd	8984.6±213.6bc
SFB	32.17±2.48a	42.63±2.77a	7.15±0.20a	10725.0±944.4a

（2）对经济作物光合效应的影响

符昌武等（2021）通过在 CK（不用生物炭、不灌溉水分）、T1（5000kg/hm² 生物炭＋每 15 天 300mL/株灌溉水）、T2（5000kg/hm² 生物炭＋每 10 天 300mL/株灌溉水）、T3（5000kg/hm² 生物炭＋每 5 天 300mL/株灌溉水）探索了烟秆生物炭与水分调控对烤烟光合特性的影响，从表 5-3 可知，不同处理的净光合速率（Pn）表现为 T3＞T2＞T1＞CK，旺长期光合速率较强，团棵期次之，成熟期较弱，且差异均达到了显著水平（$P<0.05$）。气孔导度（Gs）、蒸腾速率（Tr）、叶面水分气压亏缺（VpdL）、单叶水分利用率

（WUE）和叶片湿度（Tl）在不同生育期均以 T3 处理最高，胞间 CO_2 浓度（C_i）在不同生育期以 CK 最高，达到了显著差异水平（$P<0.05$）。

表 5-3　不同处理对烤烟生育期光合 Pn 及其生理因子的影响（符昌武 等，2021）

时期	处理	Pn/[μmol CO_2/(m²·s)]	Gs/[mol H_2O/(m²·s)]	C_i/(μmol CO_2/mol)	Tr/[mmol H_2O/(m²·s)]	VpdL/kPa	WUE	Tl/℃
团棵期	CK	14.07±0.41c	0.52±0.05c	326.58±1.45a	3.35±0.14b	0.67±0.02c	4.20±0.04c	24.30±0.05b
	T1	14.90±0.72c	0.55±0.04c	317.10±0.91b	3.45±0.15b	0.73±0.02b	4.32±0.05b	26.43±0.05a
	T2	16.59±0.17b	0.64±0.07b	321.55±1.78b	3.71±0.24a	0.77±0.07b	4.47±0.13a	27.77±0.86a
	T3	17.48±0.41a	0.73±0.00a	319.02±1.13b	3.91±0.02a	0.87±0.00a	4.47±0.12a	28.42±0.03a
旺长期	CK	15.55±0.14c	0.53±0.03b	330.09±2.31a	4.62±0.33c	0.92±0.08b	3.37±0.14a	31.76±0.20b
	T1	16.57±1.76b	0.61±0.03ab	325.98±2.20b	4.82±0.18b	0.99±0.02ab	3.34±0.37a	31.19±0.46b
	T2	17.43±0.80b	0.65±0.13a	323.33±2.16b	5.24±0.38a	1.01±0.10a	3.33±0.16a	32.15±0.21a
	T3	18.42±0.30a	0.65±0.03a	322.80±1.10b	5.32±0.08a	1.17±0.06a	3.46±0.19a	32.08±0.23a
成熟期	CK	5.79±0.34d	0.09±0.00a	272.87±9.58a	2.35±0.12a	2.42±0.02ab	2.46±0.20b	33.63±0.08b
	T1	6.17±0.20c	0.09±0.03a	241.72±7.91b	2.24±0.75a	2.37±0.11ab	2.75±0.19a	33.90±0.29ab
	T2	6.69±0.19b	0.09±0.01a	248.40±2.74b	2.13±0.23a	2.19±0.10b	3.14±0.29a	35.04±0.77a
	T3	7.11±0.28a	0.09±0.02a	224.69±7.13c	2.20±0.47a	2.60±0.10a	3.23±0.19a	36.66±0.38a

从表 5-4 分析可知，从整个生育期来看，大气温度（T_a）随着烟苗生育时间的推进而增加，空气相对湿度（RH）随着烟苗生育时间的增长而减弱，光合有效辐射（PAR）随着烟苗生育时间的增长而表现出先增长后下降的趋势。不同生育期，T_a 和 PAR 均表现为 T3＞T2＞T1＞CK，均达到了显著差异水平（$P<0.05$）。大气 CO_2 浓度（C_a）在团棵期和成熟期无显著差异，旺长期表现为 T3＞T2＞T1＞CK。综合来看，植烟土壤起垄前施生物炭结合大田生长期灌溉水分可促进烤烟光合作用，不同生育期净光合速率（P_n）以旺长期较强，团棵期次之，成熟期较弱。生物炭和水分调控处理能促进烟叶的光合作用，从而使烟叶保持较旺盛的生理代谢，有利于烤烟生长和发育，这可能与生物炭的性能有关，生物炭孔隙结构丰富，具有较多微孔结构，施入土壤中能保持水分，提高烟草根系的水分利用率，促进烟草根系的生长发育，使烟株保持较强生命力，延缓烟株凋萎时间，为烟叶能够保持较强的光合能力提供了保障。

表 5-4　不同处理对烤烟生育期光合生态因子的影响（符昌武 等，2021）

时期	处理	T_a/℃	C_a/(μmol CO_2/mol)	RH/%	PAR/[μmol/(m²·s)]
团棵期	CK	26.67±0.08c	376.08±0.87a	75.65±0.45b	116.95±6.60d
	T1	26.82±0.06c	372.30±0.59a	78.04±0.19a	194.56±5.46c
	T2	28.41±0.13b	377.37±0.12a	78.55±0.46a	204.55±5.01b
	T3	29.91±0.01a	379.51±0.03a	79.80±0.16a	227.60±4.55a

时期	处理	$T_a/℃$	$C_a/(\mu mol\ CO_2/mol)$	RH/%	PAR/$[\mu mol/(m^2 \cdot s)]$
旺长期	CK	30.10±0.11c	367.23±1.54c	74.07±0.09b	844.46±29.72d
	T1	31.99±0.02b	370.24±2.03b	75.41±0.39ab	961.55±29.50c
	T2	33.00±0.01a	374.40±0.15b	76.34±0.34a	1025.24±36.57b
	T3	33.27±0.06a	386.26±1.39a	77.54±0.09a	1238.58±36.43a
成熟期	CK	32.33±0.07d	392.39±0.23a	56.40±0.28b	482.46±16.12d
	T1	35.42±0.18c	391.31±1.62a	58.35±0.18ab	529.73±22.15c
	T2	36.10±0.22b	392.20±1.48a	59.22±0.21a	678.28±17.15b
	T3	37.19±0.33a	391.67±0.71a	61.36±0.22a	723.11±19.98a

注：C_a 表示大气中 CO_2 浓度。

（3）生物炭对经济作物土壤氨化、硝化及生物固氮作用

生物炭的添加可以影响微生物群落，从而导致土壤 N 循环的变化。将生物炭施入酸性的富酚土壤中，由于生物炭对酚、醛、醌等对土壤微生物有毒害作用的有机物的吸附，使土壤硝化细菌免于毒害而大量繁殖，有利于提高土壤 N 素的硝化作用。如 MacKenzie 等（2006）将生物炭施入两种不同生物群落的土壤中发现，生物炭对杜鹃科植物群落的土壤硝化作用没影响，但可以显著提高莎草科植物群落的土壤硝化作用。造成这种现象的原因为：与杜鹃科植物群落的土壤相比，莎草科植物群落的土壤含有较多游离态的酚醛有毒物质，微生物受这些物质毒害，繁殖受到抑制。当生物炭吸附固定这些有毒物质后，极大地促进了如硝化细菌等土壤微生物的繁殖，从而增加 N 素的利用效率。生物炭对不同类型土壤的硝化作用产生不同效应。如生物炭施入耕作土壤或草地土壤，对其硝化作用不产生影响，但可能降低其氨化作用（Gundale et al，2006）。

（4）生物炭与森林土壤 N 素的损耗

生物炭是一种贫 N 物质，有极高的 C/N 值。因此，将生物炭施入土壤，由于对如 NH_4^+、NO_3^- 的吸附，可以在短时间内减少土壤有效 N 素的含量，但同时可以减少 N 素的淋溶损失（Chan et al，2007）。土壤 N 素损失的另一个途径是氨态 N 的挥发损失。只要 pH 值与 NH_4^+ 达到一定条件，N 素就会以 NH_3 的形式挥发（Stevenson，Cole，1999）。生物炭施入土壤，一方面可以升高土壤 pH 值，另一方面也可以吸附 NH_4^+。但在自然条件下，生物炭主要作用还是减少 NH_4^+ 的挥发（Le Leuch，Bandosz，2007）。反硝化作用也是土壤 N 素损失的一种途径。Deluca 等（2006）研究发现，向酸性森林土壤中添加生物炭能促进土壤的硝化作用，但是在缺氧条件下则可促进反硝化作用。反硝化作用可以有效减少 NO_x 的排放，减少大气温室气体。

5.2.2 生物炭对经济作物产量的影响

生物质炭施入土壤后可有效提高土壤肥力，改良土壤的质量，吸附土壤中的有效养分，从而防止污染地表水及地下水，促进植物对营养元素的吸收，提高肥料的利用率，进而达到增加作物产量和生物量的效果。

（1）生物炭对经济作物产量的促进作用

Lehmann 等（2006）研究发现土壤中的生物质炭有利于提高土壤 CEC 值，pH 值，总磷、总氮等的含量。在化学成分上，生物质炭含有作物生长所需的大量氮、磷、钾等营养元素，同时也可用来提高土壤肥力（Chan et al，2008），从而达到土壤养分调控的最佳效应。生物质炭用于土壤中可以显著促进种子的萌发与生长。Chidumayo 研究发现生物质炭施入土壤中能够使木本植物种子发芽率提高 30%、生物量增加 13% 和根增重 24%。

Baronti 等采用砂壤土开展盆栽试验，当生物炭施用量为 30t/hm^2 和 60t/hm^2 时，黑麦草（*lolium perenne*）的生物量分别比对照处理增加 20% 和 52%，但施用量提高到 100t/hm^2 和 200t/hm^2 时，结果反而比对照分别降低 8% 和 30%，表明一定量的生物炭可以促进作物的生长，但施用过多反而不利于作物的生长。施炭量 200g/m^2，炭粒直径小于 3mm 的竹炭对土壤改良效果及高羊茅的长势和根、茎、叶增长量最佳（傅秋华，2004）。张明月（2012）研究表明随着生物炭用量的增加，黑麦草的株高、鲜重均呈先增大后减小的趋势，且不同质地土壤上，施用生物炭后的效果不同。当施用生物炭少时，土壤质地越黏，生物炭的生物效应越好。当施用生物炭较多时，土壤质地越松，生物炭的生物效应越好。在不同酸度土壤上施用生物炭，其生物效应也表现出不同的结果：pH 值越大，生物炭对黑麦草的生物效应越好。与其他土壤添加物相比，生物炭的生物效应好。解钰等（2012）研究表明随着生物炭量的增加王草产量呈上升趋势，其中 20% 处理的王草产量最高，第四次刈割后，生物炭量与王草粗蛋白含量呈显著正相关，与粗纤维、无氮浸出物含量呈显著负线性相关。结合其研究结果，在王草栽培过程中，可通过增施生物炭，达到优质高产的目的。张园营（2013）研究表明施用生物炭可以改变不同时期叶片的积累强度；不同程度地延缓烟叶叶绿素降解的速度，在生育中后期仍能使烟株维持较高的类胡萝卜素含量，降低光合膜受损的程度，有利于增加植株的抗逆性，延缓烟片的衰老；施用不同生物炭，肥料利用率提高，氮肥利用率呈现出随生物炭用量的增多而升高的趋势。其中生物炭用量为 750～1125kg/hm^2 时处理氮碱比、糖碱比最接近最优值，烟叶主要的化学成分含量及比值协调，有利于烟叶形成良好的品质；施用生物炭 750～1125kg/hm^2（T2～T3）范围内，烟叶中上部位的香气总量增加最多，香气指数 β 值相比未施用生物炭的也有较大的提高，有利于烟叶香气的形成。

朱国英（2011）研究表明，施用炭基复合肥与习惯施肥相比，施用 37% 憨农牌炭基复合肥（含生物黑炭 25%）油菜营养生长期延长，全生育期延长 2d，二次分枝数增加 1.1 个，群体优势明显，油菜增产 3.77%，净增值 495 元/hm^2。

（2）生物炭对经济作物产量无明显作用

吴鹏豹（2012）研究表明花岗岩砖红壤条件下，生物炭处理对王草各次刈割鲜、干草产量没有产生显著影响，但有降低其产量的趋势；对其整体营养品质也没有显著影响，但对部分营养品质产生显著降低效应。付嘉英（2013）研究表明生物炭基肥对花生和棉花炭基肥中硝酸盐的含量及可溶性糖和维生素 C 的含量及其产量效果不明显。邓万刚等

（2011）研究表明，在海南花岗岩砖红壤上，当生物炭与土壤的质量比为 0.1％、0.5％、1％时，与不施生物炭处理相比，柱花草和王草产草量的差异均不显著，当质量比未到 0.5％时，施用的生物炭量对柱花草和王草的品质没有显著影响；当质量比为 0.1％时第一茬王草蛋白质的含量显著降低了，当质量比为 1.0％时第二茬柱花草粗灰分的含量显著增加了，因此施用低量生物炭对王草和柱花草生长没有正面的影响。

5.3 生物炭用于蔬菜作物

生物炭的灰分元素较为丰富，如 K、Ca 和 Mg 等，施进土壤后作为可溶性养分被作物利用。所以，生物炭本身可以作为一种土壤改良剂或肥料来提高土壤肥力，通过提供和贮存营养元素以及改善土壤的理化性质来促进植物的生长。营养元素的增加主要有两个原因：一个是生物炭可以促进土壤中营养元素的保留；另一个是生物炭可以直接带入营养元素。生物炭促进植物生长的长期效应则包括由于阳离子交换性能提高导致的阳离子保持量提高、营养物质的缓慢释放及有机质的稳定化，而短期效应在于生物炭的施入可以提供大量的 K 和 P。由于生物炭具有良好的物理性质和养分调控作用，施入土壤可以显著促进种子萌发和生长，进而提高作物生产力。

5.3.1 生物炭对蔬菜作物生长发育的影响

Chan 等（2008）用采自新威尔士南部小牧场周围的平原淋溶土壤（Alfisol）开展了萝卜盆栽试验，该土壤有机碳含量为 1.97％，pH 值为 4.5，处理的生物炭用量分别为 $10t/hm^2$、$25t/hm^2$、$50t/hm^2$，并设计了 2 个氮肥水平（0 和 $100kg\ N/hm^2$），结果表明，在无氮肥配施处理中，生物炭用量为 $10t/hm^2$ 和 $50t/hm^2$ 处理的萝卜产量较对照分别增加 42％和 96％。生物炭的施用增加了土壤养分特别是氮肥的有效性。Glaser 等通过田间试验发现，当生物炭施用量为 $135.2t/hm^2$ 时，作物的生物量是对照处理的 2 倍。稻草炭对小白菜根长、株高、地上鲜重和地下鲜重及总生物量的影响都表现出相似的规律，即随着稻草炭的添加量的增加，各指标均呈现先增大后减小的趋势。在稻草炭的不同添加量中，以 8％处理的小白菜生长状况较好，生物量提高 20.87％。付嘉英（2013）研究表明生物炭基肥能减少小白菜中硝酸盐的含量，提高可溶性糖和维生素 C 的含量及其产量。张万杰等（2011）研究表明，当施氮量为 90mg/kg 时，施用生物炭菠菜的硝酸盐含量显著提高了，并且随着生物炭施用量的增加，硝酸盐含量也呈现出递增的趋势，不施氮处理及施氮为 120mg/kg 的处理施用生物炭对菠菜硝酸盐含量影响不显著，硝酸盐含量最高达到 324.19mg/kg 鲜重，但没有超过蔬菜硝酸盐含量的国家标准。

5.3.2 生物炭对蔬菜作物产量的影响

在小萝卜上的研究也表明，在不施肥情况下生物炭能提高其干物质产量，在 $10t/hm^2$

与 50t/hm^2 生物炭用量水平下产量分别比未改良的土壤增加 42％和 96％。而在有化学氮肥配合施用的情况下，生物炭仍然表现出了很好的效果，且随生物炭用量的增加作物产量也增加。在各种养分含量水平下作物产量都随生物炭用量的增加而增加的事实说明，除了提高养分利用率以外，生物炭可能尚有其他促进作物生长机制，有人认为作物产量的提高和生物炭增加了土壤 Ca 与 Mg 的含量有很大关系（Major et al，2010）。而在不同作物上和不同地区研究结果的差异可能和土壤本身的性质有关。

张万杰等（2011）研究表明，单施生物炭对菠菜的产量和生物量都有显著的影响，随着施氮量的增加，施用生物炭的增产效果降低，生物炭与化肥配施对菠菜的增产效果最好，在不同氮素水平下施用生物炭可以促进菠菜对氮素及钾素的吸收利用，而促进磷素吸收利用的影响不明显，生物炭与氮肥配施提高了菠菜产量，氮肥的当季利用效率显著增加，氮肥当季利用率提高达到 26.4 个百分点。Chan 等（2007）研究发现：先施氮肥，后添生物炭，萝卜的产量增加了 120％，其原因可能是生物炭与肥料之间出现了互补或协同作用。除了与土壤相互作用外，生物炭与肥料的互作研究也同样获得了积极反馈（Lehmann et al，2003）。在澳大利亚施氮 100t/hm^2 条件下，以 50t/hm^2 和 100t/hm^2 标准施用生物炭，萝卜产量分别提高了 95％和 120％（Chan et al，2007）。

5.3.3 蔬菜地施用生物炭的综合效应

生物炭对蔬菜作物生长发育和产量影响表现不一，但总体来说是正向效应大于负向效应。产生正向效应的原因主要来自以下几个方面。

① 生物炭具有丰富的多微孔结构，比表面积较大。在施入土壤后，有利于微生物的生存繁衍，增加土壤中有益菌群数量，增强土壤生态系统功能，为作物根系提供良好的生长环境。

② 施用生物炭有助于改善土壤理化性状，如 pH 值、容重、孔隙度、持水性等，特别是有利于提高土壤有效养分含量，这些条件的改变对于促进作物生长发育有重要作用。

③ 生物炭本身含有一定数量对作物生长发育有益的元素如 N、P、K 等和一些微量元素，可增加土壤中可交换性阳离子如 K$^+$、Na$^+$、Ca^{2+}、Mg^{2+} 等的数量，在一定程度上减少活性铝等有毒元素的影响，为作物生长发育提供良好的元素供应源。

④ 生物炭与其他肥料配合使用时，可减少肥料养分淋失，提高利用效率，促进增产。

也有研究报道，施用生物炭后产量增加不显著甚至有负面影响。产生负向效应的原因可能有以下几个方面。

① 生物炭呈碱性，当施用量过大时，某些对 pH 敏感的作物极易表现出平产或减产。

② 生物炭对作物生长发育和产量影响的差异性与土壤类型有关，Jeffery 等（2011）的研究结果表明，在酸性土壤、中性土壤、粗质地与中等质地土壤中施用生物炭，增产幅度分别为 14％、13％、10％和 13％。

目前，关于生物炭对作物产量的影响的研究主要集中于南美和非洲南北部的热带森林和稀树草原地区的酸性土壤（表 5-5 是关于生物炭对作物产量影响方面的一些研究）。这些地区生物炭的加入导致作物产量显著提高，其原因主要归结于土壤 pH 值的升高和土壤养分有效性的提高。生物炭的加入对某些肥力较高的土壤或施肥量较高的土壤作物的增产效应不显著。因此，生物炭在不影响产量的前提下，可用来减少肥料的施用量。此外，生物炭与肥料混施较单施入生物炭更能提高作物产量，这可能是由于生物炭的加入导致土壤 CEC 值升高、养分淋溶减少。目前，关于生物炭对作物产量的影响的研究缺乏长期数据（除 Terra Preta），生物炭要长期应用于实践，还与土壤类型、作物品种、生物炭原材料的选择、生产方法等密切相关。

表 5-5　生物炭对作物产量影响方面的研究

作者	研究内容	研究结果
Oguntunde	在加纳研究了生物炭的加入对作物产量的影响	玉米增产 91%
Kishimoto&Sugiura(1985)	研究了日本火山灰土下生物炭对大豆产量的影响	$0.5mg/hm^2$ 生物炭量增产 151%；$5mg/hm^2$ 生物炭量增产 63%；$15mg/hm^2$ 生物炭量增产 29%
Kishimoto&Sugiura(1985)	不同生物炭量对日本黏壤土雪松树的影响	$0.5mg/hm^2$ 以木材为原料制的生物炭量增产 249%；$0.5mg/hm^2$ 以树皮为原材料制的生物炭增产 324%；$0.5mg/hm^2$ 活性炭增产 244%
Chidumayo(1994)	淋溶土和老成土下，生物炭对梁木的影响	生物量增加 13%，高度增加 24%
Glaser (2002)	富铁土下牛豆的影响	$67mg/hm^2$ 生物炭使生物量增加 150%；$135mg/hm^2$ 生物炭使生物量增加 200%

5.4　生物炭对葡萄园土壤性质和葡萄品质的影响

研究表明，合理施用生物炭对葡萄园的土壤理化特性及果实品质均可产生明显的促进效应。

5.4.1　生物炭对葡萄园土壤物理性质的影响

（1）生物炭对葡萄园土壤容重的影响

土壤容重对土壤物理性质如通气性、持水性、紧实度等影响显著。土壤之所以具有供给作物生长所需的养分和水分的能力，其原因之一是土壤的多孔性质为作物生长创造了必要条件。土壤容重的变化，对土壤的多孔性质产生较大的影响，并影响植物的根系生长和生物量的积累。近几年来，由于农村农业机械的小型化，土壤耕作深度降低，耕作层逐渐浅化，犁底层厚度增加，土壤紧实度增大，既降低土壤水分入渗、使土壤蓄水、保水和供水的能力变差，也不利于作物根系生长。有关土壤容重对土壤物理性质和作物生长的影响的研究已有相关报道。例如研究认为，土壤容重过大影响根系向下生长，葡萄根系的生长受到限制，葡萄出现养分的供应和抗逆能力下降，产量和品质受到一定的影响。

通过图 5-1 可以看出，生物炭＋常规施肥、高肥＋生物炭、常规施肥三种处理措施土壤容重分别是 $1.06g/cm^3$、$1.13g/cm^3$、$1.17g/cm^3$，生物炭＋常规施肥的土壤容重最小，高肥＋生物炭的次之，常规施肥的土壤容重最大；生物炭＋常规施肥的土壤容重比高肥＋生物炭低 6.19％，比常规施肥低 9.40％，均达到显著水平；高肥＋生物炭处理措施土壤容重比常规施肥低 3.42％，未到达显著水平。

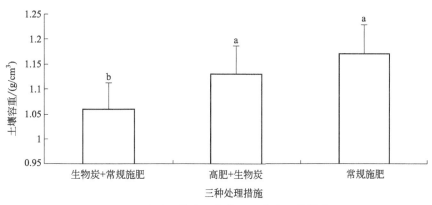

图 5-1　施用生物炭对葡萄园土壤容重的影响

（柱形图上的不同小写字母表示在 $P<0.05$ 水平上存在显著性）

（2）生物炭对葡萄园土壤含水量的影响

土壤含水量是决定作物产量的一个重要因素。土壤保水能力受土壤质地、结构和土壤有机质含量的影响。生物炭施入土壤后改变土壤孔隙度和团聚程度，最终影响到土壤的保水能力，影响程度取决于土壤比表面积的相对变化。

通过图 5-2 可以看出，生物炭＋常规施肥、高肥＋生物炭、常规施肥三种处理措施土

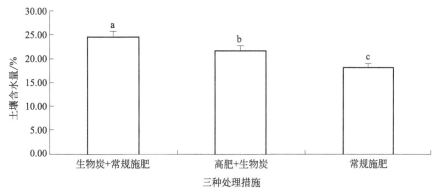

图 5-2　施用生物炭对葡萄园土壤含水量的影响

（柱形图上的不同小写字母表示在 $P<0.05$ 水平上存在显著性）

壤含水量分别为 24.57%、21.64%、18.15%，生物炭＋常规施肥的土壤含水量最大，高肥＋生物炭的次之，常规施肥的土壤含水量最小；生物炭＋常规施肥的土壤含水量比高肥＋生物炭的土壤含水量高 13.54%，比常规施肥土壤含水量高 35.37%，均达到显著水平；高肥＋生物炭处理措施土壤含水量比常规施肥土壤含水量高 19.23%，达到显著水平。

5.4.2　生物炭对葡萄园土壤化学性质的影响

（1）生物炭对葡萄园土壤 pH 值的影响

现代农业中，连年施入化肥，造成土壤酸化、盐基离子不断流失，导致土壤贫瘠，从而影响作物的生长。生物炭含有的灰分元素如 K、Na、Ca、Mg 等均呈可溶态，施入土壤后可提高酸性土壤的盐基饱和度，通过吸持作用降低土壤的交换性氢离子和交换性铝离子的水平，以提高土壤的 pH 值。土壤的酸碱度是由盐基离子所支配的，生物炭具有更高的盐基离子，因此生物炭是比熟石灰更好的土壤改良剂，对酸性土壤和低 CEC 值的土壤，生物炭具有良好的改良效果，但对碱性（高 CEC 值）土壤没有明显作用。

土壤 pH 值高低是土壤许多化学性质的综合反映，直接关系到土壤中养分元素的存在形态和植物有效性。有研究表明葡萄植株在 pH 值低于 4.0 或高于 8.5 的土层中生长，不但降低产量而且对葡萄植株生长不利，土壤 pH 值在 6.0～7.0 范围内是最有利于葡萄生长的。

通过图 5-3 可以看出，常规施肥土壤的 pH 值分别为 6.59、6.62、6.87，生物炭＋常规施肥土壤 pH 值分别为 6.79、6.88，高肥＋生物炭土壤 pH 值分别为 7.00、7.24；总体上看，高肥＋生物炭处理措施土壤的 pH 值最大，生物炭＋常规施肥次之，常规施肥最小；生物炭＋常规施肥处理措施土壤 pH 值每年都在升高，相比常规施肥土壤 pH 值在生

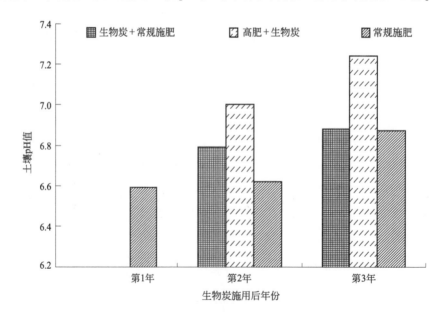

图 5-3　施用生物炭对葡萄园土壤 pH 值的影响

物炭施用后的第 2 年和第 3 年升高的比例分别为 2.57％和 0.14％，均未达到显著水平；高肥＋生物炭处理措施的土壤 pH 值每年都在升高，相比常规施肥土壤 pH 值在生物炭施用后的第 2 年和第 3 年升高的比例分别为 5.74％和 5.39％，均达到显著水平。

（2）生物炭对葡萄园土壤有机质的影响

土壤有机质是土壤的重要组成部分，尽管它在土壤中的含量很少，但对维系土壤质量、土壤肥力及农业可持续发展等方面都有着极其重要的作用。虽然生物炭的化学结构不同于土壤腐殖质，但向土壤中施入生物炭，可以提高土壤有机质含量，提高土壤的 C/N 值，提高土壤对氮素及其他养分元素吸持容量。生物炭提高土壤有机碳含量水平取决于生物炭的用量与稳定性。秸秆、绿肥、堆肥及厩肥施入土壤后，一般 5～10 年后所剩不过 20％，仅有极少量转化为腐殖质。而生物炭则被证明可以在土壤中存留数百年，甚至上千年的时间。生物炭施入土壤后，其部分易挥发物质和初期的表面官能团氧化，随着在土壤中存在时间的延长，表面钝化后的生物炭与土壤相互作用产生一种保护基质，增加土壤有机质的氧化稳定性，提高土壤有机质的积累。

施用生物炭能促进土壤有机质水平的提高，一方面生物炭能吸附土壤有机分子，通过表面催化活性促进小的有机分子聚合形成有机质；另一方面生物炭本身极为缓慢的分解有助于腐殖质的形成，通过长期作用促进土壤肥力的提高。

通过图 5-4 可以看出，常规施肥土壤的有机质含量分别为 19.21g/kg、25.13g/kg、23.56g/kg，生物炭＋常规施肥土壤有机质含量分别为 38.2g/kg、45.78g/kg，高肥＋生物炭土壤有机质含量分别为 39.56g/kg、51.22g/kg；总体上看，高肥＋生物炭土壤有机质含量最高，生物炭＋常规施肥次之，常规施肥土壤有机质含量最低；生物炭＋常规施肥土壤有机质含量比常规施肥提高的比例在生物炭施用后的第 2 年和第 3 年分别为 52.01％和 94.31％，均达到极显著水平；高肥＋生物炭土壤有机质含量比常规施肥在生物炭施用后的第 2 年和第 3 年分别提高了 57.42％和 117.40％，均达到极显著水平。

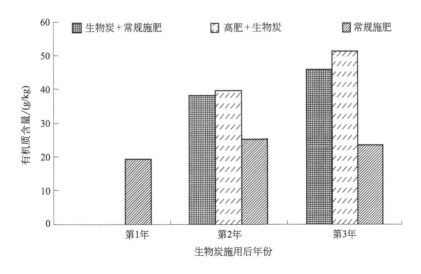

图 5-4　施用生物炭对葡萄园土壤有机质含量的影响

（3）生物炭对葡萄园土壤速效养分的影响

土壤速效养分是能被植物直接吸收利用的养分，其含量的高低直接影响植物的生长及发育情况。土壤矿质元素是影响作物产量的主要因素，特别是 N、P、K。生物炭中含有大量的作物生长所必需的基本元素 N、P、K 等。生物炭的制备过程导致 70%～90% 的 N 挥发。同时高温激活了部分 P，使其转化为可利用态。生物炭可以促进土壤中 N 的固定。施入生物炭的土壤，土壤中 N 循环加快，可溶性 N 含量提高。然而，可溶性 N 含量提高后会减少 N 的固定，而可溶性 P 则会刺激 N 的固定，后者的作用大于前者，因而生物炭会促进微生物的固氮作用。

通过图 5-5 可以看出，常规施肥土壤碱解氮含量分别为 109.10mg/kg、111.13mg/kg、109.20mg/kg，生物炭＋常规施肥土壤碱解氮含量分别为 112.63mg/kg、116.55mg/kg，高肥＋生物炭土壤碱解氮含量分别为 118.13mg/kg、120.44mg/kg；总体上看，高肥＋生物炭土壤碱解氮含量最高，生物炭＋常规施肥次之，常规施肥土壤碱解氮含量最低；生物炭＋常规施肥土壤碱解氮含量比常规施肥在第 2 年和第 3 年分别提高了 1.35% 和 6.73%，在生物炭施用的第 3 年达到显著水平；高肥＋生物炭土壤碱解氮含量比常规施肥在第 2 年和第 3 年分别提高了 6.30% 和 10.30%，均达到显著水平。

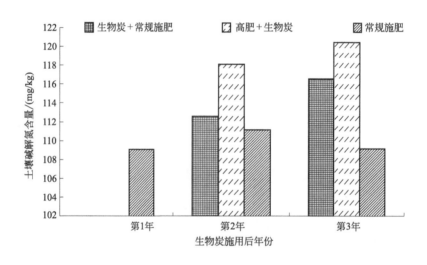

图 5-5　施用生物炭对葡萄园土壤碱解氮含量的影响

通过图 5-6 可以看出，常规施肥土壤速效磷含量分别为 42.74mg/kg、45.28mg/kg、43.95mg/kg，生物炭＋常规施肥土壤速效磷含量分别为 55.15mg/kg、51.86mg/kg，高肥＋生物炭土壤速效磷含量分别为 77.86mg/kg、62.10mg/kg；总体上看，高肥＋生物炭土壤速效磷含量最高，生物炭＋常规施肥次之，常规施肥土壤速效磷含量最低；生物炭＋常规施肥土壤速效磷含量比常规施肥提高的比例在第 2 年和第 3 年分别为 21.80% 和 18.00%，均达到显著水平；高肥＋生物炭土壤速效磷含量比常规施肥在第 2 年和第 3 年分别提高 71.95% 和 41.30%，生物炭施用后的第 2 年达到极显著水平，第 3 年达到显著水平。

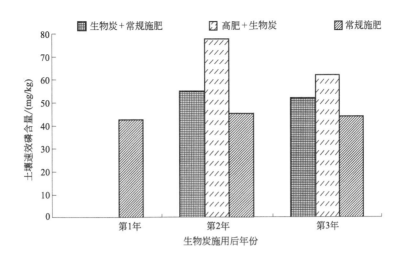

图 5-6　施用生物炭对葡萄园土壤速效磷含量的影响

通过图 5-7 可以看出，常规施肥土壤速效钾含量分别为 104.24mg/kg、105.63mg/kg、108.77mg/kg，生物炭＋常规施肥土壤速效钾含量分别为 136.84mg/kg、141.42mg/kg，高肥＋生物炭土壤速效钾含量分别为 152.18mg/kg、155.59mg/kg；总体上看，高肥＋生物炭土壤速效钾含量最高，生物炭＋常规施肥次之，常规施肥土壤速效钾含量最低；生物炭＋常规施肥土壤速效钾含量比常规施肥在第 2 年和第 3 年分别提高 29.55％和31.02％，均达到显著水平；高肥＋生物炭土壤速效钾含量比常规施肥在第 2 年和第 3 年分别提高 44.07％和 43.04％，均达到显著水平。

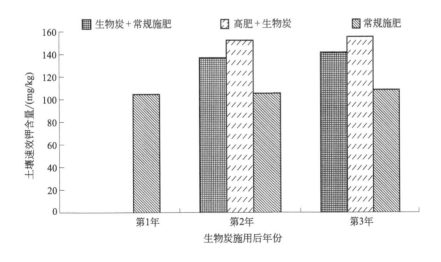

图 5-7　施用生物炭对葡萄园土壤速效钾含量的影响

5.4.3　生物炭对葡萄园土壤微生物数量的影响

土壤微生物是土壤碳库中最为活跃的组分，对环境的变化最为敏感，其对生物炭施用的响应比其他有机质更快。从土壤微生物的变化情况来研究生物炭对土壤生态系统的作用，是研究生物炭施用益处和风险的途径之一。生物炭对微生物的影响主要表现在土壤微生物量的增减和土壤微生物组成的变化两个方面。

施用生物炭对土壤微生物的影响，与施用其他有机质对土壤的影响差异较大，这是因为生物炭稳定性较高并缺少可利用的能量和碳源。诸多研究表明，生物炭对微生物的影响程度与试验条件（室内培养或田间试验）、土壤质地及肥力状况、土地利用方式、养分管理及生物炭自身性质（材料来源、热解温度）密切相关。研究发现，生物炭的高芳香烃结构容易成为土壤微生物的栖息地，给土壤微生物生长提供场所和养分。生物炭的空隙结构及对水肥吸附作用都能使其成为适合土壤微生物栖息的良好环境。

土壤微生物量的变化只能反映土壤微生物的总体数量的变化，而土壤微生物本身是一个复杂的群体，其中不同的微生物种类对生物炭施用的响应具有多样性。土壤中的特殊功能菌，如根瘤菌、硝化细菌等，对生物炭的施加更为敏感。生物炭的相对稳定使得生物炭并不能很好地直接被土壤微生物利用，其对土壤微生物的影响可能主要是基于对土壤环境的改变。然而，土壤环境的改变以及土壤微生物的活动反过来也能影响生物炭。研究表明，新鲜生物炭施用后引起的土壤微生物的响应会随着时间而发生变化，对生物炭的长期定位研究显得必要。

生物炭对土壤微生物数量的影响与生物炭的特征及土壤的基本性质有关，生物炭表面为多孔结构，成为藻类、细菌、真菌、土壤动物的栖息场所，增加了土壤生物多样性。

从图 5-8 可以看出，三种处理措施土壤放线菌的群落数平均值分别为 71.75 个/mL、97.25 个/mL、62.75 个/mL，真菌群落数的平均值分别为 36.75 个/mL、22.5 个/mL、25.25 个/mL，细菌群落数的平均值分别为 92.5 个/mL、86 个/mL、64.5 个/mL；生物炭＋常规施肥比常规施肥 3 种微生物分别提高 14.34%、45.54%、43.41%，均达到显著

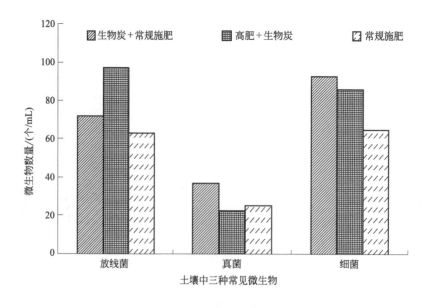

图 5-8　施用生物炭对葡萄园土壤中放线菌、真菌、细菌的影响

水平；高肥＋生物炭比常规施肥放线菌和细菌群落数提高的比例分别为 54.98％ 和 33.33％，均达到显著水平，真菌群落数比常规施肥减少 10.89％，达到显著水平。

（1）生物炭对葡萄园土壤解磷菌解钾菌数量的影响

1）生物炭对葡萄园土壤解磷菌数量的影响

磷是植物生长发育所必需的重要营养元素之一，我国有 74％ 的耕地土壤缺磷，土壤中 95％ 以上的磷为无效形式，植物不能直接吸收利用，我国施入的磷肥当季利用率为 5％～25％，大部分磷与土壤中的 Ca^{2+}、Fe^{3+}、Fe^{2+}、Al^{3+} 结合，形成难溶性磷酸盐，因此，大部分磷肥作为无效态（难溶态）在土壤中积累，由于长期施用磷肥，事实上大多数农田土壤潜在的磷库含量很大，而提供作物生长发育的磷流却很小，土壤缺磷是"遗传学缺磷"而非"土壤学缺磷"。提高磷的利用率一直是农业科技工作者研究的热点课题之一。磷是许多发展中国家农业生产上的重要限制因素，提高土壤中磷的利用效率将具有战略性意义。

大量研究结果表明，某些微生物具有很强的解磷功能，通过其分泌物或吸收作用可把土壤中无效态磷转化成有效态磷。解磷微生物最直接的作用就是溶解土壤中的难溶性或不溶性磷素。解磷菌能将植物难以吸收利用的磷转化为植物可吸收利用的磷。

从图 5-9 可以看出，生物炭＋常规施肥、高肥＋生物炭、常规施肥土壤中解磷菌菌落数分别为 296.75 个/mL、241.5 个/mL、75.75 个/mL；生物炭＋常规施肥处理措施中解磷菌菌落数最多，高肥＋生物炭次之，常规施肥最少；生物炭＋常规施肥土壤中解磷菌菌落数比常规施肥提高了 291.74％，达到极显著水平；高肥＋生物炭土壤中解磷菌菌落数比常规施肥提高了 218.81％，达到极显著水平。

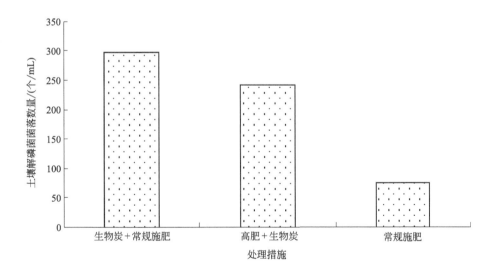

图 5-9　施用生物炭对葡萄园土壤解磷菌的影响

2）生物炭对葡萄园土壤解钾菌数量的影响

钾是作物营养的三要素之一，普遍存在于作物体中，其功能与植物新陈代谢有关，它以酶的活化剂的形式广泛地影响着作物的生长和代谢，能激活酶。目前发现有 60 多种酶的活化与钾有关，在光能利用、糖代谢、蛋白质合成、细胞渗透调节及增强植物抗性等生理过程中有十分重要的作用。

我国约有60%的耕地缺钾，耕地速效钾含量正以每年 $(2\sim3)\times10^{-6}$ 的速度下降，造成土壤中氮、磷、钾3种元素比例失调，影响了农业的发展。利用化学钾肥补钾是我国农业中普遍使用并且见效较快的土壤速效钾补充方法，但造成了土壤结构破坏、有机质含量下降，且污染严重、成本高、供不应求。然而土壤中95%的钾为矿物钾形态，存在于钾长石和云母中，可供作物吸收利用的只有速效性钾，不超过全钾的2%。不过在一定条件下，矿物态钾、缓效性钾与速效性钾之间存在动态平衡。

解钾菌是从土壤中分离出的一种能分化铝硅酸盐和磷灰石类矿物的细菌，能作为微生物肥料，分解钾长石、磷灰石等不溶性的硅铝酸盐无机矿物质，促进难溶性的钾、磷、硅、镁等养分元素转化成可溶性养分，增加土壤中速效养分的含量，促进作物生长发育，提高产量。梁盛年（2006）发现用硅酸盐菌剂拌种可提高玉米出苗率，并促进玉米植株的生长，提高了土壤中速效钾的含量。丁原书（2005）发现硅酸盐细菌剂可以促进甘薯的生长发育，增强其抗旱性。

从图5-10可以看出，生物炭+常规施肥、高肥+生物炭、常规施肥土壤中解钾菌菌落数分别为215.5个/mL、165.75个/mL、61.25个/mL；生物炭+常规施肥处理措施中解钾菌菌落数最多，高肥+生物炭次之，常规施肥最少；生物炭+常规施肥土壤中解钾菌菌落数比常规施肥提高了251.84%，达到极显著水平；高肥+生物炭土壤中解钾菌菌落数比常规施肥提高了170.61%，达到极显著水平。

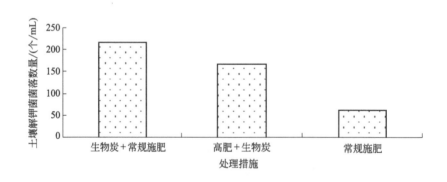

图5-10　施用生物炭对葡萄园土壤解钾菌的影响

（2）生物炭对葡萄园土壤主要酶活性的影响

土壤酶活性是土壤生物活性和土壤生化反应强度的反映，也是土壤肥力水平的反映，土壤中的生化反应过程和养分形态的转化一般都是在土壤酶的参与下进行的。通过分析土壤酶活性可以评价土壤微生物活性、土壤肥力水平和土壤污染状况。

1）土壤过氧化氢酶

土壤过氧化氢酶是生物呼吸、生物代谢过程，以及土壤动物、植物根系分泌及残体分解中的重要酶类。在生物体（包括土壤）中，过氧化氢酶的作用在于破坏对生物体有毒的过氧化氢。

2）土壤脲酶

土壤脲酶是一种促氮有机物的水解酶，能专一地水解尿素，同时释放氨和二氧化碳。在脲酶作用下，尿素被分解为植物可利用的物质，从而提高土壤肥力。

3）土壤磷酸酶

土壤磷酸酶是一类催化土壤有机磷化合物矿化的酶，其活性高低直接影响着土壤中有机磷的分解转化及其生物有效性。

从图 5-11 可以看出，生物炭＋常规施肥、高肥＋生物炭、常规施肥三种处理措施土壤中过氧化氢酶的活性（以 H_2O_2 计）分别为 3.975mg/g、3.525mg/g、3.000mg/g，生物炭＋常规施肥的过氧化氢酶活性最大，高肥＋生物炭次之，常规施肥的最小；生物炭＋常规施肥的过氧化氢酶活性比常规施肥提高了 32.5％，达到显著水平；高肥＋生物炭的过氧化氢酶活性比常规施肥提高了 17.5％，达到显著水平。

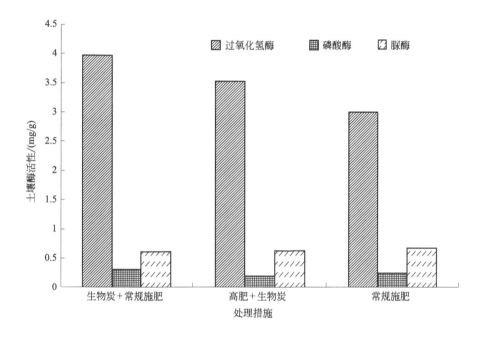

图 5-11　施用生物炭对葡萄园土壤中过氧化氢酶、磷酸酶和脲酶活性的影响

三种处理土壤磷酸酶的活性（以酚计）分别为 0.3023mg/g、0.2043mg/g、0.2432mg/g，生物炭＋常规施肥的磷酸酶活性最大，常规施肥次之，高肥＋生物炭的最小；生物炭＋常规施肥的磷酸酶活性比常规施肥提高了 24.28％，达到显著水平；高肥＋生物炭的磷酸酶活性比常规施肥减少了 16.01％，达到显著水平。

三种处理土壤脲酶的活性（以 $NH_3\text{-}N$ 计）分别为 0.6107mg/g、0.6358mg/g、0.6824mg/g；常规施肥的土壤脲酶活性最高，高肥＋生物炭次之，生物炭＋常规施肥的最低；生物炭＋常规施肥土壤脲酶活性比常规施肥降低了 10.51％，达到显著水平；高肥＋生物炭土壤脲酶活性比常规施肥降低了 6.82％，达到显著水平。

5.4.4 生物炭对云南亚热带葡萄产量和品质的影响

（1）生物炭对葡萄产量的影响

葡萄生产和其他作物一致，即生产的目的是要在保持品质的基础上尽可能获得较高的产量。产量的高低直接决定酿造的葡萄酒的多少，高产量的葡萄意味着高回报的经济效益。施用生物炭能改良葡萄园土壤的物理特性和化学性质，微生物数量的增多和酶活性的提高，影响葡萄的新陈代谢作用，葡萄根系通过土壤吸收更多的养分，从而积累更多的生物量，间接影响葡萄的产量。

从图 5-12 可以看出，常规施肥葡萄的亩产量分别为 372.5kg、358.5kg、408.1kg，生物炭＋常规施肥葡萄的亩产量分别为 400.6kg 和 490.0kg，高肥＋生物炭葡萄的亩产量分别为 418.2kg 和 533.0kg；总体上看，高肥＋生物炭葡萄的产量最高，生物炭＋常规施肥次之，常规施肥的最低；生物炭＋常规施肥葡萄的产量比常规施肥在第 2 年和第 3 年分别提高了 11.74％和 20.07％，均达到显著水平；高肥＋生物炭葡萄的产量比常规施肥在第 2 年和第 3 年分别提高了 16.65％和 30.61％，均达到显著水平。

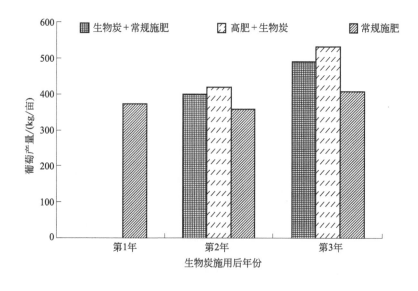

图 5-12　施用生物炭对葡萄产量的影响

（2）生物炭对葡萄品质的影响

酿造优质的葡萄酒首先要求原料有足够的含糖量和适宜的含酸量，在一定产量范围内葡萄酒的质量与原料含糖量呈正相关。生产优质葡萄酒，首先原料中各成分要达到一定的含量，而且它们之间要有良好的平衡关系。在具体的生产中对酿酒葡萄果实品质的要求也因所酿葡萄酒类型的不同而有所差异。总糖是酿酒葡萄最重要的品质因子，总糖中葡萄糖和果糖占 90％以上。糖类不仅具有重要的生理作用，且对酿酒葡萄的品质、口感以及深加工有很大影响，含糖量与葡萄酒质量成正比。糖酸比反映酿酒葡萄糖和酸的平衡，酿酒葡萄的适宜酸度应保持在 6～10g/L 之间，只有适宜的糖酸比才能酿造出高品质的葡萄酒。

从图 5-13 可以看出，常规施肥葡萄总糖含量分别为 146g/L、143g/L、145g/L，生物炭＋常规施肥葡萄的总糖含量分别为 152g/L 和 160g/L，高肥＋生物炭葡萄总糖含量分别为 165g/L 和 174g/L；总体上看，高肥＋生物炭葡萄总糖含量最高，生物炭＋常规施肥次之，常规施肥的最低；生物炭＋常规施肥葡萄总糖含量比常规施肥在第 2 年和第 3 年分别提高了 6.29％和 10.34％，均达到显著水平；高肥＋生物炭葡萄总糖含量比常规施肥在第 2 年和第 3 年分别提高了 15.38％和 20.00％，均达到显著水平。

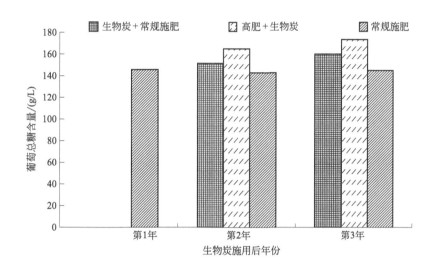

图 5-13　施用生物炭对葡萄总糖含量的影响

从图 5-14 可以看出，常规施肥葡萄总酸含量分别为 11.3g/L、11.1g/L、11.1g/L，生物炭＋常规施肥葡萄总酸含量分别为 10.4g/L 和 9.8g/L，高肥＋生物炭葡萄总酸含量分别为 10.7g/L 和 10.4g/L；总体上看，高肥＋生物炭葡萄总酸含量最低，生物炭＋常规

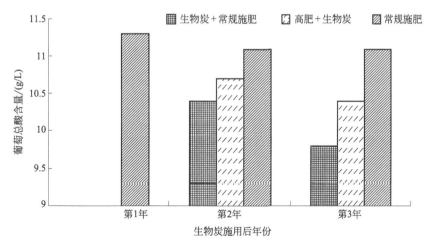

图 5-14　施用生物炭对葡萄总酸含量的影响

施肥次之，常规施肥的最高；生物炭＋常规施肥葡萄总酸含量比常规施肥在第 2 年和第 3 年分别降低了 6.30％和 11.71％，在生物炭施用的第 3 年达到显著水平；高肥＋生物炭葡萄总酸含量比常规施肥在第 2 年和第 3 年分别提高了 3.60％和 6.30％，均未达到显著水平。

从图 5-15 可以看出，常规施肥葡萄的糖酸比分别为 12.92、12.88、13.06，生物炭＋常规施肥葡萄的糖酸比分别为 14.62 和 16.33，高肥＋生物炭葡萄的糖酸比分别为 15.42 和 16.73；总体上看，高肥＋生物炭葡萄的糖酸比最大，生物炭＋常规施肥次之，常规施肥的最低；生物炭＋常规施肥葡萄的糖酸比比常规施肥在第 2 年和第 3 年分别提高了 13.51％和 25.04％，均达到显著水平；高肥＋生物炭葡萄的糖酸比比常规施肥在第 2 年和第 3 年分别提高了 19.72％和 28.10％，均达到显著水平。

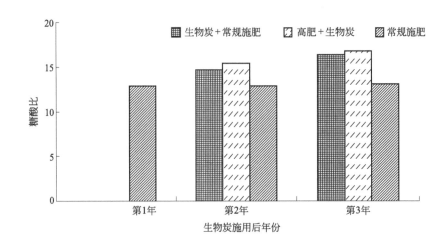

图 5-15　施用生物炭对葡萄糖酸比的影响

5.4.5　葡萄园施用生物炭的综合效应

① 施用生物炭能显著改善葡萄园土壤的物理性质，相比常规施肥措施土壤容重降低了 9.40％，含水量增加了 35.37％。高肥＋生物炭处理措施也能改善土壤的物理性质，相比常规施肥土壤容重降低了 3.42％、含水量增加了 19.23％，达到了显著水平。

② 施用生物炭能显著提高土壤有机质含量，相比常规施肥措施土壤有机质含量在第 2 年和第 3 年分别提高了 52.01％和 94.31％。施用生物炭土壤 pH 值每年都在增大，土壤 pH 值在生物炭施用后的第 2 年和第 3 年分别增大了 2.57％和 0.14％，均未达到显著水平。高肥＋生物炭处理能显著提高土壤有机质含量，土壤有机质含量在生物炭施用后的第 2 年和第 3 年分别提高了 57.42％和 117.40％，达到极显著水平。施用生物炭土壤 pH 值每年都在增大，土壤 pH 值在生物炭施用后的第 2 年和第 3 年增大的比例分别为 5.74％和 5.39％，均未达到显著水平。

③ 施用生物炭对土壤速效磷和速效钾的提高最为明显，对碱解氮的提高效果不明显；

土壤速效磷的提高比例在生物炭施用的第 2 年和第 3 年分别为 21.80％和 18.00％，均达到显著水平；土壤速效钾的提高比例在生物炭施用后的第 2 年和第 3 年分别为 29.55％和 31.02％，均达到显著水平；碱解氮的提高在生物炭施用的第 2 年和第 3 年分别为 1.35％和 6.73％。

④ 高肥＋生物炭处理对土壤速效磷和速效钾的提高最为明显，对碱解氮的提高效果不明显；土壤速效磷的提高比例在生物炭施用后的第 2 年和第 3 年分别为 71.95％和 41.30％，均达到显著水平；土壤速效钾的提高比例在生物炭施用后的第 2 年和第 3 年分别为 44.07％和 43.04％，均达到显著水平；碱解氮的提高比例在生物炭施用后的第 2 年和第 3 年分别为 6.30％和 10.30％，均未达到显著水平。

⑤ 施用生物炭能显著提高土壤微生物的数量，土壤中放线菌、真菌、细菌的数量提高的比例分别为 14.34％、45.54％、43.41％，均达到显著水平。

⑥ 施用生物炭能提高土壤磷酸酶和过氧化氢酶的酶活性，提高的比例分别为 24.28％和 32.50％，均达到显著水平；对土壤脲酶有抑制作用，降低的比例为 10.51％。高肥＋生物炭能显著提高土壤微生物的数量，土壤中放线菌和细菌的数量提高的比例分别为 54.98％和 33.33％，均达到显著水平，对土壤真菌有抑制作用，降低的比例为 10.89％；高肥＋生物炭措施能提高过氧化氢酶的酶活性，提高的比例为 17.5％，对土壤脲酶和磷酸酶均有抑制作用，降低的比例分别为 16.01％和 6.82％。

⑦ 施用生物炭能提高葡萄的产量并改善葡萄的品质，比常规施肥葡萄产量的提高在生物炭施用后的第 2 年和第 3 年分别为 11.74％和 20.07％，均达到显著水平；施用生物炭比常规施肥葡萄的糖酸比提高的比例在生物炭施用后的第 2 年和第 3 年分别为 13.51％和 25.04％，均达到显著水平。高肥＋生物炭能提高葡萄的产量并改善葡萄的品质，比常规施肥葡萄产量的提高比例在生物炭施用后的第 2 年和第 3 年分别为 16.65％和 30.61％，均达到显著水平；高肥＋生物炭比常规施肥葡萄的糖酸比提高的比例在生物炭施用后的第 2 年和第 3 年分别为 19.72％和 28.10％，均达到显著水平。

参考文献

崔月峰，陈温福．环保型炭基缓释肥应用于大豆、花生效果初报 [J]．辽宁农业科学，2008（4）：41-43.

崔月峰，曾雅琴，陈温福．颗粒炭及新型缓释肥对玉米的应用效应研究 [J]．辽宁农业科学，2008（3）：5-8.

邓万刚，吴鹏豹，赵庆辉，等．低量生物质炭对 2 种热带牧草产量和品质的影响研究初报 [J]．草地学报，2011，18（6）：844-853.

丁原书．硅酸盐菌剂在甘薯上的应用效果试验 [J]．土壤肥料，2005（01）：58-59.

符昌武，王祖富，宋家庆，等．生物炭与水分调控对烤烟光合特性的影响 [J]．农学学报，2021，11（10）：69-74.

付嘉英．生物质炭基肥料的试制及其在蔬菜地的应用探讨 [D]．南京：南京农业大学，2013：1-60.

付嘉英，乔志刚，郑金伟，等．不同炭基肥料对小白菜硝酸盐含量、产量及品质的影响 [J]．中国农学通报，2013，29（34）：162-165.

傅秋华，张文标，钟泰林，等．竹炭对土壤性质和高羊茅生长的影响 [J]．浙江学院学报，2004（2）：159-163.

葛成军，邓惠，俞花美，等．生物质炭对土壤作物系统的影响及其在热带地区的应用 [J]．广东农业科学，2012，4：56-58.

黄耀，沈雨，周密，等．木质素和氮含量对植物残体分解的影响 [J]．植物生态学报，2003（2）：183-188.

梁盛年. 硅酸盐菌剂在玉米生产上的应用 [J]. 玉米科学, 2006 (02): 75-77.

刘玉学. 生物质炭输入对土壤氮素流失及温室气体排放特性的影响 [D]. 杭州: 浙江大学, 2011.

刘玉学, 刘薇, 吴伟祥, 等. 土壤生物质炭环境行为与环境效应 [J]. 应用生态学报, 2009, 20 (4): 977-982.

曲晶晶, 郑金伟, 郑聚锋, 等. 小麦秸秆生物质炭对水稻产量及晚稻氮素利用率的影响 [J]. 生态与农村环境学报, 2012, 28 (3): 288-293.

任卫东. 施用炭基肥料对大豆农艺性状和产量性状的影响 [J]. 农业科技通讯, 2012, 7: 90-92.

宋婷婷, 陈义轩, 李洁, 等. 不同材料生物炭和施用量对小麦和黄瓜种子萌发和根茎生长的影响 [J]. 农业环境科学学报, 2019, 38 (2): 297-306.

王璐, 朱占玲, 刘照霞, 等. 多种有机物料混施对苹果幼苗生长、氮素利用及土壤特性的影响 [J]. 水土保持学报, 2021, 35 (5): 362-368.

吴鹏豹. 生物炭对土壤质量及王草产量、品质的影响 [J]. 海口: 海南大学, 2012.

解钰, 吴鹏豹, 漆智平, 等. 王草产量和品质对生物炭浓度梯度的响应 [J]. 广东农业科学, 2012, 39 (11): 133-135, 143.

张晗芝, 黄云, 刘钢, 等. 生物炭对玉米苗期生长、养分吸收及土壤化学性状的影响 [J]. 生态环境学报, 2010, 19 (11): 2713-2717.

张明月. 生物炭对土壤肥力、作物生长及养分吸收的影响 [D]. 重庆: 西南大学, 2012.

张万杰, 李志芳, 张庆忠, 等. 生物质炭和氮肥配施对菠菜产量和硝酸盐含量的影响 [J]. 农业环境科学学报, 2011, 30 (10): 1946-1952.

张伟明. 生物炭的理化性质及其在作物生产上的应用 [D]. 沈阳: 沈阳农业大学, 2012.

张文妍, 高常卉, 吴冠男. 稻壳炭钝化污泥对萝卜种子发芽和幼苗生长的影响 [J]. 江苏农业科学, 2015, 43 (1): 158-162.

张园营. 烟草专用炭基一体肥生物炭适宜用量研究 [D]. 郑州: 河南农业大学, 2013.

钟雪梅, 朱义年, 刘杰, 等. 竹炭包膜对肥料氮淋溶和有效性的影响 [J]. 农业环境科学学报, 2006, 25: 154-157.

朱国英. 油菜炭基复合肥应用研究效果 [J]. 安徽农学通报, 2011, 17 (23): 83-88.

Asai H, Samson B K, Stephan H M, et al. Biochar amendment techniques for upland rice production in northern Laos [J]. Field Crops Research, 2009, 111: 81-84.

Blackwell, Shea P, Storer S, et al. Improving wheat production with deep banded oil mallee charcoal in Western Australia [C]. In "The First Asia-Pacific Biochar Conference" Terrigal, Australia, 2007.

Chan K, Van Zwieten L, Meszaros I, et al. Agronomic values of greenwaste biochar as a soil amendmentf [J]. Australian Journal of Soil Research, 2007, 45 (8): 629-634.

Chan K Y, Van Zwieten L, Meszaros I, et al. Using poultry litter biochars as soil amendments [J]. Aus J Soil Res, 2008, 46: 437-444.

Deenik J L, McClellan A T, Uehara G. Biochar volatile matter content effects on plant growth and nitrogen and nitrogen transformations in a tropical soil [C]. Salt Lake City: Western Nutrient Management Conference, 2009: 26-31.

Gaskin A, Speir K, Harris D. Efect of pyrolysis chars on corn yield and soil quality in a loamy sand soil of the southeastern United States. Biochar: Sustalnability and security in a changing climate [C]. Newcastle: Proceedings of the 2nd International Bioehar Initiative Conference, 2008.

Glaser B, Haumaier L, Guggenberger G, et al. The 'Terra Preta' phenomenon: a model for sustainable agriculture in the humid tropics [J]. Naturwissenschaften, 2001, 88: 37-41.

Glaser B, Lehmann J, Zech W, et al. Ameliorating physical and chemical properties of highly weathered soils in the tropics with charcoal—A review [J]. Biology and Fertility of Soils, 2002, 35 (4): 219-230.

Gundale M, Deluca T. Temperature and substrate influence the chemical properties of charcoal in the ponderosa pine/Douglas-fir ecosystem [J]. Forest Ecol Manage, 2006, 231: 86-93.

Haefelea S M, Konboonc Y, Wongboon W. Effects and fate of biochar from rice residues in rice based systems [J]. Field Crops Research, 2011, 121: 430-440.

Harder B. Smoldered-Earth Policy: Created by ancient Amazonia natives, fertile, dark soils retain abundant carbon [J]. Science News, 2006, 169: 133.

Iswaran V, Jauhri K S, Sen A. Effect of charcoal, coal and peat on the yield of moong, soybean and pea [J]. Soil Biology and Biochemistry, 1980, 12 (2): 191-192.

Jain V，Nainawatee H. Plant flavonoids：Signals to legume noduLation and soil microorganisms ［J］. Journal of Plant Biochemistry and Biotechnology，2002，11（1）：1-10.

Jeffery S，Verheijen F A，van der Velde M，et al. A quantitative review of the effects of biochar application to soils on crop productivity using meta-analysis ［J］. Agriculture，Ecosystems and Environment，2011，144（1）：175-187.

Le Leuch L，Bandosz T. The role of water and surface acidity on the reactive adsorption of ammonia on modified activated carbons ［J］. Carbon，2007，45（3）：568-578.

Lehmann J，Jose Pereira da Silva Jr，Steiner C，et al. Nutrient availability and leaching in an archaeological antlirosol and a ferralsol of the central Amazon Basin：fertilizer，manure and chareoal Amendments ［J］. Plant and Soil，2003，249：343-357.

Lehmann J，Weigl D，Peter I，et al. Nutrient interactions of alley-cropped Sorghum bicolor and Acacia saligna in a run off irrigation system in Northern Kenya ［J］. Plant and Soil，1999，210：249-262.

Lehmann J，Kern D C，Glaser B. Amazonian dark earths：Origin properties management ［M］. Dordrecht：Kluwer Academic Publishers，2003：125-139.

Lehmann J，Gaunt J，Rondon M. Bio-char sequestration in terrestrial ecosysems—A review ［J］. Mitigation and Adaptation Strategies for Global Change，2006，11：403-427.

Leinweber P，Schulten H R. Advances in analytical pyrolysis of soil organic matter ［J］. Journal of Analytical and Applied Pyrolysis，1999，49：359-383.

Liang B，Lehmann J，Solomon D，et al. Black carbon increases cation exchange capacity in soils ［J］. Soil Science Society of America Journal，2006，70（5）：1719-1730.

MacKenzie M，Deluca T. Charcoal and shrubs modify soil processes in ponderosa pine forests of western Montana ［J］. Plant and Soil，2006，287（1）：257-266.

Major J，Rondon M，Molina D，et al. Maize yield and nutrition during 4 years after biochar application to a Colombian savanna oxisol ［J］. Plant and Soil，2010，333：117-128.

Rondon M A，Lehmann J，Ramirez J，et al. Biological nitrogen fixation by common beans（*Phaseolus vulgaris* L.）increases with bio-char additions ［J］. Biology and Fertility of Soils，2007，43（6）：699-708.

Steiner C，Teixeira W G，Lehmann J，et al. Long term effects of manure，charcoal，and mineral：fertilization on crop production and fertility on a highly weathered central Amazonian upland soil ［J］. Plant and Soil，2007，291：275-290.

Stevenson F J，Cole M A. Cycles of soil：Carbon，nitrogen，phosphorus，sulfur，micronutrients ［M］. Hoboken：John Wiley & Sons Inc，1999.

Tenenbaum D. Biochar：Carbon mitigation from the ground up ［J］. Environmental Health Perspectives，2009，117（2）：70-73.

Uzoma K C，Inoue M，Andry H，et al. Effect of cow manure biochar on maize productivity under sandy soil condition ［J］. Soil Use and Management，2011，27（2）：205-212.

Van Zwieten L，Kimber S，Downie A，et al. Benefits to soil health and plant production ［C］//Proceedings of the Conference of the International Agrichar Initiative. Terrigal，NSW，Australia，2007.

Warnock DD，Lehmann J，Kuyper TW，et al. Mycorrhizal responses to biochar in soil-concepts and mechanisms ［J］. Plant and Soil，2007，300（1）：9-20.

Yamato M，Okimori Y，Wibowo I F，et al. Effects of the application of charred bark of Acacia mangium on the yield of maize，cowpea and peanut，and soil chemical properties in South Sumatra，Indones ［J］. Soil Science and Plant Nutrition，2006，52：489-495.

第6章
生物炭基肥料的研制

生物炭基肥料（biochar-based fertilizer）是指以生物炭为基质，根据土壤特点、作物生长特点以及科学施肥原理，添加有机/无机肥配制成生态环保型肥料。作为一种新型肥料，生物炭基肥料概念始于20世纪80～90年代，但是到目前为止还没有一个关于生物炭基肥料的广泛认同的定义和分类。目前，生物炭基肥料分为生物炭基有机肥料、生物炭基无机肥料和生物炭基复混肥料三大基本类型。其最简单的制备方法是生物炭与肥料直接掺和混匀。

现代农业已离不开化肥，但滥用和过量使用化肥对农产品品质和环境的影响不容忽视。而生物炭基肥料具有延缓肥料释放度、减少养分流失量，促成土壤团粒结构、改善土壤理化性质，增强土壤微生物活性、改善微生物生存环境；提高土壤有机质含量、增加土壤有效养分等特点，具有非常大的应用前景。在国家倡导化肥零增长、发展低碳农业的大背景下，生物炭基肥料能提高肥料利用率，降低化肥对环境的污染，对实现经济效益和生态效益相统一具有重要的意义。

6.1 生物炭基肥料研究进展

6.1.1 生物炭基肥料的形成与发展

19世纪，生活在亚马孙河流域的人们发现了一种土质肥沃并具有极强恢复贫瘠土壤肥力特性的"黑土壤"，当地人称其为"印第安人黑土壤"（Tenenbaum，2009；Marris，2006），并开始在农业上使用。科学研究表明（Bond et al，2004），"黑土壤"是由亚马孙河流域的先民在2500年甚至6000年以前制造的，他们的制造原料包括植物废弃物、动物的骨骼、粪便等；但最重要的来源是森林的大火或火耕，以及古老的"刀耕火种"式的农田开垦遗留下来的一部分生物炭。随着时间的推移，这些生物炭使土壤逐渐呈现黑色并不断累积，对土壤构成、迁移与性质转化，以至于提升土壤生产力、提高作物产量等都起到了重要的作用。国内外科学家相继对生物炭在土壤-作物-环境生态系统中的作用进行了研究，并取得了一些重要研究进展。

Steiner等（2008）研究认为生物炭的加入对土壤理化性质产生了重要影响，在土壤中施用生物炭可改善土壤结构、提高土壤性能，例如土壤紧实度等；生物炭的轻质多孔结构，使其施入土壤后可直接影响土壤容重。Piccolo 等（1991）研究表明，生物炭在增加土壤田间持水量的同时，还可以提高土壤中可供作物利用的有效含水量，对作物生长产生影响。由于生物炭制备工艺和材质的原因，生物炭本身大多呈碱性，因此，生物炭的施入势必会对土壤 pH 值产生直接影响。Glaser 等（2002）研究结果表明生物炭能够调节土壤 pH 值，同时还可以提高盐基饱和度。可能原因在于生物炭本身所含有的盐基离子如 Ca^{2+}、K^+、Mg^{2+} 等，随生物炭进入土壤以后，在水相的参与下会有一定的释放。Van Zwieten 等（2010）研究表明这些离子可以交换土壤中的 H^+ 和 Al^{3+}，降低其浓度，进而影响土壤 pH 值。Steiner 等（2007）认为，生物炭对土壤中微生物的生长与繁殖会起到促进作用。生物炭均匀、密布的表面孔隙分布导致了其本身丰富的多孔结构，为微生物栖息与繁殖提供了良好的生态环境，减少了微生物之间的生存竞争（Ogawa，1994），同时也为它们提供了不同的碳源、能量和矿物质营养（Saito et al，2002）。生物炭对土壤理化性质及微生物活性的综合效应对土壤肥力产生了重要作用。张晗芝等（2010）研究发现，生物炭可以显著提高土壤中全氮和有机碳的质量分数，并且土壤全氮和有机碳质量分数与生物炭的施用量呈显著正相关。生物炭可以通过吸附氮、磷等营养元素将它们固定在土壤的耕作层，可以在一定程度上避免肥料的流失，延长供肥期，提高作物利用率，减少农业面源污染，提高土壤生产力（Strelko et al，2002）。

虽然生物炭可以改善土壤理化性质，提高土壤微生物活性，增加肥料利用率，减少农业面源污染，并将碳素固定在土壤中，实现土壤肥力的提高和一定程度上的农业增产。但是，就生物炭本身而言，其矿质养分含量较低，能直接供给作物养分含量更是有限，只有在极为贫瘠的土壤才能起到增产作用，在一般土壤可能导致作物生物量降低，同时，需要通过长期作用才能达到预期效果。单纯以生物炭来实现粮食增产，提高农业效益还存在一定难度。如何在发挥生物炭自身优势的同时又能够减少肥料投入，改善土壤结构，提高地力，达到增产增收的目的成为生物炭应用研究的一个重要课题。而以农林废弃物为原料制备生物炭，进而以生物炭为基质制造炭基缓释肥料应用于农业生产并进行产业化开发的模式，则解决了上述问题。

生物炭的多孔结构、较大的比表面积以及化学官能团使其可以吸附和负载肥料养分，将生物炭研碎与肥料混合后形成一种生物炭基肥料，在可以很好地保持土壤肥力，实现土地的碳元素平衡（Day et al，2004）的同时，还可以起到缓/控释肥料的作用，即延缓水溶性肥料在土壤中的释放，延长养分有效期，甚至与作物养分吸收基本同步，可极大降低养分淋失、促进作物养分吸收，提高肥料利用率（Shaviv et al，1993）。目前，用于制备缓/控释肥料的材料种类较多，然而大部分材料受资源制约而且不可再生，同时缺少补充土壤有机碳的功能材料。由于生产生物炭的原材料为可再生资源，因此，将生物炭作为肥料载体，与肥料混合或复合制备成生物炭基肥料，这不仅可弥补生物炭养分不足的缺陷，也可赋予肥料缓释功能，提高肥效，通过每季施肥向土壤施入生物炭，在供给作物肥料养分的同时也实现生物炭的土壤改良功能和固碳功能。生物炭来源于农业，亦可用于农业。因此，生物炭基肥料为土壤-肥料-环境提出了一项综合解决方案（陈温福 等，2011；何绪生 等，2011）。

6.1.2　生物炭基肥料的概念与分类

1996 年，顾宇书定义的炭基肥料，是一种"有机、无机兼含生物活性物质的系列复混肥料"。其后，人们虽然对炭基肥进行了多方面研究和实践，但很少有人专门对炭基肥进行严格的分类及概念界定。近年来，沈阳农业大学辽宁生物炭工程技术研究中心完成了多种以生物炭为基质的专用缓释肥的设计与研发，目前已进入市场开发与推广阶段。其中的"炭基缓释大豆专用肥""炭基缓释玉米专用肥"和"炭基缓释花生专用肥"已获得国家发明专利，并取得生产许可证批量生产。多年多点试验表明，炭基缓释肥具有提高地力、缓释效果好、环保高效等特点，在大田试验中表现出明显的增加产量和提高品质的效果，显著地促进了马铃薯、花生、大豆等作物的早发快长，同时，减少了养分的淋溶损失和化学肥料的面源污染，维持了土壤的可持续生产能力。

生物炭基肥料基本理论是土肥炭基-有机论，即增加土壤中炭基-有机质的含量，改善土壤结构，平衡盐与水分，为植物生长提供最佳土壤环境，从而增加土壤肥力，促进作物生长。南京农业大学潘根兴教授将炭基肥基本理论形象地称作"土壤生物桥"技术。

生物炭基肥料可分为生物炭基有机肥料、生物炭基无机肥料和生物炭基复混肥料三大基本类型；其中，生物炭基有机肥料是指生物炭与有机肥合理配制形成生态型肥料；生物炭基无机肥料是指生物炭与无机肥合理配制形成生态型肥料；生物炭复混肥料是指生物炭与有机无机复合肥合理配制形成生态型肥料。

6.1.3　生物炭基肥料的制备与应用

生物炭与肥料直接掺和混匀是制备生物炭基肥料最简单的方法。陈琳等（2013）利用小麦秸秆、玉米秸秆、花生壳、猪粪炭堆肥和生活废弃物 5 种原料的生物炭与商用化肥在圆盘造粒机复混，制成各种不同生物炭原料的炭基复混肥，进行了水稻生产的田间试验，证明了生物炭基复混肥料是一种可以替代传统有机无机配合施肥的节氮肥料，小麦秸秆炭基肥在减少肥料投入、提高水稻产量和氮肥利用率方面具有较好的推广潜力。Steiner 等（2009）采用掺混法制备生物炭载体复合肥（硫酸铵＋氯化钾＋过磷酸钙）进行试验，结果表明：生物炭载体复合肥可显著延长氮素供应，增加土壤总氮、有效磷含量，促进水稻叶片磷和钾的吸收。

生物炭与肥料溶液混合的固-液吸附法可用于制备生物炭基肥料，即将肥料溶液吸附在生物炭颗粒中。高海英等（2013）将通过孔径为 1mm 筛孔的竹炭、木炭置于硝酸铵水溶液中吸附平衡 24h 之后烘干，制得木炭基肥料和竹炭基肥料，通过盆栽试验证明生物炭基肥料不仅可以促进作物生长和增产，还有利于生物炭农用效益的提升。Khan 等（2008）采用木炭在肥料溶液中的吸附法制备的木炭基复合肥料进行试验，结果表明这种固-液吸附法制成的生物炭基肥料可显著延缓肥料养分在静态水、土壤溶液淋洗下的释放。不稳定、易挥发、养分利用率低、CO_2 易释放的碳酸氢铵肥料是中国独有的氮肥，Day 等（2004）利用固体-反应液吸附法制备生物炭基碳酸氢铵肥料，即利用 $NH_3＋CO_2＋$

H_2O 在生物炭基质孔隙内反应生成碳酸氢铵，消除了碳酸氢铵的这些缺点，而且碳酸氢铵同时也是一个很好的碳俘获载体。其中 30％的 NH_3 来自生物质的热解，CO_2 可来自热电厂废气。生物炭也可吸收煤燃烧废气中 SO_2、NO_x 转化的硝酸铵、硫酸铵，得到生物炭基复合肥，这些肥料呈现了良好的养分缓释性能。这种生物炭基肥料生产工艺完成了初步试验，并已经进行推广应用。Magrini-Bair 等（2010）用生物炭＋生物油＋尿素的工艺在加热反应后，生物油与尿素反应形成了生物可降解的稳定有机物，同时还可形成生物炭基缓释氮肥，达到了氮素缓释的效果。

通过用生物炭包裹颗粒肥料的工艺可制备生物炭包膜肥料，由于生物炭颗粒或粉末不具有黏性，因此，通常需要添加黏结剂方可较牢固地黏结到肥料颗粒上。钟雪梅等（2006a，b）利用黏结剂将竹炭包裹到尿素颗粒表面制得包膜尿素肥料，其显著降低尿素土壤中的淋洗量，氮素利用率提高 10％～25％。

生物炭不仅可负载缓释化学肥料养分，也可作为生物菌剂肥料的载体。由于生物炭表面大、孔隙结构发达，生物炭还可负载接种菌，生物炭与竹炭和木炭具有类似理化特征，因此生物炭也可作为生物肥料接种剂（如根瘤菌、溶磷菌等）的载体，支撑其在土壤中的生长和释放。Ogawa 和 Okimori 将竹炭和木炭作为生物菌肥接种剂载体，已形成成熟的技术工艺，并研制出新型产品。Solaiman 等（2008）研究表明生物炭有利于所负载 VAM 真菌的孢子萌发及对寄生植物根系的侵染。因此，生物炭是生物肥料接种剂的潜力载体材料。但是由于生物炭性质和特征多变，生物炭作为生物菌肥载体这一工艺仍需要进一步研究。

目前，国内研究人员将生物炭作为载体，已经开发了一系列专用肥料，实现了将生物炭在农业产业化方面的应用。但生物炭基肥料的实践应用研究结果大多属于短期研究结果，有些还停留在实验室以及温室盆栽研究阶段，还需要进行大量长期大田试验，通过田间实际情况，探讨生物炭对土壤物理、化学以及生物的长期影响，明确生物炭基肥料在土壤中的作用机理，系统并科学地评价生物炭在土壤中长期的作用效果。

生物炭基肥料应用的研究中，不同生物炭的用量也会导致试验结果的不同。有研究报道，作物在生物炭用量较低时就会产生增产的效果，在生物炭用量较高时生长反而受到抑制，但也有研究表明高用量也会促进作物生长，这种相互冲突的结果需要进一步探讨其成因以及机理。实际上，目前还缺乏一个生物炭在农业应用上的标准。因此，研究并制定生物炭农业应用标准也是今后亟需解决的问题。

若生物炭基肥料施用具有提高肥力、减少化学肥料施用、增产、延缓养分释放等多重效应，那么加强生物炭基肥料的利用研究十分迫切，同时还具有重要的现实意义，并具有广阔的应用前景。

6.2 生物炭基肥料的作用

化肥在我国农业生产中起着非常重要的作用，是现阶段我国农业增产和增收的重要保障。据初步统计，每施用 1t 化肥一般会促进粮食增产 2~3t，增产效果显著。化肥的大规模施用对过去 30 年我国农业生产的快速增长起到了重要作用。我国化肥施用总量从 1980年的 1296.4 万吨增长到 2010 年的 5561.7 万吨，平均年增长率为 5%，每公顷耕地面积的化肥施用量接近世界平均化肥施用量的 4 倍。Fan 和 Pardy 的研究表明 1965~1993 年间我国农业生产的增长有 21.7% 来源于化肥施用的增加，1986~1990 年我国 40% 的农业生产增加来源于化肥施用增加（栾江 等，2013）。对于目前我国农产品的产量来说，有高于 1/4 的农产品产量是靠施用化肥而获取的，而在农业比较发达的国家，这一比重更大，占到 50% 以上。

然而，化肥作为一种农业增产的催化剂，在为满足人类粮食等食用农产品需求作出重大贡献的同时，也存在着滥施、滥用及使用方法不当的问题，这一切都会对粮食和食品安全构成严重的威胁。据估计，每年农用化肥的 60%~70% 都会进入生态环境，这不但给社会造成了巨大的经济损失，而且使许多地表水和地下水硝酸盐含量过高，影响生态安全。我国是世界上最大的化肥生产国和消费国，化肥年产量约占全球的 30%，消费量占全球的 35%（陈剑秋，2012）。2006 年，我国氮肥生产综合能耗约 1 亿吨标准煤，占全国能源消耗的 5% 左右（张忠河 等，2016），因此过量施肥导致了大量的资源浪费。此外，就氮肥而言，据世界粮农组织统计，一些发达国家氮素利用率为 68%，而我国现阶段仅为 30%，不及发达国家的 1/2（李鑫，2007）。

多年以来，因我国化肥工业过于追求产量的增长和企业利润的提升，导致本行业发展模式、产业结构不合理及化肥利用率偏低引发的环境污染、资源压力、生态破坏和人类健康等方面的问题日益严重，如何提高肥料利用率已经成为广大科技工作者共同关注的问题（陈剑秋，2012）。

生物炭是指在缺氧或无氧的条件下，通过高温裂解，将生物质中的油气燃烧去除所剩下的物质。目前国内外有关将生物炭作为一种肥料载体以及土壤改良剂的研究已有了许多的报道。单一的生物炭依靠其自身的特点，虽然可以提高土壤微生物的活性，促进土壤团粒结构的形成，改善土壤的理化性质，并可以将碳素固定于土壤中，但是生物炭也存在着许多不足之处，一般来说，生物炭的矿质养分的含量非常低，可以直接供给作物的养分量是有限的，只有在氮含量很低或者是非常贫瘠的土壤上应用才能起到增产的作用，在一般的土壤上第一个生长季或者几个生长季都会导致作物生物量减产或降低。此外，生物炭具有发达的空隙结构、较多的化学官能团及较大的比表面积，这些特性又使得生物炭可以吸附并且负载肥料中的养分，进而延缓肥料在土壤中的释放速度和降低氮淋溶的风险，起到缓控释放的效果（高海英，2012）。目前国内外关于生产缓释肥料的控释材料还没有补充土壤有机碳的功能材料，大部分生产原料受资源制约且均是不可再生资源，而生物炭为可再生资源，同时生物炭为利用农业废弃物生产，对于缓解环境压力也有一定的作用。因此，将生物质炭与有机、无机肥料混合制成炭基肥，不仅可以消除生物炭自身养分不足的缺陷，同时也赋予肥料缓释的功能，既补足了养分又提高了肥效。将生物炭基肥料施料入土壤中，在保证供给作物肥料养分的同时，也可实现生物炭的固碳功能和土壤改良功能。

生物炭基肥料是利用生物炭与其他肥料混合制成的长效肥料，其特点和效能主要是基于生物炭。生物炭基肥料能够有效地延缓肥料的释放度，改善土壤理化性质，增强微生物活性，增加土壤有机质含量。

6.2.1 延缓肥料释放度，减少养分流失量

生物炭基肥料兼备生物炭和肥料的双重效能。生物炭基肥料可以提高肥料利用率并且减少养分的淋失，减少因施用化肥造成的环境污染，对发展可持续高效农业有着非常重要的意义。

生物炭基肥料具有生物炭发达的空隙结构、较多的化学官能团以及较大的比表面积等特性，使其可以吸附和负载肥料的养分，从而延缓肥料在土壤中的释放速度和降低氮淋溶的风险（何绪生 等，2011）。此外，生物炭基肥料施到土壤后，其自身超强的吸附性能能将土壤中作物生长所需的营养元素吸附在它周围，减少土壤中养分的流失、提高肥料的利用率，达到缓释，维持土壤环境向着健康的方向发展，这对作物生长极为有利。与此同时，生物炭基肥料的利用有助于增加土壤碳库，减少温室气体 CH_4、N_2O、CO_2 的排放。利用生物炭的吸附功能，可以使肥料含量保持在一个均衡状态，利用这一均衡状态可以使肥料均缓释放，供作物正常吸收，从而减少化肥的流失。生物炭基肥料为全球的可持续农业提供了一种安全而又可靠的转折方式，成为现代绿色农业的重要选择点。

高海英等（2013）研究表明：在施用生物炭基肥料后，砂土各处理氮素养分利用率和其他途径氮素损失均高于壤土，土壤残留率低于壤土，说明生物炭基肥料在肥力较低的砂土上能更好地提高氮素利用率。陈琳等（2013）研究表明：施用生物炭基混合肥料可不同程度地提高水稻每穗总粒数的分配，提高水稻氮素利用效率。其中，小麦秸秆炭基肥料处理水稻经济产量和氮素偏生产力较常规复混肥料对照分别提高 39.34% 和 74.09%。

6.2.2 促成土壤团粒结构，改善土壤理化性质

为了提高农业产量，目前，大量施用化肥的现象变得越来越普遍，而施用大量的肥料不仅会造成土壤板结、保肥持水性降低，土壤盐渍化加重，而且会引起作物的品质下降，就蔬菜而言，施用大量的化肥还会导致蔬菜硝酸盐含量超标。有研究发现，人类摄入的硝酸盐有 70%～80% 来自蔬菜，而硝酸盐摄入过多可诱发人体消化系统癌变（袁丽红，2008），因此，科学合理地施用农用化肥不仅关系到土壤环境的健康发展，还可以通过饮食影响人类的生命安全。

生物炭基肥料作为一种土壤改良剂，在改良土壤理化性质上有着重要的作用，具有较强的物理稳定性和化学抗分解性。生物炭基肥料由于其中生物炭具有多孔隙度、容重小、比表面积大等特点，具有较强的吸附作用，有研究表明，生物炭基氮肥在土壤中，对土壤中的氮素有着较强的吸附性，可以提高氮肥利用率，增加肥料养分在土壤中留存期，减少淋失等其他损失。此外，生物炭基肥料施入土壤中也可以提高土壤的空隙度和表面积，从

而降低土壤的拉伸强度进而提高根深，同时土壤容重变小，可以保持更多的水分，有较大的水截留潜力。

生物炭基肥料对土壤的通透性也具有调节作用，同时可以增强土壤的持水性能，能够为作物提供充足的氧气和水分。生物炭基肥料可以提高土壤的孔隙度并扩大其表面积，对质地较重的土壤可增大土壤通透性，促进土壤水分入渗；对质地较轻的砂土会降低通透性，抑制水分入渗。此外，在一定土壤水吸力情况下，生物炭基肥料可提高土壤持水性能，且随着用量增加而增大，但超过一定用量（$80t/hm^2$）时，反而会降低土壤持水性能，这与生物炭基肥料中生物炭用量过大导致土壤导水大空隙占主导作用有关（高海英，2012）。

因多数生物炭呈碱性，因此，生物炭基肥料施入土壤通常可提高酸性土壤的 pH 值，主要是生物炭中灰分含有更多的盐基离子。相关研究结果表明，当向土壤中添加 2%（质量分数）的生物炭时，67d 后发现可以提高土壤的 pH 值，增加土壤有机碳含量，土壤中的钙钾锰磷的含量显著上升，但土壤中的可交换酸度以及硫锌的含量有所降低，这说明了生物炭对特定的钙钾锰磷等一些元素具有较高的吸附性能（宋延静 等，2010）。生物质炭基肥料的施用还能够吸附土壤 NO_3^-、NH_3，减少土壤中氨挥发，土壤的保肥能力提高。

高海英等（2013）研究表明：对于质地较黏的土壤，生物炭基肥料与土壤混施后，饱和含水量及滤液体积变化趋势一致，即随着生物炭基肥料用量增大，饱和含水量呈增大趋势，渗滤液体积呈减小趋势。对质地较轻的土壤，随着生物炭基肥料用量增大，土壤水分入渗率、滤液体积逐渐减小、饱和含水量逐渐增大。此外，有研究表明每 100g 土壤中分别加入 2g、4g、6g、8g 炭基肥料，土壤的 pH 值呈递增趋势（马欢欢 等，2014）。

6.2.3　增强土壤微生物活性，改善微生物生存环境

土壤中微生物分布广、数量大、种类多，是土壤中最为活跃的部分。它们参与土壤有机质分解，腐殖质合成，养分转化并推动土壤的发育和形成（黄昌勇，2000）。

生物炭基肥料可以改善微生物生存环境，为许多重要微生物的生长和繁殖提供了有利的条件。微生物呼吸释放的 CO_2 可以提高作物附近的 CO_2 浓度，在白天增强光合作用，增加有机物的积累，在夜里抑制呼吸作用，减少有机物的消耗，从而达到作物增产的效果，提高了微生物的代谢，可为作物的生长提供氮肥，减少氮肥的施用量。这对整个环境的影响是巨大的，因为氮肥释放的 N_2O 对温室效应的影响要比 CO_2 高出 300 多倍（张忠河 等，2010）。

生物炭基肥料基于生物炭自身的含碳量高、吸附性强等特点，还可以增加土壤 CO_2 含量，吸附土壤中有害金属，提高土壤有机碳含量，改善土壤保水保肥性能，减少养分损失，有益于土壤微生物栖息和活动，特别是菌根真菌，以增强土壤微生物的活力，是良好的土壤改良剂。

6.2.4　提高土壤有机质含量，增加土壤有效养分

有机质是土壤的重要组成部分，土壤有机质是土壤肥力的重要指标，也是陆地生态系

统中重要的碳汇。一方面，土壤有机质含有植物生长所需要的各种营养元素，可以提供植物所需要的养分；另一方面，土壤有机质对重金属、农药等各种有机、无机污染物的行为都有显著的影响，对全球碳平衡起着重要的作用（黄昌勇，2000）。此外，土壤有机质可以改善土壤的肥力特性、改善土壤团聚体和稳定性、水分入渗和保持、养分吸持和交换、支持微生物活动等。

生物炭基肥料可以提高土壤有机质含量，以此提高土壤的有效肥力。生物炭基肥料基于生物炭较高的吸附和固碳能力，可以将存在于土壤中的动植物残体、微生物体及其分解合成的各种有机体附着在其表面，并返还给土壤，以增加土壤中有机质含量，在快速改造土壤结构的基础上，平衡盐与水分，通过快速熟化创造有利于植物健康生长的土壤环境，从而提高土壤的肥力，促进作物生长。

有研究表明（崔月峰 等，2008）：生物炭基肥可以有效改善大豆、花生的农艺性状，使叶绿素在生育后期显著增加，有利于大豆经济器官的建成，使二粒荚数、产量分别显著增加 16.4%、7.2%，提高了肥料的利用率。

总而言之，生物炭基肥料作为一种新型的混合肥料，具有保肥、缓释、生物活化等诸多功效，是替代单元、二元肥料较理想的肥料新品种，具有良好的推广和应用前景（顾宇书，1999）。还有一种技术通过生物质亚高温热解工艺将秸秆转化为稳定的富碳有机物质（即生物炭），以秸秆生物炭作为功能性载体，通过精量配伍养分制成的秸秆炭基肥料，并系统配套轻简易行的田间施用措施。该技术融合了"炭化联产、转肥专用、健康栽培"等增效要点，兼顾作物高产优质栽培和耕地土壤质量提升双导向，为进一步强化秸秆资源在农业生产领域的循环利用提供了可行性方案，该技术成果的转化推广，契合现代农业建设的绿色发展理念，为保障我国粮食安全和改善农业生态环境提供了引领性技术和示范模式，该技术 2020 年被列为我国农业农村部 10 大引领性技术之一。

秸秆炭基肥料利用增效技术流程理念示意如图 6-1 所示。

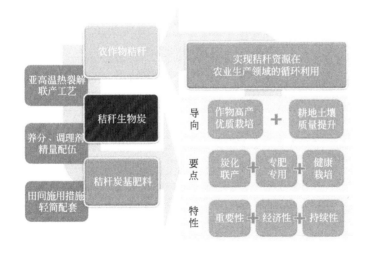

图 6-1　秸秆炭基肥料利用增效技术流程理念示意

6.3 生物炭基肥料主要种类及相关标准

生物炭基肥料作为一种新型肥料，在我国市场上逐渐开始流通，其种类也出现了多样化，主要可分为三大基本类型，包括生物炭基有机肥料、生物炭基无机肥料、生物炭基有机无机复合（混）肥料。

6.3.1 生物炭基有机肥料

（1）定义

生物炭基有机肥料（biochar-based organic fertilizer）是生物炭与来源于植物和（或）动物的有机物料混合发酵腐熟，或与来源于植物和（或）动物的经过发酵腐熟的含碳有机物料混合制成的肥料。

（2）相关标准

生物炭基有机肥料在外观上是黑色或黑灰色，颗粒、条状、片状、柱状或粉末状产品，均匀，无恶臭，无肉眼可见机械杂质，特殊性状产品除外。其技术指标见表 6-1。

表 6-1　生物炭基有机肥料技术指标（NY/T 3618—2020）

项目	指标	
	Ⅰ 型	Ⅱ 型
生物炭的质量分数(以固定碳含量计)/%	≥10.0	≥5.0
碳的质量分数(以烘干基计)/%	≥25.0	≥20.0
总养分(N-P$_2$O$_5$-K$_2$O)的质量分数(以烘干基计)/%	≥5.0	
水分(鲜样)的质量分数/%	≤30.0	
酸碱度(pH 值)	6.0~10.0	
粪大肠杆菌/(个/g)	≤100	
蛔虫卵死亡率/%	≥95	
总砷(As)(以烘干基计)/(mg/kg)	≤15	
总汞(Hg)(以烘干基计)/(mg/kg)	≤2	
总铅(Pb)(以烘干基计)/(mg/kg)	≤50	
总镉(Cd)(以烘干基计)/(mg/kg)	≤3	
总铬(Cr)(以烘干基计)/(mg/kg)	≤150	

6.3.2 生物炭基无机肥料

（1）定义

生物炭基无机肥料是以生物炭为基质，添加氮、磷、钾等养分中的一种或几种，采用化学方法和（或）物理方法混合制成的肥料。

（2）相关标准

生物炭基无机肥料在外观上是一种黑色或黑灰色颗粒、条状或片状产品，无肉眼可见机械杂质。其相关技术指标如表6-2所列。

表6-2　生物炭基无机肥产品技术指标（NY/T 3041—2016）

项目	指标	
	Ⅰ型	Ⅱ型
总养分(N-P$_2$O$_5$-K$_2$O)的质量分数[①]/%	≥20.0	≥30.0
水分(H$_2$O)的质量分数[②]/%	≤10.0	≤5.0
生物炭(以C计)/%	≥9.0	≥6.0
粒度(1.00~4.75mm或3.35~5.60mm)[③]/%	≥80.0	
氯离子的质量分数[④]/%	≤3.0	
酸碱度(pH值)	6.0~8.5	
砷及其化合物的质量分数(以As计)/%	≤0.0050	
镉及其化合物的质量分数(以Cd计)/%	≤0.0010	
铅及其化合物的质量分数(以Pb计)/%	≤0.0150	
铬及其化合物的质量分数(以Cr计)/%	≤0.0500	
汞及其化合物的质量分数(以Hg计)/%	≤0.0005	

① 标明的单一养分含量不应小于4.0%，且单一养分测定值与标明值负偏差的绝对值不应大于1.5%。

② 水分以出厂检验数据为准。

③ 特殊形状或更大颗粒产品的粒度可由供需双方协议商定。

④ 氯离子的质量分数大于3.0%的产品，应在包装容器上表明"含氯"，该项目可不做要求。

6.3.3　生物炭基有机无机复合（混）肥料

（1）定义

生物炭基有机无机复合（混）肥料是指生物炭与有机、无机复合（混）肥合理配伍而形成的生态型肥料。

（2）主要种类

目前市场上主要的生物炭基有机无机复合（混）肥料有环保型生物炭基有机无机复混肥料、酸性土壤专用生物炭基有机无机复混肥料、脐橙专用炭基有机无机复混肥料等。

6.3.4　其他生物炭基肥料

随着生物炭材料加工及应用技术的不断发展，各种专用型、功能型生物炭基肥料也逐渐应运而生，并在市场上流通。如由辽宁省金和富农业开发有限公司、沈阳农业大学辽宁省生物炭工程技术研究中心联合提出并起草的《生物炭基肥料》（DB21/T 2398—2015）地方标准，分别对生物炭和生物炭基肥料进行了定义，其中生物炭定义为以玉米芯、玉米秸、花生壳、稻壳、小麦秸、废弃蘑菇盘（棒）等农林废弃物为原料，在有限氧气供应条件下，在400~700℃热解得到的稳定的富碳产物；生物炭基肥料是以农林废弃物制成的生物炭为载体，根据我国不同区域土壤肥力及作物对养分的需要，科学添加适量氮、磷、钾及微量元素，调配造粒而制成的生物炭基肥料，这里的生物炭基肥料其实定义的是一种生物炭基专用肥料。其配方指标如表 6-3 所列。

表 6-3 生物炭基肥料（DB21/T 2398—2015）

项目	指标		
	高浓度	中浓度	低浓度
总养分（N-P₂O₅-K₂O）的质量分数①/%	40	30	25
水分（H₂O）的质量分数/%	2.0	3.5	5.0
氯离子的质量分数②/%	3.0		
粒度（1.0～4.8mm 或 3.35～5.6mm）/%	90		
中量元素单一养分的质量分数（以单质计）③/%	2.0		
微量元素单一养分的质量分数（以单质计）④/%	0.02		
生物炭⑤/%	18		

① 产品的单一养分含量不应小于 4.0%，且单一养分测定值与标明值负偏差的绝对值不应大于 1.5%。

② 如产品氯离子含量大于 3.0%，并在包装容器上标明为"含氯"，可不检验该项目；包装容器未标明"含氯"时，必须检验氯离子含量。

③ 包装容器标明含有钙、镁、硫时检测本项目。

④ 包装容器标明含有铜、铁、锰、锌、硼、钼时检测本项目。

⑤ 当残渣试样的固定碳含量≥25.0%时，判生物炭含量测定值有效。

2017 年海城市三河肥料制造有限公司在 DB21/T 2398—2015 的基础上将其修订为《蔬菜专用生物炭基肥料》。2020 年 9 月 23 日由我国农业农村部农业生态与资源保护总站、沈阳农业大学、国家生物炭科技创新联盟主办的"秸秆炭基肥利用增效技术现场会"中，提出了专肥专用增效（图 6-2），即利用秸秆炭材料蓄肥缓释的良好性能，充分考虑作物需肥规律，以化肥减量为前提，精确组配氮、磷、钾、钙、镁、锌、硼、钼等无机养分和（或）有机物料，满足作物全生育期养分需求，创制一批适用于玉米、水稻、马铃

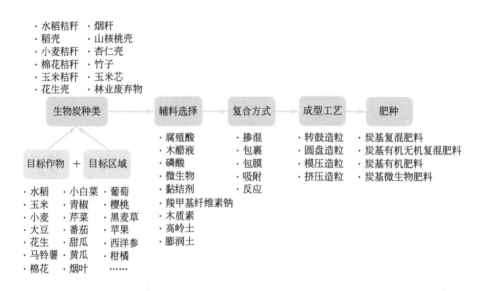

图 6-2 以减肥增效为目的的生物炭作物专用肥料

薯、花生、烟草等各种作物的专用肥料，并配套了以土壤肥力情况为基础的、适用于机械化作业的技术模式，达到轻便易用、减肥增效的目的。

6.4 生物炭基肥料的功能

6.4.1 提升土壤肥力

将生物炭作为复合肥料载体，通过温室盆栽试验研究将添加不同数量生物炭制作的生物炭基肥料施入土壤后，结果表明：土壤有机质含量随着生物炭基肥料中生物炭添加量的增加而增加（图6-3），并呈显著线性相关（$n=3$，$P<0.05$）。当生物炭用量分别占辅料的100%、75%、50%、25%时，土壤中有机质含量较CK处理分别提高了56.30%、48.50%、41.88%、36.58%，平均增加了45.02%。

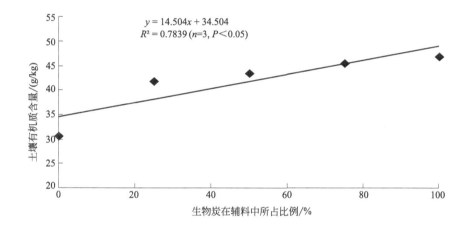

图 6-3　不同肥料处理对土壤有机质含量的影响

不同肥料对土壤碱解氮含量的影响如图6-4所示。由图6-4可知，在小麦发育前期（20～40d）各个处理土壤中碱解氮含量呈现下降趋势，小麦植株在这段时间对土壤中碱解氮需求量较大，土壤中碱解氮含量降低。在第20天的时候，施用生物炭基肥料4个处理（25%、50%、75%、100%）土壤中碱解氮含量分别为106.76mg/kg、109.37mg/kg、108.11mg/kg、114.00mg/kg，均高于处理CK，其中100%处理土壤中碱解氮含量达到最大。在发育中期（40～60d）50%、75%、100%土壤中碱解氮含量呈现上升趋势，在第60天的时候，土壤中碱解氮含量表现为100%＞50%＞75%＞25%＞CK，其中处理氮磷二元生物炭基肥料土壤中碱解氮含量达到最大，为106.98mg/kg，在发育后期（60～100d）土壤碱解氮含量又稍有下降。在小麦发育中后期（40～100d），CK和25%处理中土壤中碱解氮含量呈逐渐下降的趋势，施用生物炭基肥料的处理50%、75%和100%使土壤中碱解氮含量又保持在较高水平上，可持久供给小麦植株对养分的需求。

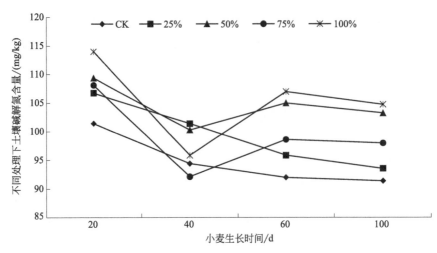

图 6-4　不同肥料对土壤碱解氮含量的影响

不同肥料对土壤速效磷含量的影响如图 6-5 所示。由图 6-5 可知，小麦发育前期（20～40d），各个处理土壤中速效磷含量呈现下降趋势，小麦植株在这段时间对土壤中速效磷需求量较大，土壤中速效磷含量降低。在第 20 天的时候，施用生物炭基肥料 4 个处理（25％、50％、75％、100％）土壤中碱解氮含量分别为 68.57mg/kg、92.94mg/kg、77.95mg/kg、76.12mg/kg，均高于处理 CK，其中 50％处理土壤中碱解氮含量达到最高。在小麦发育中后期（40～100d），除 CK 处理速效磷含量呈持续降低的趋势外，其他施用生物炭基肥料处理 25％、50％、75％和 100％呈先增后降的趋势，土壤中速效磷含量相对保持较高水平，可持久供给小麦植株对养分的需求。

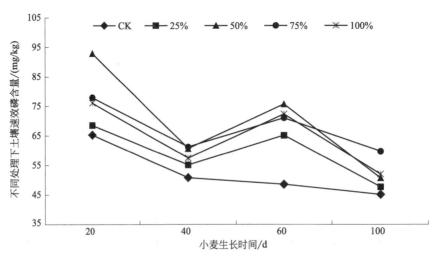

图 6-5　不同肥料对土壤速效磷含量的影响

在小麦整个生育期，施用生物炭基肥料的处理都对小麦生长有不同程度的促进作用，随着辅料中生物炭添加量的增加，促进效果也逐渐明显。Chan 等（2007）研究表明，以农业残余物为原材料制得的生物炭显著增加了萝卜的干质量。高海英（2012）在试验中施用木炭、竹炭基肥料、木炭基肥料较空白增加了小麦的干质量，分别增加了 23.82％、

20.55%、21.48%，但差异不显著。添加生物炭处理的肥料提高了小麦植株的生物量，促进了小麦对土壤中 N、P 养分的吸收。由于生物炭制备过程中 70%～90% 的 N 挥发（Lehmann et al，2006），其矿质养分含量低，Chan 等（2007）利用畜禽粪便为原料制成的生物炭中总氮含量达到 20g/kg，其中矿质态氮含量却低于 2mg/kg，可忽略不计。因此生物炭的施入对小麦可利用的养分贡献率并不高（何绪生 等，2011），促进小麦植株生长的原因可能是生物炭较大的比表面积为养分的吸附和微生物群落的生存提供了较大的空间，并增加了土壤孔隙度和土壤的持水性，减少了养分的淋失，改善了土壤的性状（张文玲 等，2009），生物炭的施入也提高了土壤的有机质含量，增强了土壤肥力，从而促进作物生长。Asai 等（2009）研究表明，将生物炭与其他肥料配合施用，明显改善了植物对 N、P 化学肥料的反应，作物增产效果明显。但也有研究与本试验结果不一致，张晗芝等（2010）研究称生物炭的施入不仅没有促进作物生长，反而降低了土壤中的有效氮含量，限制了作物对氮的吸收，造成这种现象的原因可能是生物炭较高的碳氮比，引起了土壤中碱解氮的生物固定（曾爱，2013），抑制了作物在苗期的生长，还可能因为其供试土壤呈碱性。目前，还无法确定生物炭基肥料中生物炭最佳添加量，需要根据不同具体情况而定，还有待反复进行试验论证。

生物炭对土壤磷循环具有一定的影响潜力。生物炭和磷肥配施后对石灰性壤土中有效磷影响的研究（Safian et al，2020）表明，分别在土壤中添加 0.5%、1.0%（质量分数）的甘蔗渣、甘蔗渣生物炭（400℃下 2h 制备）与 50mg/kg 的 $Ca(H_2PO_4)_2 \cdot H_2O$（以纯 P 计），25℃条件下培养 120d，与空白对照、甘蔗渣处理相比，生物炭明显增加了土壤中有效磷的含量（图 6-6）。

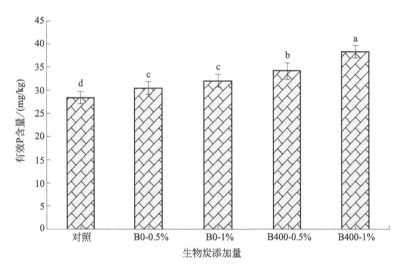

图 6-6　添加生物炭对土壤有效磷的影响

1. 柱形图上的不同小写字母表示在 $P<0.05$ 水平上存在显著性；2. B0-0.5% 代表添加 0.5% 的甘蔗渣，B0-1% 表示添加 1% 的甘蔗渣，B400-0.5% 表示添加 0.5% 的甘蔗渣生物炭，B400-1% 表示添加 1% 的甘蔗渣生物炭

随着生物炭基肥料中生物炭添加量的增加，土壤有机质的含量也增加，并呈现显著线性相关。Schmidt 等（2000）研究表明，生物炭分子化学结构虽然不同于有机质，但其分

子结构为稳定芳香环结构的炭，施用到土壤中可以提高土壤有机碳含量。在辅料中添加生物炭的肥料处理可以改善土壤中速效养分状况，使得土壤中碱解氮和速效磷养分在第20天的时候均有所提高，可能是因为在将肥料和土壤混匀之后平衡的这段时间里，生物炭能够促进土壤的硝化速度（Chan et al，2007），加快系统中氮的循环，使得土壤中可溶性氮提高（Covington et al，1992）；在生物炭制作过程中，部分磷在高温过程中会被激活，从而转化成可利用态（Deluca et al，2006）。高海英等（2012）在研究中施用竹炭基肥和木炭基肥也均提高了土壤有机碳、速效磷、速效钾和矿质态氮含量。生物炭具有发达的空隙结构、较大的比表面积和化学官能团，使其可以吸附部分肥料养分，例如吸附硝酸盐、铵盐、磷及其他水溶性盐离子，进而延缓肥料在土壤中的释放，降低受到淋溶损失（Day et al，2004）。然而，也有研究（Chan et al，2007）结果表明生物炭主要是产生交换性复合物来吸附养分，而不是靠吸水来保持水中溶解的养分，具体机理还有待进一步研究。但由于生物炭对养分的吸持，能够在小麦生长后期释放部分养分以便满足植株对养分的持久需求，起到一定缓释效果，并增加肥料利用率。Steiner等（2008）用硫酸铵＋氯化钾＋普通过磷酸钙＋生物炭掺混在一起制备生物炭基复合肥并将其施用于土壤中，研究发现可显著增加土壤总氮、有效磷含量，促进作物对氮、磷的吸收，延长氮素供应期。

6.4.2 促进作物生长发育

（1）对小麦生长的影响

云南省土壤培肥与污染修复工程实验室研究团队将生物炭作为复合肥料载体，通过温室盆栽试验研究添加不同数量生物炭制作的生物炭基肥料施入土壤中对小麦生长发育及土壤肥力的影响。结果表明：在小麦生育期内，施用生物炭基肥料的处理较对照处理不仅显著提高小麦地上部干重、根系干重、总干重，还有效地促进了小麦对 N、P 的吸收（表 6-4、表 6-5）。

表 6-4　不同肥料处理下小麦的生长状况

生物炭占辅料比例	地上部干重/g	根系干重/g	总干重/g
CK(0%)	39.80c	5.79d	45.59c
25%	40.89bc	6.54c	47.43bc
50%	40.90bc	7.25b	48.15b
75%	43.09a	7.53ab	50.62a
100%	42.43ab	7.80a	50.23a

表 6-5　不同肥料处理下的小麦植株养分吸收量

生物炭占辅料比例	N 的吸收量/(g/盆)	P 的吸收量/(g/盆)
CK(0%)	0.270c	0.060c
25%	0.289c	0.065b
50%	0.305bc	0.069a
75%	0.328b	0.070a
100%	0.364a	0.072a

（2）对水稻生长的促进作用

米雅竹等（2020）在安徽某铅锌矿区的水稻上，施用不同用量梯度（0g/m²、0.22g/m²、0.44g/m²）的秸秆和木屑复合生物炭与磷酸二铵。其结果表明：3种水分管理下，施用不同剂量生物炭和磷酸二铵均能促进水稻生长（表6-6）。与对照组相比，常规灌溉条件下，施用0.44g/m²生物炭和15.00g/m²磷酸二铵处理水稻株高分别增加10.96%和14.47%，产量分别增加3.86%和6.15%；全生育期淹水条件下，水稻株高分别增加1.16%和6.31%，产量分别增加3.05%和6.67%；湿润灌溉条件下，水稻株高分别增加3.13%和4.62%，产量分别增加2.71%和5.32%。其中，全生育期淹水条件下施用1500g/m²磷酸二铵处理水稻增产效果最好。

表6-6　不同水分管理下施用生物炭和磷酸二铵对水稻产量指标的影响

水分管理	钝化剂处理	株高/cm	穗长/cm	千粒重/g	产量/(kg/hm²)	增产/%
W1	CK	71.20±3.60b	13.10±0.12de	25.51±1.06b	6 426.94±326.32ab	
	C1	73.50±3.20b	12.50±0.08g	26.41±1.20ab	6 497.26±254.68ab	1.08
	C2	79.00±2.40ab	15.40±0.09b	27.12±1.08ab	6685.27±352.17ab	3.86
	P1	77.10±3.10ab	11.20±0.05h	27.42±1.33ab	6583.86±451.23ab	2.38
	P2	81.50±3.50a	16.10±0.13a	28.21±1.15ab	6 847.98±251.99a	6.15
W2	CK	77.60±2.80ab	12.90±0.11f	27.37±1.22ab	6 597.76±384.62ab	
	C1	77.40±3.00ab	15.40±0.07b	27.42±1.08ab	6 603.46±265.53ab	0.09
	C2	78.50±3.10ab	16.10±0.07a	26.26±1.13b	6 805.28±416.90ab	3.05
	P1	80.00±3.50ab	15.50±0.08b	28.06±1.07ab	6 807.68±465.22ab	3.08
	P2	82.50±2.90a	16.20±0.06a	28.51±1.02a	7 069.21±324.85a	6.67
W3	CK	70.40±2.40b	12.80±0.05f	28.41±1.23ab	6 137.71±364.98b	
	C1	71.10±2.30b	12.60±0.03g	28.10±1.09ab	6 172.52±214.93b	0.06
	C2	72.60±3.10b	13.10±0.04e	28.49±1.11a	6 308.43±436.92b	2.71
	P1	71.30±3.30b	13.30±0.05d	28.75±1.24a	6 247.82±285.47b	1.76
	P2	73.65±2.50b	14.20±0.07c	28.50±1.28ab	6 482.85±398.45ab	5.32

注：W1为常规灌溉，W2为全生育期淹水，W3为湿润灌溉。CK为对照，C1和C2分别为施用0.22g/m²和0.44g/m²生物炭，P1和P2分别为施用7.50g/m²和15.00g/m²磷酸二铵。数据右方的英文小写字母表示不同处理间某指标差异显著（$P<0.05$）。

（3）对棉花生长的促进作用

用34.1kg的磷酸一铵（N-P₂O₅-K₂O 11-44-0）、15.7kg的尿素（N≥46%）、12kg硫酸钾（K₂O≥50%）、1.5kg硫酸锌、1.5kg硼酸、18.0kg生物炭等材料制成的棉秆生物炭基肥（配方N-P₂O₅-K₂O 11-15-6，总养分≥32%），每亩施用100kg，在棉花上进行肥效试验（以不含生物炭的等养分化肥为对照）。结果表明：与对照相比，使用生物炭基肥料后，棉花花蕾数增加了38.5%，根生物量干重提升了37.6%，茎生物量干重提高了40.4%，花铃生物量干重提升了16.9%，产量提升了25.1%。

6.4.3 对养分的缓释作用

易从圣等（2018）通过土柱淋溶法对 12 种不同生物炭基缓释复混肥（见表 6-7）的单次尿素淋出率进行分析。尿素释放率的测定：利用对二甲氨基苯甲醛显色分光光度法（GB/T 23348—2009），检测水溶液中常微量尿素含量。选择测试波长为 422nm，对二甲氨基苯甲醛（PDAB）显色剂用量 10mL，硫酸溶液用量 4mL，显色时间 10min，在此条件下测得的标准曲线在 0～1000μg/mL 范围内为线性关系，最低检出限为 0.5μg/mL。以纯尿素进行淋溶作为对照（图 6-7），第 1 次的尿素单次释放率在 70％左右，第 2 次尿素单次释放率为 30％左右，第 3 次基本没有尿素淋出。

表 6-7 生物炭基缓释复混肥种类

编号	肥料代号	原料	热解温度/℃	材料配比（炭粉/尿素/磷酸氢二钾）
1	COSC400-SROF1	油茶壳	400	3∶1∶1
2	COSC400-SROF2	油茶壳	400	4∶1∶1
3	COSC400-SROF3	油茶壳	400	7∶1.5∶1.5
4	COSC500-SROF1	油茶壳	500	3∶1∶1
5	COSC500-SROF2	油茶壳	500	4∶1∶1
6	COSC500-SROF3	油茶壳	500	7∶1.5∶1.5
7	RHC400-SROF1	稻壳	400	3∶1∶1
8	RHC400-SROF2	稻壳	400	4∶1∶1
9	RHC400-SROF3	稻壳	400	7∶1.5∶1.5
10	RHC500-SROF1	稻壳	500	3∶1∶1
11	RHC500-SROF2	稻壳	500	4∶1∶1
12	RHC500-SROF3	稻壳	500	7∶1.5∶1.5

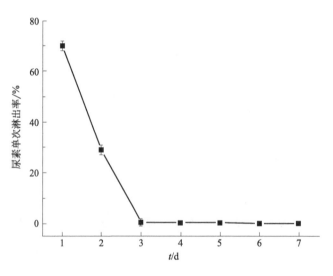

图 6-7 纯尿素空白试验淋溶曲线

6 种油茶壳炭基缓释复混肥进行淋溶实验（图 6-8、图 6-9）的结果显示，6 种复混肥尿素单次淋出率变化趋势基本相同，都是在第 2 天尿素淋出率最高，随后依次减少直至第 7 天尿素基本完全淋出，且第 1 天的单次释放率均不大于 40％，与纯尿素颗粒相比，加入油茶壳炭基缓释复混肥的尿素释放率明显降低，复混肥的缓释性能明显提高。其中，COSC400-SROF1 第 1 天淋溶尿素单次淋出率为 21.65％，第 2 天淋出率为 32.05％，第 3 天淋出率为 15.23％，第 4 天、第 5 天、第 6 天依次减少，第 7 天尿素基本全部淋出；COSC400-SROF1 前 3 天的尿素单次释放率都低于其他两种复混肥，前 3 天尿素累积释放率＜80％，因此 COSC400-SROF1 缓释效果较好，即 400℃热解的油茶壳炭与尿素、磷酸氢二钾的比例为 3∶1∶1 的炭基缓释复混肥的缓释性能更好（图 6-8）。500℃热解的油茶壳炭制备的复混肥淋溶率如图 6-9 所示，前 2 天 COSC500-SROF2 与 COSC500-SROF3 淋出率较低，随着生物炭含量的增多，尿素淋出率降低，炭基肥的缓释性能更好。经比较，以上 6 种油茶壳炭基复混肥中 C500-COSOF3 的淋出曲线较为平缓，单次淋出率均低于 30％，缓释性能最佳。

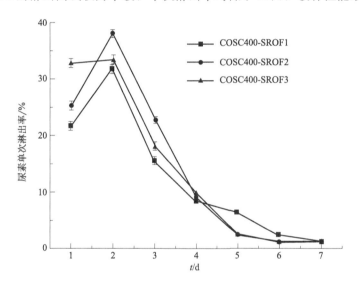

图 6-8　油茶壳炭基（热解温度 400℃）缓释复合肥尿素淋溶曲线

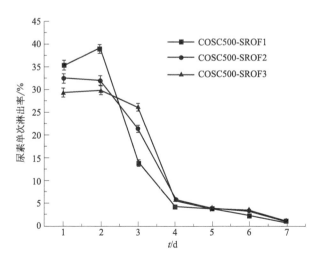

图 6-9　油茶壳炭基（热解温度 500℃）缓释复合肥尿素淋溶曲线

将 6 种稻壳炭基复混肥进行淋溶实验的结果进行对比，各肥料尿素淋溶曲线如图 6-10、图 6-11 所示。由图 6-10 可以看出，RHC400-SROF1 第 1 天尿素单次淋出率为 28.73％，第 2 天淋出率为 31.62％，第 7 天尿素基本淋溶完全；RHC400-SROF2 第 1 天尿素单次淋出率为 24.05％，第 2 天淋出率为 29.05％，RHC400-SROF3 第 1 天尿素单次淋出率为 24.46％，第 2 天淋出率为 25.84％，3 种肥料第 3 天尿素淋出率差异不大，约为 24.0％。RHC400-SROF3 前 3 天的尿素单次淋出率都低于其他两种复混肥，前 3 天尿素累积释放率＜80％，且淋出曲线较为平缓，因此 RHC400-SROF3 缓释效果较好。

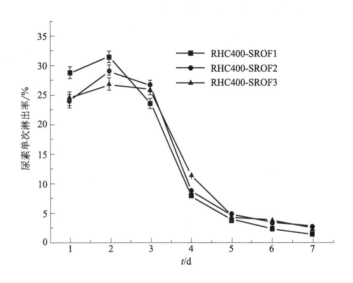

图 6-10　稻壳炭基（热解温度 400℃）缓释复合肥尿素淋溶曲线

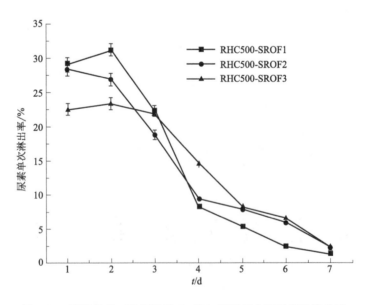

图 6-11　稻壳炭基（热解温度 500℃）缓释复合肥尿素淋溶曲线

综合来看，以油茶壳、稻壳为原料分别在 400℃、500℃进行连续热解制备的油茶壳炭和稻壳炭，与尿素、磷酸氢二钾按照不同比例混合制备的 12 种生物炭基肥料中，稻壳炭基复混肥尿素缓释性能优于油茶壳炭基复混肥，500℃热解的稻壳炭与尿素、磷酸氢二钾比例为 7∶1.5∶1.5 时缓释性能最佳。

6.4.4　改善根际微生态环境

李易等以生物炭肥处理每亩施生态碳基保根肥 50kg 和普通化肥 45kg（化肥减施 10%）作底肥，常规化肥处理每亩施普通化肥 50kg 和鸡粪 2000kg 作底肥。采用田间小区试验研究配施生物炭肥减施化肥对辣椒生长及根际土壤微生态环境的影响。结果表明，配施生物炭肥不仅能够促进辣椒生长，显著提高叶片叶绿素含量和根系活力，提高果实中蛋白质、维生素 C 和可溶性糖含量，使产量比常规施用化肥显著增加 13.04%，还能够提高辣椒根际土壤脲酶、磷酸酶、蔗糖酶和过氧化氢酶活性（图 6-12），显著增加根际土壤中细菌和放线菌数量，减少真菌数量，提高根际土壤中速效氮、磷、钾含量，对辣椒根际土壤微生态具有良好的调节效果（表 6-8）。

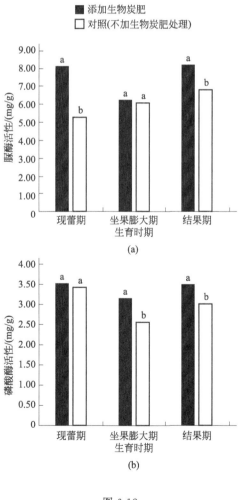

图 6-12

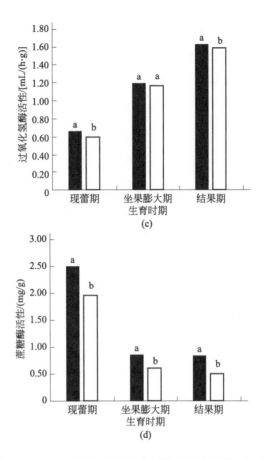

图 6-12　配施生物炭肥对辣椒根际土壤酶活性的影响

（图柱上不同小写字母表示在 $P < 0.05$ 水平上差异显著）

表 6-8　配施生物炭肥对辣椒根际土壤微生物的影响

生育时期	处理	微生物类别		
		细菌/(10^7 CFU/g)	放线菌/(10^5 CFU/g)	真菌/(10^5 CFU/g)
现蕾期	生物炭基肥料	3.83±0.08a	4.40±1.52a	1.43±0.18b
	常规化肥(CK)	3.53±0.33b	3.66±0.33b	1.60±0.26a
果实膨大期	生物炭基肥料	5.36±0.21a	10.63±0.31a	0.93±0.17b
	常规化肥(CK)	4.76±0.18b	8.00±0.20b	1.86±0.13a
结果期	生物炭基肥料	5.40±0.10a	9.90±0.50a	0.93±0.33b
	常规化肥(CK)	4.30±0.17b	7.06±0.78b	1.16±0.33a

6.5　生物炭基肥料的应用前景

6.5.1　生物炭基肥料应用领域的发展前景

生物炭基肥料研究呈稳步增长态势，新型产品研发及作物生产调控机制是未来主要研究内容，确定兼顾农学及环境效益的生物炭基肥料产品及配套技术是未来研究的重点。李艳梅等（2019）基于文献计量学对生物炭基肥料领域 2006～2018 年间发表论文所涉及的研究领域进行归类，结果（图 6-13、图 6-14）显示，近几年生物炭基肥料领域发表论文共涉及 21 个研究领域，前 4 个主要分布在农作物、农业资源与环境、化学工程和蔬菜领域，发文量分别达 85 篇、70 篇、18 篇和 15 篇，分别占发文总量的 14.8％、12.2％、3.1％和 2.6％，远高于其他领域；其次是环境、果树、工业经济、林学、农业经济和动力工程，发文量分别为 11 篇、8 篇、5 篇、3 篇、2 篇、2 篇，占总发文量的比例分别为 1.9％、1.4％、0.9％、0.5％、0.3％和 0.3％。除以上 11 个研究领域外，还涉及生态、计算机、金融、工商管理、图书情报档案、控制工程、国民经济、农业工程、生物、草学和园艺，所占发文总量的比例均为 0.2％。结果表明，生物炭基肥料涉及学科领域分布广泛，以农作物、农业资源与环境、化学工程和蔬菜学研究为主，并逐渐向其他学科领域渗透，呈现出学科交叉趋势。

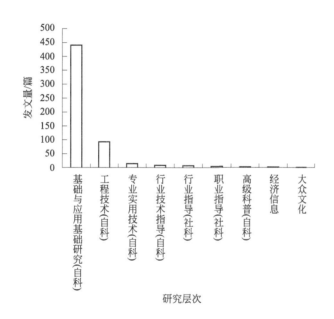

图 6-13　2006～2018 年生物炭基肥料领域文章的研究层次分布情况

对关键词的分析有助于把握领域内研究热点和未来研究方向。对分析结果中出现频次较高的前 30 个关键词进行合并、归类统计（见表 6-9），发现近几年在生物炭基肥料领域的研究主题主要集中在以下几个方面。

① 生物炭基肥料产品。主要有生物炭、炭基肥料、生物炭基肥、生物质炭基肥、生物质炭、炭基复混肥、高碳基土壤修复肥、竹炭、缓释肥、肥料、热解等。

② 作物种类。主要有水稻、花生、玉米、小麦、烤烟、番茄、马铃薯和大豆。

③ 农学及环境效应。包括产量、品质、生长、土壤养分、理化性质、温室气体、土壤性质、土壤、经济效益、土壤改良和氮素利用率。

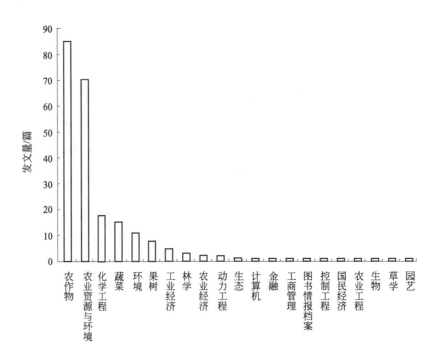

图 6-14　2006～2018 年生物炭基肥料发文所涉及的研究领域分析

表 6-9　2006～2018 年生物炭基肥料领域出现频次最高的前 30 个关键词（李艳梅 等，2019）

类别	关键词	出现频次
生物炭基肥产品	生物炭	75
	炭基肥料	45
	生物炭基肥	36
	生物质炭基肥	16
	生物质炭	14
	炭基复混肥	13
	高碳基土壤修复肥	8
	竹炭	6
	缓释肥	6
	肥料	5
	热解	5
作物类别	水稻	15
	花生	14
	玉米	11
	小麦	11
	烤烟	8
	番茄	7
	马铃薯	6
	大豆	5

类别	关键词	出现频次
	产量	59
	品质	23
	生长	8
	土壤养分	7
农学及环境效应	理化性质	7
	温室气体	7
	土壤性质	6
	土壤	6
	经济效益	5
	土壤改良	5
	氮素利用率	5

6.5.2 生物炭的农业应用前景

生物炭作为一种新型土壤改良剂，结构稳定、孔隙丰富、比表面积大，且对重金属与有机污染具有吸附作用，是土壤微生物良好的栖息环境（谢祖彬 等，2011）。生物炭施入土壤后可以改良土壤、增加固氮作用，还可吸附和负载肥料养分，延缓肥料在土壤中的养分释放和降低淋洗损失。由于生物炭的直接和间接作用，配施生物炭的同时降低化肥施用量，可以增加土壤速效养分，提高产量和品质。

（1）提高肥料利用率，降低化肥对环境的污染

中国是世界上最大的化肥生产国和消费国，化肥消费量已占全世界消费量的 35%（陈剑秋，2012）。然而，普通化肥中养分容易挥发、沉淀、被淋溶等，肥效期短，利用率较低，这不仅造成资源的浪费，而且还带来了严重的环境问题（Solomon et al，2004）。因此，开展缓/控释肥料的研制，既可实现肥料利用率的大幅度提高，又可降低肥料对环境的污染，是解决"中国农业持续发展肥料问题"的关键。缓/控释肥料年消耗总量约 70万吨，并且以 4%～5% 的速率增长（古慧娟 等，2011）。而生物炭作为肥料的载体，可延缓肥料在土壤中的释放，降低肥料养分的挥发、沉淀及淋溶等损失，提高肥料利用率。由此可见生物炭基肥料拥有极其广阔的应用前景和市场需求。

（2）改善中低产田土壤质量

农业部 2008 年的调查结果显示（沈仁芳 等，2012），我国现有耕地面积中，高、中、低产耕地面积分别为 3500 万公顷、4800 万公顷和 3900 万公顷，三者的比例大致为 3∶4∶3，中低产田所占比例较大。2004 年资料表明，占总耕地面积 65% 的耕地土壤有机质含量低于 1.5%（潘根兴，2008），施用生物炭基肥料可显著提高土壤有机质含量，改善中低产田土壤质量。同时，生物炭的施用将碳素固定在土壤中，以"炭"固碳，符合低碳农业发展方向，在具有显著减排效益的同时增加农作物产量（孟军 等，2011）。因此，生物炭基肥料对于耕地土壤培肥，提高农业生产力以及提高经济效益具有重要意义。

（3）提高农林废弃生物资源利用率

中国具有丰富的农林废弃生物资源，每年产出约 14 亿吨农林业废弃物，其中玉米、小麦以及水稻秸秆量就达到 6.5 亿吨（陈温福 等，2013）。然而，这些农作物秸秆 50％以上被废弃焚烧。如果将这些农作物秸秆的 50％炭化，就可以获得生物炭 3000 余万吨；按照生物炭基肥料平均 50％的用炭量计算，可生产 4800 余万吨炭基肥料。这些肥料可保障大面积耕地使用，同时可减排上千万吨 CO_2，市场潜力巨大。因此，我国应尽快将农林废弃生物资源转换为以生物炭为主导的产品，不仅能将废弃资源变废为宝，同时也有效地避免了日益严重的环境污染问题，促进土壤可持续利用及作物增产，满足我国农业可持续发展生态环保农业的需求，对实现经济效益和生态效益具有极其重要的意义和广阔的应用前景。

参考文献

陈剑秋 . 几种新型缓控释肥工艺及养分释放特征研究 [D] . 泰安：山东农业大学，2012.

陈琳，乔志刚，李恋卿，等 . 施用生物质炭基肥对水稻产量及氮素利用的影响 [J] . 生态与农村环境学报，2013，29（5）：671-675.

陈温福，张伟明，孟军，等 . 生物炭应用技术研究 [J] . 中国工程科学，2011，13（002）：83-89.

陈温福，张伟明，孟军 . 农用生物炭研究进展与前景 [J] . 中国农业科学，2013，（16）：3324-3333.

崔月峰，陈温福 . 环保型炭基缓释肥应用于大豆、花生应效初报 [J] . 辽宁农业科学，2008（4）：41-43.

高海英 . 一种生物炭基氮肥的特征及其对土壤作物的效应研究 [D] . 杨陵：西北农林科技大学，2012.

高海英，陈心想，张雯，等 . 生物炭和生物炭基氮肥的理化特征及其作物肥效评价 [J] . 西北农林科技大学学报（自然科学版），2013，4：013.

何绪生，张树清，佘雕，等 . 生物炭对土壤肥料的作用及未来研究 [J] . 中国农学通报，2011，27（15）：16-25.

古慧娟，石元亮，于阁杰，等 . 我国缓/控释肥料的应用效应研究进展 [J] . 土壤通报，2011，42（1）：220-224.

顾宇书 . 炭基多元高效复合肥推广应用研究 [J] . 辽宁林业科技，1999（6）：57-58.

黄昌勇 . 土壤学 [M] . 北京：中国农业出版社，2000：32-51.

李鑫 . 华北平原冬小麦夏玉米轮作体系中肥料氮去向及氮素气态损失研究 [D] . 保定：河北农业大学，2007.

李艳梅，周亚文，廖上强，等 . 基于文献计量学的生物炭基肥领域发展态势分析 [J] . 中国农业信息，2019，31（2）：98-109.

栾江，仇焕广，井月，等 . 我国化肥施用量持续增长的原因分解及趋势预测 [J] . 自然资源学报，2013，28（11）：1869-1878.

马欢欢，周建斌，王刘江，等 . 秸秆炭基肥料挤压造粒成型优化及主要性能 [J] . 农业工程学报，2014，30（05）：270-276.

孟军，张伟明，王绍斌，等 . 农林废弃物炭化还田技术的发展与前景 [J] . 沈阳农业大学学报，2011，42（4）：387-392.

米雅竹，朱广森，张旭，等 . 3 种水分管理条件下施用木炭和磷酸二铵对水稻 Cd、As 累积的影响 [J] . 生态与农村环境学报，2020，36（9）：1200-1209.

潘根兴 . 中国土壤有机碳库及其演变与应对气候变化 [J] . 气候变化研究进展，2008，4（5）：282-289.

沈仁芳，陈美军，孔祥斌，等 . 耕地质量的概念和评价与管理对策 [J] . 土壤学报，2012，49（6）：1210-1217.

宋延静，龚俊 . 施用生物质炭对土壤生态系统功能的影响 [J] . 鲁东大学学报（自然科学版）2010，26（4）：361-365.

易从圣，宗同强，杜衍红，等 . 生物炭基复混肥缓释特性研究 [J] . 广东化学，2018，43（3）：60-64.

袁丽红 . 不同施氮水平对几种水培叶菜硝酸盐累积影响的研究 [D] . 乌鲁木齐：新疆农业大学，2008.

曾爱 . 生物炭对塿土土壤理化性质及小麦生长的影响 [D] . 杨陵：西北农林科技大学，2013.

张晗芝，黄云，刘钢，等. 生物炭对玉米苗期生长，养分吸收及土壤化学性状的影响 [J]. 生态环境学报，2010，19（11）：2713-2717.

张文玲，李桂花，高卫东，等. 生物质炭对土壤性状和作物产量的影响 [J]. 中国农学通报，2009，25（17）：153-157.

张忠河，林振衡，付娅琦，等. 生物炭在农业上的应用研究 [J]. 安徽农业科学，2010，38（22）：11880-11882.

钟雪梅，朱义年，刘杰，等. 竹炭包膜氮肥的利用率比较 [J]. 桂林工学院学报，2006a，26（3）：404-407.

钟雪梅，朱义年，刘杰，等. 竹炭包膜对肥料氮淋溶和有效性的影响 [J]. 农业环境科学学报，2006b，25（z1）：154-157.

Asai H，Samson B K，Stephan H M，et al. Biochar amendment techniques for upland rice production in Northern Laos：1. Soil physical properties，leaf SPAD and grain yield [J]. Field Crops Research，2009，111（1）：81-84.

Bond T C，Streets D G，Yarber K F，et al. A technology-based global inventory of black and organic carbon emissions from combustion [J]. Journal of Geophysical Research，2004，109（D14）：D14203.

Chan K Y，Van Zwieten L，Meszaros I，et al. Agronomic values of green waste biochar as a soil amendment [J]. Australian Journal of Soil Research，2007，45：629-634.

Covington W W，Sackett S S. Soil mineral nitrogen changes following prescribed burning in ponderosa pine [J]. Forest Ecology and Management，1992，54（1）：175-191.

Day D，Evans R J，Lee J W，et al. Valuable and stable carbon co-product from fossil fuel exhaust scrubbing [J]. Prepr Pap-Am Chem Soc，Div Fuel Chem，2004，49（1）：352-355.

Deluca T H，MacKenzie M D，Gundale M J，et al. Wildfire-produced charcoal directly influences nitrogen cycling in ponderosa pine forests [J]. Soil Science Society of America Journal，2006，70（2）：448-453.

Glaser B，Lehmann J，Zech W，et al. Ameliorating physical and chemical properties of highly weathered soils in the tropics with charcoal—A review [J]. Biology and Fertility of Soils，2002，35（4）：219-230.

Khan M A，Kim K W，Mingzhi W，et al. Nutrient-impregnated charcoal：An environmentally friendly slow-release fertilizer [J]. The Environmentalist，2008，28（3）：231-235.

Lehmann J，Rondon M. Biological approaches to sustainable soil systems [M]. Boca Raton：CRC Press，2006：517-530.

Magrini-Bair K A，Czernik S，Pilath H M，et al. Biomass derived，carbon sequestering，designed fertilizers [J]. Annals of Environmental Science，2010，3（1）：15.

Marris E. Putting the carbon Back：Black is the new green [J]. Nature，2006，442（7103）：624-626.

Ogawa，M. Symbiosis of people and nature in the tropics [J]. Farming Japan，1994，128：10-34.

Piccolo A，Mbagwu J S，et al. Effects of different organic waste amendments on soil [J]. Plant and Soil，1991，123：27-37.

Safian M，Motaghian H，Hosseinpur A. Effects of sugarcane residue biochar and P fertilizer on P availability and its fractions in a calcareous clay loam soil [J]. Biochar，2020，2：357-367.

Saito M，Marumoto T. Inoculation with arbuscular mycorrhizal fungi：The status quo in Japan and the future prospects [J]. Plant and Soil，2002，244：273-279.

Schmidt M W I，Noack A G. Black carbon in soils and sediments：Analysis，distribution，implications，and current challenges [J]. Global Biogeochemical Cycles，2000，14（3）：777-793.

Shaviv A，Mikkelsen R L. Controlled-release fertilizers to increase efficiency of nutrient use and minimize environmental degradation—A review [J]. Fertilizer Research，1993，35（1-2）：1-12.

Solaiman M Z，Blackwell P，Storer P，et al. Use of biochar，mineral fertilizers and microbes for sustainable crop production [J]. Western Mineral Fertilizer，Update，2008，8：12.

Solomon A，Kazuyuki I. Comparative effects of application of coated and non-coated urea in clayey and sandy paddy soil microcosms examined by the n15 tracer technique [J]. Soil Sci Plant Nutr，2004，50（2）：205-213.

Steiner C，Garcia M，Zech W，et al. Effects of charcoal as slow release nutrient carrier on NPK dynamics and soil microbial population：Pot experiments with ferralsol substrate [M]//Amazonian Dark Earths：Wim Sombroek's Vision. Amsterdam：Springer，2009：325-338.

Steiner C，Glaser B，Geraldes Teixeira W，et al. Nitrogen retention and plant uptake on a highly weathered central Amazonian Ferralsol amended with compost and charcoal [J]. Journal of Plant Nutrition and Soil Science，2008，171

(6)：893-899.

Steiner C，Teixeria W G，Lehmann J，et al. Long term effects of manure，charcoal，and mineral：Fertilization on crop production and fertility on a highly weathered central Amazonian upland soil ［J］．Plant and Soil，2007，291：275-290.

Strelko V，Malik D J，Streat M，et al. Characterisation of the surface of oxidised carbon adsorbents ［J］．Carbon，2002，40 (1)：95-104.

Tenenbaum D J. Biochar：Carbon mitigation from the ground up ［J］．Environmental Health Perspectives，2009，117 (2)：A70.

Van Zwieten L，Kimber S，Morris S，et al. Effects of biochar from slow pyrolysis of paper mill waste on agronomic performance and soil fertility ［J］．Plant and Soil，2010，327 (1-2)：235-246.

第7章
生物炭与污水处理

生物活性炭（biological activated carbon，BAC）技术是 20 世纪 70 年代发展起来的去除水中有机污染物的一种新技术。目前这一新工艺已在世界许多国家实际应用于污染水源净化、工业废水处理及再生等方面，尤其适用于高浓度成分复杂污水，作为深度处理措施。生物炭-臭氧技术的第一次联合使用是 1961 年在德国 Dusseldorf 市一家水厂，在原先臭氧＋过滤的基础上又接入了活性炭吸附，明显提高了出水水质。它的成功引起了德国以及西欧水处理工程界的重视，在 1967 年最终确立了生物炭-臭氧技术，此项技术是活性炭物理吸附、臭氧化学氧化、生物氧化降解 3 种技术的组合工艺，近年来该工艺在工业废水的深度处理中逐步得到应用。目前工业应用的主要活性炭材料的种类有粉状活性炭、粒状活性炭和纤维状活性炭。其中，纤维状活性炭成型性好、耐酸碱、导电性与化学稳定性好，现已广泛应用在化学工业、环境保护、辐射防护等领域，越来越受到人们的关注，应用前景广阔。

7.1　生物炭在污水处理中的应用

生物炭用于净化被污染的水体已经不是一件新鲜的事，特别是利用活化后的生物炭（即活性炭）吸附水体有害物质已十分常见。世界活性炭的年产量约 70 万吨，其中 1/2 以上是由美国、日本及西欧经济共同体等工业国生产。我国活性炭工业生产起步于 20 世纪 50 年代，80 年代以后发展迅速，主要以煤质活性炭为主。我国活性炭产量占世界产量的 1/3，已成为世界上最大的活性炭生产国，2007 年生产量达到 35 万吨，出口量 25 万吨。

不管是生产煤质活性炭还是木质活性，不可避免地面临着资源环境问题。煤质活性炭要消耗矿物原料，而生产木质活性炭会消耗大量的木材，在强大的资源环境压力面前我们必须寻求更为环保的材料。我国秸秆年产量约为 7 亿吨，占全世界秸秆总量的 30%。然而秸秆一直被看作是农业的副产品，利用率仅 33% 左右，经过技术处理后利用的仅 2.6%。总的来说，秸秆目前还处于高消耗、高污染、低产出的状况，未能得到高效合理开发利用。因此，秸秆资源化利用已成为亟待解决的问题（罗岚，2011）。

围绕生物炭用于治理水污染已做了大量工作。Shi 等（2010）以香蒲为生物质原料、

H_3PO_4 为活化剂制得的生物活性炭对水溶液中的染料有很好的吸附脱色效果。安东等（2005）的研究表明，与臭氧生物活性炭技术相比，固定化生物活性炭技术将人工驯化培养的微生物固定于活性炭上，强化了活性炭的生物作用，并可以延长活性炭的使用寿命。Han 等（2009）的研究也表明，与单独用臭氧浓度处理有机污水相比，采用臭氧-活性炭接触氧化技术能更加高效地去除水体中有害的有机污染物、降低生物毒性及提高可生物降解性。黎雷等（2010）发现，高 NH_3-N 的黄浦江原水经预臭氧—高密度澄清池—砂滤—后臭氧—生物活性炭组合处理工艺后，水质明显优于传统处理工艺。其中臭氧生物活性炭部分对 COD 和 NH_3-N 的去除率分别达到 30.4％和 18.9％。郭金涛等（2011）试验表明，单独投加粉末活性炭的情况下对藻类物质去除效果不佳，而与超滤工艺联用时对铜绿微囊藻的去除率不低于 99.99％。目前，生物炭技术在处理各种废水方面的前景，包括工业废水（染料、电池制造和乳品废水）、城市污水、农业废水和雨水处理等领域，生物炭技术均是一种新型、经济、环保的污水处理技术（图 7-1）。

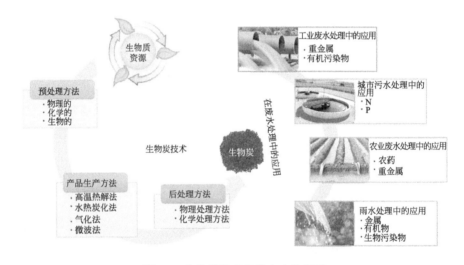

图 7-1　生物炭技术在废水中的应用

生物炭滤池对污水的净化机理包括 3 个方面：a. 活性炭颗粒及其表面生长的生物膜对废水中的悬浮物进行生物絮凝和接触絮凝，从而将其过滤去除；b. 活性炭对废水中溶解性有机物的吸附和富集作用；c. 活性炭表面及空隙中生长的微生物在较长的有机质停留时间内对降解速度较慢的有机物进行氧化分解，起到对活性炭的生物再生作用。生物炭工艺由于结合生化再生过程，因此活性炭的使用周期明显延长，可达 2～3 年。

目前在生活饮用水的深度处理和工业污水回收利用项目中，经常会碰到如何简单、有效、经济地去除原水中的重金属离子、有机和无机污染物，降低原水中的 COD 及异味等问题。活性炭是水处理吸附法中广泛应用的吸附剂之一，它是一种经特殊处理的炭，具有无数细小孔隙，表面积巨大，每克活性炭的表面积为 $500 \sim 1500 \, m^2$。活性炭有很强的物理吸附和化学吸附功能，而且还具有解毒作用。解毒作用就是利用了其巨大的比表面积，将毒物吸附在活性炭的微空隙中，从而阻止毒物的吸收。同时，活性炭能与多种化学物质结合，从而阻止这些物质的吸收。

① 活性炭对水中有机物有卓越的吸附特性。由于活性炭具有发达的细孔结构和巨大的比表面积，因此对水中溶解的有机污染物，如苯类化合物、酚类化合物、石油及石油产品等具有较强的吸附能力，而且对用生物法和其他化学法难以去除的有机污染物，如亚甲基蓝表面活性物质、除草剂、杀虫剂、农药、合成洗涤剂、合成染料、胺类化合物及许多人工合成的有机化合物等都有较好的去除效果。

② 活性炭对水质、水温及水量的变化有较强的适应能力。对同一种有机污染物的污水，活性炭在高浓度或低浓度时都有较好的去除效果。

③ 活性炭水处理装置占地面积小，易于自动控制，运行管理简单。

④ 活性炭对某些重金属化合物也有较强的吸附能力。例如，汞、铅、铁、镍、铬、锌、钴等，因此，活性炭用于电镀废水、冶炼废水处理上也有很好的效果。

⑤ 饱和炭可经再生后重复使用，不产生二次污染。

⑥ 可回收有用物质，如处理高浓度含酚废水，用碱再生后可回收酚钠盐。

7.2 生物活性炭工艺应用实例

7.2.1 印染废水深度处理

潍坊第二印染厂排放的印染废水达 $3000m^3/d$。由于原有的表面曝气生物氧化和混凝沉淀组合处理工艺的出水水质远不能达到国家规定的排放标准，故需对该工程进行改造。印染废水的 COD 浓度达到 $600\sim1000mg/L$，pH 值通常为 $7\sim10$，要求改造后出水 COD $\leqslant100mg/L$、$BOD_5\leqslant60mg/L$、SS$\leqslant50mg/L$、色度$\leqslant50$ 倍、pH 值为 $6\sim8$。另外，厂方要将 50% 的处理水回用于生产，要求回用水的 COD$\leqslant50mg/L$、$BOD_5\leqslant30mg/L$，SS$\leqslant5mg/L$，色度$\leqslant25$ 倍。

改造后的废水处理流程如图 7-2 所示。

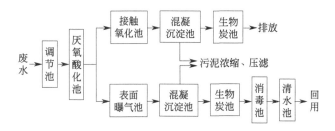

图 7-2 改造后的废水处理流程

其中生物炭池采用方形结构（分 2 格并联运行），尺寸为 $4m\times4.5m\times4m$，炭层有效高度为 $1.5m$，滤速为 $1.3m/h$，采用气水联合反冲方式［反冲气强度为 $10L/(m^2 \cdot s)$，反冲水强度为 $3.2L/(m^2 \cdot s)$］。该工程至今已运行 12 年，实践证明生物炭工艺对印染废水的 COD、BOD_5、SS 和色度均有良好的去除效果，出水水质可满足工艺回用要求，尤其是对色度的去除效果是其他工艺无法比拟的。另外，只要每天坚持反冲洗，保证供气量充足且不间断，同时严格控制进水浓度（COD≤200mg/L），则炭的使用寿命可以大大延长。该厂除每年补充因反冲洗磨损造成的3%～5%炭量损失外，对原炭已连续使用12年，处理效果未见明显下降。

7.2.2 食品废水深度处理

北京荷美尔食品有限公司由屠宰车间、熟肉制品加工车间、冷加工车间以及其他辅助设施组成，废水处理规模为840m³/d，食品废水设计进、出水水质见表7-1。

表 7-1 食品废水设计进、出水水质　　　　　　　　　　　　单位：mg/L

项目	COD	BOD$_5$	SS	油类
进水	2000～3000	1000～1500	900～1500	500～900
出水	60	20	50	20

食品加工废水深度处理流程如图7-3所示。

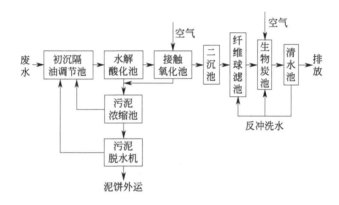

图 7-3 食品加工废水深度处理流程

其中，生物炭池采用方形结构，尺寸为7.2m×3.6m×4m，炭层有效高度为1.2m，内装ϕ2～3mm、h=6mm的柱状活性炭，滤速为1.3m/h。由于生物炭池前设有纤维球过滤，进水SS浓度较低，故反冲周期可适当延长。采用气水联合反冲［反冲气强度为12L/(m²·s)，反冲水强度为3.2L/(m²·s)］。该工程于1997年10月完工，2000年4月由环保局进行监测验收（结果见表7-2）。

表 7-2 食品废水深度处理验收监测结果　　　　　　　　　　单位：mg/L

项目	COD	BOD$_5$	SS	油
废水排放口	2000～3000	232～1150	177～392	24～70
厌氧水解出水	1400	737	80	16.8～49
二沉池出水	280	110	45	0.84～2.5
生物炭池出水	15～46	3.9～23	14～40	<1.0

7.2.3 制罐废水处理

北京皇冠制罐有限公司产易拉罐约 4.5×10^4 个/年，排生产废水和生活污水分别为 $200 \mathrm{m}^3/\mathrm{d}$ 和 $30 \sim 60 \mathrm{m}^3/\mathrm{d}$（设计水量取 $300 \mathrm{m}^3/\mathrm{d}$），混合水的 COD 为 $2000 \sim 4000 \mathrm{mg/L}$，$BOD_5$ 为 $400 \sim 1100 \mathrm{mg/L}$，油为 $100 \sim 150 \mathrm{mg/L}$、LAS（表面活性剂）为 $5 \mathrm{mg/L}$，SS 为 $70 \mathrm{mg/L}$、pH 值为 1.5。为使出水水质达到北京市污水排放一级标准（COD $\leqslant 60 \mathrm{mg/L}$、$BOD_5 \leqslant 20 \mathrm{mg/L}$、SS $\leqslant 20 \mathrm{mg/L}$），该公司对原有污水处理工艺（反应→絮凝沉淀→气浮）进行了改造，改造后制罐废水处理流程如图 7-4 所示。

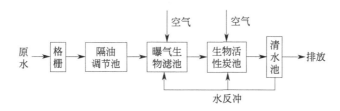

图 7-4　改造后制罐废水处理流程

其中，生物活性炭池的尺寸为 $4.1 \mathrm{m} \times 2.7 \mathrm{m} \times 4.4 \mathrm{m}$，炭层高度为 $1.2 \mathrm{m}$，炭层停留时间为 $64 \mathrm{min}$，滤速为 $1.13 \mathrm{m/h}$，正常运行时气水比为 $3:1$，反冲水强度为 $8 \mathrm{L/(m^2 \cdot s)}$。该工程于 2001 年 3 月进行设计，5 月开始施工，8 月完工并开始调试，10 月则完成了出水监测验收（结果见表 7-3）。

表 7-3　制罐废水处理验收监测结果　　　　　　　单位：mg/L

项目	COD	BOD_5	SS
废水排放口	$2000 \sim 4000$	$400 \sim 1100$	70
原处理设施出水	$600 \sim 1200$	200	38
曝气生物滤池出水	$60 \sim 80$	8	<10
生物炭滤池出水	<15	4	<5

由于出水水质可达到生活杂用水水质标准，因此该公司增设了回用水管道，用于厂区的绿化，这项措施每年可节约自来水量约 10 万立方米。

7.2.4 生活污水处理及中水回用

上海宝钢一、二期工程设计处理水量为 $10500 \mathrm{m}^3/\mathrm{d}$。为减少排污量和节约用水，宝钢（集团）公司根据污水水量及绿地分布情况，决定采用就地处理就地回用的方法，在提升泵站附近分散建设 14 座处理站，其中处理规模为 $800 \mathrm{m}^3/\mathrm{d}$ 的处理站 12 座，处理规模为 $500 \mathrm{m}^3/\mathrm{d}$ 的有 2 座。设计进、出水水质见表 7-4。

表 7-4　生活污水设计进、出水水质

项目	COD/(mg/L)	BOD$_5$/(mg/L)	SS/(mg/L)	LAS/(mg/L)	总大肠菌群/(mg/L)	余氯/(mg/L)	pH 值
进水	400	200	150	10			6～8.5
出水	40	10	10	1	3	0.2	6～9.0

宝钢的厂区生活污水有机物含量高，回用的水质要求也较高，因此采用了如图 7-5 所示的中水回用工艺流程。

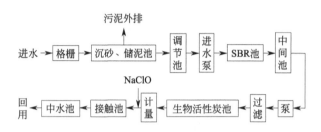

图 7-5　中水回用工艺流程

其中，生物活性炭处理部分采用 $\phi3.0m$ 活性炭罐 1 台，滤速为 4.8m/h，内装 $\phi1.5mm$、$h=3mm$ 的柱状活性炭。采用鼓风曝气，气水比为 3∶1；生物炭需定期用水反冲以去除多余的微生物和截留的 SS，反冲强度为 10L/(m^2·s)，反冲洗泵 2 台（1 用 1 备），$Q=250m^3/h$，$H=720kPa$，$N=7.5kW$。

该工程于 1999 年 8 月通过了上海市环保局的验收，监测结果见表 7-5。

表 7-5　中水回用验收监测结果

项目	pH 值	COD/(mg/L)	BOD$_5$/(mg/L)	油类/(mg/L)	SS/(mg/L)	LAS/(mg/L)
进水	7.4	184	97	12.3	103	2.6
过滤出水	7.5	20～30	5			
生物活性炭池出水	7.9	5～10	＜5	3	4	0.12

该工程投产后一直正常运行，平均每年节约用水约 383 万立方米，处理成本为 0.75 元/m^3（包括设备折旧）。

7.2.5　重金属废水的处理方法

目前，用于治理重金属废水方法主要有混凝、化学沉淀、溶剂萃取、离子交换、电解、吸附、膜分离、电透析和基因工程等物理、化学和生物方法。传统的处理方法如混凝、化学沉淀、溶剂萃取等尽管工艺较为成熟、简单，但存在成本高、治理不彻底、二次污染等问题，而离子交换、电解膜分离、电透析和基因工程等新兴的重金属废水处理方法又存在能耗高、设备投资费用高、难以实现工业大规模、连续化操作、技术尚不成熟等问题。活性炭吸附法以其操作简单、成本低、处理效果好、处理彻底且不存在二次污染等特点，被视为处理重金属废水的首选方法之一。

7.2.5.1　活性炭吸附法处理重金属废水

活性炭是一种比表面积高、孔容积大、孔径分布可控、表面化学性质可调、高吸附容量、具有稳定的物理化学性质和高机械强度的吸附剂。可针对重金属离子物理化学性质以及所处化学环境的不同，对活性炭的物理结构和表面化学性质进行有针对性的调控，以实现活性炭对废水中重金属的快速、高效吸附。活性炭作为一种优良的吸附剂，在处理重金属废水方面表现出以下 6 个优点：

① 无须添加任何氧化剂、絮凝剂等化学试剂；

② 吸附容量大，处理效果好；

③ 对重金属离子的吸附稳定性好、选择性高；

④ 可与难被自然界微生物降解的重金属离子一起填埋，防止再次污染水体，不存在二次污染问题；

⑤ 占地少，成本低，操作简单灵活；

⑥ 活性炭可经再生后循环使用，同时实现对重金属的回收。

7.2.5.2　影响活性炭吸附处理重金属废水的因素

（1）活性炭的选择及预处理

根据处理的重金属废水成分及含量的不同，选择合适比表面积、孔径分布、孔容积以及表面化学性质的活性炭，以确保该类型活性炭对重金属废水有较好的处理效果。此外，有时受重金属废水自身物化特性的限制以及为达到废水排放标准，活性炭往往需要预处理，如对活性炭进行氧化改性，增加活性炭表面含氧官能团数量，以增强活性炭的亲水性和对重金属离子的选择性吸附能力，同时还可进一步提高活性炭对重金属离子的化学吸附容量以及吸附的稳定性。

将活性炭先经 HNO_3 回流蒸煮、后经 Na_2S 微波焙烧改性后使其对铅离子的最大吸附量达到 129.5mg/g，去除率达到 94.5%，采用高锰酸钾氧化改性活性炭，发现与改性前相比，改性后活性炭对 Cu、Au 的吸附容量均显著增大，并有较好的去除效果。

（2）废水的 pH 值

由于废水的 pH 值对重金属离子的存在形态和价态影响较大，在不同的 pH 值下大多数重金属离子易与废水中阴离子以及水分子形成配位数不同的配合物，导致重金属离子的水化半径也存在较大差异，当离子的水化半径较大时，重金属配合物难以进入活性炭内的微孔，从而直接影响活性炭对重金属离子的吸附效果。此外，当废水 pH 值过高时，大部分重金属离子会以沉淀的形式析出。因此采用活性炭吸附法吸附处理重金属废水时应在合适的 pH 值范围内进行吸附。

不同 pH 值下活性炭 Cr（Ⅵ）、As（Ⅲ）吸附时发现，在溶液由酸性转变为碱性的过程中，Cr（Ⅵ）由以 $Cr_2O_7^{2-}$ 为主要存在形态转变为以 CrO_4^- 为主要存在形态，而 As（Ⅲ）逐渐变为以 $H_2AsO_3^-$ 为主要存在形态，而两种离子价态和所带电荷的变化直接显著影响活性炭对两者的吸附效果。

（3）停留时间

活性炭在吸附柱内对重金属废水的动态吸附过程往往与废水组成、流量等条件有关，且应保证重金属废水在吸附柱内有足够长的停留时间，以确保其有较高的去除率。但停留时间又不宜过长，否则会影响活性炭吸附处理流程的连续化操作并大幅度减少其处理容量。重金属离子在活性炭上的吸附，无论是属于物理吸附、化学吸附还是离子交换吸附，尽管在吸附速率上有所不同，但在实际吸附过程中都难以达到热力学上的吸附平衡，只能尽可能接近动力学意义上的动态平衡。因此，重金属离子与活性炭之间的接触时间，应在保证出口水质达到排放标准的前提下，尽可能缩短，以确保吸附柱在较大废水处理量下的连续化操作。

（4）活性炭用量

活性炭用量应根据废水组成、流量等相匹配，找到最佳用量，以保证活性炭吸附柱在最佳工况下运行。若活性炭用量过大，则需增加吸附柱的操作压力，且浪费吸附剂，是不经济合理的；反之，若活性炭用量不够，则会使吸附效果下降，吸附柱出水浓度难以达到工业排放标准。此外，对活性炭进行恰当的预处理后可以在一定程度上减少活性炭的用量。

改性制备的活性炭在处理相同浓度和组成的 Pb 离子废水时，在相同活性炭用量条件下，改性后活性炭去除率比未改性活性炭的去除率高 1.5 倍，即在达到相同去除率的条件下，改性预处理活性炭可以大幅度降低活性炭用量。

（5）吸附柱的运行条件

当吸附柱及活性炭选择设计好后，应反复多次运行调试吸附柱，以确定吸附柱的最佳运行条件，包括吸附柱进出口废水的流量、活性炭填装高度、吸附柱操作压力等。有研究发现随着六价铬离子溶液进口流量的增大，其穿透时间变短，传质锋面变平缓且吸附效果明显变差，因此在实际操作中应综合考虑穿透时间和活性炭对重金属离子的去除效果来选择合适的进口流量。

7.2.5.3 活性炭吸附重金属离子的机理

活性炭对重金属离子的吸附机理目前尚无明确的说法。通常有以下四种机理：一是活性炭表面官能团与重金属离子发生质子或离子交换；二是活性炭表面官能团与重金属离子之间发生络合反应，在活性炭表面形成复杂、稳定的络合物；三是自发的氧化还原反应或活性炭与重金属离子之间发生电荷转移；四是金属离子与活性炭微晶电子之间的静电相互作用。除了活性炭高比表面积、发达的孔隙结构和大的孔容积外，活性炭表面稳定且可调控、改变的含氧和含氮官能团的存在，使得活性炭对重金属离子的化学吸附成为决定活性炭吸附重金属离子容量大小的关键因素。

随着新型活性炭材料的不断研发、吸附技术的日趋成熟，活性炭吸附法也将更加广泛地应用于重金属废水的处理。在采用活性炭处理重金属废水之前，应先在了解重金属废水物化特性的基础上，综合考虑影响活性炭对重金属离子吸附效果的五大因素，对处理的重金属废水进行反复实验以确定最佳工艺条件，必要时可依据活性炭对重金属离子的吸附机理，有目的地对所使用的活性炭进行改性处理或是调整工艺参数，以求达到最佳处理效果。同时还应考虑活性炭的再生和重金属的回收问题，以降低处理成本并获得最大的经济效益。

7.2.6　生物炭废水处理工艺的设计要点

在实际工程设计中，生物炭处理单元通常可采用与砂滤池类似的结构，只需在底部的承托层中增设一组布气管即可。为使炭层与被处理水接触充分以及布水均匀，池中最低水位应在炭层之上 0.3m 左右。

（1）有机负荷

按照通常采用的生物活性炭工艺设计条件，若进水 COD＞200mg/L，则不适合采用该工艺。由于炭床空间中生长的微生物总量是有限的，因而这些微生物在一定的时间内可以降解的有机污染物也就存在一个极限。当炭床在单位时间内从被处理水中吸附截留下来的有机物总量小于炭床微生物的最大分解再生能力时，生物活性炭就能够形成和保持有机物吸附截留量与微生物分解再生量的动态平衡，生物活性炭工艺就能够长期稳定运行。反之，如果进水浓度过高，炭床吸附截留下来的有机物总量超过微生物的最大分解再生量时，这种平衡将遭到破坏，炭床将很快饱和失效。工程实践表明，以进水 COD≤200mg/L 作为采用生物炭工艺的前提条件时，从未出现过炭的过饱和问题。

（2）停留时间

由采用生物活性炭工艺深度处理印染废水与石油化工废水的生化处理出水时停留时间与出水 COD 的关系试验可知，延长水力停留时间可以明显提高出水水质，但会增大炭床体积，增加投资和占地面积。具体到每个实际工程时，最好先进行小试，然后综合考虑进水水质、出水要求指标及经济因素，最终确定出合理的停留时间。根据工程经验，对于近似生活污水经生化处理出水的水质，生物活性炭床的停留时间可选用 0.5～1.0h；而对于浓度相对较高的工业废水的深度处理，则停留时间宜为 1～1.5h。

（3）反冲洗周期与强度

由于进入生物活性炭单元的水中通常带有一定量的悬浮物，这样在生物炭工作一定周期后，在炭床表面或表层形成的悬浮物截留层会使炭床表面"板结"，造成水在通过炭床时的阻力逐渐增加，当炭床上面的水面上升到一定高度时，就应进行反冲洗了。经过反冲洗（在较大的反方向水流加上空气搅拌的作用下），悬浮物及生物膜类的堵塞物可以基本得到清除，生物活性炭会恢复到运行初期的工作状况。

反冲洗的周期一般根据进水悬浮物及有机污染物浓度来确定，有时也要参考出水水质要求。在进水悬浮物及有机物浓度较高时，反冲洗周期要短，可考虑间隔 8～16h 冲洗一次；在进水悬浮物及有机物浓度较低时（例如在大多数中水回用工程中或者进水为砂滤出水时），反冲洗周期可适当延长，从已建工程的实际运行经验来看，可以间隔

1～3d 冲洗一次。出于稳妥的考虑，前期的工程设计中采用了较大的反冲洗强度 [8～10L/(m^2·s)]。而在目前持续运行的生物活性炭处理工程中，基本采用的都是人工手动控制反冲洗进水流量（通过观察控制炭床达到一定的膨胀率，但又不会造成炭的流失），反冲洗进水阀门几乎很少用到全开，这就意味着可以进一步降低反冲洗强度 [例如取 4～6L/(m^2·s)]。

（4）供气量

在国内目前已有的生物活性炭处理系统中，供气基本上是采用在承托层内设置穿孔管曝气系统的方法。穿孔管鼓出的气泡在穿过承托层后不规则地穿透炭床层并与水流逆向接触。由于炭床的孔隙较小并且很密实，因此气泡被切割得很小，这样可以大大提高氧的利用效率。根据实际设计及工程运行经验，供气量可以按气水比为 (3～4)∶1 考虑。气水比过小容易造成曝气不均匀，有时会引起反冲洗不彻底，而进一步增大供气量也无必要。根据实际运行结果，当气水比≥3∶1、进水 COD≤200mg/L、出水 COD≤50mg/L 时，出水中 DO≥5mg/L。

7.3 生物炭脱氮除磷的应用研究

7.3.1 生物炭的制备

取一定量炭材于铁制器皿中，然后将其置于马弗炉中分别用 250℃、275℃、300℃、325℃、350℃、375℃、400℃及 500℃温度隔绝空气裂解 2h（升温速率为 50℃/min），待炉体温度＜150℃时取出，即制得不同系列的生物炭，生物炭粉碎过 71μm 筛后进行相关测试；使用 3 种不同的活化剂生产 P 系列、Z 系列及 S 系列活性炭，共计 15 种。生物炭生产工艺见图 7-6。

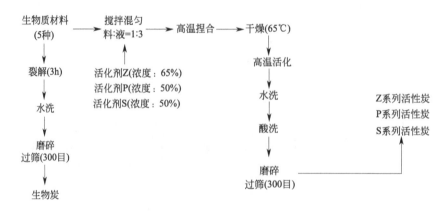

图 7-6　生物炭生产工艺
活化温度分别为 650℃（Z 系列）、500℃（P 和 S 系列）

7.3.2 生物炭的动态脱氮效果

总的来说，生物炭动态脱氮趋势是快速吸附达到峰值后又开始缓慢释放或趋于稳定。不同生物炭的最大动态氮吸附量及达到峰值时所需时间见图 7-7～图 7-9 及表 7-6，其中 P 系列炭达到吸附峰值后只有短时间的释放，其后紫茎泽兰炭和咖啡壳炭的氮吸附量保持在 750～960mg/kg 之间、烟梗炭、甘蔗渣炭和锯木屑炭保持在 400～520mg/kg 之间。

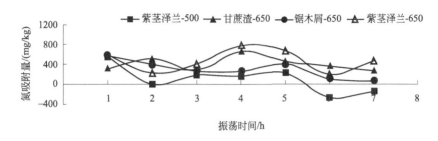

图 7-7　裂解炭动态脱氮效果

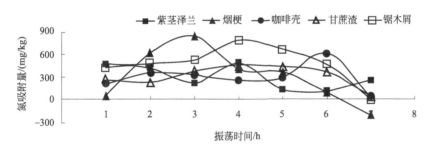

图 7-8　P 系列生物活性炭动态脱氮效果

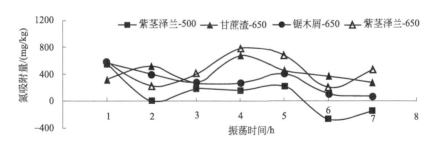

图 7-9　Z 系列生物活性炭动态脱氮效果

表 7-6　不同生物炭的最大动态氮吸附量（mg/kg）及所需时间（h）

裂解炭	时长	吸附峰值	Z 系列	时长	吸附峰值	P 系列	时长	吸附峰值
紫茎泽兰-500	1	562	紫茎泽兰	4	1294	紫茎泽兰	4	485
紫茎泽兰-650	4	781	烟梗	5	764	烟梗	3	874
			咖啡壳	4	992	咖啡壳	6	620
甘蔗渣-650	4	674	甘蔗渣	5	619	甘蔗渣	4	459
锯木屑-650	1	572	锯木屑	3	607	锯木屑	4	789

7.3.3 生物炭的动态除磷效果

650 系列炭中的紫茎泽兰炭、锯木屑炭及甘蔗渣炭对 P 的动态吸附特征是快速吸附，平衡约 4h 后开始缓慢释放，其中紫茎泽兰炭和甘蔗渣炭释放约 2h 后稳定在 100mg/kg，而锯木屑炭却是随着振荡时间推移进一步释放（图 7-10）。

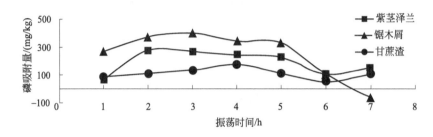

图 7-10　650 系列生物炭动态除磷效果

从图 7-11 容易看出，Z 系列炭快速吸附水体中的 P 后并没有释放，而一直稳定在几乎同一个吸附水平。其中烟梗炭的动态 P 吸附量要明显小于其他 4 种炭，稳定在 275～340mg/kg，而其他 4 种炭的动态 P 吸附量差异不大，皆稳定在 550～700mg/kg 范围内。

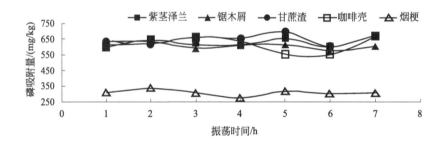

图 7-11　Z 系列生物活性炭动态除磷效果

7.3.4 生物炭对氮磷的吸附容量

对于本研究中的水体（新运粮河，其 N、P 浓度大约为 10mg/L、0.5mg/L），下面分析生物炭对其 N、P 的吸附容量。从图 7-12 可知，相同生物质材料，不同工艺条件下生产的甘蔗渣炭对 N 的吸附容量并没有差异；经 Z 活化后的紫茎泽兰炭显著优于其他工艺生产的炭；经 Z 活化后的咖啡壳炭优于 P 系列活性炭，且显著优于裂解炭，其中 650℃温度下生产的咖啡壳炭氮吸附容量显著小于其他炭；经 Z 活化后的锯木屑炭的 N 吸附容量显著高于其他工艺生产的炭；经 Z 活化后的烟梗炭的 N 吸附容量也优于其他炭。同是经 Z 活化的炭，紫茎泽兰炭的吸附容量最大（1207mg/kg）；而 P 系列活化炭则是锯木屑炭最大（916mg/kg）。

总的而言，活性炭 N、P 的吸附容量要优于裂解炭。从图 7-13 也很容易得出结论，

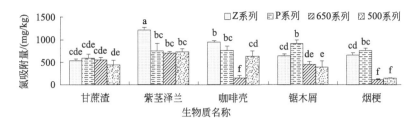

图 7-12　生物炭对氮的吸附容量

（柱形图上的不同小写字母表示在 $P<0.05$ 水平上存在显著性）

材料相同时 Z 系列活性炭的 P 吸附容量显著大于 650 系列炭；材料不同时 Z 系列中以烟梗炭的 P 吸附容量显著小于其他 4 种炭，而其他 4 种炭的吸附容量几乎相同，大约为 650mg/kg；650 系列炭的 P 吸附容量是锯木屑＞紫茎泽兰炭＞咖啡壳炭＞甘蔗渣炭＞烟梗炭。

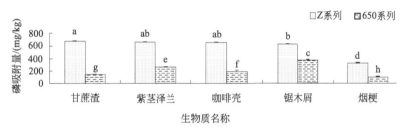

图 7-13　生物炭对磷的吸附容量

（柱形图上的不同小写字母表示在 $P<0.05$ 水平上存在显著性）

7.3.5　生物炭脱氮除磷的影响因素

（1）固液比对生物炭脱氮效果的影响

由于在不同炭水比情况下 500 系列和 650 系列生物脱氮效果不佳，甚至出现释放 N 素的情况，在此将不做分析。随着炭水比减小，Z 系列中的紫茎泽兰炭和咖啡壳炭的氮吸附量分别在 1∶300 和 1∶400 时达到最大，分别为 470mg/kg 和 353mg/kg，而烟梗炭、锯木屑炭和甘蔗渣炭都是增加的，其中烟梗炭在 1∶500 时的氮吸附量为 570mg/kg（图 7-14）。

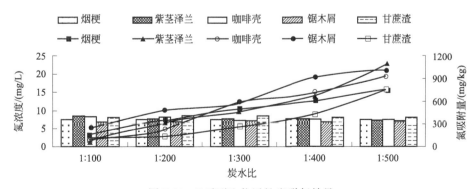

图 7-14　Z 系列生物活性炭脱氮效果

P 系列 5 种生物炭的脱吸附量都随着炭水比的减小而增加，1：500 时吸附量从大到小依次为紫茎泽兰炭（108.5mg/kg）、锯木屑炭（103.4mg/kg）、咖啡壳炭（94.5mg/kg）、烟梗炭（77.2mg/kg）和甘蔗渣炭（76.6mg/kg）（图 7-15）。

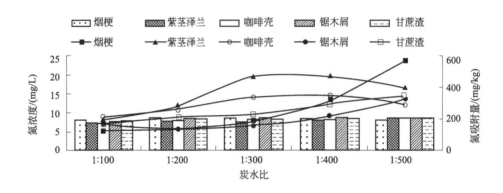

图 7-15　P 系列生物活性炭脱氮效果

（2）固液比对生物炭除磷效果的影响

650 系列生物炭中紫茎泽兰炭、咖啡壳炭和锯木屑炭的 P 吸附量随着炭水比的减小几乎都呈线性增长，炭水比 1：500 时的 P 吸附量处于 224～229mg/kg。甘蔗渣炭的 P 吸附量从炭水比 1：300 时基本稳定在 100mg/kg 左右，而烟梗炭的 P 吸附量则是在炭水比 1：300 时达到最大（120mg/kg），然后随着炭水比的减小而呈下降趋势（图 7-16）。

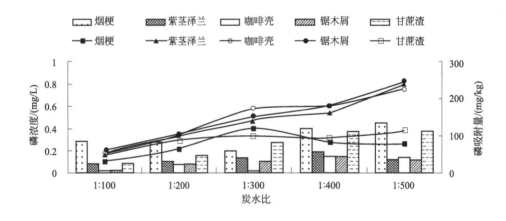

图 7-16　650 系列生物炭除磷效果

Z 系列炭中除烟梗炭外，其他 4 种生物炭的 P 吸附量皆随着炭水比的减小而呈线性上升，炭水比 1：500 时的 P 吸附量处于 415～440mg/kg 的小范围内，这一结果与 650 系列生物炭中紫茎泽兰炭、咖啡壳炭和锯木屑炭的情况相同，不同的是 P 吸附量大约是 650 系列炭的 2 倍。Z 系列烟梗炭则是炭水比达 1：400 后 P 吸附量基本稳定在 240mg/kg（图 7-17）。

（3）pH 值对生物活性炭脱氮除磷效果的影响

通过以上的吸附试验可以知道，650 系列炭和 500 系列炭的脱氮除磷效果不稳定，且

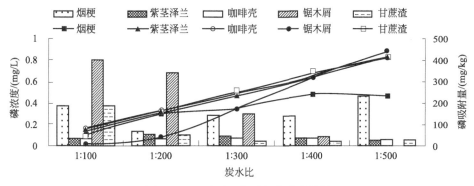

图 7-17 Z 系列生物活性炭除磷效果

吸附容量也远不如 P 系列和 Z 系列的活性炭，由于原水 P 浓度很低，而 P 系列炭由于本身含量 P，所以不可能取得良好的除磷效果，试验也证实了这点。后面的试验仅以 Z 系列炭作为研究对象，故此说明。

总体而言，pH 值对各种 Z 系列炭的脱氮效果影响不一样，但对除磷的影响基本是一致的（图 7-18、图 7-19）。咖啡壳炭、烟梗炭和甘蔗渣炭对氮的吸附量随着 pH 值的升高有明显的下降，pH＝5 时吸附量最大，分别为 1092mg/kg、942mg/kg 和 969mg/kg；紫茎泽兰炭和锯木屑炭在 pH＝8 时吸附脱氮效果最好，分别为 1231mg/kg、569mg/kg（图 7-18）。pH 值从 5 上升到 6 时，Z 系列 5 种炭的 P 吸附量快速上升。pH＞6，甘蔗渣炭、紫茎泽兰炭和锯木屑炭的 P 吸附量仍有进一步的缓慢升高，最高 P 吸附量分别为 527mg/kg（pH＝8）、490mg/kg（pH＝9）和 448mg/kg（pH＝8），当 pH 值大于或等于 6 时，烟梗炭和咖啡壳的 P 吸附量则分别稳定在 340mg/kg 和 390mg/kg 左右（图 7-19）。

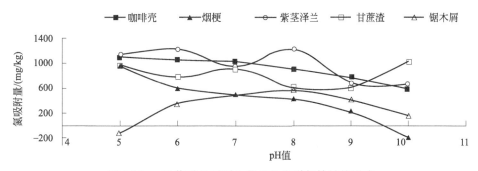

图 7-18　pH 值对 Z 系列生物活性炭脱氮效果的影响

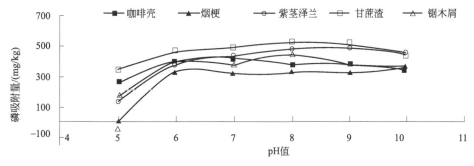

图 7-19　pH 值对 Z 系列生物活性炭除磷效果的影响

（4）COD 浓度对生物活性炭脱氮除磷效果的影响

在以上的试验中，原水皆取自云南省昆明市新运粮河，其特点是污染较轻，研究结果表明，生物活性炭对此类水体有较好的处理效果。但同时，生物活性炭对常见的有机污染严重的生活污水的处理效果又如何呢？本次研究探究了在不同有机污染程度下生物活性炭对 N、P 的吸附能力（图 7-20、图 7-21）。本次试验中设定了 5 个梯度 COD 浓度及 N、P 浓度，COD 梯度为 10mg/L、48mg/L、85mg/L、123mg/L 和 160mg/L，相应的 N、P 浓度为 1.2mg/L、5.7mg/L、10.1mg/L、14.6mg/L、19.0mg/L 和 0.2mg/L、0.9mg/L、1.6mg/L、2.3mg/L、3.0mg/L。

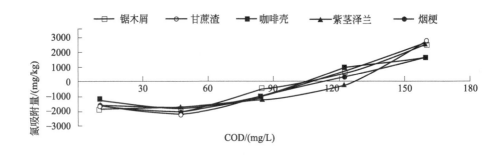

图 7-20　COD 对 Z 系列生物活性炭脱氮效果的影响

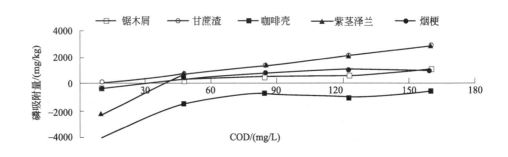

图 7-21　COD 对 Z 系列生物活性炭除磷效果的影响

新运粮河河水中 N 浓度大约为 10mg/L，从图 7-20 可以看出 N 浓度为 10.1mg/L（COD＝85mg/L）时，Z 系列炭对水体 N 根本没有吸附能力，但随着污染物浓度升高，炭对 N 的吸附能力有明显的增加，其拟合曲线皆符合一元二次方程 $y=ax^2+bx+c$，具体参数值见表 7-7。

表 7-7　拟合曲线参数

N 吸附拟合曲线参数				
生物炭名称	a	b	c	R^2
锯木屑	0.21	－5.70	－1862	0.923

N 吸附拟合曲线参数				
生物炭名称	a	b	c	R^2
甘蔗渣	0.29	−19.35	−1543	0.976
咖啡壳	0.19	−8.51	−1434	0.985
紫茎泽兰	0.34	−30.59	−1212	0.983
烟梗	0.18	−6.41	−1749	0.983

P 吸附拟合曲线参数				
生物炭名称	a	b	c	R^2
锯木屑	−0.027	12.63	−335	0.940
甘蔗渣	0.015	16.08	−70	0.999
咖啡壳	1294	—	−6657	0.944
紫茎泽兰	1803	—	−6428	0.997
烟梗	−0.095	24.82	−558	

有机污染也对生物炭吸附水体中 P 的能力产生了影响，新运粮河河水 P 浓度大约为 0.5mg/L，从图 7-21 可知，P 浓度为 0.5mg/L（COD=26mg/L）时，只有甘蔗渣炭和烟梗炭能吸附水中 P 素，当水体中 P 浓度上升到 0.9mg/L（COD=48mg/L）时，除咖啡炭外的其他 4 种炭对水中 P 素的吸附能力都有明显提高，而咖啡炭的吸附能力虽然也有提高，但本次试验中一直不能有效吸附 P 素。咖啡壳炭和紫茎泽兰炭的吸附曲线符合 $y=a\ln(x)-c$，而其他 3 种炭的吸附曲线与方程 $y=ax^2+bx+c$ 拟合得更好，具体参数值见表 7-7。

7.3.6 氮磷的协同吸附作用

在水体中（新运粮河水）同时存在 N 和 P，与单独存在一种物质时生物质对其的去除是促进还是竞争？试验表明（图 7-22），N、P 的同时存在不仅没有相互制约，反而对水体中 N、P 的去除有相当好的促进作用。Z 系列活性炭中，除了咖啡壳在 N、P 同存时对 N 的吸附没促进作用外，其他情况下 N、P 同存较 N、P 单独存在时都在很大程度上促进了生物炭对水体 N、P 的去除。当水体中同时存在 N、P 时，烟梗炭、锯木屑炭、紫茎泽兰炭及甘蔗炭的 N 的吸附量分别为 250mg/kg、1025mg/kg、2250mg/kg 及 2550mg/kg，分别为只有 P 存在时的 2.0 倍、1.6 倍、2.6 倍及 3.5 倍；烟梗炭、锯木屑炭、咖啡壳炭、紫茎泽兰炭及甘蔗炭的 N 的吸附量分别为 5640mg/kg、3483mg/kg、2789mg/kg、4488mg/kg 及 4662mg/kg，分别为只有 N 存在时的 1.2 倍、1.8 倍、1.5 倍、2.0 倍及 1.4 倍。

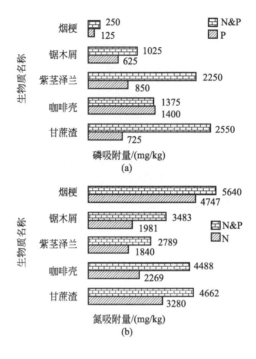

图 7-22　氮磷的协同吸附作用

7.4　生物炭-臭氧污水处理技术

7.4.1　生物炭-臭氧装置简介

生物炭-臭氧装置由生物炭滤池、臭氧发生器、臭氧混合塔及清水箱组成。生物炭滤池采用塔式结构，尺寸为 $\phi 2000mm \times 4000mm$，塔内填装颗粒状煤质炭，塔底进气排水，上部设配水装置，在常温常压下运行。其处理水量为 $10m^3/h$，进水水质 COD≤120mg/L，COD 去除率＞60％。臭氧发生器用于现场制备臭氧装置，由无油空压机、冷凝器、除湿器、干燥器、制氧机、臭氧机组成，其气源为空气，投加量为 50g/h，总功率为 2.2kW，接触时间为 10min。臭氧混合塔采用不锈钢制作，尺寸为 $\phi 800mm \times 3500mm$，其底部设置钛板曝气。

7.4.2　工程基本情况

① 工程单位：某厂中水回用工程。

② 处理水量：$200m^3/d$。

③ 工程占地：$150m^2$。

④ 工程投资：60 万元（生产污水＋中水处理）。

7.4.3 废水水质

废水水质情况见表 7-8。

表 7-8 废水水质

项目	COD_{Cr}/(mg/L)	BOD_5/(mg/L)	SS/(mg/L)	pH 值	色度/倍	大肠杆菌/个
数值	600~700	200~300	300	6~9	≤200	24000

7.4.4 工艺流程

生产污水经格栅去除大颗粒有机物后自流入调节池（见图 7-23），经水泵提升至 CASS 反应池，在这里废水中绝大部分的 COD、BOD 和悬浮物得到去除，出水优于国家一级排放标准，继而流入生物炭滤池，在炭滤池中，通过物理拦截、生物降解等多项机理，污水中有机物得到进一步去除。流出生物炭滤池的水通过臭氧混合塔与臭氧进一步混合氧化分解及脱色、脱味，以达到净化水质和消毒杀菌的目的。出水流入清水箱回用，其指标可达到国家《城市污水再生利用　城市杂用水水质》（GB/T 18920—2020），从而实现了污水的资源化利用。

图 7-23　工艺流程

7.4.5 臭氧的特性

臭氧是一种具有刺激性气味的不稳定气体，为已知最强的氧化剂之一。臭氧的化学性质极不稳定，在空气和水中都会慢慢分解为氧气。温度超过 100℃时，分解非常剧烈，在 270℃高温下可立即转化为氧。因此臭氧不能像其他常用工业气体那样用瓶装贮存，一般为现场生产，立即使用。臭氧的杀菌消毒能力很强，经臭氧处理后的水中细菌去除率为 99.985%~99.998%，有机物减少了 40%，色度去除率为 77%，亚硝酸盐类去除率为 79.5%，类蛋白氨去除率为 11.9%。臭氧还具有有效杀灭水生微生物和藻类的能力。

7.4.6 臭氧对污水的除臭机理分析

生产污水中的臭味主要由腐殖质等有机物、藻类、放线菌和真菌等引起，现已查明主要致臭物有土臭素、2-甲基异冰片、2,4,6-三氯回香醚等。虽然水中异臭物质的阈值仅为 $0.005\sim0.01\mu g/L$；但臭氧去除臭味的效率非常高，一般 $1\sim2mg/L$ 的投加量即可达到规定阈值。臭氧氧化主要靠羟基自由基去除异臭物质，能在瞬间完成对有机物及细菌等的破坏，消除异味。中水处理中去除臭味是关键，而臭氧恰恰能很好地完成这一使命。

7.4.7　臭氧对污水净化机理分析

通过两级生化处理工艺后，污水中仍含有诸如生化法不能降解的 COD 和 AOX（有机氯化合物），需要进一步用臭氧强氧化法处理。臭氧溶于水中产生的羟基自由基与水中的 AOX 及显色官能团（如双键等）结合，断链破键，使显色官能团失色，并与水中细菌病毒等结合，使其迅速脱水分解，以达到对污水的消毒、杀菌、脱色、除臭以及除去污水中有害物质（如亚硝酸盐等），降低污水中的 COD、BOD_5 及悬浮物固体等。经臭氧处理后的出水无色无味，外观似自来水。其水质监测结果见表 7-9，而且通过条件实验可知，当臭氧浓度为 $5mg/L$，且与污水接触时间为 10min 时，从经济性与出水指标比较中可知其水质最好。

表 7-9　臭氧混合器内污水不同停留时间的出水记录　　　　单位：mg/L

运行批次 /次	生物炭出水 COD	臭氧混合器出水 COD		
		$T=5min$	$T=10min$	$T=15min$
1	68	50	40	38
2	66	52	40	39
3	65	55	42	39
4	63	53	37	37
5	62	50	34	34
6	58	52	36	35
7	55	48	32	30
8	52	45	32	32
9	48	48	30	30
10	51	46	32	30

7.4.8　生物炭-臭氧效益分析

与常规中水处理技术相比，生物炭-臭氧水处理工艺（图 7-24）初期设备投资较大，但占地面积小、电耗及药剂费用小、运行成本比较低，设备可采用全自动控制，无需专人值守，活性炭每隔两年更换一次，维护费用及设备折旧费用均比较低，吨水处理成本仅为 0.60 元（处理水量为 200t/d 规模的处理费用）。生物炭-臭氧技术设备在使用过程中，由于污泥龄比较长，污泥产量很小，可每年清理一次，处理场地周边无臭味、异味，对环境不产生负面影响，适用于单元式中水回用处理系统。

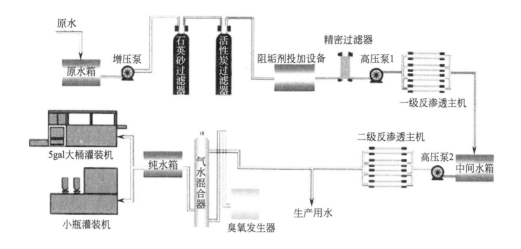

图 7-24　生物炭-臭氧水处理工艺（1gal≈3.78L）

7.5　活性炭纤维在污水处理中的应用

污水处理广泛通过活性炭材料吸附来进行重金属离子、有害阴离子、超细颗粒污染物、有机污染物和有色物质的脱除，目前工业应用的主要活性炭材料的种类有粉状活性炭、粒状活性炭和纤维状活性炭（activated carbon fiber，ACF，又称活性炭纤维）。

活性炭纤维是以有机纤维为前驱体，通过不同途径制得的一种新型功能性纤维，为继粉状活性炭和粒状活性炭之后的第 3 代产品的新型功能吸附材料，具有成型性好、耐酸碱、导电性与化学稳定性好等特点。ACF 不仅比表面积大、孔径适中、吸附速度快，而且具有不同的编织形态。活性炭纤维在催化、吸附方面具有良好性能，与其孔结构、孔分布、比表面积以及表面官能团的种类和含量有关，具有极大的开发价值。目前 ACF 已广泛应用在化学工业、环境保护、辐射防护、电子工业、医用、食品卫生等领域，而且越来越受到人们的关注，其应用前景相当广阔。

7.5.1　ACF 的应用

（1）水中污染物去除

在水质净化与饮用水的净化方面，多数研究表明，ACF 的吸附速度快，净化效率高，对水中无机物、有机物及微生物等都具有明显净化效果，可使水质有明显的澄清，并能除去水中的异臭、异味。而且在 ACF 上负载银或硝酸银可以杀灭细菌，防止细菌繁殖，特别适于小型家庭式净水器的使用。使用 ACF 对水源水中以氯仿（$CHCl_3$）为代表的低浓度有机污染物进行吸附，并与粒状活性炭的吸附效果进行对比，动态实验和静态实验的结果表明，ACF 的吸附速率快，去除效果好，在相同的平衡浓度下吸附容量大，吸附性能与 ACF 的表面积成正比，均优于颗粒活性炭。

Barsquet 等研究了粒状活性炭、粉状活性炭和活性炭纤维（布状或毡状）对水中污染物苯酚和腐殖物质的去除，结果表明活性炭纤维去除苯酚的效果明显优于粒状活性炭，吸附容量大，传质阻力小，吸附速率快。ACF 对饮用水中苯酚的吸附容量为 40.3mg/g，而对腐殖物质的吸附容量为 0.5mg/g，显示 ACF 对不同分子大小的污染物的吸附存在选择性，适于吸附小分子量的分子。ACF 对水中苯、甲苯等污染物的去除都具有较好的效果，吸附效果与孔径分布密切相关。

在用磷酸活化法制备的剑麻基活性炭纤维上负载金属银，研究其对大肠杆菌和金黄色葡萄球菌的杀灭作用，结果表明，磷酸活化的活性炭纤维表现出较强的抗菌杀菌能力，经 5 次抗菌试验后材料仍显示出很强的抗菌能力。抗菌能力与活化方法、活化时间、纤维的比表面积等因素相关，载银量和比表面积越大，灭菌能力越强。

地下水中可能存在的多种类型的有机污染物在 ACF 上的吸附行为都有研究报道。腐殖酸是一类广泛存在的天然有机化合物，也是地下水的潜在污染物。富里酸是一个典型的低分子量的腐殖酸。使用活性炭纤维电极电化学去除富里酸的研究表明，处理过程中富里酸分子聚合，溶液中的平均颗粒直径从 10nm 到几百纳米。当阳极加铁时，富里酸在早期处理阶段有效凝聚。提出机理为：富里酸在 ACF 表面吸附—富里酸聚合—聚合的富里酸从 ACF 脱附-聚合的富里酸被从阳极溶解的 $nFe(OH)_2 \cdot mFe(OH)_3$ 凝聚。使用石墨和不锈钢电极重复实验进行对比：没有观察到富里酸聚合，且大多数的富里酸没有从溶液中去除，说明 ACF 电极有较好的处理效果。取自淮河沉积物的富里酸样本被成功地用于 ACF 电极处理。

（2）废水处理

在废水处理领域，使用聚丙烯腈 ACF、黏胶基 ACF 和粒状活性炭对 5 种红色染料的吸附研究表明，ACF 都具有较高的吸附容量和吸附速度，其中聚丙烯腈 ACF 的吸附能力略低于粒状活性炭，而黏胶 ACF 的吸附能力则远远优于前两种，对染料有着较大的吸附容量和较快的吸附速率，通过简单的模型，可计算出 5 种染料在 2 种 ACF 上的吸附速率常数。使用 ACF 对氯霉素生产所排放的硝基废水进行吸附处理，研究结果表明，ACF 对硝基废水的吸附容量大，吸附速度快，其表观平衡吸附量为 214mg/g，是粒状活性炭的 3～4 倍，在动态吸附实验中流速控制在 2.5mL/min 时，对几百毫克每升的硝基废水一次过柱就可达国家一级排放标准。

采用 ACF 处理十三吗啉农药废水，净化效率较高，COD 去除率达 94%，出水 COD 浓度小于 150mg/L，达到工业废水排放标准，吸附饱和的 ACF 经酸性无机脱附剂处理可以再生，脱附液经处理可回收有用物质，具有一定的经济效益。多氯联苯（PCBs）是一种公认的全球性污染物，对人类和环境危害性很大，采用内径 0.4m、有效柱长为 1.2m 的吸附柱，装填 ACF10kg，对含 PCBs 10～27μg/L 的废水进行吸附处理，废水流量为 3t/h，出水 PCBs 浓度小于 3μg/L，达到国家排放标准。

剑麻基 ACF 可以有效去除水中某些有机染料分子，如亚甲基蓝、结晶紫、溴酚蓝、铬蓝黑 R 等，对这些有机物的吸附量大、去除率高，有的可达 100% 去除率，吸附速率因染料分子的不同而差别很大，比表面积、孔结构、表面官能团与吸附质的物理化学性质协同作用决定了吸附量大小。使用 ACF 对炼油废水进行处理的研究表明，ACF 对 COD_{Cr}、浊度、硫化物、挥发酚、石油类等具有良好的去除效果，可望代替粒状活性炭用于炼油废水处理，将排放水回收作循环水的补充水。吉林化学工业公司电石厂丙烯酸车间是以生产丙烯酸丁酯为主要产品的企业，该车间排放的生产废水 COD_{Cr} 高达 $1.2 \times 10^5 \, mg/L$，废水中含有丙烯酸、酚类、苯磺酸和氢氧化钠等多种复杂成分，采用 ACF 处理后，吸附和分离效果较好，$COD_{Cr} < 1000 mg/L$，净化效率为 98% 以上。

ACF 去除水中 CS_2 的研究表明，ACF 是有前景的吸附剂，能够在平衡状态和动态吸附/解吸条件下捕捉 CS_2 吸附容量随浓度的增加而增加。采取增加比表面积和孔容积修饰 ACF 后，ACF 吸附容量优于 GAC，并且在 pH 值为 3~9 都呈现较好吸附性能，实验条件下，重复吸附、沸水解吸过程，其吸附性能没有明显降低。利用 ACF 导电性较好、比表面积大的特点，以 ACF 作电极可以提高传质速率，提高反应速率，增加电流效率，提高反应的选择性，进一步发挥电化学的环境友好优势。以 ACF 作为新型电极材料，在 15~25V 的电解电压下对几种还原、酸性、活性、硫化等商品染料的模拟废水进行处理，色度去除率接近 100%，COD 去除率为 30%~80%；通过红外、紫外、荧光、TOC 等表征手段，初步研究了反应机理：处理过程可能主要是自由基反应的过程，同时伴随着絮凝的作用，在被电极吸附的情况下自由基反应可以使染料分子通过耦合作用变大，从而易于被絮凝除去。使用 ACF 电极，可以在低电流密度（$< 10mA/cm^2$）和低电解质浓度（0.07mol/L）下对水杨酸溶液进行在线降解，结果表明，ACF 对有机物的富集作用，有利于消除浓差极化效应，改善电解速率和降解效率。使用 ACF 电解体系（阳极使用铁电极）降解 29 种染料的研究结果显示：几乎所有的被检测染料溶液都能够被有效地脱色，较高的溶解性可得到较高的降解效果，降解吸附趋势与所带官能团种类和亲疏水性相关。

7.5.2 ACF 应用的限制因素

尽管 ACF 在吸附去除水中和气流中的污染物应用方面有很多优势，但与活性炭相比，ACF 的价格较贵，限制了 ACF 的进一步应用。且 ACF 的使用周期受再生过程的限制变短，ACF 的再生方法有热再生、化学再生、超声振荡再生、超临界萃取法再生。目前 ACF 较多地采用高温加热再生或化学溶剂再生。一般的热再生法要求较高的温度（250~300℃），而且需要建立专门的场所，操作成本高，且再生时易着火，加热过程中 5%~10% 碳会损失。而化学溶剂法通常是将吸附质萃取或生成不易吸附的形态脱附，再生时常使用的溶剂有强酸、强碱或乙醇，容易产生二次污染，而且再生过程中脱附下来的污染物还需进行再次处理。电化学方法能耗小，操作成本低，污染少，具有良好的应用前景。一方面可通过改变电化学极化方向现场再生被污染物饱和了的 ACF；另一方面，可能在吸附状态电化学降解有机污染物，减少其他再生方法所面临的二次污染处理问题。电化学再生方法因其特有的环境友好性，在 ACF 再生方面值得进一步深入研究。

在低浓度体系的处理方面，如饮用水的深度净化，由于污染物的浓度很低，导致
ACF 达到吸附平衡点时对应的吸附量很小，不能将水中的污染物浓度进一步降低，因此
ACF 在低浓度体系的吸附效果还需要进一步提高，在这方面电吸附技术通过电化学极化
增加 ACF 吸附容量有应用潜力。

7.6 生物活性炭在水处理中的应用

生物活性炭（BAC）技术是 20 世纪 70 年代发展起来的去除水中有机污染物的一种新
技术，其为利用粒状活性炭巨大比表面积及发达的孔隙结构对水中有机物及溶解氧很强的
吸附特性，将其作为生物载体替代传统的生物填料，并充分利用活性炭的吸附以及活性炭
层内微生物有机分解的协同作用。

BAC 技术可以去除活性炭和生物法单独使用时不能去除的污染物，且处理效率也较
两者单独使用时高。生物活性炭法是近年来发展起来的一种新型水处理工艺，目前，世界
许多国家已在污染水源净化、工业废水处理及污水再利用的工程中应用了该技术，尤其在
西欧应用更为广泛。该技术的研究在我国已有十多年的历史，目前已进入实用阶段。虽然
国内外理论界对其作用机理解释不尽一致，但其在实际应用中所表现出来的去除效率高、
操作管理简便、活性炭使用周期大大延长和运行成本较低等优点已被公众所认同。

7.6.1 生物活性炭（BAC）技术应用领域

7.6.1.1 饮用水源处理

以生物活性炭为中心的深度处理技术是提高饮用水水质的最主要技术之一，在降低出
水中溶解性有机物浓度、提高后续消毒功能、去除原水中的微量持久性有机物、改善感官
指标等方面发挥了重要的作用。生物活性炭能够迅速地吸附水中的溶解性有机物，同时能
够富集水中的微生物，生物活性炭表面吸附的大量有机物也为微生物提供了充足的养分。

有研究表明：生物活性炭比单独吸附和生物降解更有效，微生物活动对活性炭起到了
再生作用，比例达 20%～24%，活性炭的存在也减轻了水中有害物质对微生物的影响。
这可能是由于附着微生物能够抵制难降解化合物的毒害以及自身的快速内源呼吸，并拥有
不断增强的新陈代谢能力。活性炭层上最初的或自然产生的生物能的增加，能促进净化水
中吸附剂活性资源的增加。

有研究提出吸附解吸过程受浓度梯度和溶液及孔隙的吉布斯自由能影响，与以往有关
协同作用解释观点不同的是，他们认为影响生物吸附的因素是活性炭生物再生的强度，并
且在整个生物吸附过程中微孔一直被吸附基质所占用，没有发生生物再生，只有过渡孔能
够通过微生物再生。Lee Se-han 等研究表明，吸附能力的不同还与活性炭上积累的钙离子
量有关，用酸洗活性炭去除钙离子后吸附能力得到恢复。

吴红伟等（2000）认为原水经过臭氧氧化后，分子量为 1000～3000 的有机物含量增

加了 13.5%，分子量为 $10^4 \sim 10^5$ 的有机物增加 9.7%，但其他区间的有机物含量都减少了，尤以分子量 $>10^5$ 的有机物含量减少最多。此外还有研究结果表明，臭氧化可改善水的可生化性，增加水中有机营养基质的含量，具体表现为生物可降解溶解性有机碳（BDOC）和可同化有机碳（AOC）浓度增高。

Summers 研究表明，分子量为 $500 \sim 1000$ 的腐殖质可吸附面积达粒状活性炭（GAC）可吸附面积的 25%。Hu 等研究发现，GAC 对烷烃类有机物的去除效率最高，其次是苯类、硝基苯类、多环芳烃类和卤代烃类，对醇类、酮类、酚类的去除效果相对较弱。

有研究认为臭氧会引起 BDOC 增加 53.8%～63.6%，因为部分不可降解有机物被臭氧氧化成易降解有机物，使一些天然有机物氧化成小分子的有机物，而小分子有机物易被生物作为营养吸收，如富里酸氧化后会产生烷烃、脂肪醛、酮、酸等有机物。这些小分子有机物易通过细胞膜被细胞代谢酶吸收降解，可使溶解性有机碳（DOC）去除率达 29.9%～53.6%，BDOC 去除率达到 52%～70.7%。

李秋瑜等（2005）研究证明，运用生物活性炭水处理技术处理水量较大，并且可以保证出水 COD_{Mn} 完全满足饮用净水指标要求；UV_{254} 的去除效果也非常显著，平均去除率达 94%。通过 GC-MS 分析处理前后的水中有机物种类，进一步验证，生物活性炭技术对原水中有机物，尤其是不饱和烃类和含氮有机物有十分显著的去除效果。生物活性炭对亲水性有机物的强降解作用可以有效抑制致癌风险较高的卤乙酸的生成。亲水性有机物氯化后，单位溶解性有机碳生成卤乙酸的潜能远远高于生成三卤甲烷的潜能。与对三卤甲烷前质不同，生物活性炭对卤乙酸前质表现出良好的去除效果，去除率达 33.9%。国内的相关研究成果也认为粒状活性炭是控制卤乙酸前质的较好方法。

7.6.1.2　生活污水处理

BAC 技术在生活污水处理中也取得了很好的效果，尤其由于 BAC 法结合了生物降解和吸附两个过程，对于去除非离子合成表面活性剂（NISS）非常有效。有深入的研究证明了 BAC 技术对生物降解和活性炭吸附两个过程的优化主要体现为：微生物活动对活性炭起到了生物再生作用，其比例达到 20%～24%；活性炭的存在也减轻了废水中有害物质对微生物的影响。在实际应用中，BAC 法处理生活污水在高负荷时能够表现出稳定的处理效果。德国的 Schorder 等（2011）在进行城市生活污水处理的研究时，采用了新的总和参数分析及质量光谱分析来检测污染物的去除率，证明了用 O_3-BAC 法处理城市生活污水，对其中烷基苯类化合物及其降解产物等极性化合物的去除率更好，这类化合物对一般水体中生物群落的内分泌系统有很强的毒害作用。

7.6.1.3　工业废水处理

（1）染料废水

国外一些大学研制的生物活性炭搅拌池反应器，在处理印染废水上取得了很好的效果，该研究对 BAC、生物砂床、单纯活性炭吸附及单纯生物降解进行了平行实验，并对不同类型染料废水的处理效果进行了分析。由表 7-10 可见 BAC 系统的染料去除率比单纯生物降解及单纯活性炭吸附两过程染料去除率高。

表 7-10 不同染料废水采用 BAC 等法的染料去除率 (V_0)

项目	V_0(TB4R)	V_0(TB2R)	V_0(TB3G)
①纯生物法/(mg/h)	0.918	0.240	0.558
②生物砂床/(mg/h)	1.633	0.394	0.625
③单纯活性炭/(mg/h)	5.281	5.400	10.442
④生物活性炭/(mg/h)	8.297	6.090	12.580
②+③/(mg/h)	6.914	5.794	12.067
生物活性炭的优越比率/%	17	5	4
粒状活性炭的朗缪尔比值	163	175	238

注：1. V_0 为单位时间染料去除率。

2. 生物活性炭的优越比率指 [④-（②+③)]/④。

3. TB4R 为酸性蓝，TB2R 为酸性红，TB3G 为酸性微生物活性的作用。

采用 BAC-BZ（生物沸石）组合工艺处理同时含有抑制硝化作用的有机物和高浓度氨氮的污泥干化废水的实验结果显示，抑制性有机物浓度经过 BAC 反应器后大幅度降低，氨氮浓度在经过 BZ 反应器后大大降低，污染物的降低均为介质吸附过程和生物降解过程共同作用的结果。

（2）制药废水

制药废水由于含有有机物种类多、浓度高、色度深、固体悬浮物浓度高、组分复杂，且含有难降解物质和抑制细菌生长的抗生素而成为废水处理中的难题。

胡妙生（1996）采用厌氧生物活性炭流化床来处理制药厂生产氯苯胍和络硝咪唑两个车间的排放液。试验发现，与其他工艺相比，该工艺停留时间短，耐冲击负荷大，在高进水负荷下出水稳定，COD 去除率达 80% 以上。比利时 Gent 大学研究的生物活性炭氧化过滤器系统（BACOF），在处理制药废水上取得了良好效果。经处理后的制药厂出水中，COD 去除率在 70% 以上，处理后出水的 COD 低于 25mg/L。废水中对硝化菌有害的微污染物被去除，使得难生物降解的含氮化合物被硝化。制药厂废水经生化处理后的出水对鱼类有较强的毒害作用，而再经 BACOF 系统处理后的出水，在检测范围内对鱼类既无急性的亦无慢性的毒害作用。

（3）含油废水

含油废水来自钢铁、机械、石油化工和油的运输，具有量大面广的特点。随着我国工业的快速发展，含油废水的排放量逐年增加，成分也日趋复杂。若直接排入水体，其表面的油膜会阻隔氧气融入水中，致使水中缺氧、生物死亡、产生恶臭，严重污染环境。传统的含油污水处理技术多是以吸附、聚结、凝聚等物理化学处理方式为主，近年来随着环境排放标准的逐步提高，单纯的物理、化学处理技术仅能保证出水水质中油类物质的达标排放，而好氧类有机污染物却往往超标排放，严重影响附近水域水质。同时由于多数企业所排放的含油废水具有水质、水量波动幅度大，生化指标相对稳定且不太高的特点，如采取传统的生化处理工艺去除废水中的有机好氧物，将带来一系列运行、管理、操作问题，进而影响出水水质。生物活性炭技术由于其独特的处理机理和稳定可靠的出水水质、灵活的启动方式而引起人们的日益关注。李伟光等（2004）采用人工固定化生物活性炭技术处理含油废水，其对油的去除率在 80％～95％之间，COD 平均去除率达 53％，出水油质量浓度小于 5mg/L，试验结果表明，该工艺对污染物的去除效果明显高于粒状活性炭和传统的二级气浮工艺。陈洪斌等（2004）采用进水—悬浮载体生物处理—絮凝气浮和砂滤—充氧—生物活性炭处理—氯气消毒工艺，对中国石油大港石化公司的达标炼化外排水进行深度处理。近一年的连续运行表明，该工艺对 COD 的平均去除率达 69.6％，在进水 COD 超过 150mg/L 时，出水 COD 也保持在 40mg/L 以下，对污染物去除效果良好，出水 COD、NH$_3$-N、BOD、含油量和浊度均优于回用水标准。广州石油化工总厂炼油厂在试验基础上，于 1987 年将原废水处理流程改为隔油—浮选—生物曝气—后浮选—生物活性炭工艺，并增加 3 座同样的活性炭塔，成为 6 塔并联操作。每塔处理量 360～600m^3/h，进粒状生物活性炭（GBAC）塔 DO 为 3～4mg/L，接触时间为 1～2h，LV 为 2.5～4.5m/h，反冲周期为 5～7d，反冲速度为 20m/h，反冲时间为 15～20min。当进水 COD 为 31～240mg/L 时，GBAC 出水 COD 为 23.3～119mg/L，出水波动为 40～80mg/L 的占出水总分析次数的 73％。GBAC 塔运行 10 个月后，炭的碘值仍为新炭的 75％。

（4）焦化废水

焦化废水由水与苯、萘、焦油、煤气等产品直接接触产生，属高 COD、高酚值、高氨氮量，且处理难度较大的一种工业有机污水。因受原煤性质、炼焦温度、焦化产品回收工艺等多种因素的影响，废水成分复杂多变，含有多种难降解成分，许多焦化厂的外排水虽然经过了溶剂脱酚、生物脱酚等净化工艺处理，但其中某些有毒有害物质的浓度仍居高不下，常常难以达到国家排放标准。微波使极性分子产生高速旋转碰撞而产生热效应，能直接加热反应物分子，从而改变体系的热力学函数，降低反应的活化能和分子的化学键强度，大大提高反应活性。此外，微波还有非热效应的特点，即在微波场中剧烈的极性分子振动能使化学键断裂。活性炭由于表面的不均匀性，微波辐射会使其表面产生许多"热点"。

1）仪器与试剂

722N 可见光分光光度计，上海精密科技仪器有限公司；DIS-1 型数控多功能消解仪，深圳市昌鸿科技有限公司；WF-400 常压微波快速反应系统，上海屺尧分析仪器有限公司；202-3AB 型电热恒温干燥箱，天津市泰斯特仪器有限公司；PHS-3C 型 pH 计，上海精密科学仪器有限公司雷磁仪器厂；电子天平，北京市永光明医疗仪器厂；粒状活性炭、邻苯二甲酸氢钾、30％H$_2$O$_2$ 溶液、FeSO$_4$、浓 H$_2$SO$_4$、NaOH 等试剂均为分析纯。

2）实验方法

实验所用焦化废水取自某焦化厂，水样 COD 值为 300mg/L 左右。取 50mL 水样置于 250mL 锥形瓶中，将溶液 pH 调至所需值，加入一定量的活性炭、H$_2$O$_2$ 和 0.07g FeSO$_4$，将锥形瓶置于微波反应器中，设定好微波功率和辐射时间，启动微波反应器进行实验，时间到后取出水样，冷却至室温，过滤后补加蒸馏水至 50mL，测定滤液中 COD 值。

3）分析方法

COD采用消解仪测定。按下式计算废水COD的去除率：

$$COD 去除率 = (C_0 - C)/C_0 \times 100\%$$

式中，C_0——处理前废水的COD值，mg/L；

C——处理后废水的COD值，mg/L。

4）结论

① 以活性炭作催化剂，在微波辐射诱导下，Fenton试剂氧化可有效降低焦化废水中COD值。

② 分别对活性炭用量、H_2O_2用量、微波功率、微波辐射时间、废水pH值几个影响因素进行考察。结果表明：随着活性炭和H_2O_2用量的增加、微波辐射时间的延长，COD去除率也不断增加；但微波功率和废水pH值增大时，COD去除率先增大后减小。

③ 通过正交实验得出最佳工艺条件为：对50mL焦化废水，活性炭用量为0.4g，H_2O_2用量为3mL，微波功率为400W，微波辐射时间为5min，废水pH值为5。

④ 在最佳实验条件下焦化废水COD去除率达85%以上，处理后的水样COD值低于50mg/L，达到国家一级排放标准。

7.6.2　活性炭对有机污染物的吸收

活性炭对有机污染物的吸收是通过其表面的微生物的吸收，微生物在此过程中获得了养料，迅速分解，促进了活性炭功能的恢复，达到了稳定的处理效果。不同的活性炭对水质的处理能力不同，而且会受到水质的影响，因此，在选用活性炭的时候要充分考虑到实际的情况，根据水质的情况选择最合适的活性炭。

7.6.2.1　选择活性炭的方法

从目前我国的技术手段分析，我们可以发现，选用活性炭的手段很多，静态试验、活性炭滤柱试验（中试或小试）就是目前最为典型的两种方法，而且应用最多的是二者的结合。静态试验法主要是针对具有代表性的几个指标进行测定，来检测活性炭吸附的能力，相对而言，方法简单快速，但是针对性较差，效果误差较大。而滤柱试验是通过分析活性炭柱的出水指标，来比较活性炭吸附性能的优劣，相对而言，该法所测得的结果更加准确有效，但是较为费时费力。

7.6.2.2　新技术的实验与结论

从以上的分析中我们发现不论是哪种方法都存在着一定的不足，都存在着一定的局限性，因此，很多研究部门对如何提高活性炭结构对水质化学的安全性影响进行了新技术的实验，促进了相关技术发展的同时，也为我国水质安全检测提供了新的依据。该实验方法选择的实验地点是一个普通的水厂，采用6个平行的活性炭柱，柱高达到3m，内径120mm，均装填有活性炭-石英砂双层滤料。共装了6种不同的炭，分别为BAC1、BAC2、BAC3、BAC4、BAC5、BAC6。其中BAC1、BAC5、BAC6为柱状炭，BAC2、

BAC3、BAC4 为破碎炭。实验过程中所采用的水是焦化厂经过过滤并臭氧化的出水，经过一系列的实验，最终得出的结论可以从以下几个方面进行分析。

（1）水质化学安全性检测结果

在实验中选取了四个指标来反映活性炭对有机物去除的效果，水质中的天然有机物是造成色度、臭味的主要原因，也是目前氯化消毒的副产物的前体物之一。它的去除情况对出水水质以及后续的工艺都是非常重要的，因此选择紫外吸光度来衡量活性炭对天然有机物的去除效果，在实验中也对活性炭的吸附能力进行了详细的考察。通过分析实验结果可以发现，6 根活性炭滤柱对 UV254 的去除均较好，效果最差的 BAC6 滤柱去除率也达到了 54%，而其中效果最佳的 BAC3 滤柱则达到了 88% 的去除。从实验中我们也可以发现，破碎炭对耗氧量的去除效果略好于柱状炭。从实验中，我们对三卤甲烷的吸附情况进行了监测，发现活性炭对其吸附能力一般，但是活性炭对天然有机物的控制效果是最好的。

（2）活性炭结构特征

我们从实验中也可以看出活性炭的孔径与表面的性质，对活性炭的孔径特征的监测是通过表面积、孔面积和孔径分布的情况来表现的，活性炭的孔径与活性炭的吸附能力是息息相关的，因此对孔径的分布情况进行监测是十分必要的。经过实验的对比，我们可以发现，不论孔径范围的大小，其中破碎炭中的空容积值是最高的，与以上结论是互相吻合的。而同样影响活性炭吸附能力的就是活性炭的表面性质，活性炭表面的带电性能与酸性是影响其吸附的重要因素，从结果的显示情况来看，活性炭表面正电荷与负电荷的情况均存在，并且同一种炭所带的电位值基本相近。从实验的研究情况来看，柱状炭的电位值明显比破碎炭的低，这在一定程度上反映了破碎炭表面所带的电荷较柱状炭要多，这与破碎炭的出水效果要普遍好于柱状炭的结论相符合。

在用水日益紧张的趋势下，小区生活污水经过二级生化处理后再进行生物活性炭深度处理，可满足生活杂用水和小区景观补充用水、绿化用水等需求，既有效减轻了污水排放对城市水体环境的污染影响，又能节约大量的城市自来水。BAC 技术在欧洲还被很多国家，尤其是地中海附近国家广泛用于处理垃圾填埋场的渗滤液，例如希腊、意大利等国由于对城市固体废弃物的处理目前还广泛采用卫生填埋法，所产生的渗滤液对环境造成严重威胁。传统的处理方法包括生物、化学、膜分离法及热处理法等，物化处理费用高而效率低。传统的活性污泥法可以有效去除有机碳及营养物质，但在实际处理过程中常会遇到污泥沉降性能不佳、需要较长时间的曝气和较大体积沉淀池，并要求循环全部生物量等问题。

Loukidou 等利用生物活性炭序批式反应器（BACSBR）处理这类废水，不仅降低了对曝气的要求，同时减少了内部循环，可很好地控制硝化过程，有效脱氮。该法对垃圾渗滤液中 COD 的去除率为 81%，BOD 的去除率达 90%，氨的去除率为 85%，同时减少色度 80%。该法存在的问题是摩擦使少量活性炭微小颗粒随水流流出造成活性炭损失及出水浊度升高。

参考文献

安东，李伟光，崔福义，等 . 固定化生物活性炭强化饮用水深度处理 [J]. 中国给水排水，2005，4（21）：9-13.

陈洪斌，屈计宁，周光霞，等 . 炼化外排水深度处理的生产性应用研究 [J]. 中国给水排水，2004，20（5）：1-4.

郭金涛，李伟英，许京晶，等 . 粉末活性炭——超滤膜联用去除水体藻类 [J]. 膜科学与技术，2011，31（5）：78-83.

胡妙生 . 厌氧生物活性炭流化床处理制药废水 [J]. 中国给水排水，1996.

黎雷，高乃云，张可佳，等 . 饮用水臭氧生物活性炭净化效果与传统工艺比较 [J]. 同济大学学报（自然科学版），2010，38（9）：1309-1318.

李秋瑜，刘亚菲，胡中华，等 . 用生物活性炭纤维新技术去除水中有机污染物 [J]. 碳素技术，2005，24（1）：16-20.

李伟光，李欣，朱文芳 . 固定化生物活性炭处理含油废水试验研究 [J]. 哈尔滨商业大学学报（自然科学版），2004，20（2）：187-190.

罗岚 . 秸秆资源循环利用效益研究 [J]. 四川师范大学学报（自然科学版），2011，6（34）：911-914.

吴红伟，刘文君，王占生 . 臭氧组合工艺去除饮用水源水中有机物的效果 [J]. 环境科学，2000，21（4）：29-33.

Han B J, Ma J, Guan X H, et al. Pilot study on combined process of catalytic ozonation and biological activated carbon for organic pollutants removal [J]. Journal of Harbin Institute of Technology (New Series), 2009, 6 (16): 837-843.

Shi Q Q, Zhang J, Zhang C L, et al. Preparation of activated carbon from cattail and its application for dyes removal [J]. Journal of Environmental Sciences, 2010, 22 (1): 91-97.

第 8 章
生物炭与农业面源污染控制

　　面源污染是全球水质恶化的重要污染来源，随着点源污染治理水平的不断提升，农业面源污染已经成为我国各大湖泊水体富营养化的主要污染来源。近年来国内外学者对生物炭对土壤中氮、磷养分流失的影响进行了多方面的探索研究，生物炭在农业面源污染控制方面的作用受到越来越多的关注。针对农业面源污染治理的主要措施包括污染物源头的控制、污染物流失路径的截断或控制以及末端的净化与循环利用。有关生物炭的环境应用以往的研究重点放在受重金属或有机物污染土壤的修复，利用具有巨大比表面积及发达孔径的生物炭，将能导致水体富营养化的氮磷吸附在表面，延缓养分在土壤中的吸附释放，从而控制氮磷排入水体，在一定程度上减少土壤养分流失，从而达到控制面源污染的目的。大量研究已被证实生物炭能够通过调节土壤理化性质来降低土壤中未被作物吸收利用的氮、磷养分对水环境的污染。本章主要论述生物炭对土壤中氮磷吸附、转化、淋溶的作用机制，以及生物炭在农田排水原位净化中的实际应用案例。

8.1　农业面源污染问题概述

8.1.1　面源污染的概念

　　面源污染（diffused pollution，DP），也称非点源污染（non-point sourse pollution，NPS），是指溶解性的和非溶解性的污染物在降水的冲刷作用下，通过径流或侵蚀过程汇入受纳水体并引起有机污染、水体富营养化或有毒有害等其他形式的污染。非点源污染是相对点源污染而言的。与点源污染相比，面源污染起源分散、多样、涉及范围广，因而防治起来十分困难。点源污染在我国已经得到较好的控制，但面源污染目前已成为影响水体环境质量的重要污染源。

　　面源污染对水环境最主要的影响是水体富营养化，而水体富营养化的负面影响主要表现在：

　　① 影响湖泊水体的自然生态环境；

　　② 影响水体的应用；

　　③ 加速水体沼泽化、陆地化进程。

根据面源污染发生区域和过程的特点，一般将其分为城市面源污染和农业面源污染两大类，其中城市面源也称建成区面源。农业面源污染是指在农业生产活动中，溶解性的和非溶解性的污染物（化肥、畜禽粪便等）通过农田地表径流、壤中流、农田排水和地下渗漏，汇入受纳水体而引起的污染。农业面源污染主要有以下特点：

① 分散性和隐蔽性；

② 随机性和不确定性；

③ 广泛性和不易监测性。

氮、磷是农作物的主要营养元素。随着农业生产中氮、磷肥料的投入增加，氮、磷在土壤中不断蓄积，随着生态环境恶化，生态系统的自然净化衰退，过量的氮、磷汇入地表水，导致地表水体富营养化情况加剧。水体富营养化与日益严峻的农业面源污染问题息息相关。

近年来，随着点源污染得到有效控制，农业面源污染已经成为我国各大湖泊水体富营养化的主要污染源。目前，针对农业面源污染治理的主要措施包括污染物源头的控制、污染物流失路径的截断以及末端净化。其中，污染物源头的控制作为最有效的防治措施，不但能够实现污染物的最小量输出，而且可以在一定程度上起到控制污染范围的作用。因此，如何在不改变农村种植结构和耕作方式的前提下从源头控制面源污染物的产生就显得尤为重要。

8.1.2 农业面源污染的特点

农业面源污染是指在农业生产活动中，农田中土粒，氮、磷素等营养物质，农药以及其他有机或无机污染物质，通过农田的地表径流、农田排水和农田地下渗漏，使大量污染物质进入水体形成环境污染，或因畜禽养殖业的任意排污直接造成水体污染，主要包括化肥污染、农药污染、畜禽粪便污染等。

（1）分散性和隐蔽性

与点源污染的集中性相反，面源污染具有分散性的特征，它随流域内土地利用状况、地形地貌、水文特征、气候、天气等的不同而具有空间异质性和时间上的不均匀性。排放的分散性导致其地理边界和空间位置的不易识别。

（2）随机性和不确定性

大多数面源污染问题，包括农业面源污染，涉及随机变量和随机影响。区分进入污染系统中的随机变量和不确定性对非点源污染的研究是很重要的。例如，农作物的生产会受到自然的影响（天气等），降雨量、密度、温度和湿度的变化会直接影响化学制品（农药、化肥等）对水体的污染情况。

（3）广泛性和不易监测性

由于面源污染涉及多个污染者，在给定的区域内它们的排放是相互交叉的，加之不同的地理、气象、水文条件对污染物的迁移转化影响很大，因此很难具体监测到单个污染者的排放量。

8.2 生物炭在农业面源污染防治中的作用

生物炭作为一种有效的土壤改良剂而被应用于温室气体减排、污染土壤修复以及生物有效性调控等方面。以往国内外在生物炭治理土壤环境污染上的研究多集中于对土壤有机污染物和重金属的修复，而通过添施生物炭来削减农业面源污染中氮、磷流失的研究则相对较少。

8.2.1 生物炭对土壤中氮、磷的吸附作用

（1）生物炭对氮、磷的吸附机制

生物炭的吸附机制主要包括分配作用机制、表面吸附机制、联合作用机制以及其他微观机制。

其中，表面吸附机制被认为是生物炭吸附土壤中 NH_4^+、NO_3^- 和 PO_4^{3-} 等非极性离子的主要机制。表面吸附指被吸附物质与吸附表面之间通过分子间引力（物理吸附）或化学键（化学吸附）而形成的吸附过程。生物炭由于其自身的多孔结构、巨大的比表面积以及表面富含多种官能团，不仅可以通过分子间引力（即范德华力）对土壤中未被作物吸收的 NH_4^+、NO_3^- 和 PO_4^{3-} 等离子产生交换吸附作用，而且还能通过稳定的化学键对其产生不可逆的吸附。有研究表明，改性生物炭对硝酸盐和磷酸盐的吸附不仅符合物理吸附特性，同时还符合二级动力学反应方程，而二级或准二级动力学反应方程都可用来描述化学吸附过程，因此生物炭吸附硝酸盐和磷酸盐的过程又属于化学吸附。傅里叶变换红外光声光谱法（FTIR-PAS）及 Zeta 电位分析表明，—COOH 和—OH 等官能团的存在使生物炭表面含有大量负电荷，可作为电子供体与土壤、水体等物质中的电子受体发生作用，通过电子供体-受体间的特殊作用力加强对土壤氮、磷养分的吸附作用。Chun 等研究证实质子或电子间相互作用力是影响炭类物质吸附性能的重要因素之一。

（2）生物炭对土壤氮、磷的吸附效率

土壤-水体中氮、磷等养分的转化与迁移是造成农业面源污染的实质原因。生物炭能够吸附土壤中未被作物利用的氮、磷等营养元素，延缓养分在土壤中的释放，在一定程度上减少养分流失，起到保肥作用。生物炭对土壤养分的吸附主要是由于其多孔结构和特殊的表面特性。生物炭孔隙按其大小可分为大孔隙（>50nm）、小孔隙（<0.9nm）和微孔隙（<2nm）。其中，小孔隙对生物炭吸附养分离子起主导作用。小孔隙结构能够降低土壤养分的渗漏速度，延缓水溶性营养离子的溶解迁移时间，加强对移动性强、易淋溶流失养分的吸附。也有研究表明，生物炭对养分的吸附主要通过产生交换性复合物，而非靠吸水来保持养分。另外，表面丰富的含氧官能团使生物炭具有较高离子吸附交换能力，且有一定的吸附容量，能够吸附土壤中溶解态 NH_4^+、NO_3^- 和 PO_4^{3-} 等离子，减少氮、磷等

养分的流失。而生物炭对离子的吸收也具有选择性，这主要与生物炭原料和制备条件有关。研究表明，生物炭对 NH_4^+ 和 NO_3^- 具有较强吸附作用。Ding 等研究发现由竹子制成的生物炭能够吸附土壤 NH_4^+-N，从而降低土壤中 NH_4^+-N 的淋失；Lehmann 等（2009）通过土柱淋溶试验分析表明生物炭能减少土壤 NO_3^--N 的淋失。也有研究表明，生物炭在产生负电荷的同时也能产生正电荷，对土壤中磷素也起到吸附作用。Laird 等（2010）发现，随着生物炭施用量的增加，滤液中氮、磷养分显著降低，施用 20g/kg 生物炭，滤液中总氮和可溶性磷含量分别减少 11％和 69％。另外，生物炭对地表径流的产流时间也起到微弱的延迟作用，能够提高土壤的抗蚀性。

8.2.2 生物炭对土壤中氮、磷转化的影响

（1）生物炭对氮素转化的影响

土壤中氮素的转化是土壤氮循环的核心内容，其中矿化过程、硝化-反硝化过程以及土壤对 NH_4^+ 的吸收固定是土壤中氮素转化的主要途径，直接影响作物对氮的吸收、利用和氮在植物-土壤系统中的损失。施入生物炭的土壤中氮矿化作用和固氮作用的相对优势取决于炭的有效性水平。随着生物炭量的增加，土壤微生物量碳和土壤微生物量氮含量降低，有机质的降解作用和有机氮的矿化作用也减弱，可能是由于微生物固氮速率相比于总氮矿化速率有所提高。Rondon 等和 Deenik 等表明，在农田或草地施入生物炭对土壤中有机氮矿化作用影响不明显，甚至降低了氮矿化速率，导致氮对植物的有效性降低。而在森林中发生的临时性火灾生成的木炭却能提高土壤氮的矿化速率和硝化速率。Berglund 等和 Deluca 等利用活性炭代替森林火灾自然生成的木炭的研究表明，活性炭能够促进森林土壤中氮的矿化和硝化作用。目前认为生物炭能够促进土壤硝化作用的原因可能是生物炭表面特性使其能够吸附土壤中可溶的自由态酚类化合物，而酚类化合物能够抑制硝化细菌的增长，因此，降低酚类化合物浓度可以间接促进硝化细菌的增长。研究发现，经生物炭改良过的土壤其所含酚类化合物的浓度均较低。生物炭的多孔结构及其通过水肥吸附为土壤微生物群落提供适合的栖息环境被认为是生物炭促进硝化作用的另一原因。研究发现生物炭可以提高土壤中硝化细菌活性，促进氮素硝化过程，同时可以增加土壤中固氮微生物数量，减少氮的反硝化作用。对于本身硝化水平相对较高的农田和草地系统而言，生物炭对土壤硝化反应并没有显著影响，但能降低其氨化作用。除此之外，生物炭能促进土壤中与氮利用相关的酶活性。

（2）生物炭对磷素转化的影响

生物炭对土壤中磷素转化的影响主要体现在提高磷素的有效性上。生物炭经高温热解后，其自身部分稳定态磷被激活，转变为溶解态磷，供作物吸收利用。Gundale 等研究发现，树皮热解后所得生物炭中水溶性 PO_4^{3-} 含量较高。生物炭施入土壤后，能够促使有效磷低的土壤中闭蓄态磷转化为有效态磷，直接增加土壤中有效磷含量。而土壤中 Al^{3+}、Fe^{3+} 和 Ca^{2+} 等离子易与磷素发生沉淀反应，如碱性条件下，与 Ca^{2+} 反应生成磷灰石；酸性条件下，与 Al^{3+}、Fe^{3+} 等形成铁铝磷酸物。生物炭一方面能够直接吸附 Al^{3+}、

Fe^{3+} 和 Ca^{2+} 等离子,降低土壤中磷被固定的风险;另一方面,生物炭表面已吸附的部分有机分子也能与 Al^{3+}、Fe^{3+} 和 Ca^{2+} 等离子形成螯合物,间接提高土壤磷素的有效性。另外,生物炭的多孔结构也为各种微生物分解含磷有机物或无机物提供合适的场所和微环境,加快土壤中磷素的周转速率。

8.2.3 生物炭对土壤氮、磷有效性及淋溶过程的影响

8.2.3.1 生物炭对作物生长和产量的影响

(1)作物生长

根系是作物的主要营养器官,其大小、数量和在土壤中的分布特征与作物吸收土壤矿质营养元素和水分的能力有着密切关系。根系的生长和延伸在受土壤水分和养分限制的同时,土壤紧实度,即土壤容重也会影响作物根系在土壤中的穿插能力和活力。研究表明,随着土壤容重的增大,根系生长速度变缓,长度减小,粗度增加,生物量减少,且分布变浅,但水平分布角度增大,严重影响根系的生长发育。生物炭施入土壤后,土壤的抗张力强度和容重会显著下降,孔隙度随之增大,土壤中水分、空气和养分亦会增多,有利于植物根系的生长与延伸,促进作物养分吸收,减少氮、磷养分的流失。Major 等发现,随着施炭量的增加,土壤抗张力强度减弱。Oguntunde 等研究表明,生物炭可以降低约 9% 的土壤容重,将土壤总孔隙率从 45.7% 提升至 50.6%,而土壤环境的改善更有利于土壤微生物群落的繁殖。Steinbeiss 等和 Warnock 等(2004)的研究结果均表明,施入生物炭的土壤中作物根部微生物的繁殖能力增强,微生物群落结构发生变化,对作物生理生化过程均产生重要影响。除了能促进作物根系生长外,生物炭还能影响种子萌发和苗期生长,增大作物的株高和茎粗,降低叶片光合速率。

(2)产量增加

生物炭的增产作用主要体现在对土壤环境的改善方面,调控土壤中营养元素的循环,提高土壤养分有效性,促进作物对土壤养分的吸收利用,减少化肥施用量。Steiner 等(2007)研究发现,生物炭不仅能提高土壤中氮、磷含量,还能促进水稻叶片对氮、磷的吸收。Lehmann 等在热带和亚热带地区土壤中施入生物炭,发现除了能使作物增产外,植株中的镁、钙元素含量也有明显增加。刘世杰等研究表明在一定施用量范围内,生物炭可以增加玉米对氮、磷和钾的吸收,尤其是对钾的吸收。Chan 等(2010)研究表明,当施炭量超过 20t/hm² 时,可减少约 10% 的化肥使用量。生物炭在提高作物对养分吸收利用的同时,还能增加作物产量。Jeffery 等运用元分析(meta-analysis)方法系统分析了生物炭与作物产量之间的相关性,发现生物炭改良后的土壤作物平均增产幅度约为 10%,但变异性较大(28%~39%)。Kimetu 等在肯尼亚地区研究发现,连续施用生物炭(7t/hm²)能够使玉米产量翻倍。Steiner 等报道,施用生物炭(11t/hm²)1 年后,在连续 2 年内大米和高粱产量增长约 75%。增产使得作物在收获时可以带走土壤中更多的营养元素,减少养分流失。

8.2.3.2　生物炭对土壤淋溶过程的影响

水分作为土壤养分的载体，在提高作物对养分吸收利用的同时，也是导致土壤氮、磷淋溶流失的主要因素。因此，加强田间水分管理对控制土壤氮、磷淋溶流失起到至关重要的作用。生物炭不但能增加土壤持水量和团聚体的稳定性，而且在提高作物对土壤有效水的利用和减少水土流失方面起到重要作用。生物炭对土壤淋溶过程的影响主要表现为 3 个方面。

① 生物炭施入土壤后，经过微生物对其表面的促进氧化，含氧官能团增加，CEC 值增大，疏水性降低。同时，巨大的比表面积使生物炭的吸湿能力比土壤有机质高 1～2 个数量级，增加土壤的持水能力。

② 生物炭能够有效降低土壤抗张力强度，减少土壤收缩时产生的裂隙和下陷，提高土壤含水量。Major（2009）研究表明，当土壤中施入 $50t/hm^2$ 生物炭后，土壤抗张力强度会从 64.4kPa 降至 31kPa；当生物炭施用量增加至 $100t/hm^2$ 时，土壤抗张力强度降至 18kPa。文曼等研究表明，0～10kPa 和 10～100kPa 压力范围内，随着生物炭含量的增加，土壤收缩程度减小，土壤田间持水量增加。

③ 生物炭通过改变土壤结构来影响水溶液在土壤中的渗透模式、滞留时间和流失路径，缩短土壤中水分滞留时间，延缓养分流失。Baird 研究表明，草炭的孔隙结构能够显著影响导水性和溶质的迁移特征。Glaser 等（2001）发现，含有丰富木炭的土壤表面积是周边土壤的 3 倍，而土壤田间持水量则增加 18%。Oguntunde 等（2004）研究表明，含有生物炭的土壤饱和导水率从 $(6.1\pm2.0)cm/h$ 增加至 $(11.4\pm5.0)cm/h$，提高 87%。另外，生物炭对砂土中有效水的吸收效果较壤土和黏土显著。

8.3　生物炭填料用于滇池流域农田排水处理

8.3.1　滇池流域农业面源污染状况

滇池位于中国西南的云贵高原中部、昆明市南端，是我国著名的高原淡水湖泊。滇池地处长江、红河、珠江三大水系分水岭地带，属长江流域金沙江水系，流域面积 $2920km^2$，是我国第六大淡水湖泊，被誉为云贵高原"明珠"。湖体略呈弓形，弓背向东，南北长约 40km，东西最宽处 12.5km，平均水深 4.4m，水面面积 $306km^2$，库容为 12.9 亿立方米。滇池不仅是昆明市人民生产生活用水的主要水源，还具有调蓄、防洪、旅游、航运、水产养殖、调节气候等多种功能。随着社会和经济的高速发展，滇池污染问题日益加重，水质急剧恶化，富营养化程度加剧，水华频频暴发，水体功能受到极大破坏，已成为昆明市持续发展的制约因素之一，被国家列为重点治理项目。近年来，在国内外有关部门的高度重视下，滇池的污染状况已经有了较大的改善，但是水体的富营养化问题并未得到有效的解决。滇池的主要污染为严重水体富营养化，其中来自周边流域的农业面源污染贡献最大。

以滇池为中心，不同方向均有河流汇入，柴河水库流域作为滇池最重要的向心水系之一，从南部汇入滇池，对滇池的水质有很大的影响，实验选取柴河水库流域周围的几个村落，对周围的农田排水进行深度处理，进一步降低水中氮磷等营养元素的含量，最终对滇池的水体富营养化问题起到一定的治理作用。

滇池是我国目前污染最严重、治理难度最大的湖泊之一，经过多年的治理实践及对国内外浅水湖库治理经验的汲取，对滇池治理的长期性、艰巨性、复杂性和治理难度的认识逐步提高。随着社会经济发展、滇池治污强度呈逐步提升态势。

近年来，随着滇池治理项目的持续开展，滇池流域上游的主要饮用水源地水质改善明显，可以稳定达到饮用水标准；入滇河流在水资源短缺、大部分河流为季节性河流的情况下，河流水质恶化趋势得到遏制；滇池水质总体摆脱劣Ⅴ类，在Ⅳ~Ⅴ类之间波动，草海水体黑臭状况得到明显改善，沿湖湿地景观良好，草海的砷及重金属污染已得到有效控制，大型水生植物明显恢复；但外海水体水质改善不明显，蓝藻水华严重。滇池水体严重富营养化、生态系统被破坏的状况没有得到根本扭转。

综上所述，在农田排水处理技术领域国内的研究还相对较为薄弱，综合国内外的研究现状，目前对于农田排水的处理技术有针对源头的控制排水技术，针对中间处理的人工湿地处理技术、整体的农田排水资源化利用，还有在人工湿地处理技术上建立起来的农田排水沟渠处理技术。控制排水技术虽然通过在田间排水系统的出口设置控制设施，通过控制设施调控农田排水的出水量，达到少排水的目的，从而减少污染物排放量，但是目前我国学者在这方面的研究还比较薄弱，研究设施和信息获取手段还比较落后，加上控制设施构筑物运行管理复杂，安装成本较高，大范围的应用推广还很难实现；人工湿地处理技术虽然处理效果较好，但是最大的问题是建立人工湿地需要占用相当一部分农田土地，也就减少了农作物的种植面积，降低了作物产量；农田排水资源化利用虽然可以提高水资源利用率，减少农田排水对下游的污染，但由于农田排水中往往含有较高的盐分，若利用不当不仅会导致作物产量和品质下降，土壤和地下水环境恶化，而且会产生土壤次生盐碱化问题；而农田排水沟渠处理技术目前的研究重点主要集中在排水沟渠对农田排水中污染物的截留净化机理研究，进一步建设较为复杂的农田生态沟渠，通过建造大量的构筑物以及移植水生植物等进一步加强农田排水沟渠的处理能力。这些方法固然行之有效，但相对来说工程浩大，投入经费高，运行管理也要耗费大量的人力物力。

滇池流域水体富营养化日益严重，特别是流域周围农业面源污染贡献最大，其中主要是农田区域中严重污染的农田排水大量进入滇池流域，对农田排水的有效处理迫在眉睫；再者农田排水属于低污染水，而低污染水的处理难度大，所以找出适宜的处理方法意义重大。结合研究区域的农业生产模式和地理环境特征，本研究在综合上述处理技术优缺点的基础上，因地制宜地开发出一种简便易行的方法，通过在农田排水沟渠底部直接埋入地埋式装置，使农田排水流经装置，通过装置内填料的吸附作用，直接降低农田排水中氮磷等营养元素的含量，从而减少农田排水对下游受纳水体富营养化的贡献，最终起到控制农业面源污染的作用。

8.3.2 农田排水处理装置的设计与安装

(1) 装置设计

经过大量室内模拟最终设计出所需净化装置。装置的设计示意如图8-1所示，装置的主体是塑料储物箱，分别在顶盖和右侧面打孔，顶盖是入水孔右侧面是出水孔，水从入水孔流入，经过填料，再从出水孔流出。

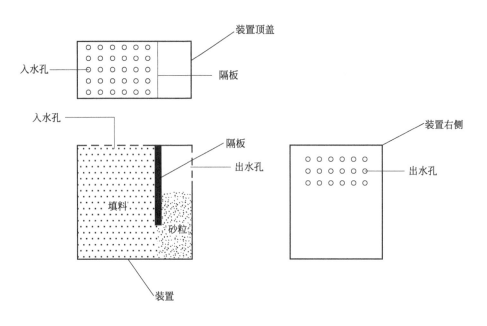

图 8-1　装置设计示意

从超市购置了4个不同大小的塑料箱，尺寸分别是1号箱子（长70cm，宽52cm，高46cm）、2号和3号箱子（长63cm，宽50cm，高42cm）、4号箱子（长52cm，宽38cm，高32cm）。根据箱子的尺寸裁剪出四块隔板，分别插入箱子的内部，在箱子的箱盖和侧边分别打孔。

由室内试验的结果最终筛选出两种填料，分别是生物炭和陶粒，将生物炭陶粒按一定质量比装入装置内，具体为：装置1（生物炭：陶粒：木屑＝1：1：0.5）；装置2（生物炭：陶粒＝1：1）；装置3（陶粒）；装置4（生物炭）。

(2) 装置安装

首先是地点选择，经过实地观测最终把装置安装在安乐村和宝兴村周围的4个农田排水沟渠中。装置1和装置2安装在安乐村，装置3和装置4安装在宝兴村。

装置的实地安装示意如图8-2所示。深挖沟渠，埋入装置，装置的顶盖部必须与沟渠底部齐平，方便水流能顺利通过顶盖的入水孔进入装置内部通过填料。装置的两侧用泥土填实，防止水流从两侧直接流走。在顶盖的后半段砌上砖块起到阻挡水流的作用，使水流必须从入水孔流入装置。疏通出水通道，使水流能顺利从出水孔流出，达到既不影响沟渠的排水功能，又净化污水的作用。

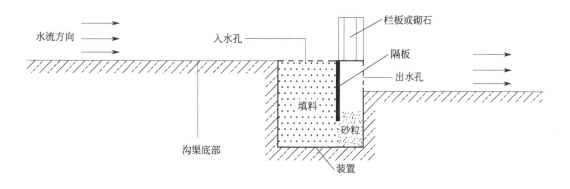

图 8-2 实地安装示意

8.3.3 研究区农田排水污染特征

（1）《地表水环境质量标准》

农田排水属于地表水，所以分析农田排水的水质状况和污染特征采用《地表水环境质量标准》（GB 3838—2002），见表 8-1。采用单项评价法，选取对水体富营养化有最大贡献的 TN、TP 作为评价指标，用各参数的采样浓度值与水质标准值做对比，以确定单项参数的水质类别，以单项评价中的最高水质类别确定为评价农田排水的水质类别。

表 8-1 《地表水环境质量标准》总氮总磷标准限值　　　　　单位：mg/L

项目	Ⅰ类	Ⅱ类	Ⅲ类	Ⅳ类	Ⅴ类
TN	≤0.2	≤0.5	≤1	≤1.5	≤2
TP	≤0.02	≤0.1	≤0.2	≤0.3	≤0.4

（2）研究区农田排水污染特征

第一批水样的采样结果具体数值如表 8-2 所列，整体来看，6 月研究区域农田排水 TN 含量较高，安乐村以油麦菜为主要大棚作物的沟渠水中 TN 含量最高，达到 7.487mg/L，属于劣Ⅴ类水质；竹园村采样点的 TN 含量最低，只有 1.001mg/L，属于Ⅳ类水质。TP 含量也较高，TP 含量最高的是安乐村以小白菜为主要大棚作物的采样点，达到 9.63mg/L，属于劣Ⅴ类水质，最低的仅有 0.352mg/L，属于Ⅴ类水质。TN 含量平均值 2.73mg/L，TP 含量平均值 2.684mg/L，都达到了劣Ⅴ类水质标准。TN 的变异系数为 0.765，TP 的变异系数为 1.357，可以看出，各个采样点之间 TN 含量差异性较小，说明 TN 含量受外部因素（作物种类、施肥状况等）影响较小；采样点之间 TP 含量差异性较大，说明 TP 含量受外部因素影响较大。

表 8-2　6 月研究区周围村落农田排水氮磷含量　　　　　　　单位：mg/L

采样点	TN	TP
安乐村(大白菜)	2.081	0.945
安乐村(油麦菜)	7.487	0.352
安乐村(生菜)	1.432	0.67
安乐村(玫瑰)	2.946	7.34
安乐村(小白菜)	3.513	9.63
竹园村(大白菜)	1.001	1.182
柳坝湾村(生菜)	1.648	0.467
宝兴村(芹菜)	1.733	0.887
平均值	2.73	2.684
水质类别	劣Ⅴ类	劣Ⅴ类
标准差	2.089	3.642
变异系数	0.765	1.357
最大值	7.487	9.63
最小值	1.001	0.352

　　将采样结果分析对比，由图 8-3 可以直观地发现，研究区各个采样点的氮磷含量差异很大，没有明显的相关性和规律性。同一村落周围的农田排水因为主要种植大棚作物的不同，施肥状况不同，氮磷含量各不相同。不同村落之间由于地理环境的差异，种植作物的差异等，氮磷含量差异性也很大。总体来看，安乐村农田区域排水的氮磷浓度大于其他 3个村落，说明安乐村的作物种植量，施肥强度大于附近 3 个村落。安乐村本区域内由于大棚作物类型的不同，施肥的强度和种类不同，导致氮磷含量差异性也很大。

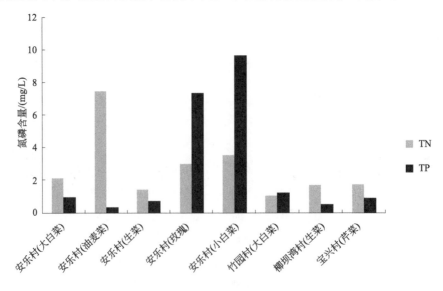

图 8-3　6 月研究区周围村落农田排水氮磷含量对比

第二批于 11 月枯水期时采集，其水样结果如表 8-3 所列，通过数据可以看出，11 月进入枯水期后，研究区域农田排水 TN 含量依然很高，安乐村以油麦菜为主要大棚作物的沟渠水中 TN 含量最高，达到 11.067mg/L，属于劣 V 类水质；竹园村采样点的 TN 含量最低，只有 6.1505mg/L，也属于劣 V 类水质。TP 含量也较高，TP 含量最高的同样是安乐村以油麦菜为主要大棚作物的采样点，达到 1.626mg/L，属于劣 V 类水质；最低的也是竹园村采样点，仅有 0.044mg/L，属于 II 类水质。TN 含量的平均值达到 8.632mg/L，远高于 6 月采样时的 TN 含量。分析原因，可能是由于雨量稀少，沟渠排水大大减少，水流缓慢，水力停留时间过长，导致氮的富集。而 TP 含量远低于 6 月采样数值，平均含量只有 0.572mg/L，可能是因为此时的作物对磷元素的需求较少，磷肥的施肥量大大降低。TN、TP 的平均浓度都达到了劣 V 类水质标准。TN 的变异系数为 0.267，TP 的变异系数为 1.282，可以看出，各个采样点之间 TN 含量差异性较小，说明 TN 含量受外部因素影响较小；采样点之间 TP 含量差异性较大，说明 TP 含量受外部因素影响较大，这和丰水期时采集数据结果相同。

表 8-3 11 月研究区周围村落农田排水氮磷含量　　　　　单位：mg/L

采样点	TN	TP
安乐村（油麦菜）	11.067	1.626
安乐村（生菜）	8.292	0.0665
竹园村（大白菜）	6.1505	0.044
柳坝村（生菜）	6.6805	0.0605
宝兴村（芹菜）	10.924	1.065
平均值	8.623	0.572
水质类别	劣 V 类	劣 V 类
标准差	2.306	0.733
变异系数	0.267	1.282
最大值	11.067	1.626
最小值	6.1505	0.044

将第二次采样结果进行分析对比，由图 8-4 可以直观地看出，11 月研究区周围的

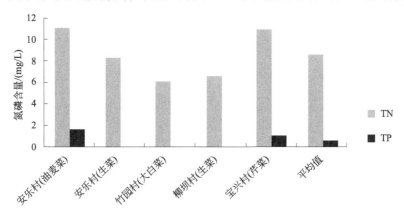

图 8-4 11 月研究区周围村落农田排水氮磷含量对比

农田排水污染特征是 TN 含量较高，TP 含量较低，其中安乐村以油麦菜为主要作物的采样点和宝兴村以芹菜为主要作物的采样点的氮磷含量都较高，远大于其余 3 个采样点。其余 3 个采样点的 TN 浓度较高，但 TP 浓度却很低，TP 浓度都能达到 Ⅱ 类水质标准。

8.3.4 污水处理填料的筛选

（1）5 种填料对氮磷吸附效果试验

不同吸附时间后，氨氮的出水浓度、吸附量随时间的变化见表 8-4、图 8-5；TP 的出水浓度、吸附量随时间的变化见表 8-5、图 8-6。

表 8-4　不同吸附时间后氨氮的出水浓度　　　　　　单位：mg/L

填料种类	吸附时间/min				
	30	60	90	120	150
生物炭	5.254±0.37a	3.875±0.28a	3.212±0.27a	2.985±0.17a	3.012±0.34a
自制沸石	7.213±0.44b	6.448±0.25b	6.002±0.33b	5.875±0.21b	5.902±0.18b
木屑	9.471±0.31c	9.236±0.17c	9.432±0.28c	9.667±0.29c	9.783±0.34c
砂粒	9.048±0.42c	8.618±0.36d	8.436±0.33d	8.557±0.20d	8.579±0.20d
陶粒	5.798±0.37d	4.422±0.25e	3.811±0.34e	3.544±0.26e	3.606±0.33e

注：同一列中字母不同的数据表示它们之间差异显著（$P<0.05$），相同者表示不显著；下同。

由表 8-4 可知，5 种填料处理在不同吸附时间后氨氮的出水浓度具有显著的差异。吸

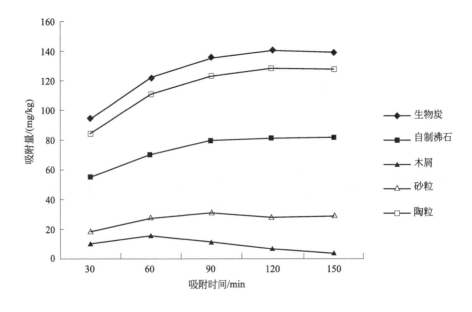

图 8-5　吸附时间对各填料吸附氨氮效果的影响

附时间为 120min 时，生物炭、自制沸石、陶粒的氨氮出水浓度达到最低，分别为 2.985mg/L、5.875mg/L、3.544mg/L，可以明显看出生物炭的吸附效果最好，陶粒次之。砂粒的吸附效果不佳，在 90min 时就达到了最低出水浓度，这是因为吸附平衡所需的时间与填料的表面积及颗粒大小有关，颗粒越小，表面积越大，吸附平衡所需的时间越短。

由图 8-5 可以直观地看出，5 种填料对氨氮的吸附量的大小关系依次是：生物炭＞陶粒＞自制沸石＞砂粒＞木屑。生物炭、陶粒、自制沸石的吸附量在 120min 时均达到最大值，分别为 140.3mg/kg、129.12mg/kg、82.5mg/kg；砂粒的吸附量在 90min 达到最大值，为 31.28mg/kg；木屑的吸附量在 60min 就达到最大值，为 15.28mg/kg。5 种填料中生物炭的吸附量最大，木屑对氨氮几乎没有吸附作用。

表 8-5　不同吸附时间后 TP 的出水浓度　　　　　　　　　　　单位：mg/L

填料种类	吸附时间/min				
	30	60	90	120	150
生物炭	1.238±0.33a	0.743±0.23a	0.642±0.39a	0.518±0.54a	0.532±0.29a
自制沸石	2.207±0.48b	2.114±0.52b	2.078±0.37b	2.044±0.62b	2.041±0.48b
木屑	2.389±0.46b	2.344±0.55b	2.413±0.43b	2.377±0.58b	2.443±0.29b
砂粒	2.027±0.25bc	1.874±0.59c	1.812±0.27c	1.844±0.21c	1.905±0.59c
陶粒	1.835±0.33c	1.606±0.73c	1.544±0.68c	1.458±0.61c	1.438±0.79d

由表 8-5 可以看出，生物炭在 120min 时，出水浓度达到最低，为 0.518mg/L；自制沸石和陶粒的出水浓度一直在降低，但是到 120min 之后，浓度的降低趋于平缓，说明已经接近吸附平衡；砂粒的出水浓度在 90min 达到最低，为 1.812mg/L；木屑的出水浓度极不稳定，且出水浓度接近进水浓度。

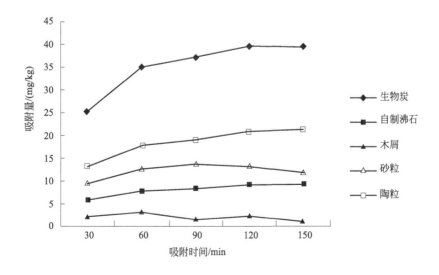

图 8-6　吸附时间对各填料吸附 TP 效果影响

由图 8-6 可以直观地看出，5 种填料对 TP 的吸附量的大小关系是：生物炭＞陶粒＞砂粒＞自制沸石＞木屑，生物炭对 TP 的吸附效果最好，远优于其余 4 种填料，在 120min 时吸附量达到最大值，为 39.64mg/kg，然后开始下降；陶粒和自制沸石的吸附量随着吸附时间的增加一直在增长，到 120min 后趋于稳定；砂粒的吸附量在 90min 时达到最大值，为 13.76mg/kg，木屑的吸附量很小，可以认为几乎没有吸附效果。

（2）3 种填料的组合对氮磷吸附效果试验

相同吸附时间后（120min），氨氮和 TP 的出水浓度见表 8-6，可以看出生物炭＋陶粒的组合吸附效果最好，不管是氨氮出水浓度还是 TP 出水浓度都是最低的，生物炭＋砂粒的组合处理效果次之，接着是生物炭＋陶粒＋砂粒的组合，处理效果最差的是陶粒＋砂粒的组合。

表 8-6　120min 后氨氮和 TP 的出水浓度　　　　　　　单位：mg/L

填料组合	生物炭＋陶粒	生物炭＋砂粒	陶粒＋砂粒	生物炭＋陶粒＋砂粒
氨氮出水浓度	2.823±0.45a	4.621±0.57a	5.563±0.32a	5.233±0.25a
TP 出水浓度	0.874±0.73b	1.248±0.66b	1.663±0.59b	1.622±0.21b

通过图 8-7 可以比较直观地对比单一填料及填料组合之间对氮磷吸附量的差异。其中，生物炭＋陶粒的组合对氨氮的吸附量最大，接着是单一的生物炭，单一的陶粒；对 TP 的吸附量最大的是生物炭，其次是生物炭＋陶粒的组合，再是生物炭＋砂粒的组合。

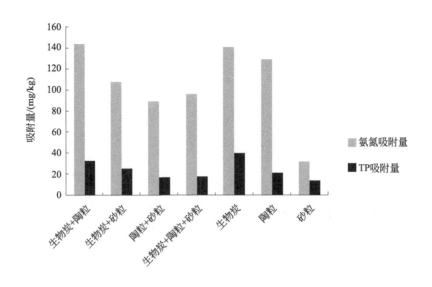

图 8-7　120min 后不同填料组合吸附量对比

8.3.5 工程应用效果

每隔一周采样测定 4 种型号装置氮磷含量变化，共采样 5 次，持续 5 周。处理数据分析结果，连续 5 周 TN 的处理数据如表 8-7 所列。

表 8-7　4 种型号装置 TN 的进出水浓度　　　　　　　单位：mg/L

型号	第 1 周		第 2 周		第 3 周		第 4 周		第 5 周	
	进水	出水	进水	出水	进水	出水	进水	出水	进水	出水
装置 1	8.292± 0.35a	7.218± 0.48a	7.553± 0.53a	7.033± 0.62a						
装置 2	12.235± 0.16b	10.58± 0.28b	11.42± 0.32b	9.138± 0.45b	9.218± 0.32b	7.33± 0.47b	10.25± 0.38b	8.615± 0.23b	9.951± 0.29b	8.263± 0.32b
装置 3	9.153± 0.62c	8.301± 0.47c	8.458± 0.39c	7.325± 0.30c	7.269± 0.47c	6.47± 0.38c	10.14± 0.53b	8.925± 0.34b	10.29± 0.27b	9.157± 0.64c
装置 4	10.548± 0.29d	8.865± 0.36d	8.292± 0.13c	6.921± 0.29c	9.496± 0.54d	8.06± 0.32d	9.291± 0.43c	7.635± 0.29c	11.24± 0.42c	9.653± 0.67d

5 周持续时间里装置对 TN 的去除效果如图 8-8 所示。从图中可以看出，装置 2（生物炭：陶粒＝1∶1）的总体去除效果最好，在第 3 周达到最大去除率，去除率达到 20.45％，随后去除率逐渐下降；装置 4（生物炭）的去除效果次之，去除率有小幅波动，在第 4 周达到最大去除率，去除率达到 17.82％；装置 3（陶粒）相对去除率较低，在第 2 周去除率达到最大值 13.4％，随后去除率缓慢下降趋于平稳。

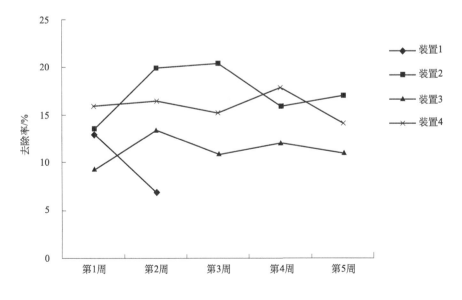

图 8-8　不同时间段各装置对 TN 的去除效果

连续 5 周 TP 的处理数据如表 8-8 所列，可以看出 TP 的进水浓度都不高，和前期区域内调查取样结果相同。

表 8-8　4 种型号装置 TP 的进出水浓度　　　　　　　单位：mg/L

型号	第 1 周		第 2 周		第 3 周		第 4 周		第 5 周	
	进水	出水	进水	出水	进水	出水	进水	出水	进水	出水
装置 1	0.124± 0.49a	0.097± 0.36a	0.138± 0.39a	0.105± 0.48a						
装置 2	0.435± 0.52a	0.384± 0.57b	0.105± 0.38a	0.092± 0.29a	0.077± 0.39b	0.065± 0.64b	0.682± 0.53b	0.594± 0.45b	0.436± 0.27b	0.396± 0.26b
装置 3	1.357± 0.39c	1.288± 0.82c	1.065± 0.38c	1.002± 0.27c	2.393± 0.21c	2.319± 0.19c	0.863± 0.63b	0.828± 0.75b	0.691± 0.38b	0.675± 0.28b
装置 4	0.877± 0.54d	0.765± 0.35d	0.542± 0.74d	0.496± 0.32d	1.013± 0.52d	0.941± 0.47d	0.197± 0.21c	0.169± 0.74c	1.325± 0.68c	1.247± 0.63c

　　5 周持续时间里装置对 TP 的去除效果如图 8-9 所示，可以看出，装置 1（生物炭：陶粒：木屑＝1∶1∶0.5）的去除率最高，但只有 2 周数据；装置 2（生物炭：陶粒＝1∶1）的去除效果次之，相对较稳定，第 3 周达到最高去除率 15.58％；装置 4（生物炭）的去除率波动很大，最高去除率达到 14.21％，最低去除率只有 5.89％；装置 3（陶粒）相对去除率较低，在第 2 周去除率达到最大值 5.91％，随后去除率缓慢下降趋于平稳。

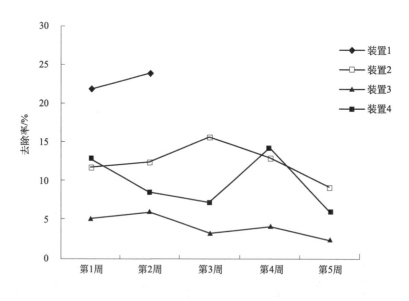

图 8-9　不同时间段各装置对 TP 的去除效果

　　5 周时间里 3 种装置对 TN、TP 的平均去除率如表 8-9 所列，装置 1 只有 2 周数据不做分析。单独分析 TN 的平均去除率，可以看出装置 2 的平均去除率最高，达到 17.35％；装置 3 的平均去除率最低，只有 11.34％；装置 4 的平均去除率达到了 15.91％。单独分析 TP 的平均去除率，可以看出装置 2 的平均去除率最高，达到

12.35%；装置 3 的平均去除率最低，只有 4.09%；装置 4 的平均去除率达到了 9.69%。

表 8-9　4 种型号装置 TN、TP 的平均去除率　　　　单位：%

型号	装置 2	装置 3	装置 4
TN	17.35	11.34	15.91
TP	12.35	4.09	9.69

4 种装置因为内部装填填料的种类和配比不同，成本有很大差异性，填料成本如表 8-10 所列，可以看出，填料成本最低的是装置 3（陶粒），每千克只有 0.5 元；其次是装置 1（生物炭∶陶粒∶木屑＝1∶1∶0.5）和装置 2（生物炭∶陶粒＝1∶1），填料成本分别是每千克 0.72 元和每千克 0.85 元；成本最高的是装置 4（生物炭），每千克为 1.2 元。

表 8-10　4 种装置的填料成本

型号	填料质量配比	填料成本/(元/千克)
装置 1	生物炭∶陶粒∶木屑＝1∶1∶0.5	0.72
装置 2	生物炭∶陶粒＝1∶1	0.85
装置 3	全部陶粒	0.5
装置 4	全部生物炭	1.2

8.3.6　实验结论

随着农业的发展，化肥、农药的不合理施用（如过量施用氮肥、磷肥），农田排水携带大量氮磷等营养元素经由农田排水沟渠进入下游受纳水体，使下游水体富营养化严重。本研究设计的地埋式处理装置埋入农田排水沟渠中，能有效降低农田排水中氮磷的含量，对下游受纳水体的富营养化起到一定的治理效果。

① 通过研究区农田排水的取样调查，得出研究区农田排水的污染特征。丰水期和枯水期的氮磷浓度差异很大，6 月丰水期所采集的水样 TN 平均浓度为 2.73mg/L，TP 平均浓度达到 2.684mg/L；11 月枯水期所采集的水样 TN 平均浓度为 8.623mg/L，TP 平均浓度为 0.572mg/L。总体来看，农田排水中氮磷的浓度很高，都属于劣 Ⅴ 类水质。

② 通过不同填料的筛选试验得出，处理效果最好的填料是生物炭，对氨氮的最大吸附量达到 140.3mg/kg，对 TP 的最大吸附量达到 39.64mg/kg；其次是陶粒，对氨氮的最大吸附量达到 129.12mg/kg，对 TP 的最大吸附量达到 21.24mg/kg；处理效果最好的组合填料是生物炭＋陶粒的组合，对氨氮的最大吸附量达到 143.54mg/kg，对 TP 的最大吸附量达到 32.52mg/kg。

③ 工程应用后，连续 5 周取样监测 4 个装置的处理效果。得出结论：处理效果最好的是装置 2（生物炭∶陶粒＝1∶1），在第 3 周达到最大去除率，其中 TN 的去除率达到 20.45%，TP 的去除率达到 15.58%，随后对氮磷的去除率缓慢下降趋于稳定。5 周时间

里装置 2 对 TN 的平均去除率达到 17.35%，对 TP 的平均去除率达到 12.35%。

④ 综合考虑经济效益和处理效果，本研究的地埋式装置是切实可行的，当内部的填料配比生物炭∶陶粒＝1∶1 时装置的综合处理效果最好。

8.4 生物炭用于农业面源污染控制展望

8.4.1 生物炭控制面源污染的作用机制

如何控制并有效削减来自农业面源污染已成为各国共同面临的难题。近年来，国内外学者对生物炭对土壤中氮、磷养分流失的影响进行了多方面的探索研究，生物炭的生态环境效应正受到广泛关注。目前，生物炭已被证实能够通过调节土壤理化性质来减少土壤中未被作物吸收利用的氮、磷养分对水环境的影响，其作用机制主要包括：

① 改善土壤结构，加强土壤对养分的吸持能力，减少养分流失；

② 通过对土壤中氮、磷转化的影响，调控土壤中氮、磷养分的循环周转；

③ 促进作物根系的生长与延伸，扩大根系对养分的吸收范围，提高土壤养分的有效性，促进作物对养分的吸收，增加作物产量；

④ 增加土壤持水能力，对土壤中氮、磷迁移进行调控，降低淋溶流失。

8.4.2 生物炭控制面源污染研究展望

有关生物炭减少土壤中氮、磷流失效果的研究报道较多，而有关生物炭对减少土壤养分流失作用机理的研究涉及较少，建议今后加强以下研究。

① 利用电镜扫描、X 射线衍射等微观分析技术，研究不同种类生物炭对土壤氮、磷的吸附特征，并筛选出具有高效吸附能力的生物炭种类和规格。

② 研究不同类型生物炭混施对氮、磷的吸附作用。目前，对生物炭吸附研究多集中于某单一种类，而不同类型生物炭在结构特征及理化性质方面存在显著差异。因此，研究不同类型生物炭的混施效应，可为寻求更高效的生物炭土壤修复技术提供途径。

③ 研究不同土壤环境条件下生物炭对氮、磷的吸附效率。以往研究较少涉及土壤环境对生物炭理化性质的影响。实际上，土壤环境的差异会影响生物炭的吸附效率。

④ 加强生物炭削减农业面源污染的长期监测研究。生物炭施入土壤后，随着时间的推移，自身的理化性质会随着矿化降解而发生改变，直接影响生物炭对氮、磷的吸附效果。开展长期定位监测研究，可为评价生物炭对土壤氮、磷吸附作用的长期效应提供科学依据。

⑤ 加强生物炭技术与其他面源污染削减技术（如平衡施肥技术、节水灌溉及水肥一体化技术、植被缓冲带技术等）的集成和配套应用，从而达到各种技术优势互补，实现最大程度控制农业面源污染造成的环境问题。

参考文献

Deluca T H，MacKenzie M D，Gundale M J，et al. Biochar effects on soil nutrient transformations ［M］//Biochar for Environmental Management：Science and Technology. London，UK：Earthscan，2009：251-270.

Glaser B，Haumaier L，Guggenberger G，et al. The Terra Preta' phenomenon：A model for sustainable agriculture in the humid tropics ［J］. Naturwissenschaften，2001，88（1）：37-41.

Harder B. Smoldered-Earth policy：Created by ancient amazonian natives，fertile，dark soils retain abundant carbon ［J］. Science News，2006，169（9）：133.

Hossain M K，Strezov V，Chan K，et al. Agronomic properties of wastewater sludge biochar and bioavailability of metals in production of cherry tomato (*Lycopersicon esculentum*) ［J］. Chemosphere，2010，78（9）：1167-1171.

Laird D A，Fleming P，Davis D D，et al. Impact of biochar amendments on the quality of a typical midwestern agricultural soil ［J］. Geoderma，2010，158（3）：443-449.

Lehmann J. A handful of carbon ［J］. Nature，2007，447（7141）：143-144.

Lehmann J，Joseph S. Biochar for environmental management：Science and technology ［M］. London：Earthscan，2009.

Major J，Steiner C，Downie A，et al. Biochar effects on nutrient leaching ［M］. London：Earthscan，2009：271-282.

Marris E. Putting the carbon back：Black is the new green ［J］. Nature，2006，442（7103）：624-626.

Oguntunde P G，Fosu M，Ajayi A E，et al. Effects of charcoal production on maize yield，chemical properties and texture of soil ［J］. Biology and Fertility of Soils，2004，39（4）：295-299.

Renner R. Rethinking biochar ［J］. Environmental Science & Technology，2007，41（17）：5932-5936.

Steiner C，Teixeira W G，Lehmann J，et al. Long term effects of manure，charcoal and mineral fertilization on crop production and fertility on a highly weathered Central Amazonian upland soil ［J］. Plant and Soil，2007，291（1/2）：275-290.

Warnock D D，Lehmann J，Kuyper T W，et al. Mycorrhizal re-ludge via pyrolysis ［J］. Water Science & Technology，2004，50（9）：169-175.

第 9 章
生物炭在污染土壤修复中的应用

　　土壤污染是人类活动产生的污染物进入土壤并积累到一定程度，引起土壤环境质量恶化，影响土壤正常利用功能的现象。土壤一旦遭到污染，极难恢复，因此研发污染土壤修复技术对保护土壤环境、保障人体健康具有重要的意义。2014 年 4 月发布的《全国土壤污染状况调查公报》结果显示，我国土壤总的点位超标率为 16.1%，耕地土壤的点位超标率为 19.4%，污染类型以重金属为代表的无机污染为主，无机污染物超标点位数占全部超标点位的 82.8%。总体来看，我国土壤污染具有污染面积大、污染分布广、局部土壤污染程度重等特点，形势不容乐观。国家高度重视土壤污染防治工作，2016 年以来先后出台了《土壤污染防治行动计划》（简称"土十条"）、《污染地块土壤环境管理办法（试行）》、《农用地土壤环境管理办法（试行）》、《工矿用地土壤环境管理办法（试行）》，2019 年《中华人民共和国土壤污染防治法》正式颁布实施。

　　在污染土壤修复的实践中，寻求价格低廉、环境友好的技术和材料来修复受污染土壤日益受到重视。可用于重金属钝化剂材料很多，常见的包括石灰性材料、含磷材料、黏土矿物材料、有机质材料、生物炭等，但在众多的材料中石灰和生物炭应用更为普遍，性价比也更高。生物炭作为一种可再生资源，因其具有原材料来源广泛，涉及植物、动物粪便、骨头和市政固废等材料在缓慢热解、快速热解、水热炭化、热膨胀和气化等热化学过程中均能制备为生物炭，同时又具有比表面积大、孔隙结构丰富且含有大量的无机灰分和极性官能团等特性，故而生物炭在土壤污染治理与修复方面具有潜在的应用价值。大量研究表明，生物炭对土壤重金属等污染物表现了较强的吸附治理效果。本章主要介绍生物炭在重金属污染土壤修复中的应用、生物炭对土壤中农药残留行为的影响以及生物炭在其他有机污染土壤修复中的应用等内容。

9.1　生物炭在重金属污染土壤修复中的应用

9.1.1　生物炭对土壤重金属形态的影响

（1）不同制备温度生物炭对土壤重金属形态的影响

玉米秸秆是制备生物炭最为广泛的来源之一。吉林大学靳前等（2021）在模拟 Pb

污染的黑土上分别添加了在 300℃、500℃、700℃ 条件下制备的玉米秸秆生物炭（BC300、BC500、BC700）（图 9-1），添加量分别为 0.5％、1.0％ 和 3.0％，探讨了不同温度制备的玉米秸秆生物炭对土壤 Pb 形态的影响。采用 BCR 连续提取法将土壤重金属 Pb 分为 5 种形态（即水溶态、酸可提取态、可还原态、可氧化态、残渣态），其中水溶态与酸可提取态在土壤中迁移性较强，易被作物吸收利用，潜在环境风险较大，而可还原态和可氧化态在一定条件下可转化为酸可提取态，能间接被作物吸收利用；残渣态重金属主要在土壤晶格中，稳定性高，短期内不易被释放出来，不能被作物吸收利用。

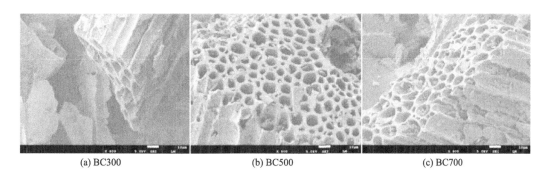

(a) BC300　　　　　　　(b) BC500　　　　　　　(c) BC700

图 9-1　不同温度制备的玉米秸秆生物炭（靳前 等，2021）

从表 9-1 的分析结果来看，在土壤中添加玉米秸秆生物炭后，Pb 主要以可还原态形式存在，占比在 80％ 以上，其次为酸可提取态、残渣态、可氧化态，水溶态占比很小；与对照（CK）相比，3.0％ 生物炭添加量时黑土中的水溶态、酸可提取态、可还原态 Pb 含量分别降低了 34.97％～74.23％、6.63％～22.95％ 和 11.56％～22.91％，可氧化态与残渣态 Pb 含量则分别增加了 22.01％～107.58％ 与 41.77％～61.18％，其中添加 BC500 使土壤中 Pb 的水溶态、酸可提取态和可还原态含量分别下降了 63.85％、23.00％ 和 22.91％，可氧化态与残渣态 Pb 含量分别升高了 107.58％、61.18％，使土壤中 Pb 的活性下降最显著。进一步结合生物炭施用后土壤中各形态 Pb 在总量中所占质量分数，与对照相比，水溶态、酸可提取态、可还原态 Pb 在总量中的质量分数明显下降，可氧化态与残渣态 Pb 在总量中的质量分数显著升高，3.0％ 添加量 BC500 使土壤 Pb 水溶态、酸可提取态和可还原态在总量的质量分数分别下降 0.081％、0.34％ 和 3.74％，可氧化态与残渣态 Pb 在总量的质量分数分别上升 2.11％ 和 2.05％。综合来看，不同温度制备的玉米秸秆生物炭对土壤中 Pb 的形态分布具有显著影响，以 500℃ 制备的生物炭效果较好，这与其孔隙度大、平均孔径小及比表面积大、孔隙率高的特性有关。

表 9-1　不同温度下制备的玉米秸秆生物炭处理下土壤中 Pb 形态含量（靳前 等，2021）

不同温度下制备的生物炭	生物炭添加量/％	水溶态/(mg/kg)	酸可提取态/(mg/kg)	可还原态/(mg/kg)	可氧化态/(mg/kg)	残渣态/(mg/kg)
CK	0	1.63±0.05Ad	86.94±7.28Ac	988.11±51.11Ac	14.90±1.05Ca	22.77±1.83Ca

不同温度下制备的生物炭	生物炭添加量/%	水溶态/(mg/kg)	酸可提取态/(mg/kg)	可还原态/(mg/kg)	可氧化态/(mg/kg)	残渣态/(mg/kg)
	0.5	1.27±0.01Bc	82.03±1.30Bb	943.50±35.44Bb	16.85±0.51Bb	26.40±0.29Bb
BC300	1.0	1.22±0.01Bc	81.34±3.60Bb	926.66±37.40Bb	17.56±1.32Bc	26.91±1.48Bb
	3.0	1.06±0.02Bc	80.00±3.68Bb	873.82±49.31Cb	18.18±0.96Bd	32.28±2.56Bb
	0.5	0.84±0.01Bb	74.95±1.49Ba	817.16±43.32Ba	16.10±0.79Ab	33.35±3.21Cb
BC500	1.0	0.77±0.04Bb	73.95±4.71Ba	786.30±39.34Ba	22.75±1.59Ac	34.91±3.79Cb
	3.0	0.58±0.04Bb	66.94±3.15Ba	761.75±52.94Ca	30.93±1.45Ad	36.70±2.99Cb
	0.5	0.45±0.01Ba	76.91±4.42Bb	859.81±41.71Bb	18.51±0.43Bb	37.40±3.10Cb
BC700	1.0	0.42±0.01Ba	80.15±3.15Bb	992.73±39.61Bb	18.13±0.81Bc	33.26±1.50Cb
	3.0	0.69±0.05Ba	70.14±0.99Bb	823.89±49.33Cb	18.74±0.67Bd	34.15±1.90Cb

注：同列的不同字母表示在 $P<0.05$ 水平上差异显著（大写字母表示添加量，小写字母表示生物炭种类）。

（2）不同改性措施生物炭对土壤重金属形态的影响

广东海洋大学的陈艺杰等（2021）分别采用 HNO_3（10g 生物炭中加入 100mL 8.00mol/L HNO_3）、$FeCl_3$（10g 生物炭中加入 100mL 1.00mol/L $FeCl_3$）对牛粪生物炭进行改性，分别获得 HNO_3 改性牛粪生物炭（HCB）、$FeCl_3$ 改性牛粪生物炭（FCB）及未改性牛粪生物炭（CB）3 种（图 9-2），以不施用生物炭为对照（CK），分析了 3 种生物炭对受重金属 Cr 污染的砖红壤土壤中元素 Cr 形态的影响。

(a) 牛粪生物炭　　　　　　(b) HNO_3改性生物炭　　　　　　(c) $FeCl_3$改性牛粪生物炭

图 9-2　牛粪生物炭扫描电镜图（2000 倍）（陈艺杰 等，2021）

从图 9-3 添加不同改性生物炭后重金属 Cr 形态变化结果来看，与对照（CK）相比，添加生物炭均显著改变了土壤中 Cr 的形态，从图 9-3(a)～(c) 可见，在培养周期内，CB、HCB 和 FCB 处理中 Cr 的酸可提取态、可还原态及可氧化态均呈显著下降的趋势（$P<0.05$）；与培养 0d 相比，培养周期结束时，CB、HCB 和 FCB 处理后酸可提取态分别减少了 11.3%、15.4%、23.1%，可还原态分别下降了 2.30%、5.80%、9.80%，可氧化态减少了 9.70%、15.7%、19.5%。与未改性的 CB 相比，改后的 FCB 处理对土壤 Cr 的酸可提取态、可还原态和可氧化态影响最为显著，其次是 HCB。从图 9-3(d) 显示来看，

残渣态 Cr 的含量呈显著升高的趋势，与培养 0d 相比，CB、HCB 和 FCB 处理的残渣态含量分别升高了 18.5%、29.6%、38.8%，FCB 处理的残渣态含量升高最为显著（$P < 0.05$）。

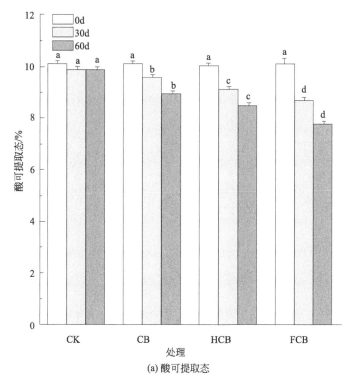

(a) 酸可提取态

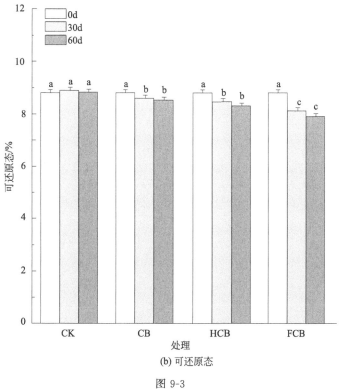

(b) 可还原态

图 9-3

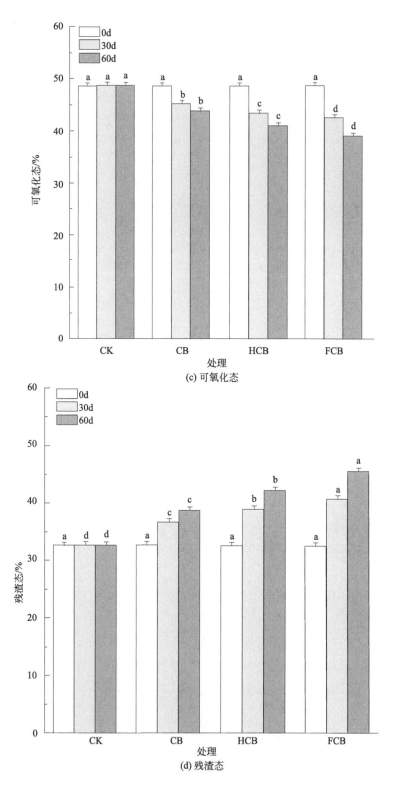

图 9-3　不同改性生物炭对受污染土壤 Cr 形态的影响

（各柱形图上不同小写字母表示处理间在 $P < 0.05$ 水平上差异显著）

综合来看，3 种生物炭均对土壤 Cr 具有明显的吸附效果，以 FCB 对 Cr 的吸附效果最佳，这与 HNO$_3$、FeCl$_3$ 改性后，生物炭物理性质得到优化有关，主要表现为平均孔径下降，官能团种类没有变化，但是羟基（—OH）、羧基（—COOH）和羰基（C＝O）均得到强化，特别是 FCB 的强化效果最佳。

（3）不同类型生物炭对土壤重金属形态的影响

梅闯等（2021）将近 10 年生物炭对土壤重金属酸可提取态和残渣态含量影响研究的相关文献进行梳理，并用箱形图（图 9-4）表示，发现不同种类生物炭，对同一类型重金属影响的波动范围较为集中，个别变化率出现离群点，说明大多数生物炭对重金属酸可提

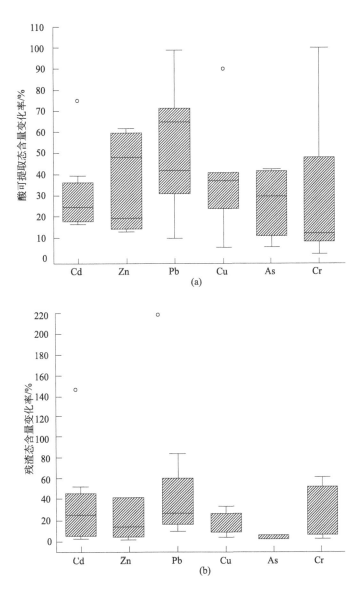

图 9-4　不同生物炭对土壤重金属形态的作用效果（梅闯 等，2021）

取态含量的影响效果均集中在一个范围内，只有个别生物炭效果显著。综合来看，生物炭作用下重金属酸可提取态（或可溶态）含量下降，残渣态含量升高，仍有个别生物炭促进重金属酸可提取态（或可溶态）含量增加，残渣态含量下降，以上这些差异的来源除了由生物炭改变土壤理化性质所引起之外，在很大程度上与生物炭对土壤重金属作用机制的复杂性是分不开的。

9.1.2 生物炭对土壤重金属形态影响的作用机制

截至目前，生物炭主要是通过两个方面引起土壤重金属形态的变化：一方面是生物炭利用其表面含有的官能团和矿物质等特性直接吸附固定重金属；另一方面，生物炭通过影响土壤理化性质，如土壤 pH 值、SOM、Eh 值等，进而改变重金属形态。综合分析，生物炭影响土壤重金属形态的作用机制可归纳为物理机制、化学机制、微生物机制 3 个方面。

（1）物理机制

物理机制是生物炭利用自身的空隙结构和比表面积，通过范德华力将重金属离子吸附在表面或空隙内。一般情况下，生物炭的比表面积和空隙结构越大，物理吸附作用则越强。由于生物炭的物理机制主要是通过范德华力与重金属离子发生相互作用，没有发生化学变化，通常认为该作用对重金属形态的影响较小。

（2）化学机制

生物炭的化学机制是利用其自身表明富含的官能团和矿物质成分等直接对重金属离子进行吸附固定的作用，主要包括静电吸附、离子交换、官能团络合、沉淀和阳离子-π 等作用（图 9-5），均在不同程度上促进土壤重金属由不稳定的生物有效态向稳定态转化。当前多数研究表明，生物炭对土壤重金属的吸附固定起到重要作用，其中不同作用机制均不同程度地影响重金属在酸可提取态和残渣态之间的相互转化，但对于不同化学机制对重金属形态的作用贡献比例仍需进一步研究。其中：

① 静电吸附是生物炭利用其表面正负电荷与重金属离子发生静电吸引而吸附重金属离子，当生物炭零电荷的 pH_{pzc} 值小于土壤 pH 值时，生物炭表明携带负电荷可通过静电吸引重金属阳离子，反之，生物炭表面携带正电荷也可通过静电吸引重金属阴离子，这表明生物炭不仅对固定带正电荷的 Cu^{2+}、Zn^{2+}、Cd^{2+} 等重金属阳离子具有吸附作用，而且对带负电的 AsO_x^{n-} 和 CrO_x^{n-} 等离子也具有吸附作用。

② 离子交换是由于生物炭表面存在大量的 K^+、Ca^{2+}、Na^+、Mg^{2+} 等碱金属离子，能够与金属离子发生离子交换，进而吸收重金属离子；离子交换过程具有电荷守恒和选择性置换等特点，如 $2mol\ K^+$ 能和 $1mol\ Pb^{2+}$ 发生离子交换，而生物炭表面上以静电力附着的离子容易被具有相同电荷且电荷密度较高的重金属离子所取代。

③ 官能团络合是由于生物炭表面富含羧基、羟基和氨基等官能团，它们可以与重金属离子发生络合作用，从而影响重金属形态；研究发现，生物炭表面的 —OH 和 —COOH 等含氧官能团容易和 Cd^{2+}、Hg^{2+} 及 Cu^{2+} 形成稳定的络合物；另外，生物炭表面的官能

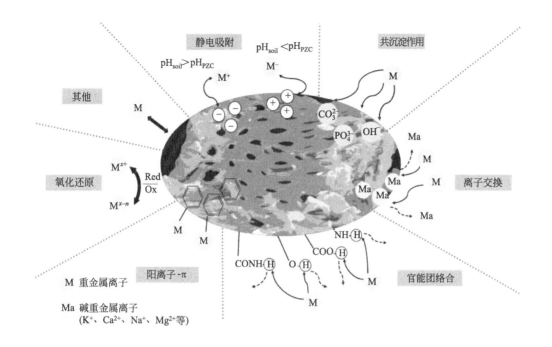

图 9-5　生物炭对土壤重金属形态影响的化学机制（梅闯 等，2021）

团还能以间接方式与重金属离子发生络合作用，进而改变重金属形态。研究发现，生物炭表面丰富的含氧官能团可以先与土壤中的 Fe、Mn 结合形成铁锰氧化态物质，再与土壤环境中的 As 发生络合反应。

④ 共沉淀作用是生物炭中含有的 $CaCO_3$、Mg_2PO_4OH、$Mg_3(SO_4)_2(OH)_2$ 等矿质成分，能够释放 CO_3^{2-}、PO_4^{3-}、OH^- 等离子，这些阴离子能与土壤重金属结合形成沉淀物，从而改变重金属形态。

⑤ 阳离子-π 配位是一种位于 π 体系电子云与阳离子之间的相互作用，这与物质结构的芳香程度有关，生物炭表面高度芳香化，具有电子云高度密集的 π 体系，有利于与重金属离子发生 π 键作用。

⑥ 氧化还原是生物炭通过影响土壤中氧化还原点位来改变土壤重金属形态，在还原条件下，土壤中碳酸盐态重金属易向难溶的硫化物转化，而在氧化条件下，土壤中重金属主要以难溶氧化物或有机结合态形式存在，有研究表明苎麻生物炭可先通过将土壤中 Cr^{6+} 还原成 Cr^{3+}，然后再与羟基和羧基发生官能团络合，鸡粪生物炭则能促进土壤中 As^{5+} 还原成 As^{3+}。

（3）微生物机制

生物炭施用后对土壤微生物的群落结构及生长繁殖等生命活动产生一定的影响（图 9-6、图 9-7），同时，生物炭作用下，微生物也可通过吸附、固定等途径来改变土壤重金属的化学形态，主要表现在：

① 微生物可以吸收利用生物炭表明的氮、磷、钾等营养元素，进一步增大生物炭对

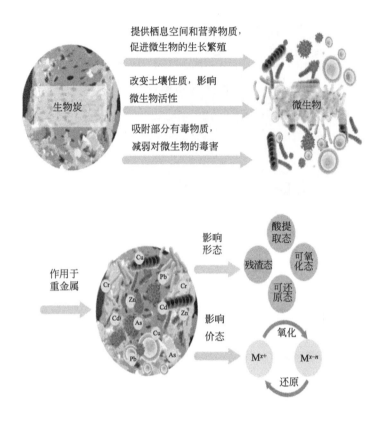

图 9-6　生物炭作用下微生物对重金属形态的影响机制（梅闯 等，2021）

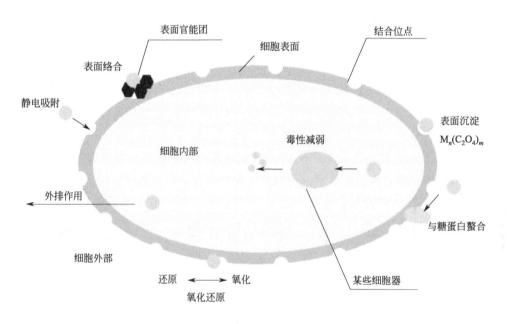

图 9-7　微生物对重金属的作用机制（梅闯 等，2021）

重金属离子的吸附量；

② 微生物将生物炭作为电子传递介质，促进细胞间的电子转移，加快重金属迁移转化的速率；

③ 微生物细胞还可以通过呼吸作用，将重金属离子转运到细胞内部进行固定转化，改变重金属的形态。

9.1.3 生物炭对土壤重金属的钝化修复效果

土壤环境中的有毒有害重金属具有高度稳定性，无法通过微生物降解成低毒或无毒物质，只能通过吸附、转化或固定等方式来降低污染程度。目前多数研究表明，生物炭能够将重金属有效态转化为不可用或低利用率的形态，从而减少重金属在土壤中的潜在毒性，且不同的生物炭对土壤重金属的修复效果存在一定的差异性（表9-2）。

表 9-2　生物炭对土壤有效态重金属的修复作用效果（徐美丽 等，2021）

生物炭	重金属	提取剂	试验效果
稻秆生物炭	Cd	DTPA	有效态 Cd 含量的降幅范围为 21.0%～56.0%
稻壳生物炭	As	EDTA	有效态 As 含量从 28.0% 增加到 79.0%
竹子生物炭	Cu/Zn	$CaCl_2$	提取态 Cu、Zn 含量降幅最大，分别为 97.3%、62.2%
烟草秸秆生物炭	Cd/Zn	$CaCl_2$	提取态 Cd 和 Zn 含量分别下降了 64.2%、94.9%
甘蔗秸秆生物炭	Cd/Pb/Zn	DTPA	有效态 Cd、Pb 和 Zn 的含量分别下降了 54.0%、50.0% 和 57.0%
绿色废弃物生物炭	Cd/Cu/Pb	NH_4NO_3	有效态 Cd、Cu、Pb 含量分别下降了 42.7%、0.901% 和 72.9%，其中有效态 Cu 含量变化不显著
死猪生物炭	Cd/Zn	$CaCl_2$	提取态 Cd 和 Zn 的含量分别下降了 45.8% 和 61.8%
牛粪生物炭	Cd/Cu/Cr	HOAc	提取态 Cd、Cu 和 Cr 的含量分别下降了 22.9%、40.0% 和 21.7%
鸡粪生物炭	Cu	NH_4NO_3	提取态 Cu 含量从 0.55mg/kg 升高至 0.8mg/kg，升高了 45.5%
城市污水污泥生物炭	Ni/Zn/Pb/Cd	DTPA	Ni、Zn、Pb 和 Cd 的迁移性和生物利用度降低

此外，关于生物炭修复重金属的研究还有很多，如 Mohan 等（2007）用木材或树皮快速热解制得的生物炭吸附 Pb(Ⅱ)、Cd(Ⅱ)、As(Ⅲ)，发现生物炭对金属离子的吸附主要是离子交换作用，对重金属离子的去除也起到一定作用。EI-Shafey 等用亚麻纤维束生物炭吸附 Cd(Ⅱ) 等重金属离子的研究发现，该种生物炭对重金属离子的吸附机理主要是在生物炭表面发生离子交换作用，随着金属离子被吸附的过程水中质子数有所增加。另有研究表明，生物炭比其他土壤有机质对阳离子的吸附能力更强（Lehmann，2007）。生物炭的施用能够显著影响土壤重金属的形态和迁移行为，从而修复受重金属污染的土壤。生物炭能够因形成氧化物、碳酸盐和磷酸盐沉淀从而显著影响土壤中重金属的形态和迁移行

为（Park et al，2011）。骨炭对重金属 Pb、Cu、Cd 和 Zn 均有一定的固定效果，由于含磷丰富，可以与铅形成磷酸盐沉淀，对铅污染土壤的修复效果更好（林爱军 等，2007；Chen et al，2006）。

诸多研究表明，竹炭对土壤和水中的重金属 Cu、Hg、Ni、Cr 等都有一定的吸附作用（Cheng et al，2006），对土壤中的 Cd 污染也表现出良好的吸附效果（马建伟 等，2007）。Hartley 等（2009）还发现在生物炭改良土壤中 WSOC 和 As 的移动性并无关联。然而他们发现可能是因为高 pH 值（>11）生物炭的添加导致土壤 pH 值升高从而显著增大了 As 的流动性。Hua 等（2009）的研究分析了竹炭在污泥堆肥过程中对氮素保持和对 Cu、Zn 元素迁移的影响，发现相较于原始材料而言，经生物炭改良的堆肥化污泥，其二乙烯基三胺基五乙酸提取态 Cu 和 Zn 比例分别下降了 44.4% 和 19.3%。Chen 等（2010）也发现在猪粪堆肥过程中 Cu 和 Zn 的迁移性随竹炭添加量的增加而下降，总凯氏氮的流失也同样会下降。有研究认为，生物炭对重金属离子主要依靠表面吸附。生物炭具有较大的比表面积和较高的表面能，有结合重金属离子的强烈倾向，因此能够较好地去除溶液和钝化土壤中的重金属。生物炭对重金属有很强的吸附能力，陈再明等（2012）的研究发现，在 350℃、500℃、700℃下用水稻秸秆制备的生物炭对 Pb^{2+} 的最大吸附量分别为 65.3mg/g、85.7mg/g 和 76.3mg/g，是原秸秆生物质的 5~6 倍、活性炭的 2~3 倍。

土壤中施用生物炭后，Zn 和 Cd 的浓度明显下降，尤其是 Cd 的浓度降低了 10 倍，植物毒害也显著降低（Luke et al，2010）。但是，生物炭对不同种类重金属的吸附能力各不相同，Beesley 等（2011）利用硬木制备的生物炭修复重金属污染的土壤，结果表明，与直接通过污染土壤的去离子水渗滤液中的 Cd、Zn 的浓度相比，将渗滤液通过生物炭后 Cd、Zn 的浓度分别减少了 99.67% 和 97.78% 倍，且吸附过程是不可逆的。与此同时，生物炭的施入改变了土壤中 As、Cu、Pb 的移动和分布，从而防止了二次污染。Namgay 等（2010）以桉树为原料在 550℃ 的条件下制备生物炭，将其施入土壤后检测 As、Cd、Cu、Pb、Zn 在玉米嫩芽中的含量，结果表明，生物炭吸附微量元素的顺序为 Pb>Cu>Cd>Zn>As。Park 等（2011）将鸡粪和绿色废弃物制备的生物炭施入从射击场采集的土壤中，发现在土壤中种植的印度芥菜对 Cd、Cu、Pb 的利用率明显降低，并且随着生物炭施入量的增加，除了 Cu 之外，Cd、Pb 在印度芥菜体内的积累都大大减少。

对于水溶态重金属离子，生物炭的添加会改变其在土壤中的形态和动物累积性。Cao 等（2011）的研究表明，添加 5% 的牛粪生物炭后，蚯蚓对铅的吸收显著地减少，其相对减少量最高为 79%。生物炭能降低土壤中 Pb、Cd 的酸可提取态含量，因而降低重金属的生物有效性，对重金属表现出很好的固定效果（朱庆祥，2011；Fellet et al，2011）。高译丹等（2014）通过室内培养试验，比较石灰、生物炭及生物炭和石灰配施 3 种改良剂作用下镉污染草甸土中土壤镉各形态转化的影响，结果表明，各改良剂的施用均显著降低土壤可交换态 Cd 含量，与对照组相比，添加生物炭、石灰和生物＋炭石灰混合改良剂后，土壤可交换态 Cd 含量分别降低 8.6%~13.7%、17.8%~21.7% 和 18.4%~23.3%。总之，土壤添加改良剂后，显著降低土壤可交换态 Cd 的比例，增加碳酸盐结合态、铁锰氧化物结合态、有机结合态和残渣态 Cd 比例，从而降低土壤重金属的生物有效性。李阿梅等对土壤镉污染的研究发现，添加生物炭可使受镉污染土壤生长的萝卜地下部分、青菜地上部分镉含量分别减少 81.21%、83.04%。通过盆栽模拟试验，以生物炭作为植烟镉污染土壤改良剂，结果表明，生物炭施用增加镉污染土壤烤烟叶片总糖 N 和 K 含量，能有效降低烟叶中镉含量，5g/kg 生物炭使 Cd_1 和 Cd_5 污染土壤中烤烟叶片镉含量分别降低 4.40% 和 6.46%；20g/kg 生物炭使 Cd_1 和 Cd_5 污染土壤中烤烟叶片镉含量分别降低 58.47% 和 41.22%，均达显著水平（李岭 等，2014）。刘孝利等（2014）的研究表明，与对照相比，稻秆生物炭添加稻田水中溶解态 Cd、Pb、Zn 浓度分别降低 56%~80%、60%~75% 和 63%~90%，豆秆生物炭添加溶解态 Cd、Pb、Zn 浓度分别降低 61%~83%、51%~76% 和 55%~80%，石灰添加可略微降低 Cd、Pb、Zn 浓度，但差异不显著。

Beesley 等（2010）证实了生物炭对重金属有效性的复杂影响。他们发现不论是生物炭还是农林废弃物，在堆肥之后，土壤孔隙水中 Cu 和 As 的浓度升高多达 30 倍，而且导致溶解性有机碳含量和 pH 值显著增大。然而 Zn 和 Cd 却明显下降。对于后者而言，生物炭非常有效，能使孔隙水中的 Cd 浓度下降至原来的 1/10 并降低其对植物的危害毒性。相比之下，Hartley 等（2009）则指出，生物炭可提高作物产量，但对于芒草叶子的 As 吸收并无影响，尽管在试验的 3 种土壤之间从根部到叶子运移的 As 所占的比例都非常不同。关于对 As 有效性低的一个解释可能是由于生物炭的添加增大了 P 元素的有效性。已知 P 会限制 As 的吸收，磷酸盐（PO_4^{3-}）和 As 有着化学相似性和反应，这就意味着它们可能会因为彼此的吸收位点而产生竞争。

林爱军等（2007）采用分级提取的方法研究了施加骨炭对污染重金属的固定效果，结果表明，土壤施加 10mg/kg 骨炭后水溶态、交换态、碳酸盐结合态和铁锰氧化物结合态 Pb 的浓度显著上升，表明骨炭可以吸附固定土壤中的 Pb，改变 Pb 的化学形态，降低 Pb 的生物可利用性，Cd、Zn 和 Cu 都有类似的结果。Beesley 等（2010，2011）的研究发现，施加硬木 400℃ 制备的生物炭可以有效地固定土壤中的 Cd、Pb，却不能有效固定土壤中的 Cu、As，生物炭施入土壤后，土壤孔隙水 pH 值升高，使得 As 的生物有效性增加，同时土壤中增加的溶解有机质与铜结合，导致 Cu 在孔隙水中的浓度和生物有效性增加。

9.2 生物炭对土壤中农药残留的影响

随着现代工农业生产的快速发展，农药、化肥等伴生的有机污染物不断地输入环境中，这些痕量有机污染物常具有"三致"效应（致癌、致畸、致突变）和高生物累积性，它们的扩散不仅会污染环境、破坏生态平衡，而且还可以通过食物链途径危害人体健康。生物炭是近年来迅速发展起来的热点研究领域之一。国外，如美国康奈尔大学、生物炭国际促进组织、英国生物炭研究中心等科研机构已进行了大量研究工作，并取得了一些重要进展。在中国，有关生物炭的理论研究与应用技术也已具备了一定基础，并处于快速发展时期。生物炭的科学研究与产业化发展对于推动国家低碳经济模式转型，实现农业与环境的可持续发展，都具有重要战略意义。

由于具有精致的微孔结构和巨大的比表面积，生物炭表现出超强的吸附能力，能够强烈吸附农药等多种有机污染物，这些特性使其可作为一种廉价高效的吸附剂而用于有机污染治理，在土壤和水体中有机污染物控制方面具有巨大的潜力。生物炭的吸附行为可以影响农药等有机污染物在环境中的迁移转化、生态效应以及受污染环境介质的控制和修复等过程。

农药等有机污染是农业环境污染的重要方面。随着农田杂草抗药性的增强和敏感作物耐药性的降低，土壤受长残效除草剂污染已经成为影响种植业结构调整、粮食产量提高的限制因素。

9.2.1 生物炭对土壤中除草剂农药的吸附降解作用

（1）对除草剂异噁草松农药的影响

异噁草松［clomazone，2-(2-氯苄基)-4,4-二甲基异噁唑-3-酮］是防治大豆田杂草，尤其是恶性杂草鸭趾草、苣荬菜、刺儿菜等常用的长残效除草剂之一，通过抑制类异戊二烯合成途径中的酶活性，阻碍植株体内类胡萝卜素和叶绿素的生成与质体色素的积累，导致植株产生白化现象而死亡，并且对下茬玉米、马铃薯、甜菜等种植作物均有一定的安全周期。异噁草松降解速率与土壤有机质含量呈显著负相关，随土壤 pH 值升高降解速率加快，土壤沙性增强，降解半衰期增加，异噁草松在土壤中的降解与转化受多种因素影响。

李玉梅等（2013）通过混土施药模拟长残效除草剂的土壤残留环境，研究了生物炭对异噁草松土壤残留的生物有害性的影响。结果表明，土壤中异噁草松残留量低于 0.12mg/kg，对幼苗生长有促进作用，高于该阈值，逐渐表现为抑制作用；异噁草松残留达到 0.96mg/kg 时，幼苗生长基本处于停滞状态，施入生物炭能够有效降低其生物有害性；异噁草松残留超过 0.72mg/kg 时，不加生物炭处理，造成穗秃尖率大、结实率低、籽粒成熟度差、含水率高；添加生物炭对玉米生长有一定的促进作用，产量平均增加 10.25%，并证实生物炭对土壤中一定阈值范围内的异噁草松残留具有降低生物有害性的作用（图 9-8）。

此研究同时发现，土壤中异噁草松残留量达到 0.96mg/kg 时，未加生物炭处理，玉米穗秃尖率大、结实率低、籽粒成熟度差，出现明显的扬花期与授粉期错时延后，产量降低。玉米产量的增加除了与生物炭对农药的削减作用有关，还与生物炭本身对作物的生长是否有促进作用以及两者之间是否有相互协同作用有关，都需要进一步研究。

盆栽试验表明，土壤中异噁草松残留对下茬玉米生长的安全阈值为 0.12mg/kg。低于该阈值时，对作物生长发育有促进作用；高于该阈值时，玉米的生长发育、生物学性状及产量均明显降低，并且随异噁草松土壤残留量增加抑制作用增强；添加生物炭后土壤中高浓度异噁草松残留的生物有害性得以抑制，玉米生长发育良好，产量增加明显，为今后对生物炭在大田生产中的研究与应用提供了理论基础。

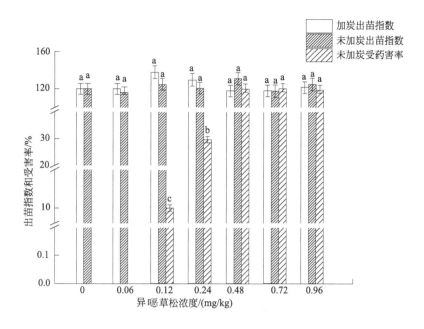

图 9-8　施入生物炭后玉米出苗及药害变化

（2）对除草剂西玛津的影响

西玛津是一种广泛用于控制农田和非农场地中一年生和多年生杂草的三嗪类除草剂，其在地表水和地下水中已被普遍检出。研究证实西玛津具有内分泌干扰效应，它能抑制催乳激素分泌。

张桂香等（2011）考察了西玛津在不同温度下制备的玉米秸秆生物炭（表 9-3）上的吸附行为。结果表明，西玛津在玉米秸秆生物炭上的吸附能力随着生物炭炭化程度的增强而增大。低温（100℃）制备的玉米秸秆生物炭的线性吸附特性以分配作用为主导，随炭化温度的升高（200～600℃），吸附过程中的非线性逐渐增强，表明表面吸附作用增强。分析较高温度下产生的生物炭具有高的吸附能力主要是因为疏水作用，电荷转移（π-π）作用和孔填充作用机制。

表 9-3　不同温度下产生的玉米秸秆生物炭表征结果

样品	灰分 /%	C /%	H /%	N /%	O /%	H/C	O/C	(O+N)/C	比表面积 SA /(m²/g)	总孔体积 TPV /(mL/g)
CS100	2.38	47.46	6.23	0.36	45.95	1.575	0.726	0.733	2.140	
CS200	2.87	53.77	5.71	0.66	39.86	1.274	0.556	0.566	2.149	
CS300	4.94	66.88	4.14	1.24	27.74	0.743	0.311	0.327	6.144	
CS400	6.85	76.50	3.99	1.27	18.24	0.626	0.179	0.193	32.38	0.0030
CS500	7.98	81.97	3.36	1.03	13.64	0.492	0.125	0.136	245.3	0.0345
CS600	9.34	84.29	2.60	1.16	11.95	0.370	0.106	0.118	329.0	0.0839

^{13}C NMR 光谱积分结果									
C 化学位移的分布/%							脂肪 C /%	芳香 C /%	极性 C /%
样品	$(0\sim45)$ $\times10^{-6}$	$(45\sim93)$ $\times10^{-6}$	$(93\sim109)$ $\times10^{-6}$	$(109\sim145)$ $\times10^{-6}$	$(145\sim165)$ $\times10^{-6}$	$(165\sim190)$ $\times10^{-6}$	$(190\sim220)$ $\times10^{-6}$		
CS100	7.3	79.3	10.9	0	0.4	2.0	0	86.7	11.3	92.7
CS200	11.1	44.0	6.4	23.2	8.5	4.8	2.0	55.1	38.2	65.7
CS300	10.4	8.9	6.0	46.7	15.5	7.9	4.6	19.3	68.3	42.9
CS400	4.5	4.4	5.4	70.3	11.2	4.2	0	8.9	86.9	25.2
CS500	3.0	4.5	6.1	78.6	5.1	2.6	0	7.5	89.9	18.4
CS600	3.4	5.7	7.1	73.3	4.9	5.6	0	9.1	85.3	23.2

本研究对玉米秸秆生物炭对西玛津的吸附机理进行了深入分析。结果表明，随着炭化温度的升高，Freundlich 等温吸附特性从线性向强的非线性过渡，吸附机理从分配作用占主导逐步过渡到表面吸附占主导。

$\lg k_{oc}$ 与生物炭中 $(O+N)/C$ 的比值呈负相关性，表明少的极性官能团有利于西玛津的吸附，因为生物炭表面的极性官能团可作为水分子结合中心形成水簇，会阻止疏水性的西玛津与生物炭的接触，说明疏水作用在生物炭吸附西玛津过程中起重要作用。通过 $\lg k_{oc}/\lg k_{owc}$ 值的分析，张桂香等（2011）认为西玛津与低温碳（100℃）的吸附未发生专属作用，随着炭化温度的升高（200～600℃），两者之间吸附的专属作用明显起来。生物炭与西玛津之间的吸附有多重作用机制，但不同温度制备的生物炭吸附机制有所区别。西玛津可以作为 H-供体和受体，能够与生物炭上的极性官能团如—COOH、C═O 形成氢键，但同时，西玛津分子内的杂环可以作为 π 电子供体，可以与生物炭中的芳香 C 之间发生电荷转移作用。不同温度制备的生物炭间 $\lg k_{oc}$ 与 $(O+N)/C$ 的负相关性表明疏水作用可能强于氢键作用。

（3）对除草剂莠去津的影响

莠去津是一种内吸选择性苗前、苗后封闭型三嗪类除草剂，常用于控制玉米、高粱等作物田间的阔叶杂草和禾本科杂草，由于其生成成本低、除草效果好，在农业生产中得到广泛应用。然而，莠去津的大量和长期使用，导致其在土壤中大量残留，引发土壤质量下降，且可通过淋溶进入地下水或通过地表径流污染水源，扩大污染范围。孙涛等采用秸秆生物炭对土壤中莠去津的吸附特征影响进行分析，从图 9-9 可以看出，最初的 0～12h 内，T1、T2、T3 和 T4 对莠去津的吸附量迅速增加，分别达到 46.26mg/kg、45.71mg/kg、45.87mg/kg、46.18mg/kg，随着时间的延长（12～96h），T2 和 T4 处理的吸附量缓慢增加并逐渐趋于平稳，在 96h 时，莠去津最大吸附量分别达到 46.22mg/kg、46.43mg/kg，未添加生物炭的 T1 和 T3 处理随着时间的延长，吸附量逐渐降低至 44.20mg/kg、43.09mg/kg，比最大吸附量时分别降低了 2.06mg/kg、2.78mg/kg，这是由于试验初期，土壤中的表面吸附位点较多，对莠去津的吸附效果逐渐增强，添加生物炭并未对莠去津的吸附过程有显著影响，而随着时间的延长，土壤表面的活性位点逐渐饱和，莠去津的吸附量也逐渐达到动态平衡，未添加生物炭的 T1 和 T3 处理在 12h 后，莠去津的吸附量会逐渐降低，土壤中莠去津发生解吸现象，添加生物炭的 T2 和 T4 处理到 96h 时吸附量较稳定且未发生解吸，显示出添加生物炭不仅增强了土壤对莠去津的吸附能力，同时也会提高对莠去津的固持能力。Sun 等（2010）也报道三嗪类除草剂莠去津在非水解有机碳上的吸附存在氢键和 π-π 作用。

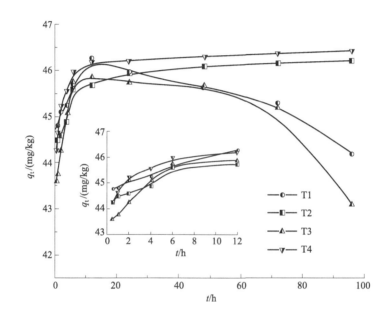

图 9-9　不同时间莠去津在不同处理下的含量特征（孙涛 等，2021）

（T1、T2、T3 和 T4 分别为灭菌、5％秸秆生物炭＋灭菌、未灭菌和 5％秸秆生物炭＋未灭菌处理）

（4）对土壤中除草剂敌草隆的影响

余向阳等（2011）采用室内模拟试验，测定农药敌草隆在添加不同含量生物炭的土壤中的吸附量随吸附时间延长的动态变化过程，研究了生物炭对除草剂敌草隆在土壤中的慢吸附及其对解吸行为的影响。结果表明：土壤中添加少量生物炭可增强其对农药的吸附作用，且土壤生物炭含量越高，对农药的吸附作用越强；土壤对农药的吸附量随吸附接触时间延长而逐渐增加，而且添加生物炭含量越高，土壤对敌草隆的吸附量随时间延长增加得越多。解吸试验结果表明，土壤中生物炭含量越高，吸附接触时间越长，农药越难被解吸，当土壤中生物炭的添加量为 1.0％、吸附 56d 时敌草隆的解吸率仅为 1.81％（表 9-4）。本研究指出，农药在含生物质炭的土壤中经"老化"后吸附/解吸的迟滞作用更加明显，其原因可能有两点：一是由于"老化"处理，更多的农药分子被微孔吸附，造成微孔变形作用更加明显，发生变形的微孔数量增加，从而导致解吸迟滞作用增强；二是可能由于接触时间延长使吸附质扩散进入微孔更深部位，或是由于化合物与土壤有机质发生化学键合，从而使其更难以被解吸。同时指出，生物炭对土壤残留农药的吸附一方面可降低农作物受土壤的污染，降低土壤残留农药的生态毒性；但另一方面将会降低土壤施用农药的生物活性，延长农药在土壤中的残留时间。目前国际上关于通过生物炭回施农田来改善环境和土壤理化性状的讨论备受关注，但评价生物炭施用带来的综合影响还需进行大量研究，才能指导生物炭合理使用。

表 9-4　不同吸附时间吸附的敌草隆的解吸率

生物炭加入量 /%	吸附 1d 敌草隆的解吸率 /%	吸附 28d 敌草隆的解吸率 /%	吸附 56d 敌草隆的解吸率 /%
0	74.11	73.22	53.92
0.1	37.23	30.63	19.85
0.2	26.76	19.70	15.12
0.5	4.40	3.74	2.72
0.8	3.38	3.53	2.04
1.0	2.38	2.92	1.81

(5) 对其他类除草剂的影响

Lou 等（2011）用稻草秸秆制成的生物炭研究其吸附性和除草剂五氯苯酚对种子萌发期间的生态毒性的影响，发现生物炭的应用降低了浸出液的五氯苯酚浓度（从 4.53mg/L 降至 0.17mg/L），并明显增加了发芽率和根系长度，指出生物炭可作为一种潜在的有机污染物的原位吸附剂。

田超等（2009）研究了外源木炭对除草剂异丙隆在土壤中吸附-解吸的影响，结果表明异丙隆在木炭和土壤中的吸附-解吸均符合 Freundlich 方程。木炭对异丙隆有很强的吸附能力，木炭粒径越小，对异丙隆的吸附能力越强。添加木炭能够显著提高土壤对异丙隆的吸附量，木炭添加量越多，异丙隆吸附量越大，木炭添加量与异丙隆吸附量呈显著正相关（相关系数 $r = 0.9568$）。异丙隆在木炭和土壤中的解吸过程均存在明显的滞后效应，且这种滞后效应随着木炭添加量的增大而逐渐加强。环境扫描电镜（ESEM）分析显示，木炭具有疏松多孔结构，对异丙隆具有较强的物理吸附能力。红外光谱（FTIR）分析结果表明，异丙隆可能通过氢键或范德华力与木炭结合（图 9-10）。

9.2.2　生物炭对土壤中杀虫剂农药的吸附降解作用

(1) 对土壤中杀虫剂西维因的影响

西维因是一种氨基甲酸酯类杀虫剂，通过抑制乙酰胆碱酯酶的活性发生作用；具有潜在致癌性，由于长期积累，土壤中残留水平较高。张鹏等（2012）以猪粪为原料，在不同温度下制备生物炭，并对其进行除灰处理，研究了不同处理温度和灰分的生物炭与西维因的相互作用。结果表明，此种生物炭对西维因的吸附表现为非线性，且随制备温度的升高，非线性增强。生物炭经过酸化除灰后，吸附作用大大增强，表明生物炭中有机碳与无机成分复合能够造成一部分吸附点位的损失。

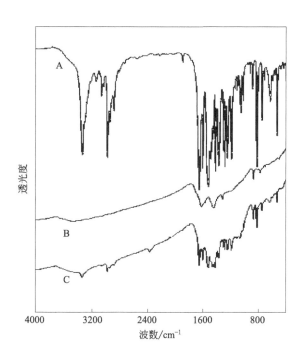

图 9-10 异丙隆及其与木炭复合体的红外光谱

A—异丙隆；B—木炭；C—木炭与异丙隆复合

此研究还对不同原料制备的生物炭差异进行了分析。以动物粪便为原料制备的生物炭中所含的灰分含量明显高于文献报道植物源制备的生物炭，并且随着制备温度的升高，生物炭中灰分含量增加，并推测该结论与此猪是杂食动物，其排泄物中含有大量无机矿物成分有关。与植物源制备的生物炭中的 C 含量随温度的升高而增加不同，猪粪制备的生物炭中的碳含量随温度升高而下降，但生物炭的比表面积随温度升高而增加的趋势是一致的。

以猪粪为原料制备的高灰分生物炭具有无机矿物、不定形有机质及结晶态芳香碳有机质相互结合的结构，作为吸附剂能够有效地吸附西维因。高温热解得到的生物炭吸附性能强于低温热解的生物炭，低温热解的生物炭既有分配作用力又有特殊作用力，高温热解的生物炭以特殊作用力为主。生物炭制备后若经过酸洗除灰处理，由于剥离了表面覆盖的无机矿物，可增强对西维因的吸附能力。猪粪生物炭对西维因的吸附由亲脂性分配与特殊作用力构成，随着生物炭的不同及西维因浓度的变化，吸附机制发生变化。

此研究还报道了西维因在生物炭-水体系中的水解效应（图 9-11）。西维因在生物炭-水体系中发生了水解反应，且水解分两个阶段进行，在 18h 内西维因快速水解，之后进入缓慢水解阶段。高温炭对西维因的催化水解能力强于低温碳（BC700＞BC350），生物炭加入量大的体系对西维因水解能力强于加入量小的体系（加入 500mg 的体系的水解能力＞加入 300mg 的体系的水解能力）。

（2）对杀虫剂西玛津的影响

Forbes 等（2006）用生物炭研究其对土壤中杀虫剂西玛津行为的影响。研究表明典

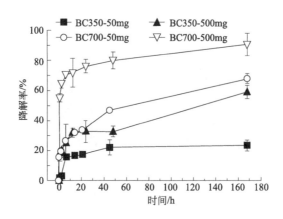

图 9-11 西维因在生物炭-水体系中的水解

型的生物炭的应用可以明显改变土壤水中的西玛津浓度、活性和移动性，生物炭能够抑制西玛津的生物降解速率，并使其很难随水迁移。其原因是生物炭降低了微生物的活性，且西玛津矿化速率、吸附量和流失量与生物炭的颗粒大小成反比，并且生物炭在土壤中的作用持续时间长。同时指出生物炭可以减少杀虫剂污染环境和通过食物链危害人类的危险，但是可能会影响其杀虫的功能。

（3）对二甲嘧菌胺的影响

Yu 等（2006）用桉树在 450℃和 850℃下生产的生物炭来研究其降低杀虫剂二甲嘧菌胺在种植有洋葱的土壤中的生物活性，结果表明生物炭能明显减少土壤中的杀虫剂数量和洋葱吸收的杀虫剂量，其中 850℃的生物炭效果最佳。

（4）对土壤中甲拌磷及甲拌磷砜降解的影响

甲拌磷是高毒广谱内吸性杀虫剂，主要用于防治地下害虫、蚜虫等。甲拌磷进入环境以后，受环境中许多因素的影响而发生代谢，产生毒性更大的代谢物甲拌磷砜。甲拌磷砜在环境中比较稳定，其残留期比甲拌磷长。人们往往重视甲拌磷对环境以及人类健康的影响，但忽略了甲拌磷砜对环境和人类健康的潜在威胁，因此，深入了解甲拌磷施用后在环境中的降解情况，全面评价甲拌磷的生态环境行为和效应很有必要。甲拌磷如果是单纯施入土壤的话，其在土壤中的半衰期为 2～14d，是很快可以分解的。但是，甲拌磷及其代谢物形成的毒性更强的氧化物，在植物体内则能保持较长的时间，一般为 1～2 个月，甚至更长，无疑甲拌磷自身的残留是检测不出的。

根据农业农村部第 199 号公告，禁止在蔬菜、果树、茶叶中草药材上使用的农药有甲拌磷（phorate）、甲基异柳磷（*iso*fenphos-methyl）、特丁硫磷（terbufos）、甲基硫环磷（phosfolan-methyl）、治螟磷（sulfotep）、内吸磷（demeton）、克百威（carbofuran）、涕灭威（aldicarb）、灭线磷（ethoprophos）、硫环磷（phosfolan）、蝇毒磷（coumaphos）、地虫硫磷（fonofos）、氯唑磷（isazofos）、苯线磷（fenamiphos）。按此公告，甲拌磷是第一个被禁用的，在滇池流域大棚不应检出甲拌磷残留。

实验共计大棚土壤采样量 102 个，残留甲拌磷和甲拌磷砜的土壤检出 18 个，占总检测量的 17.65%，检出的大棚均为叶菜类大棚，其中 11 个在呈贡区大棚土壤，7 个在晋宁大棚土壤。结果如表 9-5 所列。虽然甲拌磷残留量低，降解速率也快，但是在调查取样中仍然有检出，说明滇池流域部分大棚区域仍有甲拌磷在违禁使用。变异系数相同，说明检测出的甲拌磷砜和甲拌磷来源一致。

表 9-5　滇池流域大棚土壤甲拌磷残留情况

农药	样本数	最小值/(mg/kg)	最大值/(mg/kg)	平均值/(mg/kg)	标准差	变异系数
甲拌磷	18	1.36	7.58	3.29	1.72	0.52
甲拌磷砜	18	0.47	3.01	1.31	0.68	0.52

1）生物炭对大棚土壤甲拌磷残留率的影响

添加不同量的生物炭能显著降低大棚土壤中甲拌磷的残留率，各处理之间差异显著（图 9-12）。在用药 60d 后，大棚土壤的甲拌磷残留率为 6.39%，当生物炭添加量为 8% 的时候效果最好，残留率为 3.16%，比大棚土壤降低了 50.55%。

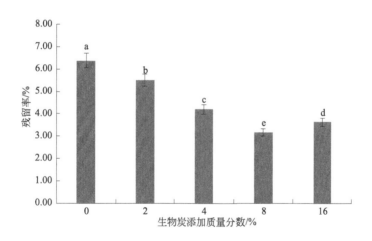

图 9-12　生物炭对大棚土壤甲拌磷残留率的影响

（柱形图上的不同小写字母表示在 $P < 0.05$ 水平上存在显著性）

2）生物炭对大棚土壤甲拌磷砜残留的影响

添加不同量的生物炭能显著降低大棚土壤中甲拌磷砜的残留率（图 9-13），大棚土壤甲拌磷砜在施药 60d 后的残留率为 9.98%。添加生物炭的处理残留率显著低于大棚土壤，2% 添加量和 4% 添加量之间差异不显著，8% 添加量和 16% 添加量的降低效果最好，但是这两个处理之间差异不显著，残留率分别为 6.78% 和 6.90%，较大棚土壤降低了 32.06% 和 30.86%。

3）生物炭对大棚土壤甲拌磷消解过程的影响

对大棚土壤甲拌磷消解的实验结果表明，甲拌磷在大棚土壤和添加生物炭的大棚土

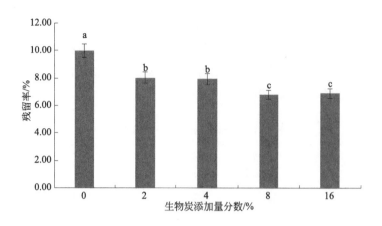

图 9-13　生物炭对大棚土壤甲拌磷砜残留率的影响

（柱形图上的不同小写字母表示在 $P < 0.05$ 水平上存在显著性）

壤中的消解曲线均符合一级动力学方程，其中大棚土壤的消解动力学方程为 $C = 6.8881e^{-0.045t}$ （$R^2 = 0.9879$），半衰期为 12.08d；添加 8％生物炭后的消解动力学方程为 $C = 5.7107e^{-0.054t}$ （$R^2 = 0.9677$），半衰期为 6.59d。大棚土壤中甲拌磷的消解速度很快，实验在施药 8.000mg/kg 后，第 45 天后消解率就达到 90％以上（表 9-6 和图 9-14），在添加生物炭之后，施药 30d 消解率就能达到 90％以上，提前了 5d。添加生物炭对甲拌磷消解率的提高在施药后 1h 尤其显著，消解率达到大棚常规土壤消解率的 4 倍（表 9-6 和图 9-15）。生物炭能缩短大棚土壤中甲拌磷的半衰期，半衰期降低了 5.49d。

表 9-6　生物炭对大棚土壤甲拌磷消解的影响

采样时间/d	大棚土壤		添加 8％生物炭	
	残留量/(mg/kg)	消解率/％	残留量/(mg/kg)	消解率/％
0	8.000	—	8.000	—
1/24	7.583	5.21	6.389	20.14
1	6.467	19.16	5.353	33.09
3	5.154	35.57	4.573	42.84
7	4.666	41.68	3.732	53.35
14	3.538	55.78	2.477	69.04
21	2.914	63.57	1.601	79.99
30	1.727	78.41	0.791	90.11
45	0.799	90.01	0.458	94.28
60	0.511	93.61	0.303	96.21

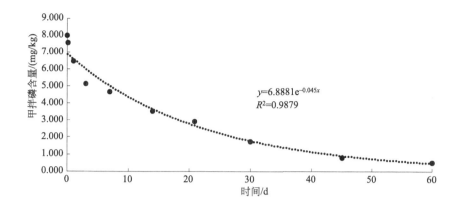

图 9-14　甲拌磷在大棚土壤中的消解过程

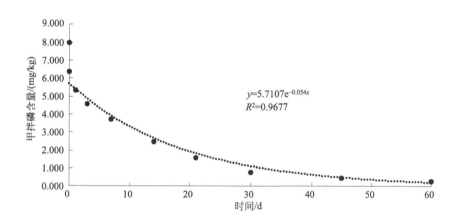

图 9-15　甲拌磷在添加生物炭的大棚土壤中的消解过程

4）生物炭对大棚土壤甲拌磷砜消解过程的影响

对大棚土壤甲拌磷砜消解的实验结果（表 9-7）表明，甲拌磷砜在施药后第 3 天第一次检出，产生量为 2.044mg/kg。甲拌磷砜在大棚土壤和添加生物炭的大棚土壤中的消解曲线均符合一级动力学方程，其中大棚土壤的消解动力学方程为 $C=1.3208\mathrm{e}^{-0.035t}$（$R^2=0.9126$），半衰期为 7.33d；添加 8% 生物炭后的消解动力学方程为 $C=1.038\mathrm{e}^{-0.044t}$（$R^2=0.9310$），半衰期为 6.03d。

表 9-7　生物炭对大棚土壤甲拌磷砜残留消解的影响

采样时间 /d	消解时间 /d	大棚土壤		添加 8% 生物炭	
		残留量 /(mg/kg)	消解率 /%	残留量 /(mg/kg)	消解率 /%
0	—	—	—	—	—
1/24	—	—	—	—	—

采样时间 /d	消解时间 /d	大棚土壤		添加8%生物炭	
		残留量 /(mg/kg)	消解率 /%	残留量 /(mg/kg)	消解率 /%
1	—	—	—	—	—
3	0	2.044	—	1.592	—
7	4	0.991	51.52	0.733	53.96
14	11	0.775	62.08	0.596	62.56
21	18	0.588	71.23	0.451	71.67
30	27	0.453	77.84	0.236	85.18
45	42	0.322	84.25	0.157	90.14
60	57	0.204	90.02	0.108	93.22

大棚土壤中甲拌磷砜的消解速度比甲拌磷慢，检出甲拌磷砜57d的时候，甲拌磷砜的消解率才能达到90%（图9-16）。添加生物炭后（图9-17），第一次检出甲拌磷砜含量为1.592mg/kg，比大棚土壤低22.11%，能显著降低甲拌磷砜的产生。降低添加生物炭能提高甲拌磷砜的消解速度，在检出甲拌磷砜的前18d效果不显著，在检出甲拌磷砜18d后消解效果显著提高，到检出甲拌磷砜42d的时候消解率达到90%。生物炭还能大幅减少甲拌磷砜在大棚土壤中的半衰期，半衰期降低了1.30d。

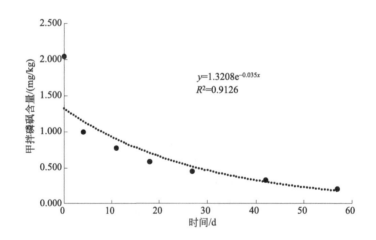

$y=1.3208e^{-0.035x}$
$R^2=0.9126$

图9-16　甲拌磷砜在大棚土壤中的消解过程

总体看来，生物炭由于具有独特的性质，尤其是较高的碳含量和芳香性质以及较高的比表面积，与土壤相比对农药的吸附作用更强，研究表明即使添加相对少量的新制备的生物炭都能抑制农药的微生物降解以及对植物的有效性。

生物炭添加到土壤中能增强土壤对疏水性有机物的吸附，该作用既与有机物的化学和结构性质（如分子质量和疏水性）有关，也和生物炭的表面积、孔径分布和表面官能团有关。生物炭的制备温度对生物炭的吸附性能有很大的影响，随着制备温度的升高，生物炭

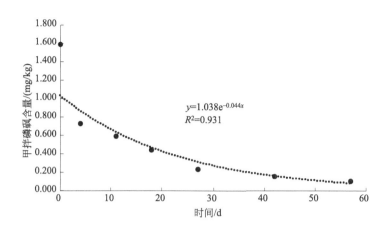

图 9-17　甲拌磷砜在添加生物炭的大棚土壤中的消解过程

的比表面积增大，碳含量增加而氧含量降低，O/C 值降低，生物炭的亲水性和极性降低，对水分子的亲和力降低，对疏水性污染物的吸附增强。

　　生物炭对农药的吸附作用机理主要包括分配机制和孔填充机制，其中分配机制主要由生物炭内不定形脂肪碳或芳香碳控制，动力学过程比较快，而孔填充机制主要由生物炭内微孔的大小以及孔隙度控制。许多研究均证实生物炭制备温度越高，生物炭的芳香度、比表面积以及孔隙度越高，因此表现为生物炭制备温度越高，对农药的吸附作用越强，而且延滞系数也逐渐增加。

9.2.3　生物炭对土壤中杀菌剂农药的吸附降解作用

　　戊唑醇是一种高效、广谱、具有内吸性的三唑类杀菌剂，在世界各地被广泛应用于农业生产。但是过量施用、滥用等导致了部分农产品和环境介质中戊唑醇被频繁检出或残留量超标，生态环境污染问题逐渐突出，特别是土壤环境介质中的戊唑醇是迫切需要解决的问题。据报道，在土壤、水环境及黄瓜、西瓜、葡萄、番茄、百香果、苹果、红枣、洋葱、辣椒、水稻和花生等作物中均发现了戊唑醇的残留，这也增加了非目标生物在戊唑醇中的暴露风险。基于实验动物毒理学研究表明，戊唑醇暴露会引起各种有害作用和器官损伤，如戊唑醇能够引起发育障碍、免疫异常、生殖功能障碍、基因毒性效应、肾毒性、肝毒性和心脏毒性等，对斑马鱼胚胎发育存在一定的致畸和致死作用等，在斑马鱼和两栖动物中均发现戊唑醇具有甲状腺毒性，在大鼠毒性试验中对雄性大鼠亚慢性暴露表现了肾毒性，对妊娠期大鼠表现了破坏胎盘结构和功能，导致胎盘肥大、低出生体重和雄性胎儿雌性化等特征。

　　以稻壳生物炭为材料，采用液相还原法制备纳米零价铁改性生物炭［BC-nZVI，制备方法为：在氮气保护下将 100mL 0.05mol/L 的 $FeSO_4 \cdot 7H_2O$（乙醇：水＝3：7；体积分数）溶液加入盛有一定量 BC 的三口烧瓶中，使得炭铁比为 3∶1 和 5∶1，在环境温度下持续搅拌 1h 至混合均匀，在强搅拌下逐滴加入 100mL 浓度为 0.15mol/L 的 $NaBH_4$ 溶液，反应完成后，继续搅拌 30min，使 Fe^{2+} 充分还原为 Fe^0 并且均匀分布于 BC 表面，搅拌结束后取出真空抽滤（0.45μm 膜过滤），将纳米零价铁改性生物炭颗粒从溶液中分离出来，固体用脱氧水和无水乙醇分别洗涤 3 次，最后于 60℃ 的真空干燥箱中完全干燥获得供试样本]，对比改性生物炭与生物炭（BC）两种材料对戊唑醇吸附和降解的差异。

1）生物炭加入量对戊唑醇吸附和降解的影响

不同加入量的生物炭对水溶液中戊唑醇吸附的影响如图 9-18 所示，可以看出，BC 对戊唑醇具有一定的吸附作用，且随 BC 添加量的增加，吸附效果增强，试验中所涉及的 4 种添加量对戊唑醇的吸附率均有显著差异（$P < 0.05$），48h 时，BC 添加量为 0.1g/L、0.2g/L、0.5g/L、1.0g/L 的吸附率分别达到了 17.36％、28.0％、33.53％、39.68％，这是因为 BC 的加入量增加可以提供更多的空隙结构和更大的表面积，使用于吸附的位点增多，从而增加了对戊唑醇的吸附率。在吸附过程中，BC 对戊唑醇的吸附率随着反应时间的增加而增大，在 12h 时，BC 对戊唑醇的吸附率增大趋势基本趋于平稳，达到吸附平衡，这可能是因为开始时，BC 的吸附位点相对较多，并且戊唑醇浓度较大，向 BC 表面和空隙中扩散的速度也相对较快，因此吸附速度较快；但是随着时间的推移，BC 中有效的吸附位点逐渐减少，溶液中的戊唑醇的浓度逐渐降低，使其吸附速度下降，吸附量增加逐渐缓慢。

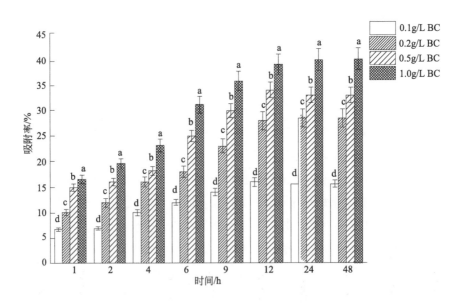

图 9-18　生物炭加入量对戊唑醇吸附的影响（丁恩惠，2021）

（柱形图上的不同小写字母表示在 $P < 0.05$ 水平上存在显著性）

不同添加量的 BC 对水溶液中戊唑醇降解的影响如图 9-19 所示，分析可以得出，BC 可以对戊唑醇进行降解，且随着 BC 加入量的增加，降解效果越来越好，试验中所涉及的 4 种添加浓度对戊唑醇的降解有显著差异（$P < 0.05$），其中48h时，BC投入量为0.1g/L、0.2g/L、0.5g/L、1.0g/L的降解率分别达到了5.52%、9.40%、11.34%、12.76%。这可能是因为随着BC添加量的增加，溶液中的羟基自由基（·OH）的含量也增加，同时生物炭热解形成过程中产生的持久性自由基（PFRs）进入水相后会形成·OH、H_2O_2、超氧化物等活性氧族（ROS）都可能用于降解污染物。

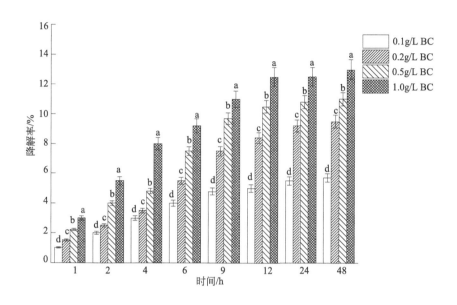

图9-19　生物炭加入量对戊唑醇降解的影响（丁恩惠，2021）

（柱形图上的不同小写字母表示在$P < 0.05$水平上存在显著性）

2）改性生物炭加入量对戊唑醇吸附和降解的影响

比较BC和3BC-nZVI（改性时的炭铁比为3：1）、5BC-nZVI（改性时的炭铁比为5：1）对戊唑醇吸附和降解的影响，从图9-20可以看出。3种生物炭对戊唑醇的吸附率有显著的影响（$P < 0.05$），与BC相比，改性后的BC-nZVI对戊唑醇的吸附率更大，与炭铁比为5：1的BC-nZVI相比，相同反应时间，炭铁比为3：1的BC-nZVI对戊唑醇的吸附率显著增加。在48h时，BC对戊唑醇的吸附率达到了27.67%，5BC-nZVI对戊唑醇的吸附率为31.18%，与BC相比提高了3.51%，3BC-nZVI对戊唑醇的吸附率达到36.48%，与BC相比提高了8.81%。

从图9-21分析可以看出，3种生物炭对戊唑醇的降解率有显著差异（$P < 0.05$），与BC相比，2种改性BC-nZVI对戊唑醇的降解率均有明显增加，与5BC-nZVI的改性生物炭相比，3BC-nZVI的改性生物炭对戊唑醇的降解率有显著增加，48h时BC对戊唑醇的降解率达到了9.98%，5BC-nZVI改性生物炭对戊唑醇的降解率达到了19.40%，与BC相比提高了9.42%，3BC-nZVI的改性生物炭对戊唑醇的降解率达到了23.36%，与BC相比提高了13.38%。

综合来看，BC-nZVI能强化戊唑醇的吸附和降解特性，且炭铁比为3：1时的改性生物炭具有更好的效果。

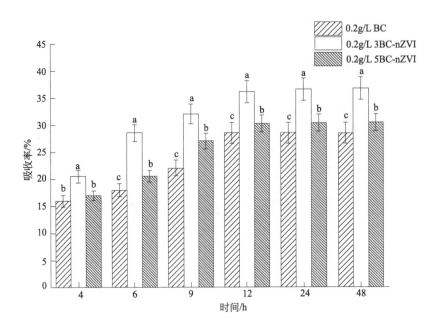

图 9-20 不同种类生物炭添加量对戊唑醇吸附的影响（丁恩惠，2021）

（柱形图上的不同小写字母表示在 $P<0.05$ 水平上存在显著性）

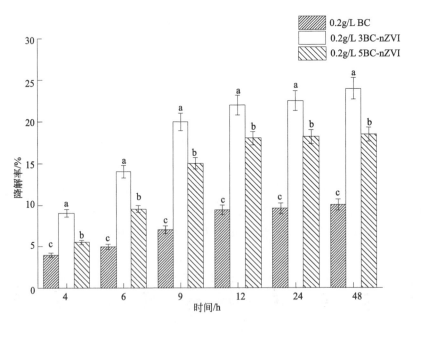

图 9-21 不同种类生物炭添加量对戊唑醇降解的影响（丁恩惠，2021）

（柱形图上的不同小写字母表示在 $P<0.05$ 水平上存在显著性）

　　为了进一步探索改性生物炭对土壤戊唑醇的影响，采用不同类型生物炭在土壤-水悬浊液中对戊唑醇吸附的影响进行了研究。从图 9-22 可以看出，添加生物炭和改性生物炭的土壤对戊唑醇的吸附作用显著增强（$P<0.05$）。不添加任何生物炭的对照处理表明土壤对戊唑醇的最大吸附量为 73.93mg/kg，而添加了 BC 时，土壤最大吸附量为 112.77mg/kg，是对照处理的 1.53 倍；添加 BC-nZVI 时，土壤最大吸附量为 144.53mg/kg，是对照处理的 1.95 倍，是 BC 的 1.28 倍。由此说明，改性 BC-nZVI 的添加能显著增强土壤对戊唑醇的吸附能力（$P<0.05$）。

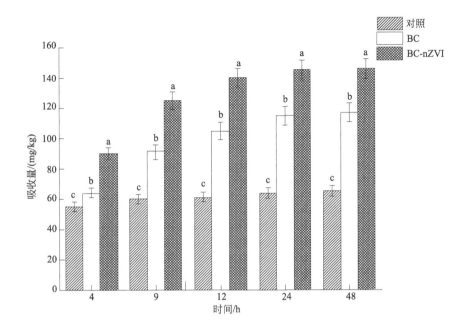

图 9-22　不同种类生物炭对土壤-水悬浊液中戊唑醇吸附的影响（丁恩惠，2021）

（柱形图上的不同小写字母表示在 $P<0.05$ 水平上存在显著性）

不同类型生物炭对土壤-水悬浊液中戊唑醇的降解影响如图 9-23 所示，可以分析得出，添加生物炭和改性生物炭的土壤对戊唑醇的降解显著增强（$P<0.05$）。其中，对照处理时土壤对戊唑醇的最大降解量为 5.35mg/kg，添加 BC 时土壤对戊唑醇的最大降解量为 19.84mg/kg，是对照的 3.71 倍；添加 BC-nZVI 时，土壤对戊唑醇的最大降解量为 39.63mg/kg，是对照处理的 6.85 倍，是普通 BC 的 1.85 倍。由此可见，改性 BC-nZVI 施用后可显著增强土壤对戊唑醇的降解能力，也说明纳米零价铁改性生物炭对戊唑醇具有强化降解效应。

进一步对不同类型生物炭对不同浓度戊唑醇处理的黄瓜种子发芽率和发芽势的影响进行分析，从图 9-24 的结果来看，随着浓度的增加，戊唑醇对黄瓜种子的萌发具有增强趋势的抑制作用，添加 BC 和改性 BC-nZVI 能够降低戊唑醇对种子萌发的抑制作用，且戊唑醇浓度越高，效果越明显。当戊唑醇浓度为 10mg/L 时，戊唑醇对种子萌发的影响较小，添加 BC 和 BC-nZVI 的发芽势与对照相比有显著差异（$P<0.05$），但发芽率与对照相比则差异不大，说明 BC 和 BC-nZVI 能够提高种子的活力，使得出苗快且整齐、苗壮，但对出苗率的影响不大；当戊唑醇的浓度为 50mg/L、70mg/L、100mg/L 时，添加

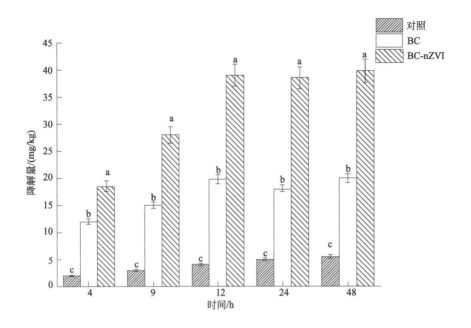

图 9-23　不同种类生物炭对土壤-水悬浊液中戊唑醇降解的影响（丁恩惠，2021）

（柱形图上的不同小写字母表示在 $P < 0.05$ 水平上存在显著性）

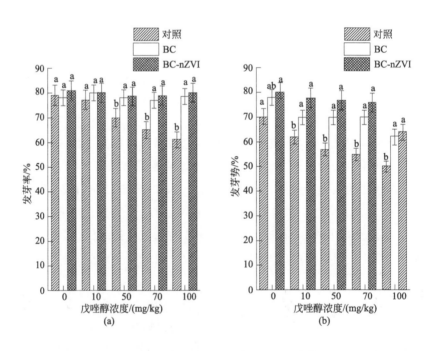

图 9-24　不同类型生物炭对戊唑醇处理的黄瓜种子发芽率（a）和发芽势（b）的影响（丁恩惠，2021）

（柱形图上的不同小写字母表示在 $P < 0.05$ 水平上存在显著性）

BC 和 BC-nZVI 能显著提高黄瓜种子的发芽势和发芽率（$P < 0.05$）。其中当戊唑醇浓度达到 100mg/L 时，添加 BC-nZVI 的发芽势和发芽率分别达到了 66.67%、80.30%，与对

照相比分别提高了 16.67%、19.70%，与添加普通 BC 处理相比分别提高了 3.03%和 4.55%。

9.3 生物炭在其他有机污染土壤修复中的应用

生物炭质指生物质在缺氧条件下燃烧或热解产生的含碳物质，包括炭化组分（黑炭）和非炭化组分（天然有机质），其来源广泛（如秸秆焚烧和森林大火），大量积累于土壤等环境，对土壤中有机污染物的迁移转化及生物有效性产生重要影响。生物炭进入土壤后，造成有机污染物的吸附量增大、非线性吸附增加、慢解吸增强、生物有效性降低（元妙新 等，2009）。由生物质或化石燃料产生的生物炭广泛存在于环境中，被认为是疏水性有机污染物的超强吸附剂，影响着环境中有机污染物的迁移转化和生物有效性。生物炭对有机污染物的吸附可以简单地理解为有机污染物在生物炭上的积累和汇集过程，并且伴随着有机物污染物在土壤/沉积物上吸附机理研究的不断深入和扩展而逐渐被深刻理解和广泛应用。

9.3.1 生物炭对有机物污染的吸附机制

生物炭对有机污染物的吸附机制主要可以概括为分配作用和表面吸附作用，同时也包括其他一些微观吸附机制。

（1）分配作用机制

分配作用主要表现为等温吸附曲线呈线性、弱的溶质吸收和非竞争吸附。在水溶液中，水生生物、脂肪、土壤有机质以及植物有机质等对有机化合物的溶解过程，吸附等温线都是线性的，只与有机化合物的溶解速度有关。20 世纪 70 年代，Chiou 等（1979；1990；1992；1993）首次提出了简单的线性分配理论，认为非离子有机物吸附到土壤是有机物分配到有机质中，而与表面积无关。分配理论的提出对生物炭吸附机理研究具有里程碑式的贡献，它成功解释了部分条件下生物炭高效吸附有机污染物的实验现象。例如，陈宝梁等（2008）利用分配理论解释了当 4-硝基甲苯浓度高时，松针制备的生物炭对水中 4-硝基甲苯的吸附呈线性的特点，后续研究也证实吸附分配系数与土壤/沉积物有机质以及相应的辛醇-水分配系数之间呈线性关系。总体而言，在一定条件下分配机制会对一定条件下生物炭吸附过程产生重要影响，这一点得到了学术界的普遍认可。

（2）表面吸附作用机制

在研究深入拓展过程中，生物炭吸附实验中出现了大量分配理论无法解释的非线性吸附现象，而表面吸附作用的提出在一定程度上弥补了不足。在非极性有机溶剂中，土壤矿物质对有机化合物的表面吸附作用主要表现为非线性的 Freundlich 等温线，周尊隆等（2008）利用 Freundlich 模型很好地解释了 3 种多环芳烃（菲、蒽、芘）在木质生物炭上的吸附/解吸行为。表面吸附过程是利用分子和原子间微弱的物理吸附作用或者是化学吸附作用把某些分子黏着在吸附剂硬质表面的过程。如果吸附剂与被吸附物质之间是通过分子间引力（即范德华力）而产生吸附，通常被称为物理吸附。Chiou 等（1998；2000）提出高比表面积炭类物质（HSACM）模型，在这个模型中，木本生物炭等高比表面积物质就是由于物理吸附对有机物表现出很强的吸附作用，且为非线性吸附。如果吸附剂与被吸附物质之间产生化学作用，生成化学键（如氢键、离子偶极键、配位键及π键作用）引起吸附，被称为化学吸附。在生物炭的表面吸附过程中，由于炭表面含有不同的官能团，有机物或离子与这些官能团之间可能形成稳定的化学键，从而导致不可逆吸附。如π键作用是典型的化学吸附，生物炭的基本特征是具有高度芳香性，富含π电子时即能与高度芳香化的生物炭形成π-π键，通过π-π电子供体-受体特殊作用强力吸附在生物炭上。也就是说，π-π电子供体-受体作用是一种特殊的、非共价的吸引力，存在于电子供体物质和电子受体物质之间，π-π电子供体-受体作用发生时电子由供体物质能量最高的分子轨道［即最高占有轨道（HOMO）］转移到受体物质能量最低的分子轨道［即最低未占轨道（LUMO）］，并由未成对电子形成较弱的共价键。电子受体物质接受电子的能力则与取代基吸电子能力相关，随着吸电子取代基数量的增加而增强，电子供体物质提供电子的能力随着π体系的可极化度以及取代基电子供体能力的增加而增加。Chun 等（2004）研究也证实了质子和电子给予/接受的相互作用是影响炭类吸附剂性能的重要因素；Zhu 等（2005）就用π-π电子理论解释了生物炭对芳香性化合物（4-硝基甲苯、2,4-二硝基甲苯、2,4,6-三硝基甲苯）的吸附。

综上所述，表面吸附机制在生物炭非线性吸附过程中发挥着重要的作用。

（3）联合作用机制

生物炭在不同情况下的吸附作用机制由于其自身性质、有机物性质和吸附条件等的差异而不同，很多实验研究观测到的吸附现象均显示分配平衡理论或表面吸附作用在单独阐述生物炭吸附作用时存在一定的局限性。不少学者认为，一些非线性现象可以用分配吸附和表面吸附的共同作用来解释。例如，Walter 等（1996）提出了多元反应模型，认为土壤中有机质是高度不均匀的吸附剂，对有机污染物的宏观吸附由一系列线性的和非线性的微观吸附反应组合而成，线性部分的吸附服从分配机理，而非线性部分则与表面吸附有关。另外，Pignatello 与 Xing 等（1996；1997）提出"硬炭"和"软炭"的概念，采用双模式模型解释包括生物炭在内的有机质对有机物的吸附。他们认为有机质依据大分子片段的可移动程度划分为橡胶态和玻璃态两种区域，当温度升高到一定程度时，玻璃态转化为橡胶态，有机污染物在橡胶态的"软炭"上吸附主要是分配作用，等温吸附曲线为线性；而在玻璃态"硬炭"上的吸附主要是表面吸附作用和分配作用，从而引起非线性的等温吸附曲线，但是关于浓缩的"玻璃态"有机质的理化性质以及有机质吸附有机污染物的方式仍然是含糊的。因此，从分配吸附和表面吸附共同作用的角度可以在一定程度上更好地解释非线性现象。

（4）其他微观机制

在生物炭吸附有机污染物的过程中，除了分配和表面吸附作用外，还存在其他一些微观吸附机制会影响吸附过程，如空隙作用。在分配作用中，吸附物质进入生物炭精细的微孔后会被阻隔而无法自由出入，尤其是对于大分子物质（吴成，2007）。Michiel 等（2002）研究认为炭类物质吸附多环芳烃或多氯联苯，除了化合物被物理诱捕进入固相基质中以及化合物本身芳环 π 电子与炭类物质局部石墨层 π 电子之间存在的 π-π 色散作用，还有空隙吸附的作用。利用空隙填充机理，Nguyen 等（2007）解释了天然木炭对芳香性有机物的吸附。

9.3.2　生物炭吸附有机污染物的影响因素

生物炭对有机污染物的吸附会受到诸多因素的影响，其中生物炭性状以及有机污染物的理化性质是两个较为重要的影响因素；此外，吸附过程中的外界环境条件也会在一定程度上影响生物炭对有机污染物的吸附行为。

（1）生物炭的性状

生物炭的性状是影响生物炭吸附有机污染物的重要因素之一，其中生物炭的疏水性、比表面积、孔隙结构、表面官能团组成等性状与其对有机污染物的吸附能力极为相关。

1）生物炭的制备原料

生物炭的制备原料来源广泛，如木本植物、草本植物、作物残渣、牛粪等，许多原料制备的生物炭已被用于有机污染物的吸附研究，且发现不同来源以及不同条件下制备的生物炭理化性质迥异，吸附能力也不同，一方面主要与来源以及不同条件下制备的生物炭的疏水性、比表面积、空隙结构、表面官能团组成等性状差异有关；另一方面与不同原料的化学组成影响了生物炭的元素组成和含量差异性有关。

2）生物炭的空隙结构

生物炭的空隙结构决定了表面积的大小，研究表明生物炭粒径越小，越能较快地达到吸附平衡，这是因为生物炭粒径越小，表面积越大，吸附容量也越大，因此吸附效果越好；生物炭的空隙结构可以影响微生物的活性和多样性，生物炭的空隙结构可以影响土壤的通气性和持水能力，同时也为菌根和细菌等这些有益微生物的生存和繁殖提供了栖息场所，促进了特殊类群土壤微生物的生长，也间接促进了土壤微生物对有机污染物的降解；生物炭的空隙结构增加了大分子有机污染物的空间位阻，生物炭多呈疏松多孔形态，粒径大小不一，大约有 50% 的微孔孔径<1nm，80% 的微孔孔径<2nm，大分子有机污染物可能受到空间位阻的影响，很难进入生物炭内部空间，从而导致生物炭对该类有机物污染物的吸附能力下降。

3）生物炭的极性

生物炭的极性与生物炭吸附作用密切相关，即生物炭的分配作用（K_{OM}）与其极性指数呈规律性变化，这取决于生物炭的分配介质与有机污染物的"匹配性"和"有效性"。根据"相似相容"原理和分配作用机制发现，当炭化温度≤300℃时生物炭的非极性增强，使 4-硝基甲苯与生物炭的极性更为匹配，引起分配作用增大；当炭化温度≥400℃时，虽然生物炭的极性进一步降低，但此时"软炭"进一步转化为"硬炭"，引起生物炭中产生分配作用的"有效性"降低，造成 300℃之后的 K_{OM} 急剧下降。

4）生物炭的官能团

生物炭的表面官能团在很大程度上决定了其表面的酸碱性，进而影响到生物炭对有机污染物的吸附能力。

（2）有机污染物性质

有机污染物影响生物炭吸附的相关理化性质，主要包括有机污染物的极性、可极化度、芳香性、疏水性、官能团种类和丰度、溶解性、分子大小及分子空间构型等。

（3）吸附条件

生物炭对有机污染物的吸附会因外界环境条件的改变而发生变化，这些影响因素（如pH值、温度等）会影响生物炭表面官能团电荷形态及表面官能团质子化与去质子化过程，同时也调控可解离有机污染物解离程度，进而影响到生物炭对这些有机污染物的吸附容量和吸附机制。

① 吸附环境的酸碱性对生物炭的吸附性能有着重要的影响，但环境pH值对不同酸碱性的有机污染物在生物炭上的吸附强度有不同的影响。如Yang等（2004）研究发现，溶液pH值偏低时生物炭对敌草隆吸附能力较强，这可能跟农药和生物炭表面官能团发生去质子化作用有关，而莠去津随水溶液pH值的升高，在生物炭上的吸附量表现出先增强后降低的趋势，这可能是由于莠去津在低pH值时主要以分子形态存在，当pH值增加时，分子形态所占的比例增加，生物炭的吸附量增加，而当pH值继续增加时，则可能因生物炭表面电荷的大量聚集导致对莠去津的吸附量显著下降。

② 吸附过程通常也会受到温度的调控，因此吸附环境的稳固条件对生物炭的吸附行为也有着重要的影响，杨磊等（2005）研究发现竹炭对甲醛的吸附随溶液温度的升高而增加，这主要是因为温度升高，分子运动的速率加快，单位时间里与超细竹炭活性吸附点接触的分子增多，吸附速率增大，最终单位时间内被吸附的分子数也增多，故温度升高使最大吸附值前移。

9.3.3　生物炭对土壤中有机污染物的吸附效果

与土壤中其他有机质相比，生物炭结构较稳定、多孔且比表面积大，对有机化合物的吸附容量和吸附强度也相对较大。近年来Yu等（2010）研究分析了由桉树红胶和木屑在450℃和850℃条件下烧制的生物炭（标记为BC450和BC850）对土壤中农药嘧霉胺的吸附和解吸行为，研究发现添加有5％BC450和1％BC850的土壤具有几乎相同的嘧霉胺吸附能力。但二者的解吸过程极为不同，分别有13.65％和1.49％的吸附农药被释放。而在另一例子中，研究发现添加到森林土壤中的有机改良剂，尤其是被添加到低原生有机质土壤中的生物炭，能提高土壤对农药特丁津的吸附而减少其对地下水的渗滤（Wang et al，2010）。Zhang等（2010）研究辐射松制得的生物炭对土壤中菲的吸附和解吸行为的影响，发现生物炭改良剂能普遍提高土壤菲的吸附量。然而，实验表明生物炭颗粒一旦进入土壤会与土壤构成成分相互作用，土壤-生物炭结合物对疏水性污染物的吸附能力会随时间而降低。此外，该研究表明生物炭应用增强了土壤对疏水性有机污染物的吸附，而增强的幅度则取决于生物炭的制备方式以及天然土壤有机碳含量（Zhang et al，2010）。

Karapanagioti 等的研究发现，有机污染物在土壤、沉积物中的分配特征存在差异，在相同的有机碳含量的情况下，PAHs 在沉积物中的分配系数比土壤高，其主要原因是沉积物中的天然有机物质含有较高的芳香族组分，增加了对 PAHs 的吸附性能，随后利用[13]C-NMR 证实了土壤、沉积物中生物炭含量存在着差异。Yang 等研究了以燃烧小麦、水稻秸秆制得的生物炭对有机污染物的吸附作用，表明其吸附作用是一般土壤的 400～2500 倍；土壤中添加少量的这种生物炭可使其对有机污染物的吸附容量大大增强，当土壤中添加生物炭量超过 0.05％时，土壤对有机物的吸附作用主要被生物炭所控制，大部分有机分子主要被添加的生物炭所吸附。李登勇等（2011）研究了柚子皮生物炭对 4-氯硝基苯的吸附作用，发现柚子皮生物炭对 pCNB 的最大吸附量达到 64.52mg/g，是从低浓度含 pCNB 废水中取出目标污染物的廉价与良好吸附剂。Yao 等（2012）研究了生物炭对污水中磺胺甲噁唑吸附能力，结果表明添加生物炭的水样只有 2％～14％的磺胺甲噁唑迁移到土壤中，而对照组则高达 60％。Xu 等（2012）研究了竹生物炭对五氯苯酚的吸附作用，得出添加 5％的竹生物炭即可降低 42％的五氯苯酚的浸出，同时分别减少 56％和 65％的甲醇溶液和蒸馏水提取物中五氯苯酚浓度。张继义等（2013）研究了小麦秸秆生物炭对硝基苯的吸附性能，发现在 pH 值为 7.0、温度为 25℃、吸附时间为 8h、吸附剂投加量为 3g/L 条件下，生物炭吸附剂对硝基苯的去除率达到 90％。

随着对生物炭吸附性能的了解，有关学者开始研究和探讨生物炭的吸附机制。Gustafsson 等假设生物炭吸附机理包括（部分地）相转变能，生物炭吸附的化合物达到半固体状态，这部分相转变的焓和熵可能是造成生物炭大量吸附的原因之一。Michiel 等（2002）认为是由于化合物被物理诱捕进入固相基质中以及孔隙吸附。Chun 等（2004）的研究发现质子或电子给予/接受的相互作用也影响含碳吸附剂的吸附作用。Cornelissen 等研究发现了本土有机物对环境中的生物炭有限吸附位的竞争会减少生物炭对外源有机物的吸附作用。Zhu 等（2005）研究了不同温度下合成的枫木炭对有机污染物的吸附，认为吸附作用主要取决于木炭表面积、孔径分布和表面功能团。

生物有效性代表了化学物质被生物吸收的能力，决定其毒性大小。有机污染物的生物有效性与其在有机质中的状态有关。分配在固相有机质中的有机分子随着时间流逝，从外表面转移到生物组织、细胞或酶进不去的地方。只有当有机污染物极慢地扩散至固相外表面，它才变得生物可利用。而之前的研究发现（Koelmans et al，2006），黑炭颗粒的纳米微孔的直径＜10Å（1Å=10[-10]m）比一般微生物都要小，那么当化合物进入这些小孔中时就很难被生物所利用，导致生物有效性降低，Ghosh 等使用质谱和分光镜技术从微观水平探测到 PAHs 被封锁在沉积物颗粒中。Comelissen 等综述了黑炭等对有机污染物环境化学行为的影响，总结了近年来关于黑炭影响有机污染物生物有效性的研究。生物有效性的降低也可能是由吸附孔变形导致的。Braida 等研究了苯在木炭颗粒上的吸附滞后现象，认为滞后现象是由不可逆孔变形导致的，不可逆吸附意味着吸附和解吸的路径存在差异。

近来值得关注的研究成果包括 Yu 等的研究工作，他们发现投加 1％的生物炭作为土壤改良剂可使植物生物量中农药毒死蜱和克百威的浓度分别降低 90％和 75％（Yu et al，2009）。已知生物质炭会对除草剂的生物有效性造成影响，那么它也有可能转而影响除草剂的持久性以及药效。Spokas 等（2009）则发现相较于未改良的土壤，具有高载量生物炭（质量分数为 5％）的土壤其对莠去津和乙草胺的吸附量有所增加，从而导致这些除草剂的耗散率下降。Yang 等（2006）认为，相较于未经修复的土壤经麦草秸秆炭改良后，土壤中敌草隆的吸附量升高而使得敌草隆的生物有效性降低，这一结果也由土壤中的微生物降解作用和除草剂药效的下降所证实。也有人就两种生物炭对两种农用施给中国冰菜的杀虫剂（毒死蜱和氟虫腈）的生物有效性影响以及杀虫剂在生物炭改良土壤中的耗散情况进行了研究（Yang et al，2010）。对由棉花转行碎条在两个不同温度（450℃ 和 850℃）下制得的生物炭（BC450 和 BC850）在相对于土壤干重的不同负载率为 0、0.1％、0.5％和 1％分别进行分析。他们发现土壤中两种杀虫剂的损失会随着土壤中生物质炭添加量的增加而显著减少。经过 35d 的老化期之后，在对照土壤中有 58％～68％的杀虫剂损失了，而含有 1.0％ BC850 的改良土壤中仅耗散了 34％的毒死蜱和 32％的氟虫腈。尽管在生物炭改良土壤中两种杀虫剂残留更加持久，但随着土壤中生物炭量的增加，植物从改良土壤中吸收的两种杀虫剂的量却显著下降。

参考文献

陈宝梁，周丹丹，朱利中，等．生物质炭吸附剂对水中有机污染物的吸附/解吸行为［J］．中国科学 B 辑：化学，2008，38（6）：530-537.

陈艺杰，吴伟健，李高洋，等．改性生物炭对农田土壤铬形态分布和酶活性的影响［J］．农业环境科学学报，2021.

陈再明，方远，徐义亮，等．水稻秸秆生物炭对重金属 Pb²⁺的吸附作用及影响因素［J］．环境科学学报，2012，32（4）：769-776.

丁恩惠．纳米零价铁改性生物炭对戊唑醇的吸附降解研究［D］．泰安：山东农业大学，2021.

高译丹，梁成华，裴忠健，等．施用生物炭和石灰对土壤镉形态转化的影响［J］．水土保持学报，2014，28（2）：258-261.

靳前，高传宇，张玉斌，等．玉米秸秆生物炭对黑土与泥炭土性质和重金属铅形态分布的影响［J］．吉林农业大学学报，2021.

李登勇，吴超飞，韦朝海，等．柚子皮生物炭质对 4-氯硝基苯的吸附动力学及吸附平衡特征［J］．环境工程学报，2011，3：481-486.

李岭，刘冬，吕银斐，等．生物炭施用对镉污染土壤中烤烟品质和镉含量的影响［J］．华北农学报，2014，29（2）：228-232.

李玉梅，刘忠堂，王根林，等．生物炭对土壤残留异噁草松的生物有害性影响研究［J］．作物杂志，2013，3，111-116.

林爱军，张旭红，苏玉红，等．骨炭修复重金属污染土壤和降低基因毒性的研究［J］．环境科学，2007，28（2）：232-237.

刘孝利，曾昭霞，陈求稳，等．生物炭与石灰添加对稻田土壤重金属面源负荷影响［J］．水利学报，2014，45（6）：682-690.

马建伟，王慧，罗启仕．电动力学-新型竹炭联合作用下土壤镉的迁移吸附及其机理［J］．环境科学，2007，28（8）：1829-1834.

梅闯，王衡，蔡昆争，等．生物炭对土壤重金属化学形态影响的作用机制研究进展［J］．生态与农村环境学报，2021，37（4）：421-429.

孙涛，杨再磊，蒋靖佰伦，等．生物炭对土壤中阿特拉津吸附特征的影响［J］．环境化学，2021，40（3）：687-695.

田超，王米道，司友斌．外源木炭对异丙隆在土壤中吸附-解析的影响［J］．中国农业科学，2009，42（11）：3956-3963.

吴成，张晓丽，李关宾．黑炭制备的不同热解温度对其吸附菲的影响［J］．中国环境科学，2007，27（1）：125-128.

徐美丽，陈永光，肖荣波，等．生物炭对土壤有效态重金属的作用机制进展［J］．环境工程，2021，39（8）：165-172，226.

杨磊，陈清松，赖寿莲，等．竹炭对甲醛的吸附性能研究［J］．林产化学与工业，2005，25（1）：77-80.

余向阳，王冬兰，母昌立，等．生物质炭对敌草隆在土壤中的慢吸附及其对解吸行为的影响［J］．江苏农业学报，2011，27（5）：1011-1015.

元妙新，陈宝梁．生物质炭对土壤吸附多环芳烃的增强作用及影响因素［J］．第五届全国环境化学大会，2009.

张桂香，刘希涛，孙可，等．不同温度下制备的玉米秸秆生物炭对西玛津的吸附作用［C］//第六届持久性有机污染物全国学术研讨会论文集，2011.

张继义，王龙，李金涛，等．小麦秸秆生物炭质吸附剂对硝基苯的吸附性能［J］．环境工程学报，2013，7（1）：226-230.

张鹏，武健羽，李力，等．猪粪制备的生物炭对西维因的吸附-催化水解作用［J］．农业环境科学学报，2012，31（2）：416-421.

周尊隆，吴文玲，李阳，等．3种多环芳烃在木炭上的吸附/解吸行为［J］．农业环境科学学报，2008，27（2）：813-819.

朱庆祥．生物炭对 Pb、Cd 污染土壤的修复试验研究［D］．重庆：重庆大学，2011.

Beesley L，Marmiroli M．The immobilisation and retention of soluble arsenic，cadmium and zinc by biochar［J］．Environmental Pollution，2011，159（2）：474-480.

Beesley L，Moreno-Jimenez E，Gomez-Eyes J L．Effects of biochar and greenwaste compost amendments on mobility，bioavailability and toxicity of inorganic and organic contaminants in a multi-element polluted soil［J］．Environmental Pollution，2010，158（6）：2282-2287.

Cao X D，Ma L N，Liang Y，et al．Simultaneous immobilization of lead and atrazine in contaminated soils using dairy-manure biochar［J］．Environmental Science and Technology，2011，45：4884-4889.

Chen S B，Zhu Y G，Ma Y B，et al．Effect of bone char application on Pb bioavailability in a Pb-contaminated soil［J］．Environmental Pollution，2006，139（3）：433-439.

Chen Y X，Huang X D，Han Z Y，et al．Effects of bamboo charcoal and bamboo vinegar on nitrogen conservation and heavy metals immobility during pig manure composting［J］．Chemosphere，2010，78，（9）：1177-1181.

Cheng C H，Lehmann J，Thies J E，et al．Oxidation of black carbon by biotic and abiotic processes［J］．Organic Geochemistry，2006，37（11）：1477-1488.

Chiou C T，Lee J F，Boyd S A．Reply to comment on：The surface area of soil organic matter［J］．Environ Sci Technol，1992，26：404-406.

Chiou C T，Lee J F，Boyd S A．The surface area of soil organic matter［J］．Environ Sci Technol，1990，24：1164-1166.

Chiou C T，Peters L J，Fried V H．A physical concept of soil-water equilibria for nonionic organic compounds［J］．Science，1979，206：831-832.

Chiou C T，Kile D E．Deviations from sorption linearity on soil of polar and nonpolar organic compounds at low relative concentrations［J］．Envrion Sci Technol，1998，32：338-343.

Chiou C T，Kile D E，Rutherford D W．Sorption of selected organic compounds from water to a peat soil and its humic-acid and humin fractions［J］．Environ Sci Technol，2000，34：1254-1258.

Chiou C T，Rutherford D W，Manes M．Sorption of N_2 and EGBE vapors on some soil，clays，and minerals oxides and determination of sample surface area by use of sorption data［J］．Environ Sci Technol，1993，27：1587-1594.

Chun Y，Sheng G，Chiou C T，et al．Compositions and sorptive properties of crop residue derived chars［J］．Environ Sci Technol，2004，38：4649-4655.

Fellet G，Marchiol L，Delle Vedove G，et al．Application of biochar on mine tailings：Effcets and perspectives for land reclamation [J]. Chemosphere, 2011, 83: 1262-1267.

Forbes M, Raison R, Skjemstad J. Formation, transformation and transport of black carbon (charcoal) in terrestrial and aquativ ecosystems [J]. Science of the Total Environment, 2006, 370 (1): 190-206.

Hartley W, Dickinson N M, Riby P, et al. Arsenic mobility in brownfield soils amended with green waste compost or biochar and planted with Miscanthus [J]. Environment Pollution, 2009, 157 (10): 2654-2662.

Hua L, Wu W, Liu Y, et al. Reduction of nitrogen loss and Cu and Zn mobility during sludge composting with bamboo charcoal amendment [J]. Environment Science Pollution Research Int, 2009, 16 (1): 1-9.

Koelmans A A, Jonker M T O, Comelissen G, et al. Black carbon: The reverse of its dark side [J]. Chemosphere, 2006, 365-377.

Lehmann J. Bio-energy in the black [J]. The Ecological Society of America, 2007, 5 (7): 381-387.

Lou L P, Wu B B, Wang L N, et al. Sorption and ecotoxicity of pentachlorophenol polluted sediment amended with rice-straw derived biochar [J]. Bioresource Techology, 2011, 102 (5): 4036-4041.

Luke Beeseley, Eduardo Moreno-Jiménez, Jose L, et al. Effects of biochar and greenwaste compost amendments on mobility, bioavailability and toxicity of inorganic and organic contaminants in a multi-element polluted soil [J]. Environmental Pollution, 2010, 158: 2282-2287.

Michiel T O, Albertat A. Sorption of polycyclic aromatic hybrocarbons and polychlorinated Biphnyls to soot and soot-like materials in the aqueous environment: Mechanistic considerations [J]. Environ Sci Technol, 2002, 36: 3725-3734.

Mohan D, Pittman Jr C U, Bricka M, et al. Sorption of arsenic, cadmium, and lead by chars produced from fast pyrolysis of wood and bark during bio-oil production [J]. Journal of Colloid and Interface Science, 2007, 310 (1): 57-73.

Namgay T, Singh B, Singh B P. Influence of biochar application to soil on the availability of As, Cd, Cu, Pb, and Zn to maize (*Zea mays* L.) [J]. Australian Journal of Soil Research, 2010, 48 (7): 638-647.

Nguyen T H, Cho H H, Poster D L, et al. Evidence for a pore-filling mechanism in the adsorption of aromatic hydrocarbons to a natural wood char [J]. Environ Sci Technol, 2007, 41: 1212-1217.

Park J H, Choppala G K, Bolan N S, et al. Biochar reduces the bioavailability and phytotoxicity of heavy metals [J]. Plant Soil, 2011, 348: 439-445.

Spokas K A, Koskinen W C, Baker J M, et al. Impacts of woodchip biochar additions on greenhouse gas production and sorption/degradation of two herbicides in a Minnesota soil [J]. Chemosphere, 2009, 77 (4): 574-581.

Sun K, Gao B, Zhnag Z Y, et al. Sorption of atrazine and Phenanhtern by organic matter fractions in soil and sediment [J]. Environmental Pollution, 2010, 158: 3520-3526.

Walter J, Werber Jr, Huang W. A distributed reactivity model for sorption by soil and sediments: Intraparticle heterogeneity and phase distribution relationships under nonequilibrium conditions [J]. Environ Sci Technol, 1996, 30: 881-888.

Wang H L, Lin K D, Hou Z N, et al. Sorption of the herbicide terbuthylazine in two New Zealand forest soils amended with biosolids and biochars [J]. Journal of Soils and Sediments, 2010, 10 (2): 283-289.

Xing B, Pignatello J J. Dual-mode sorption of low-polarity compounds in Glassy poly (Vinyl Chloride) and soil organic matter [J]. Environ Sci Technol, 1997, 31: 792-799.

Xing B, Pignatello J J, Gigllotti B. Competitive sorption between atrazine and other organic compounds in soil and model sorbents [J]. Environ Sci Technol, 1996, 30: 2432-2440.

Xu T, Lou L P, Luo L, et al. Effect of bamboo biochar on pentachlorophenol leachability and bioavailability in agricultural soil [J]. Science of the Total Environment, 2012, 414, 727-731.

Yang X B, Ying G G, Peng P A, et al. Influence of biochars on plant uptake and dissipation of two pesticides in an agricultural soil [J]. Journal of Agricultural and Food Chemistry, 2010, 58, (13): 7915-7921.

Yang Y, Sheng Q, Huang M. Bioavailability of diuron in soil containing wheat-straw-derived char [J]. Science Total Environment, 2006, 354 (2-3): 170-178.

Yang Y N, Chun Y, Sheng G Y, et al. pH-dependence of pesticide adsorption by wheat-residue-derived black carbon [J]. Langmuir, 2004, 20: 6736-6741.

Yang Y N, Sheng G Y, Huang M S. Bioavailability of diuron in soil containing wheat-straw-rerived char [J]. Total Environment, 2006, 354: 170-178.

Yao Y, Gao B, Chen H, et al. Adsorption of sulfamethoxazole on biochar and its impact on reclaimed water irrigation

［J］. Journal of Hazardous Materials，2012：209-210，408-413.

Yu X Y，Pan L G，Ying G G，et al. Enhanced and irreversible sorption of pesticide pyrimethanil by soil amended with biochars ［J］. Journal of Environmental Sciences-China，2010，22（4）：615-620.

Yu X Y，Ying G G，Kookana R S. Reduced plant uptake of pesticides with biochar additions to soil ［J］. Chemosphere，2009，76（5）：665-671.

Zhang H H，Lin K D，Wang H L，et al. Effect of Pinus radiata derived biochars on soil sorption and desorption of phenanthrene ［J］. Environmental Pollution，2010，158（9）：2821-2825.

Zhu D Q，Kwon S，Pignatello J J. Adsorption of single-ring organic compounds to wood charcoals prepared under different thermochemical conditions ［J］. Environ Sci Technol，2005，39，3990-3998.

（a）普通土壤

（b）Terra Preta 土壤

图 2-1　普通土壤和 Terra Preta 土壤（源于国际生物炭倡导组织网站）

（a）印第安黑土剖面

（b）氧化土剖面

图 4-4　印第安黑土和相邻的氧化土剖面